森林报·春

［苏］维塔里·瓦连季诺维奇·比安基◎著

胡乃波◎编译

华龄出版社
HUALING PRESS

责任编辑：李梦娇
责任印制：李未圻
封面设计：颜　森

图书在版编目（CIP）数据

森林报 /（苏）维塔里·瓦连季诺维奇·比安基著；胡乃波编译. -- 北京：华龄出版社，2017.6
ISBN 978-7-5169-0985-0

Ⅰ. ①森… Ⅱ. ①维… ②胡… Ⅲ. ①森林 – 儿童读物 Ⅳ. ①S7-49

中国版本图书馆CIP数据核字（2017）第100874号

书　　名：森林报
作　　者：［苏］维塔里·瓦连季诺维奇·比安基著　胡乃波编译

出 版 人：胡福君
出版发行：华龄出版社
地　　址：北京市东城区安定门外大街甲57号　邮编：100011
电　　话：58122254　传真：58122264
网　　址：http://www.hualingpress.com

印　　刷：三河市东兴印刷有限公司
版　　次：2019年4月第1版　2019年4月第1次印刷
开　　本：880×1230　1/32　印　张：22
字　　数：458千字
定　　价：88.00元

（如出现印装质量问题，调换联系电话：010-82865588）

序言 PREFACE

书籍是人类文明传承的重要载体，古今中外人们所撰写的图书可谓汗牛充栋。其中有一个很大的门类是专门写给孩子的，我们称之为童书。童书细分起来又有很多种，但笼统地可以概括为两类：一类是科普，一类是文学。苏联作家维塔里·瓦连季诺维奇·比安基所著的《森林报》作为一本童书的代表，可谓独树一帜，它兼具科普与文学两大功能，既是一本自然界的百科全书，又是一部世界儿童文学史上的名著。

维·比安基出生于1894年，当时他父亲是俄国一位著名的自然科学家，在科学院动物博物馆工作。比安基的家就在动物博物馆对面，他小时候经常去那里玩，看那些被罩在玻璃中的动物标本。

后来，比安基长成了一个少年，于是他父亲出去打猎就经常带上他，并且告诉他所遇到的每一株小草、每一只飞禽走兽的名字，教他根据飞行时的模样来识别鸟儿，根据地上的脚印来识别野兽。更重要的是，他父亲还教会了他如何记录下对大自然全部的观察印象。每到夏天，比安基就会跟着家人到郊外、乡村或者海边去住。在那里，他们钓鱼、捕鸟，在森林里散步，喂野兔、刺猬、松鼠、鹿等。这些经历都给比安基打下了很好的观察大自然和描写大自然的基础。

在家庭的熏陶下，比安基自幼就喜欢大自然，到他 27 岁那年，已经积累了一大摞日记，他决心要通过自己的努力，让这些雄浑壮丽的自然景象和那些奇妙的动植物，活在自己的书中。1923 年，比安基成为彼得堡学龄前教育师范学院儿童作家组的成员，开始在杂志上发表作品。在他有生之年，总共发表了 300 多部童话、故事、小说，而《森林报》就是他的代表作。

《森林报》是一本开阔视野的读物，书中有草长莺飞，有四季轮回，其中那些关于花木鸟兽的瑰丽传说更是让人沉醉：狐狸施计抢走了獾的洞穴；松鼠为存储过冬的粮食，把蘑菇晾在树枝上；丛林中的白桦、白杨和云杉为争夺地盘展开大战……那些丛林、田野中，既有温馨感人的互助，也有惊心动魄的交锋。当然，受时代局限，当时被津津乐道的狩猎等行为，部分已经不再符合当下的环保理念了。

今天，我们很多生活在城市里的中国孩子，每天都被钢筋混凝土包围着，生活环境只有家和学校，恐怕很少有机会走进原野、走入森林，全身心地投入大自然之中，感受地球的美好。但是，让孩子们充满对自然的热爱，也是教育工作的一项重要课题，因为我们就生活在这个自然界当中。

了解自然界中飞禽走兽、昆虫游鱼的生活和习性，亲近大自然，看四季的变化、草木的盛衰，除了能够增长孩子们的知识，扩大他们的视野，更重要的是能激发他们内心的真趣，丰富他们的心灵和情感。然而，我们总是太忙碌，根本无暇带孩子们出去走一走。那么，我们是不是应该送给他们一些什么，来弥补我们的过错呢？或许对父母来说，帮助孩子们感受自然，最简便、直接的方法莫过于为他们选择一本优秀的自然读物了。维·比安基的这本《森林报》便是不错的选择。

我国很早就引进、翻译了《森林报》，至今已有多个版本。客观地说，这些版本各有特色，但总有些不足之处。因此，我们力图打造一套更完美，也更适合中国孩子阅读的《森林报》。在这部《森林报》精选集里，我们选录了一部分最有代表性和针对性的内容，为孩子们绘出精美插图，希望小读者们能更直观、更有效地汲取书中营养，从而更加热爱大自然赋予我们的一切。

致读者

——谨以此文纪念我的父亲：

瓦连津·沃利威奇·比安基

在我们常看到的报纸上，大多都是关于城市和人类的新闻，但是孩子们对森林里那些植物和动物的生活也很感兴趣，他们也很想知道飞禽走兽和花鸟鱼虫每年都是怎样生活的。

其实，在森林里每天都发生着许多有趣的事情，而且和城市一样，那里也有正常的工作，有欢快的节日，也有不幸的事情；有勇猛的英雄，也有可恶的强盗，善良和丑恶并存。但这在城市的报纸中很少提及，所以森林的新闻也不为大家所熟知。

例如，不知道有没有人听说过，在森林里没有翅膀的小蚊子会在寒冷的冬天从土里爬出来，然后在雪地上光着脚丫乱跑乱跳？森林里强壮的麋鹿[①]们互相殴打，候鸟们每年史诗般的大迁徙，长腿秧鸡集体徒步穿过欧洲，如此神奇的故事在哪些报纸上可以看到呢？

哈，在我们的《森林报》中，这些故事都可以看到。

---

①麋鹿：因为它的头脸像马、角像鹿、颈像骆驼、尾像驴，因此又称四不像。它善于游泳，再加上宽大的四蹄，非常适合在泥泞的树林沼泽地带寻觅青草、树叶和水生植物等。

《森林报》是每月1期，一共有12期，每一期上都会有丰富的内容，有编辑部的文章，有森林记者发回来的消息和电报，还有打猎趣闻，我们将这些内容编成一套书。很多人都是我们的森林记者，专业的科学家、林场工作人员、猎人甚至是小孩子，用他们的眼睛发现新奇的事物，将他们在森林中了解到的各种动植物的生活情况用文字的形式记录下来，寄到我们的编辑部。

《森林报》的单行本初版在1927年，发行后，读者们的反映十分热烈，有很多读者也加入了我们森林记者的队伍。所以在那之后，我们进行了多次重版，增添了更多新的内容，还增加了很多有新意的栏目。

我们还专门派出记者去采访非常有名的猎人塞索伊奇。为了能够全方位还原猎人的生活，记者和他一起去打猎，每当他们在篝火旁休息的时候，塞索伊奇总会兴奋地说起以前打猎的故事，每一段都十分惊险刺激，记者听得十分着迷，并认真地记录下来，生怕漏掉一些精彩的细节，记者将这些所听所看到的故事用文字记录下来，一并发给编辑部。

“打靶场”这个环节是每一期报纸上都会有的智力游戏，这是考察你有没有认真细心地阅读我们每一期的报纸。如果谁读得更细心一些，回答出来的问题也会更多一些。所以想要成为森林知识的达人，每一个细节都不可以错过哦。

这个智力游戏我们建议大家组织更多的人一同来参加，由一个人来负责大声地朗读问题，其他人将答案写在纸上，每答对一道题目得两分，看谁能够成为这一期《森林报》的打靶冠军。

当然，这里面的一些问题最好由你们小读者们来亲身体验再做出解答。比如，长腿的秧鸡有多高呢？你可能就要花费一点时间去牧场里找到长腿秧鸡，观察它们的生活，看看它们到底长什么样子了。

这份编辑、出版、发行都在列宁格勒[①]的《森林报》，是一份地方性的报纸，大多数的事件都发生在这个区域内，也就是列宁格勒州或附近。但是我们的祖国[②]幅员辽阔，当北方还是严寒的冬天，狂风凛冽的时候，南方边境却是艳阳高照，鲜花绽放；当西边边陲的孩子们在催眠曲里正要进入梦乡的时候，东部的孩子们却正听着清脆的闹铃起床洗漱。

因此，很多读者都希望能够在《森林报》上看到各个地区的消息，不仅局限于列宁格勒州。所以我们开辟了一个专栏名叫《天南地北：各地无线电呼叫》，让读者们能够在我们的报纸上了解到各方的信息。

另外，为了表扬我们的孩子们积极地参加劳动并取得成绩，我们转载了一系列的相关报道，鼓励他们更加积极地接近大自然。新开辟的“公告”专栏希望有更多热心的读者为小鸟们做些事情。

在《森林报》中，生物学博士、植物学家、作家尼娜·米哈依洛夫娜·巴甫洛娃等人都是我们的特邀嘉宾，他们为

---

①列宁格勒：格勒是俄语中“大城市”的意思。列宁格勒位于波罗的海沿岸，初建城时叫圣彼得堡，1924 年列宁逝世后，改成列宁格勒。苏联解体后，又恢复圣彼得堡的旧名。

②祖国：《森林报》中的“祖国”指苏联。

《森林报》写了很多关于植物的有趣文章。

这一次，经过精心地重审和增订，《一年——分十二个月谱写的太阳诗篇》的栏目出现在第九版的《森林报》中，尼·米·巴甫洛娃的大量作品也被充实到《农庄新闻》中，战地记者从森林巨兽战场中发回的最新消息也被收录进来，另外我们还为垂钓爱好者们开辟了一个新栏目——《祝你一钓一个准》。

我们的读者需要热爱和熟悉我们的祖国，了解大自然中各种存在的生物，研究它们的生活，这样才能更加深入地走进自然，回归自然，真正融入大自然的生活当中。

我们的第一位森林通讯员

很多年前，在列宁格勒的森林村，很多村民都会在公园里遇见一位头发花白的教授。他戴着眼镜，但却藏不住他犀利的眼睛，他观察眼前掠过的每一只蝴蝶或苍蝇，他用灵敏的耳朵倾听鸟儿每一次的歌唱。

生活在城市里的人们很少有人会仔细地观察飞来的蝴蝶或者是春天里刚孵出的小鸟，但是这位老人却都不会放过，他知道森林里的每一桩新闻。

这位教授就是德米特利·尼基罗维奇·凯戈罗多夫，他连续半个世纪都在观察自然界和生物圈，包括我们的城市和郊区。50多年的春夏秋冬，鸟儿飞来飞去，花开花落，教授把他所观察到的一切都记录了下来，经过整理然后刊发到报刊上。

他不仅自己坚持观察，还积极引导身边的年轻人，让他们观察自然并记录结果。许多人也因此加入森林记者的大军中，将自己的观察笔记寄给教授。直到现在，越来越多的自然爱好者跟随着教授的步伐继续进行着观察工作，并整理记录下来。

凯戈罗多夫教授将他 50 多年搜集的所有观察记录都整理到了一起。正是有了像他这样伟大的科学工作者的奉献，有了他们认真细致的工作和坚持不懈的努力，我们才会知道春天鸟儿什么时候飞来，秋天鸟儿又什么时候飞走，花草树木的生长情况是怎样的……

凯戈罗多夫教授还给孩子们和成年人写了很多关于鸟类、森林和田野方面的书。他曾一再对学校里的孩子们说："要想真正了解大自然，除了书本上的知识，我们需要走出家门，真正地到森林田野中去亲身体验。"

1924 年 2 月 11 日，凯戈罗多夫教授因病去世，他没有看到那一年春天的来临就走了。

我们会永远怀念这位伟大的森林记者。

森林年

读者也许以为《森林报》上的新闻都是些"旧闻"，其实不然。的确，每年的春夏秋冬都不一样，一年就好像车轮，12 根辐条为一年，转过一圈，虽然辐条没有变化，但是它已经走过了很远的地方，不在原地了。所以，不管你生活了多少年，每年看到的春天都是全新的。

当春天来临，森林苏醒，春水淹没洞穴，黑熊爬出树洞，鸟儿从各地飞回来，重新开始唱歌跳舞，动物们也准备开始生儿育女。这些最新的森林新闻你都可以在《森林报》上阅读到。在我们这里刊登的是每年的森林历，这和普通的日历是不一样的，它是动物们的特殊年历。

森林里的动物们和我们人类不一样，它们并没有日历，是依靠太阳生活的。

太阳每走一年就在天空上绕一个大圈，它会走过黄道12宫[①]，每走过一个星座就是一个月，黄道宫也就是12个星座的总称，同样是12个月，只是换了名字，从1月到12月变成了12宫，也就是12个星座：白羊座、金牛座、双子座、巨蟹座、狮子座、处女座、天秤座、天蝎座、人马座、摩羯座、水瓶座和双鱼座。

所以在森林年历上，它们的新年是在春天，也就是太阳进入白羊宫的时候，太阳出来的时候，也就意味着春天新年节日的到来，而太阳越来越远也就是离冬天越来越近了。

每年的森林历

月份

1——冬眠初醒月（春季第一个月）——从3月21日到4月20日

2——候鸟回家月（春季第二个月）——从4月21日到5月20日

①黄道12宫：来自希腊语 zodiakos，意思是动物园。在希腊人眼里，星座是由各种不同的动物形成的，这也就是12个星座名称的由来。

3——载歌载舞月（春季第三个月）——从5月21日到6月20日

4——安家筑巢月（夏季第一个月）——从6月21日到7月20日

5——雏鸟出壳月（夏季第二个月）——从7月21日到8月20日

6——结伴飞翔月（夏季第三个月）——从8月21日到9月20日

7——候鸟离乡月（秋季第一个月）——从9月21日到10月20日

8——冬季储存月（秋季第二个月）——从10月21日到11月20日

9——冬客光临月（秋季第三个月）——从11月21日到12月20日

10——雪径初现月（冬季第一个月）——从12月21日到1月20日

11——忍饥挨饿月（冬季第二个月）——从1月21日到2月20日

12——残冬盼春月（冬季第三个月）——从2月21日到3月20日

目录 CONTENTS

第一期　冬眠初醒月（春季第一个月）

城市新闻 / 013

森林里拍来了第二封电报 / 018

急电，急电！森林里拍来了第三封电报 / 025

农庄生活 / 086

农庄新闻 / 088

城市新闻 / 093

第三期　载歌载舞月（春季第三个月）

第一期　冬眠初醒月

（春季第一个月）

一年——分十二个月谱写的太阳诗篇

春天来了

每年一到 3 月，森林里就开始准备庆祝新年，因为春天马上就要到来了。

这时，大地上的万物开始一点点地苏醒过来。当微风吹过森林的每个角落，大地上的积雪慢慢变得松软，它们已经没有了冬天的坚硬，而是一块块地融化开了。

房子屋顶垂下的水晶般冰柱在一点点变小，水滴流下来在街上形成了小水坑，刚睡醒的麻雀从窝中爬出来在水坑里扑腾着洗澡，洗去一整个冬天的尘垢。小母鸡们也走出门去找水喝，花园里传来了山雀清脆的叫声。这时候只有河水还在冰面下静静地躺着，好像还想再睡一会儿懒觉。

春分——3 月 21 日终于到来，这一天白天和黑夜变得一样长，森林里的新年从这一天开始了。在这一天的早晨，俄罗斯有一个传统，就是要吃烤“云雀”，不要害怕，我们并不是吃小鸟，而是把面包捏成小鸟的样子，再放上两颗小葡萄当它的眼睛，然后烤熟了来吃。

在这一天，森林里的飞鸟节也拉开了帷幕，人们打开自家的鸟笼，让那些会叫的小鸟重回大自然。孩子们也开始忙碌起来，他们采来树枝并捆绑在一起，做成小鸟们的家，然后把它们挂到大树上，让那些小鸟们有可以休息的地方。细心的孩子们还为小鸟们准备了食物，放进鸟巢一起挂到树上。

学校和俱乐部这时候经常举行报告会，孩子们争先恐后地去参加。课堂上老师告诉他们鸟类是我们人类的好帮手，他们能够保护我们的森林、花园、田野和菜地，所以我们要一起保护和欢迎这些可爱活泼的小家伙们。

春天已经来到了，你做好准备迎接它了吗？

森林里拍来第一封电报

（来自我们的森林记者）

春天的大门敞开了

从南方飞回来的白嘴鸦们推开了春天的大门。春风把天空中厚厚的乌云吹走了，大朵的云彩飘浮在蔚蓝的天空，好像天空中的雪堆，森林里到处是滴滴答答的声音，雪水已经开始慢慢地融化了，这些，都是春天已经到来的讯息。

你看那第一批飞回来的白嘴鸦，它们都是非常健壮的英雄，因为如果身体不够强壮，是无法从遥远的南方飞回来的。旅途中白嘴鸦们经历了多次暴风雪，很多伙伴都因为旅途疲劳而没有飞回来。现在，回到家的它们终于可以好好休息了，它们有的昂首挺胸地走来走去，有的正用嘴巴刨土玩呢。

森林里已经传来了鸟儿的歌唱，金翅雀①、山雀②和戴

---

①金翅雀：又叫金雀，体形与麻雀相似。它的食物主要是树木和杂草的种子，也可用谷物和昆虫充饥。

②山雀：体型较麻雀纤细的食虫鸟类，常见于平原、丘陵、山林地区，羽毛大多以褐色为主。

菊[1]清脆的叫声传到了森林里的每一个角落，好像在叫醒还在睡懒觉的小动物们，告诉它们春天来到的消息。第一批野兽的宝宝也出生了，麋鹿和牡鹿[2]都长出了新犄角。

我们还在等待着更多的动物们，椋（liáng）鸟[3]和云雀应该也快回来了。我们将轮流值班守在树下的熊洞口，只为第一时间报道狗熊们的醒来。

林中大事记

贪玩的兔妈妈和雪地里的宝宝

森林里，刚出生没几天的小兔子们乖乖地躺在灌木丛和树墩下，它们吃得饱饱的，在听着妈妈给它们讲故事。“孩子们，你们现在不能乱跑，万一被老鹰或者狐狸发现就再也看不到妈妈了。”小兔子们认真地听着，慢慢地就睡着了。兔妈妈很是贪玩，讲完这个故事就不见了。

一天过去了，妈妈没有回来。第二天，第三天，妈妈还是没有回来，小兔子们已经饿得肚子咕咕直叫了。

“妈妈到底什么时候回来啊？”一只小兔子抱怨着。

“快看，妈妈回来了！”另一只小兔子高兴地喊起来，

---

①戴菊：体型娇小而色彩明快，长着绿白色的身体，在它们的头部有鲜黄色的条纹。它主要栖息在松柏林里。

②牡鹿：牡鹿就是雄鹿或公鹿，有一对角，是争夺领地或配偶的武器。

③椋鸟：生性活泼，喜欢挑衅。它是害虫的天敌，能捕捉许多害虫。

可是仔细一看，发现并不是妈妈，而是一位兔阿姨。小兔子们饿得不行了，它们用渴求的眼神望着兔阿姨。“阿姨，我们好饿啊！可是妈妈不见了。”

“快来，宝贝们，来阿姨这里，阿姨就是你们的妈妈，阿姨喂你们吃。”

小兔子们饱餐了一顿，兔阿姨就跑开了。于是它们继续回到灌木丛中躺着。

“我们的妈妈到底在哪儿呢？它是不是也在喂别家的兔宝宝呢？”小兔子们这样想着。

其实，小兔子们想得没错。兔妈妈们早就有了约定，只要是兔宝宝就都是它们的孩子，所以每一个兔宝宝都有好多的妈妈照顾。这样你也就不用担心小兔子们没有妈妈照顾而不能好好生活了。虽然外面还是一片白色的世界，冬天的寒冷还没有退去，但是它们一出生就有一身小皮袄，所以不会被冻到；虽然它们找不到自己的妈妈，但是有那么多的兔妈妈呵护它们，喂上几口香浓的兔奶它们就可以饱上几天，所以也不会被饿着。

等到小兔子们长到八九天后就会长出牙齿，这个时候它们就可以自己吃草啦。

最早下蛋的乌鸦妈妈

春天到了，可是天气还有些寒冷，高高的杉树还被积雪覆盖着。乌鸦的家就在这杉树上，乌鸦妈妈寸步不离地呵护着窝里刚出生的蛋。这应该是今年森林里第一个出生的鸟蛋，因为乌鸦妈妈每年都是最早下蛋的。

“外面天气这么冷，会不会冻坏我们还没有出生的宝宝啊？”乌鸦妈妈担心地对乌鸦爸爸说。

“亲爱的，不要担心，天气就要暖和起来了，我这就去找些食物，好迎接我们的宝宝。”说完，乌鸦爸爸就飞出鸟窝觅食去了。

花朵的竞赛开始了

森林里，今年的花朵竞赛已经开始了，那么谁将在比赛中夺冠呢？如果你想知道答案，那可要费点心思了呢。因为这场比赛你在地面上可是看不到的，这时森林里还是白茫茫的一片，我们只能偶尔从远处听到水滴的声音，那是森林里的雪正在慢慢地融化，有的地方雪水已经悄悄地漫上了河沿。

那么，花朵们到底藏在哪里比赛呢？你想知道在哪里可以找到它们吗？其实很简单，只要你抬起头就能看到了。原来在光秃秃的树枝上，比赛正在热闹地进行着。

在榛（zhēn）子树[①]的树枝上，一条条灰色的小辫子随风摇摆着，这就是柔荑（róu tí）花序[②]，虽然它们看起来并不太像。它们在风中翩翩起舞，花粉也随着飘在空中，就像云朵一样追来追去。在其中几根树枝上，我们看到了几个像“蓓蕾”一样的花骨朵，看来今年比赛的前几名就要

①榛子树：又称山板栗、尖栗等，落叶灌木或小乔木，高1～7米，果实外壳坚硬，味道鲜美，有“坚果之王”的称谓。

②柔荑花序：一种似穗状的花序，花序柔韧，下垂或直立，开花后常整个花序一起脱落，如杨、柳的花序，栎、榛等的雄花序。

被它们抢走了。

其他花朵当然也不甘示弱，努力地露出小脑袋。它们有的两朵在一起，有的三朵在一起，在“蓓蕾”中间还探出了一对耐不住寂寞的粉红色小细条，这些小家伙就是雌花的柱头，它们伸出头来是为了随时迎接风中飘来的花粉。

春风微微地吹拂着光秃秃的树枝，那些树枝上的小辫子现在还没有树叶的保护，所以摇晃得非常厉害，花粉也随着它们起舞，飘到其他的树枝上。

不过，这些小辫子过一段时间就会不见了，那些粉红的细条也会慢慢地枯萎，但是不要替它们伤心，因为到那时虽然小花不见了，但是换来的却是成熟的榛子了。

——尼·巴甫洛娃

动物们都换装了

冬天，整个森林里都是白茫茫的一片，兔子、鹌鹑（ān chún）[1]这些毛色雪白的小动物们好像都藏起来了一样，很难被人们发现。现在春天来了，雪地在渐渐融化，原本白色的大地慢慢地恢复成土地的颜色，小动物们也要开始换新衣服了。

为什么小动物一到春天就要换衣服呢？因为在森林里，有很多猛兽，它们经常攻击那些温和的小动物，所以为了躲避猛兽，白色的兔子和鹌鹑开始脱毛换装。小兔子的衣

---

①鹌鹑：体型较小，身体颜色多样。它主要以植物种子、幼芽、嫩枝为食。一般在平原、丘陵、沼泽、湖泊、溪流的草丛中生活。

服变成了灰色，而鹌鹑的衣服变成了红褐色的条纹。

这些小动物们以为换了衣服就可以安全地生活了，可是它们万万没有想到，那些狡猾的野兽为了能够偷偷地接近它们，也开始换新衣服了。

冬天里，伶鼬（líng yòu）[1]是浑身雪白的，白鼬[2]也是一样，只是尾巴尖是黑色的，这样的衣服帮了它们不少忙，使它们即使冬天里也能够抓到小动物们。如今小动物们换了衣服，它们自然也要跟着变装了。于是伶鼬就变成了全身灰色，白鼬也变了颜色，不过尾巴尖还是黑色的，这样的一身装扮又成了它们捕猎中隐藏自己的好帮手。

在逐渐变黑的土地上，除了白鼬、伶鼬，像狼、狐狸、鹞鹰（yào yīng）[3]、猫头鹰也都开始活动了，温和可爱的小动物们，你们要小心了！

冬天的客人准备回家喽

春天，白嘴鸦从南方飞回了家乡，而有一些小鸟，冬天时生活在我们这里，现在也要飞回自己的家乡了。这些小鸟我们经常可以在公路上看到，它们成群结队的，看起

---

①伶鼬：又叫银鼠、白鼠，主要以鼠类为食，对人类有益，也吃小鸟、蛙类及昆虫等。

②白鼬：又叫扫雪鼬、扫雪，体长 17 ～ 32 厘米，尾长 4 ～ 12 厘米，体重 42 ～ 260 克，体型较小，细长，头较短。它是鼠类天敌，应予保护。

③鹞鹰：身体细瘦，腿长，尾长。它低飞于草甸和沼泽上，以鼠、蛇、蛙等为食。

来很像鹀（wú）鸟[1]，被称作铁爪鸦和雪鸦。

这些小鸟为什么要在冬天来我们这里呢？原来呀，它们的家乡在北冰洋的一些小岛或海岸上，那里的土地要很久才能够融化，所以就暂时在我们这里过冬了。

森林里发生了可怕的雪崩

外面依旧十分寒冷，在一棵高大的云杉树树丫上，松鼠妈妈躲在温暖的巢里睡着美觉。梦中它正在和自己的宝宝们玩耍，开心地啃着松果。突然，巢外“砰”的一声巨响，松鼠妈妈从梦中惊醒，随后从巢中蹿了出去。

“天啊，是可怕的雪崩！”它大声地惊呼。

只见一大团雪球正好砸在了小宝宝们熟睡的巢盖上，松鼠妈妈急忙用爪子把雪拨开，好在落下的雪不厚，只是压住了粗枝做的盖子，并没有掉到窝里。巢里的宝宝们依旧睡得很香，刚出生的它们眼睛还没睁开，耳朵也还听不到，光溜溜的像一只只小老鼠。

看到孩子们没事，松鼠妈妈也就松了口气，重新把巢盖加固好回去继续睡觉了。

湿漉漉的森林地下室

冬天，外面十分寒冷，森林的地下室里挤满了各种小

①鹀鸟：体长10～24厘米，体重7～52克。它主要以谷物、果实和芽为食，多栖息在草地、开阔林地等。

动物，左边走廊里住着鼹（yǎn）鼠①、鼩鼱②（qú jīng）几家，右面住着野鼠、田鼠几家，前面深处还住着狐狸一家，整个冬天地下室里都很温暖，大家住得也很舒服。

可是，这几天，地下室里突然变得湿漉漉的，原来是地面上的雪水已经开始融化了。这可害苦了住在里面的几户人家，它们整天都感觉浑身不自在。狐狸一家已经开始商量着要从地下室里搬走了，狐狸爸爸说："这要是雪都融化了，我们岂不是要在地下室里游泳了，咱们还是赶快找别的地方去住吧。"

是谁丢了白茸毛呢

雪水融化得更多了，现在沼泽里的草墩中都是水。一片绿色的草茎中，忽而闪过银白色的光芒，仔细一看，是一撮小穗迎风摇摆着。它们看起来很纯净，好像刚来到这个世界上。显然，这并不是去年的种子，否则，它们不可能在雪地里待了一整个冬天还能如此充满生机。

你一定好奇，难道是谁丢了这白茸毛吗？如果你走近这撮小穗，拨开上面白色的茸毛，会看到有一小部分东西探出了脑袋，仔细一看发现是纤细的柱头和黄色的雄蕊。原来，这柔柔的白茸毛是将要开放的花朵。

---

①鼹鼠：一种哺乳动物，长10余厘米。它的毛黑褐色，嘴尖，前肢发达，脚掌向外翻，有利爪，适于掘土；后肢细小，眼小，隐藏在毛中。

②鼩鼱：体型纤小、肢短，外形有点像家鼠，但鼻子略长些、嘴尖一点。

到常青林里漫步

我们这里的冬天并不是全白的世界，虽然森林里到处都被白雪覆盖着，但也还能看到绿色的灌木丛。这些四季常青的植物并不只能在热带或地中海沿岸看到，在我们这里，也就是北方的森林，它们也都是绿色的。

新的一年里，如果你走进森林里，心情肯定会十分愉悦，因为你的周围没有干草也没有烂叶子，有的只是一片片充满生机的“绿色”。

除了灌木丛，远处还有一片绿油油的松树林，你可以走进林中去玩耍。在这里面，你可以看到越橘[①]闪亮的叶子，你还可以望见泛着绿光的青苔，远处石楠的枝条上新长出来的叶芽同样惹眼，一片片绿色的嫩芽十分可人，在树枝上你还能惊喜地发现去年保留到现在的浅紫色小花，在这个时候看到它们感觉真是幸福。

如果你来到沼泽旁，你会发现幸福的事情还有很多。有一种常绿的灌木名叫蜂斗叶[②]，它的叶子向上卷起呈暗绿色，这样的叶子显然并不怎么吸引人，可在它旁边，我们看见了一串漂亮的小花，它们很像橘花，如风中粉色的铃铛。在这样早的春天里，能够在森林中看到鲜艳的花朵是

---

①越橘：多年生落叶灌木，高达40厘米。它的花为白色或粉红色，果实为浆果，蓝色或红色，近圆形。

②蜂斗叶：又名水斗叶、款冬，是多年生草本植物。它常在河边、沼泽、沙地等地出现。

一件多么欣喜的事情啊，如果你摘一束带回家，你的家人肯定想不到这竟是生活在野外的花朵。

嘴里逃生

我目睹了一场鸟类之间的追杀，如同电影一般。

最开始，它们在我的头顶上追逐，只见一只鹞鹰后面跟着五只白嘴鸦，鹞鹰左闪右躲，白嘴鸦从四面八方围追堵截，把鹞鹰困在中间。势单力薄的鹞鹰被白嘴鸦们啄得大声直叫，拼命挣脱，在白嘴鸦们攻击减弱的时候，它趁机“嗖”的一下逃走了。鹞鹰逃脱后，飞到一棵远处的大树上休息。

我站在高高的山顶上看得十分清楚，本以为“电影”到这就结束了，没想到这才刚开始。

只见鹞鹰还没缓过神来，突然又从树丛中飞来了一大群白嘴鸦，发疯一般地扑向鹞鹰。我开始替鹞鹰担心了，这么一群敌人它该怎么办呢？

没想到是我多虑了，鹞鹰爆发了，它变得疯狂起来，瞪着凶狠的眼睛反扑向其中一只白嘴鸦，还发出吓人的叫声。如此可怕的情形吓坏了那只白嘴鸦，它急忙躲闪到一边，于是鹞鹰趁这个空当飞向高空，机智地逃过了这群白嘴鸦。眼看就要到手的猎物却逃走了，白嘴鸦们很是丧气，它们只能四处散开去找寻其他食物了。

——森林通讯员　康·梅什良耶夫

城市新闻

以群殴收场的屋顶音乐会

“我宣布，今晚的音乐会正式开始。”这是从哪儿传来的声音呢？原来，每天晚上，猫咪们都会在屋顶举办自己的音乐会。今晚的音乐会将由美丽的小花猫来主持。

“下面让我们来欣赏黑猫二重唱《咪咪喵喵》。”两只小黑猫走上台，开始投入地表演起来。底下的猫咪个个蠢蠢欲动，都想上台展示，一只白猫不耐烦地说道：“差不多了吧，该轮到我们的节目了吧？”

这句话可惹恼了黑猫家族的成员，于是它们开始争吵，到后来，竟厮打在一起。主持人小花猫早已不知逃到了哪里，如此美妙的音乐会最后只能以猫咪们的群殴混战结束。

拜访阁楼上的居民们

住在森林地下室里的小动物们最近饱受潮湿的折磨，因此都在考虑搬家。那么住在其他地方的小动物们过得怎么样呢？最近，我们《森林报》的一位工作人员来到了另一个动物们的栖息地调查情况，这就是市中心住宅的阁楼上。

在这里生活着很多动物，比如一位钢琴师家的阁楼里住着鸽子一家。它们虽然住在角落里，却离烟囱很近，冬天可以享受免费的取暖，条件十分优越，最近母鸽子们已经开始孵蛋了。隔壁住着一对画家夫妇，他们的阁楼上长年住着麻雀和寒鸦[①]两家，生活得也十分惬意。

阁楼里的鸟类还经常串门，它们相处得十分友好。

但是鸟儿们最不喜欢的客人就是淘气的小孩和小猫，因为每次他们一来都会制造一些恶作剧，把它们辛苦筑起的窝弄坏。你看，麻雀和寒鸦的家就刚被小猫破坏了，它们只能飞到城市中去找寻稻草和各种绒毛、羽毛，好回来做一些软垫子以修补各自的窝。

乱哄哄的麻雀风波

“你怎么能随便住进别人的家里呢？”椋鸟站在阁楼里的鸟窝旁大声吵着，屋子里已经乱作一团，羽毛稻草满天飞。椋鸟生气极了，它本是这个房间的主人，现在却被麻雀一家搞得乱七八糟，气急之下它直接将麻雀们扫地出门，将它们的羽毛褥子也一并丢了出去，爱干净的椋鸟甚至连麻雀的味道都无法忍受，已经开始打扫屋子了。

这一家麻雀被轰了出去，另一个阁楼里的麻雀也遭遇了不幸。

几只麻雀正在屋檐下玩耍着，蹦来蹦去玩得很开心。这时候一个水泥工人正在屋檐下工作，他要用水泥把房顶的裂缝盖住。

正当他抹墙的时候，突然一只麻雀朝着他的脸飞过来。

---

①寒鸦：也称慈鸟，体型略小的黑色及灰色鸦，嘴小且短。它常栖息在林地、沼泽地等地。

乱哄哄的麻雀风波

这让工人措手不及，赶忙挥舞手中的铲子赶走麻雀，可是麻雀怎么都不走，还一个劲儿地扑过来，工人纳闷极了。

原来刚才工人抹墙的时候，把裂缝背后的麻雀窝堵上了，而麻雀的蛋蛋们还在窝中，宝宝们被困在里面，麻雀妈妈如此搏斗也就不奇怪了。刹那间，这边阁楼里传来叽叽喳喳的叫嚷声，绒毛、羽毛也飞得到处都是。

——森林通讯员　尼·斯拉德科夫

迷迷糊糊的“绿豆”

房子外面趴着一些蓝绿色闪闪发光的小动物，看起来很像绿豆，仔细一看，原来是绿豆蝇。

这群小苍蝇好像还没有睡醒，摇摇晃晃地走在墙壁上，它们还和秋天的时候一样，飞不起来，只能迷迷糊糊地游荡在屋里。

别看绿豆蝇这么迷糊，生活却悠闲得很，它们白天晃荡出去晒晒太阳，晚上再梦游似的挪着小细腿回到栅栏和墙壁中间的裂缝里。

苍蝇，当心这群流浪汉

在太阳下悠闲地走来走去的苍蝇和昆虫可要小心了，一群饿了很久的流浪汉正在靠近你们。这群流浪汉的捕食能力很强，它们不用像蜘蛛一样织复杂的网，而是蹦到哪里就吃到哪里，想躲过它们的法眼有些困难呢。

这群流浪汉就是大名鼎鼎的苍蝇虎。

勇往直前的石蚕大军

马路上浩浩荡荡地爬过一排灰色的小昆虫，它们为了爬过马路勇往直前，不畏艰难。有些战友们被马蹄踏过，有些战友们被车轮压过，有些战友们被过路的行人踩过，就连飞来飞去的麻雀也捕食着它们。可这些困难都没有阻挡它们前进的步伐，这些勇敢的小动物们就是石蚕[①]。

原来，石蚕从冰封的水下爬到岸边，脱去厚厚的外壳后，它们就变成了又细又直的昆虫，还有着一对翅膀，但是翅膀非常轻，又很长，所以还飞不起来。

石蚕只有接收到阳光的沐浴后才能变强，所以你才会看到上面一幕勇闯马路的情景，它们为的就是去马路对面的房屋上晒太阳。

稀少而悠久的森林村观测站

世界上拥有50年以上历史的物候学观测站只有3个，在我们的森林村就有1个，它被命名为中央物候学观测站。它成立的由来，和著名自然科学家凯戈罗多夫教授有着割舍不断的关系。

原来，早在19世纪末，凯戈罗多夫教授就开始研究区域性自然现象科学，并且他一直在森林村里进行考察。于是在地理协会的领导下，我们就以凯戈罗多夫教授的名字命名了专业委员会，进行各种物候学的观察工作。

这个委员会的建立得到了全国各地爱好这方面知识的人的回应，他们发来了各自的研究调查，有的记录着植物

---

①石蚕：一种灰色小昆虫，身子又细又长。它生活在湖泊和溪流中，偏爱较冷而无污染的水域。

开花的规律，有的记录着昆虫出生和灭绝的现象，有的甚至发来自己观察多年的鸟儿迁徙史。

这些资料十分可贵，它们饱含着物候学爱好者们的心血，我们把这些资料集合起来，可以编著成一部自然年历，其有助于我们更好地进行农业工作的指导和天气预报的编制。

森林里拍来了第二封电报

（来自我们的记者）

轮流守在洞口的我们耐心地等待着。

洞口一点动静都没有，熊怎么还没有睡醒？

大家猜想着，依旧守在洞口不想错过熊出来的时刻。

洞口的雪突然振动起来，难道是熊要出来了？

我们很是兴奋地盯着洞口，只见从里面爬出的动物个头不大，像小猪一样，身上都是毛，灰白的额头上有两道暗色的条纹，黑色的肚皮。这明显不是熊，那它是什么呢？

原来，爬出来的这只小怪物是獾（huān）子[①]，我们一直守着的洞是獾子洞，而不是熊洞啊。

獾子已经彻底睡醒了，它爬出洞口去森林里找寻食物。蜗牛、甲虫、树根、草根，甚至田鼠都成了它的口中物，看来冬眠的它是饿坏了。

那熊洞到底在哪里呢？

---

①獾子：体型粗实肥大，四肢短，耳壳短圆，眼小鼻尖，颈部粗短。它的嗅觉灵敏，善于掘土。

我们重新在森林里寻觅起来，终于在另一个树洞下发现了熊洞。

不过懒熊还在睡觉，洞口没有一点动静。

远处飞来了椋鸟和云雀，一边飞一边唱着欢快的歌曲。

这个季节的鸟儿也到了发情期，你看，琴鸡正在四处游晃，努力寻找自己的心仪伴侣。

河面上的冰已经漂起来了，刨冰的小鸟——白鹡鸰（jí líng）①正在冰面上辛勤地工作着。原本可以滑雪橇的路面现在只能坐马车了，因为雪融化了之后，路面变得泥泞不堪，没法再滑雪橇。

给椋鸟盖房子

你想让椋鸟今年住进你家的花园吗？那你可要抓紧时间给它们准备房间啦。

椋鸟对房间可是十分挑剔的，所以你一定要精心准备。这个房间要很干净，椋鸟们是十分爱干净的，曾经它们的窝被麻雀霸占以后，它们可是花费很长时间打扫卫生，连一点麻雀的味道都不能留下。

还有一点很关键，房门不能开得很大，只要保证椋鸟能够钻得进去就可以了，不然淘气的猫咪总是把爪子伸进鸟窝捣乱，椋鸟妈妈可不想自己的宝宝被这些小坏蛋们打扰，所以你记得要在房门上钉一块三角木板。

---

①白鹡鸰：中文俗称白面鸟、点水雀等，体长约20厘米，叫声清晰而生硬，食物几乎全是昆虫，是益鸟。

嗡嗡起舞的小蚊子

空中舞会开始了，今天舞蹈的主角是小蚊子们。

只见它们一群群地聚在一起，排列成柱子的形状，跳着欢快的集体舞。从远处看去，这些蚊群在空中形成一个个小黑点，看着很是显眼。

嗡嗡起舞的它们不断地晃动旋转着，看来都想在舞会中崭露头角。不过你不要害怕，它们不是叮人的蚊子，你可以尽情欣赏它们的舞蹈。

蝴蝶翩翩飞

美丽的蝴蝶早已迫不及待地想呼吸春天的空气，荨麻蝶一家整个冬天都在阁楼的楼顶上生活着，这时候也想飞出去透透气了。

“我们去外面晒晒太阳吧！你看，我的翅膀变得好沉啊。”

于是，荨麻蝶飞向天空，隔壁的柠檬蝶也飞了出来，于是它们一同在空中翩翩起舞。荨麻蝶、柠檬蝶是今年第一批现身的小蝴蝶。

等待约会的燕雀

“它们怎么总是这么慢？”一只雌燕雀抱怨着。

“是啊，每次都让我们等这么久。”另一只雌燕雀也很不耐烦。

“不管那些讨厌的雄燕雀了，总是迟到，真是不懂礼貌。我们先来一起唱歌吧！”一群雌燕雀欢快地聚在一起唱着歌。

我们在公园和花园的树上，总能看到这样一群伸着浅蓝色脑袋的小家伙，它们挺着淡紫色的胸脯等待着雄燕雀到来。

森林变胖了

这几天，森林村里来了很多专家们，有森林学家、农学家，还有林业工作者，他们一起来参加今年的植树造林大会。今年的会议依旧要讨论关于新森林的扩建问题。现在，全国已经造出了几十万公顷的森林，但还是不够。科学家们不断地勘察、实践，为的是在草原地区建一片更大的森林。

会议上，科学家们一共总结了3万多种能够适应草原特性的树种。来自顿尼茨草原的科学家认为，能够适应草原的树种一定要适应力很强，比如一种橡树，它是和锦鸡儿①、忍冬②及其他灌木种在一起的，非常适宜在草原上种植。

为了能够提高农作物的产量，在未来几年里，我们还要造出几百万公顷的新森林。最近，工厂研制了一种新机器能帮上大忙，它能在很短的时间里造出一片大森林来，到那时，森林就会变得越来越多啦。

---

①锦鸡儿：落叶灌木，丛生，枝条细长垂软，4～5月开花，颜色金黄，所以又叫金雀花。

②忍冬：植物金银花，花初开为白色，后转为黄色。

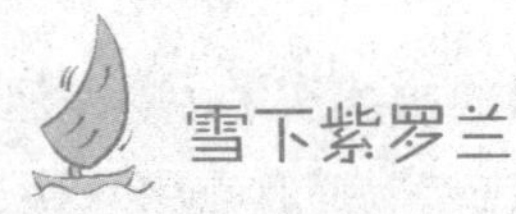

雪下紫罗兰

森林里第一批开放的花朵已经被花店的花匠摘下了，街上有人叫卖着这种花束，他们叫它“雪下的紫罗兰”，不过这种花儿看起来和闻起来完全没有紫罗兰的痕迹。它们真正的名字叫作蓝耳草。

春天的花朵们开放着，也叫醒了一旁的树木，你看，白桦树的树汁已经开始流动。

谁在小溪里做客

森林的水里面最先苏醒的动物是谁呢？为了得知这个答案，我们的林业工作者来到森林村公园的峡谷中，在一条蜿蜒的小溪里用石头和泥土做了一道拦水坝，这样就能看到是谁先苏醒了然后来小溪里做客的。

我们在溪边静静地等待着，却只有一些树枝和树叶漂过来，其他的什么也没有。

“快看，那是什么？”好像从小溪的底部漂来了一只小老鼠，可是它看起来摇摇晃晃的，被冲到水坝上。我们定睛一看，原来是一只田鼠，和一般的老鼠不一样，它长着棕黄色的细毛，还有一些条纹在背上，我们叫它短尾巴田鼠。这只可怜的小田鼠可能因为冬天寒冷被埋在雪里冻死了，雪水融化后就被冲到了这里。

“那只黑色的东西是什么？”又有人在水中发现了什么，大喊道。这时候漂过来一只小甲虫，它显然不能适应水中的生活，手脚乱动地挣扎着，却怎么也扑腾不出来。看到它费力的样子，我们就帮了它一把，捞上来一看，竟然是让人讨厌的“屎壳郎”。看样子它也不想来到水里，估计也是雪水融化后不小心掉进去的。

这么长时间了，还没有我们想要看到的小动物游过来，大家都有些丧气了，有的人已经坐在溪边打起盹来。有几个人还很有精神地盯着河里，这次还真让他们看到了。

“那只是不是青蛙呀？”听到这一句问话，打盹的几个人也同时看向河里。真的是青蛙，它两个后腿往后一蹬一蹬的，一下子游进了池塘里。周围的雪水也挡不住小青蛙，它游过池塘跳到河岸上，一眨眼就消失在灌木丛里了。

太阳快下山了，在我们快要离开小溪的时候，又游来了最后一个客人，是一只褐色的老鼠，尾巴比之前那只短一些，我们叫它水老鼠。看来它冬天的食物准备得还比较多，撑到了春天就跑出来找吃的了。

款冬的小家庭

款冬一家在小土包上快乐地成长着。春天来到了，款冬爸爸终于不用发愁了，因为去年秋天储藏的食物就要吃光了，马上就要开花了，没有养分可是不行的。

款冬的小家庭里，哥哥姐姐都长得很苗条，根茎笔直地向上生长，而弟弟妹妹们却还没有舒展开来，一个个矮胖矮胖的。有一棵款冬尤其害羞，它弯着腰都不敢抬头，好像刚出生和家里其他人还不熟的样子，它的样子楚楚可怜，款冬妈妈摇摆着过去把它扶了起来：“乖宝宝，快来和大家一起玩吧！”

森林里还有很多像款冬这样的小家庭，它们都是从地下一点点地长出来。再过几天，迎风摇摆的茎上就要冒出黄色的小花了，准确地说是花絮，一束束地挤在一起。

款冬爸爸还告诉孩子们：“等到小花离开我们的时候，叶子就会长出来了，大家要好好地爱护叶子，用它吸收更多的阳光，把养分保存好也就是把我们的食物好好保存，这样冬天我们就不会挨饿了。”

——尼·巴甫洛娃

天空中传来“克噜噜”的喇叭声

“克噜噜! 克噜噜! ”一阵喇叭声从天空中传来。住在列宁格勒的居民们还在睡梦中，大家听到这阵声音很是奇怪。

这个时候天刚微亮，整个城市还没有动静，到底是哪里传来如此清晰的声音？

有的居民走出房门，抬头看向空中，发现有一群大白鸟飞过云端，它们个个伸着细长的脖子。

这群发出叫声的大白鸟是每年都要经过我们城市的野天鹅。它们有的是要飞去科拉半岛的阿尔汉格尔斯克，有的是要飞向北德维纳河的两岸，我们的城市是它们的必经之路，所以一到春天就能够看到它们列队整齐地从这里飞过。

有趣新颖的庆祝会门票

一年一度的鸟节就要到来了，今年鸟节庆祝会的门票很是新颖，需要你亲手制作一个椋鸟的鸟窝。这也是大队委员会给所有少先队员们布置的任务，这些做出的鸟窝会被挂到学校里的花园中，给即将到来的椋鸟们一个温暖的家。

少先队员们都知道，鸟类是人类的好朋友，它们可以消灭各种有害的昆虫，来帮助我们保护果园里的苹果树、樱桃树、梨树，所以给它们搭建鸟窝是一件很有意义的事情。如果你还没有学会怎么做鸟窝，不用担心，木工厂最近会有制造鸟窝的培训，快去学习一下吧，很快你也能够做出舒适又漂亮的椋鸟窝，然后就能来参加我们的庆祝会了。

——森林通讯员　伏洛加·诺威、任尼亚·科良吉克

急电，急电！森林里拍来了第三封电报

（来自我们的记者）

那些轮流守在熊洞口的人真是辛苦极了，等了几天几夜，一直都没有动静。大家都在想，难道这个洞里没有熊吗？

正当大家怀疑的时候，洞口的雪突然动了一下，开始一点点地往外冒，这可乐坏了我们的工作人员，心想：这几天终于没有白守啊！

果然，一只母熊露出了脑袋，它好像还不想起床，懒洋洋地从洞里爬出来，后面两只小熊却很兴奋，跟在妈妈后面迫不及待地拱了出来。

睡了一整个冬天，它们真的都饿坏了，小熊跟着妈妈一起朝着森林的方向走去，路上只要看到能吃的东西，它们都不会放过，树根、枯草还有浆果等，全都成了它们的食物。

春汛到来，发大水了

冬天已经彻底被赶走了，春天的到来带来了很多有趣的事情，多到我们都记录不过来了。我们每天都听着椋鸟和云雀在空中歌唱，越来越多的小动物也出现在我们的视野里，第一批野鸭和大雁出现了，第一只蜥蜴也从树皮底下钻出来晒太阳。

在太阳的照射下，所有的雪水都融化了，它们冲破冰层，流向一望无际的田野，新长出来的碧绿碧绿的小草，让人看了心情愉悦。

可是，城市里这时的情况就不是很好了，由于雪水的蔓延，城市发生了一次重大事故，大水使得很多动物惨遭不幸，具体的伤亡情况会通过飞鸟传书在下一期的《森林报》上刊登，敬请关注。

农庄新闻

（尼·巴甫洛娃）

留住想逃走的春水

雪水融化后就像撒欢的孩子一样，到处乱跑，弄得哪里都很泥泞。

为了管好这些随心所欲的雪水，村民们在斜坡上用厚厚的积雪架起一道坝堤，想把宝贵的雪水储存下来，用来浇灌田地。

这个方法显然十分奏效，雪水乖乖地停下了脚步，慢慢地来到田地里。这可把田地里的农作物和植物高兴坏了，它们摇摆着枝叶“咕咚咕咚”地喝起雪水来。

小宝贝的诞生

在猪圈里，有值班员的身影来回地穿梭，今天晚上他们十分忙碌，因为几位母猪妈妈就要生小宝宝了，他们要帮忙接生。

母猪妈妈们一下生出了几十只小猪仔，刚出生的它们摇晃着脑袋，撅着屁股，还不时地发出哼哼的叫声。

值班员把这些圆滚滚的小猪拿到另一个房间，每隔一个小时送回到猪妈妈的身边吃奶。年轻的猪妈妈们一会儿看不到自己的宝宝就很焦急，一个小时的时间对它们来说实在是太难熬了。

土豆要去暖和的新房

土豆家族整个冬天都待在仓库中，那里十分寒冷，它们也好像冬眠了一样，昏昏沉沉的，春天的到来让它们也蠢蠢欲动起来。

土豆们想着不久以后就可以住进暖和的大房子了，在那里它们可以尽情地生长、发芽。这个时候，管仓库的大叔走了进来，他开始给土豆们搬家，土豆们高兴极了，因为它们终于可以离开这个仓库了。

温室里的新闻

温室里最新消息：今年的黄瓜已经上市了，欢迎大家到商店里去购买新摘下来的黄瓜。

这些黄瓜和平常的黄瓜有些不一样，它们的花没有蜜蜂来采蜜，也没有经受太阳的晒烤，不过它们也是真真切切的黄瓜，有着黄瓜特有的香味，而且肉多汁多，肥肥壮壮，浑身上下的小刺也很扎手。

于是商店里来了很多抢购这些黄瓜的村民，看来，温室的黄瓜也很受欢迎。

帮帮那些饥饿的朋友

原野上覆盖着一层“青草”，它们看起来十分细小。由于大地还是冰冻着的，没有东西可以给这些“小草”吃，因此它们只能忍受着饥饿，等待着帮助。

农场的职工们十分爱护这些“小草”，原来它们是秋天播种的小麦，过了一整个冬天，露出了嫩苗。为了能够让小麦快速地生长，职工们用飞机撒下肥料。

肥料中含有草木灰、鸟粪和食用盐，这些“食物”可以让小麦好好地大吃一顿。移动的飞机像空中饭店一样飞过整个田野，不让一株“小草”挨饿。

打猎去

春天，森林里的打猎时间是有限制的，不是随时都可以打猎。并且，打猎开始的时间和春天到来的早晚有着密切关系。假如春天来晚了，就要晚些打猎；假如春天来得早一些，就可以早些开始打猎了。

春天打猎时还不允许带狗，打猎的主要对象是禽类，比如森林和水边的雄田公鸡和雄鸭等。

被追赶的林中恋人

这天早上，猎人从城里向森林走去，走了一天，傍晚的时候他来到森林。森林里下着小雨，天色朦胧，却又不冷，这样的天气正是打猎的好时候。

猎人找到一棵云杉，它旁边都是一些赤杨①、白桦树，都不是很高，看来这里就是最佳位置了。太阳还没有下山，森林里的鸟儿还在高声地歌唱，在棕树的树顶上，一只鸫（dōng）鸟②尖声地鸣叫着，像高音演唱家一般，丛林里红胸脯的欧鸲（qú）③也发出啾啾唧唧的声音，像是和鸫鸟对唱，不过它的声音显然没有那么响亮。离天黑还有一点时间，猎人坐在树下的石头上，抽着烟等待夜色的降临。

太阳终于回家休息了。刚才还兴奋歌唱的小鸟都陆续回家了，刚才热闹对唱的鸫鸟和欧鸲也没有了声音。

---

①赤杨：别名水冬瓜，落叶乔木，高达20米，树形圆整，喜光，耐水湿，生长快。

②鸫鸟：嘴短，善于鸣叫，喜欢在地面取食，以各种昆虫幼虫、蚂蚁为食，冬季也吃果实及浆果。

③欧鸲：又叫知更鸟、知更雀，长着红色的胸羽，黑色的脑袋，明亮的眼睛。

森林里一下子安静了下来，就在这个时候，天空中突然传来轻轻的叫声：

“切尔可，切尔可，呼啦——呼——啦！”

这是什么声音，猎人把枪扛到了肩膀上，朝空中看去。

“切尔可，切尔可，呼啦——呼——啦！”

“切尔可，切尔……”

这个声音一直没有间断，猎人在森林上空发现了两只长嘴勾嘴鹬（yù）[①]一前一后地飞着。它们急匆匆地朝森林里飞去，能够看出前面那只是雌的，后面那只是雄的。猎人屏住呼吸，紧盯着这两只大鸟，用枪口瞄准其中一只，“砰”的一声，后面一只就像撒了气的气球一样旋转着掉了下来，坠到灌木丛里了。前面那只听到声响的勾嘴鹬，吓得“嗖”的一下飞远了。

猎人三步并作两步跑过去，他怕受伤的鸟儿躲进灌木丛，那找起来就很费劲了。他一眼就看到了刚才被打下来的长嘴勾嘴鹬，它挂在灌木上，一动都不动。

猎人刚把猎物收好，远处又传来“切尔可，切尔可”的声音，他抬头望去，发现距离太远了，自己的猎枪打不过去。

他只好靠在树旁继续闭眼休息，不过他的耳朵可没休息，他在寻找下一个猎物。

“切尔可，切尔可，呼啦——呼——啦！”

这个声音又传来了，但是听起来感觉很远。猎人灵机

---

①勾嘴鹬：体型略小而嘴巴往下弯的一种小鸟，叫声明亮而快速。

一动，摘下自己的帽子朝空中抛去。

“说不定这样可以把它吸引过来。”猎人猜测着。

果不其然，这招显效了。

刚才飞远的雄勾嘴鹬在森林上空盘旋，它是在找自己的爱人，忽然远处黑乎乎的一团东西飞上来又飞下去，它以为是雌勾嘴鹬，赶忙朝那个方向飞去。猎人还没有反应过来，只见雄勾嘴鹬已经来到面前了，猎人急忙拿起枪对准它，“砰！砰！”竟然都没打中。“砰！”猎人静下心稳了稳枪杆又补了一枪，终于打中了这只雄勾嘴鹬，它也坠落到灌木丛中。

被追赶的林中恋人

天色已经很晚了，森林里伸手不见五指，远处突然传来一声怪叫，是猫头鹰的声音，已经准备入睡的鸫鸟也被吓醒了，大声尖叫起来。

天黑得什么都看不到了，猎人收起猎枪，沿着小路朝松鸡[①]求偶的地方走去。

捕杀求偶的松鸡

猎人坐在森林里吃着东西，渴了就从暖瓶里倒出水喝。现在已经是后半夜了，森林里有些冷，不过他不敢生火，这样会把松鸡吓跑的。再过一会儿天就要亮了，松鸡的求偶就在这个时候开始。

森林远处又传来猫头鹰嘶哑的怪声。“这该死的家伙，怎么又开始乱叫。”猎人生怕叫声把松鸡吓跑，这样他就白守一夜了。

又等了一会儿，东边的天空已经有些发白了，远处好像有什么东西在唱歌，猎人闭眼仔细一听，“恰可，恰可”，应该是松鸡。他又仔细听了一下，松鸡大概在 150 步以外，大概有三只。

猎人按捺住心中的喜悦，端着猎枪一点点地挪动脚步，离松鸡越来越近了，手指扣住扳机。

就在这时，刚才“恰可”的声音突然停止了，松鸡开始连续啼鸣。

猎人又往前走了三步，迅速走过去并站定。他站在原

---

①松鸡：又名柳叶鸡，体型较大而尾巴较短。它常栖息于高山针阔叶混交林中，以植物根、果实及种子为主食。

地，这时候松鸡也不叫了，森林里一下子安静了。

“难道松鸡发现我了？”猎人心想。

松鸡果然是在仔细听着周围的动静，一旦听到响动就会扑扇着大翅膀飞走。不过它显然不是那么机敏，也或许是猎人藏得太好了。于是它又开始“恰可，恰可”地叫了起来，声音听起来像木头撞击一样。

猎人为了不让松鸡再起疑心，依旧一动不动地站在原地。松鸡感觉周围非常安全，又高兴地啼鸣起来。

猎人又向前跳了一步，这一步松鸡感觉到了，立刻停止了啼鸣，还发出了“咳咳咳”的声音，显然是被刚才的动静吓到了。猎人见状，还没落下的一只脚也不敢动了，悬在空中，他知道这会儿松鸡正在听着呢，放下来就功亏一篑了。

过了一会儿，松鸡发现没什么动静了，又开始“恰可，恰可”地叫起来。

就这样来来回回好几次，猎人一步步地靠近松鸡，现在已经很近了。他知道松鸡就在这棵云杉树上，那个位置感觉距离地面不远，在树半腰的地方。

这会儿松鸡唱得忘乎所以了，完全听不到周围的声音。猎人在漆黑的树上搜索着，它到底藏到哪里了？应该就在附近的。啊！在那里！终于找到了！猎人在针叶云杉的枝头发现了松鸡的影子，非常近，大概有 30 步的距离，感觉就在眼前，松鸡长长的脖子，扇子一样的大尾巴非常显眼。

猎人等这一刻已经等了很久，他端起猎枪，瞄准那个黑影，“砰”的一声，干净利落地打中了松鸡，它一下子就掉到了树下，猎人跑过去一看，高兴坏了，这只松鸡个头真是大，估计足足有 5 公斤重。

森林大剧场

（来自我们的专业记者）

琴鸡的繁衍地

夜，是白的，因为我们这里现在正处于极昼，所以虽然太阳还没有睡醒，四周的东西还是可以看得很清楚。在这天然的灯光下，今晚的剧场演出在森林里一片不大的草地上开始了。

剧场吸引来了很多看戏的观众，它们在剧场周围飞上飞下，有的在草地里找东西吃，有的安安静静地坐在树枝上等待表演开始，这些观众们都是雌琴鸡，它们的羽毛十分艳丽，坐在那里看起来就像漂亮的淑女一般。

它们耐心地等待着好戏开始，忽然，周围一阵骚动，看来前奏已经开始了。

只见剧场中飞出一只英俊潇洒的雄琴鸡，它就是今晚的主角。这只琴鸡十分漂亮，它有着一身乌黑的羽毛，肩膀上有几道条纹，眼睛黑黑的十分有神，它向周围看了一下，除了一些雌琴鸡，没有其他的动物，因此剧场显得有些空旷。

远处那是什么东西？昨天还没有吧。一夜之间能长出如此高的灌木丛？不可能吧。估计是自己忘记了，还是自己老糊涂了？雄琴鸡摇晃着脑袋琢磨着。

主角登场

主角一登场，意味着好戏就要开始了。

这只雄琴鸡又看向了观众，把脖子伸到地上，两只大大的翅膀呼扇着，翘起了华丽的大尾巴。它大声地叫起来，好像在发表表演前的演说：“对面的美人们，看向这里吧，我是这个森林里最漂亮最威武的雄鸡！”

就在这时，“噗噗”一声，一只雄琴鸡落了下来，“噗噗”，接着又来了好几只，它们都站在剧场的空地上。

突然来了这么多演员，主角显然有些生气了。它的羽毛都立了起来，脑袋贴在地上，尾巴也张开了，发出“啾呼——啡，啾呼——啡”的声音，好像在和刚来的几只雄琴鸡发出挑战：“你们敢来这里挑战？信不信我把你们弄得狼狈不堪？不怕？那就放马过来吧！”

“啾呼——啡，啾呼——啡，好啊，那咱们就比试比试，我们这有这么多雄琴鸡，至少也有个二三十只，还能怕你不成！”显然，过来砸场子的雄琴鸡是有备而来。双方都已经箭在弦上，准备开战了。

激烈的战斗开始了

这时，剧场里的气氛变得紧张起来，可树上的雌琴鸡还淑女般地端坐着，好像表演和自己没有关系一样。这些美人们真是狡猾啊，雄琴鸡进行决斗还不是为了给它们看的，今天这场戏就是为了它们上演的啊。不然这些漂亮的雄琴鸡聚在一起打架又是为什么呢？每只雄琴鸡都想在美丽的雌琴鸡面前展示自己，成为勇敢的斗士，博得它们的喜爱和关注。

激烈的表演终于开始了，平地上传来“啾呼——啡”

“叽咕叽咕”的声音，雄琴鸡们弯下头来，朝着对面的敌人逼近过去。

有两个勇士越来越近了。只见它们头对头，冠子上的毛都立了起来，嘴对嘴互相对啄起来，每一下都十分凶狠。

场周围的雄琴鸡们也没有闲着，互相厮杀开来，战斗的声音此起彼伏。

天边变得更亮了，一层薄雾在剧场上方升起来。

挑战主角

一道金属的光泽透过云杉照进剧场里，雄琴鸡们哪顾得上这个，一对对的正在厮杀呢。

我们的主角果然很勇猛，就这一会儿它已经打败了两个对手了，这样厉害的主角，森林里还有第二个吗？这个时候，第三个挑战者已经跳到了它的面前，比赛的激烈程度又一次升级了。这个对手看起来很厉害，动作快、胆子大，刚一上来就啄了主角一口。

“啾呼，啾啾！”主角被偷袭了一下，十分生气，冲着敌人大声吼叫。

树上那几只美丽的雌琴鸡伸着脖子，看到了这边的好戏，“这戏才叫好看呢！”它们津津有味地看着主角和第三个敌人的对决。远处一对厮杀的琴鸡在空中就打了起来，大翅膀在空中撞出噼里啪啦的声音。

回到主战场，主角已经和敌人厮杀在一起了。撞！再撞！啄！再啄！场面眼花缭乱，美人们看得更加仔细了，但还是看不出谁更强一些。突然一下撞击，两只琴鸡都摔倒在地上，向相反的方向跳开。那只来挑战的年轻琴鸡的羽毛被折断了好几根，本来漂亮的外衣这个时候看起来就像破布一样。年纪稍大的也就是我们的主角，看起来更加狼狈，一只眼睛被啄瞎了，眉毛上还流了很多血。

树杈上的美人们看着有些不安，站在树上的脚来回轮换着。“到底是谁赢了？年轻的胜利了吗？它那么漂亮，羽毛闪着蓝光，翅膀还有条纹，看起来多好看。”美人们讨论着。

没过一会儿，两只琴鸡恢复了体力，又撞在了一起。这一次，我们的主角蹿到了上面，又掉下来趴下，然后分开，又一个回合。再一次，年轻的琴鸡又蹿到上面，跌下来，分开，再一个回合结束。

它俩看起来势均力敌，到底谁会赢得最终的胜利呢？美人们各自心中都有了猜测的答案。

挑战主角

两只琴鸡继续扭打在一起。

“砰！”一声巨响，从云杉丛林里冒出一股青烟。

发生了什么？剧场里一下子乱套了，雄琴鸡火红的眉毛立了起来，伸出脖子四处张望，大家都不知道发生了什么事情。

树林里恢复了平静，杉树后面的青烟也散开了。

琴鸡们感觉没什么事情发生，一只雄琴鸡又朝着敌人冲去，一个纵身，啄了一下还在发愣的敌人。周围一对对琴鸡们继续战斗着。心细的美人却发现刚才激烈战斗的主角和年轻琴鸡都倒在了地上，看起来都死掉了，难道它们互相把对方打死了吗？不过这显然吸引不了美人的注意力，它们又看向其他战斗的琴鸡们。它们想要看看谁才是今晚的勇者。

不光彩的谢幕者

太阳已经升起来，剧场的表演也结束了，琴鸡们各自回家。这时候，一个猎人从杉树后面走出来，在剧场中间捡起了主角和它的对手，朝着回家的路走去。

猎人走在森林里，周围十分安静，他好像怕遇到什么人，一直朝四周张望。今天他可谓满载而归，但看起来却并不怎么高兴。原来他今天做错了两件事情：第一，他在法律禁止的时间出来打琴鸡；第二，他打死了剧场的琴鸡主角。这些，可都不是什么光彩的事情。

明天剧场的表演恐怕就没有了，主角已经不在，再也没有人来领头演戏了，可怜的美人们再也不能看到这么精彩的表演了。因为剧场已经被猎人破坏了。

天南地北：各地无线电呼叫

请注意！请注意！

今天是3月21日，是一年中的春分，在这一天，白天和黑夜是一样长的。

我们《森林报》的编辑部决定进行一次无线电的播报。

这次播报涉及范围很广，现在先开始呼叫。

东方，南方，西方，北方。呼叫！听到请回答。

原始森林，山川，草原，沙漠，海洋，苔藓。呼叫！听到请回答。

各方各地注意！请向我们汇报你们那里的情况。

喂！报告总部，这里是北极[①]

在我们这里，今天是一个伟大的节日。因为太阳今天终于出来了！

在经历了一个漫长的冬天后，太阳终于在今天和我们再次相聚。

现在，我们这里终于摆脱了极夜[②]，虽然白天的时间很

---

①北极：指地球自转轴的北端，也就是北纬90°的那一点。北极地区是指北极附近北纬66°34′北极圈以内的地区，该地区的气候终年寒冷。

②极夜：又称永夜，是在地球的两极地区，一日之内，太阳都在地平线以下的现象，即夜长为24小时。

短，只有几个小时，但是没关系，光明会一点点来到的，白天也会越来越长。

前几天，我们还只能看到太阳的一个弧顶，闪过一下就不见了。没几天太阳就已经探出半边脸了，它也迫不及待地想和我们见面。不用着急，以后见面的机会会越来越多。

现在这里还是白皑皑的一片，土地还被厚厚的积雪和冰层覆盖着，整个世界里没有绿色，没有鸟飞，白熊也还在洞里大睡，只有狂风暴雪和严寒常来光顾。

喂！注意！这里是中亚[①]

冬天一直住在我们这里的乌鸦、白嘴鸦和云雀都飞去了北方，它们应该已经飞回家中。我们又迎来了新的客人：来这里避暑的燕子，还有白肚皮的雨燕，这时候它们已经在这里筑好巢开始生活，红色的野鸭都已经开始在树洞里孵蛋。

这里的太阳越来越热，很烤人，街上的灰土被风吹得到处乱飞，于是我们在周围栽了防护林。一些植物的花朵已经凋谢，例如扁桃、白头翁[②]、风信子[③]和干杏，它们就要结出果实了。还有一些果树如梨树、桃树、苹果树等正在开花，它们结果的时间要晚一些。

---

①中亚：即亚洲中部地区。

②白头翁：多年生草本，别名有白头草、老姑草等，喜欢凉爽气候，耐寒，要求向阳、排水良好的砂质土壤。

③风信子：多年生草本植物，花朵有红、蓝、白、紫、黄、粉红色等。

喂！喂！这里是寒冷的冻土[1]地带，亚马尔半岛[2]

我们这里还没有一点春天的气息，现在还是冬天，非常寒冷，动物们为了找吃的只能扒开厚厚的积雪。远处一大群驯鹿饿了好几天，它们用嘴把雪扒开，用蹄子使劲刨着冰面，希望能够找到一点青苔来充饥。

4 月 7 日将是我们这里的“乌鸦节”，到那时乌鸦就会飞来了，就像你们把白嘴鸦飞回来当作春天的开始一样，我们把乌鸦到来的日子看作是春天的开始。

亚马尔半岛

①冻土：指 0℃以下，并含有冰的各种岩石和土壤。

②亚马尔半岛：位于俄罗斯西西伯利亚平原西北部。

喂！这里是乌克兰[①]西部

我们这里十分忙碌，村民们在忙着种小麦，养蜂的人也忙得不可开交，因为蜂虎[②]就要来了，这种金黄色的小动物虽然模样好看，但它们是蜜蜂的劲敌，所以养蜂人不得不防着它们。

白鹳从南非飞回来了，这儿才是它们的故乡，整个冬天都在外面生活，它们也很想念故乡，所以一到春天就立刻飞回来了。

我们这里的村民也很欢迎它们的归来，为了帮助它们筑巢，我们还搬来了一些旧车轮放在各自家中的屋顶上。

白鹳们很领情，它们捡来一些树枝和树干，就在我们的车轮上搭起了新窝。

注意！注意！这里是新西伯利亚[③]原始森林

春天一到，我们这里就很温暖，大家都特别喜欢春天，可是时间太短了，一眨眼就不见了。和列宁格勒差不多，这里也是一片片针叶林和混成林，这种茂密的树林在我们国家辽阔的国土上到处都是。

---

①乌克兰：位于欧洲东部，总面积为603700平方公里，是欧洲除俄罗斯外面积最大的国家。

②蜂虎：一种体长15～35厘米的小鸟；嘴中等长，稍有些弯曲，尖端锐利。它以蜜蜂、胡蜂及其他昆虫为食。

③新西伯利亚：位于西西伯利亚平原东南部，是俄罗斯的城市，建城于1893年。

春天来这里的只有一些寒鸦，它们的到来意味着我们这里春天的开始，因为在外过冬的它们总会最先飞回来，白嘴鸦则要慢一些，它们要等到夏天才会来到我们这里。

喂！这里是外贝加尔[1]草原

我们这里现在就是一个巨大的滑冰场，走在草原上，危机四伏。初春的天气对我们来说就像灾难一样，冰雪在白天刚刚融化，晚上的寒冷又把它们变成了冰，所以大家都不怎么出门。

走在冰上的黄羊很小心地一步步挪动着，冰面就像镜子一样，它们光滑的蹄子在上面直打滑。黄羊要从这里离开去蒙古，如此恶劣的路面情况让它们放慢了速度。

这样的冰面站着都困难，更别说还要躲避野兽的追杀，可是羚羊为了保住性命，还是努力地在冰面上奋力奔跑着。

喂！报告，这里是高加索山[2]

我们这里的冬天是一点点被赶跑的，春天并不是一下子就到来。这时候谷底下着小雨，山顶上却还在下雪。谷底的小溪奔流不息，今年的第一次山洪暴发了，水已经漫过了河岸，湍急的河流卷走路上碰到的东西，冲着大海的

①外加贝尔：一译“后贝加尔”，现指俄罗斯贝加尔湖以东的东西伯利亚东南部。

②高加索山：东西走向，在黑海与里海之间，是亚洲和欧洲的地理分界线。它的海拔3000米以上，山顶终年积雪。

方向直奔而去。

春天最开始抢占的是山脚的谷地，所以那里最先迎来了春天，树发芽了，花也绽放了。走到山坡的南面，这里更是一片生机勃勃，阳光照耀下来，暖洋洋的，一片绿色映入眼帘，从山脚向上攀爬着。

冬天的地盘越来越小了，鸟儿、啮齿类动物，还有食草的野兽，都跟着春天的脚步向山顶爬去，牡鹿①、兔子、野绵羊、野山羊也朝着山顶进发，以这些动物为食的狼、狐狸甚至雪豹，也都紧紧跟在它们身后。看来冬天已经没有地方可以闪躲了，动物们跟着春天的脚步逐渐占领了整个高加索山。

报告！报告！这里是海洋，这里是北冰洋②

刚刚出生的小海豹白得和雪一样，毛茸茸的，只有眼睛和鼻头有三点黑色。它们就降生在北冰洋的冰面上，旁边躺着它们的妈妈——一只浅灰色的格陵兰雌海豹。北冰洋的海湾处有很多冰块，也有整片的冰场。

这个时候的小海豹还只能在冰面上活动，它们要想下水玩耍还要等一段时间，至少要先学会游泳这项本领。旁边爬上来一只老格陵兰雄海豹，它的脸和腰都是黑色的，躺在冰面上的它等着自己又短又硬的浅黄色的毛脱落，直到换完毛才能再下水。

①牡鹿：成年雄鹿的俗称。“牡”释为雄性的鸟或兽，也指植物的雄株。

②北冰洋：位于亚洲、欧洲和北美洲之间，地球最北端，且面积最小、最浅的大洋。

这里是北冰洋

“呜呜，呜呜”，远处飞来一架飞机，盘旋在冰面的上方，这是来侦察海豹分布情况的飞机，侦查员在飞机上观察哪里有雌海豹带着小海豹，哪里有雄海豹在换毛。之后，他们会回去向船长报告具体的情况，告诉船长哪里的冰块躺着更多的海豹，这样他们就会派出一艘专业的海豹捕猎船，穿过冰原去目的地捕猎海豹。

喂，报告！这里是黑海[1]

现在的巴统[2]城下，是猎取海豚的好时候。想要知道海

①黑海：欧亚大陆的一个内海，面积约42.4万平方公里。黑海与地中海通过土耳其海峡相联。

②巴统：位于格鲁吉亚西南的黑海之滨，为当地著名的旅游胜地。

豚在哪里，最好的办法就是观察海鸥，看这些四面八方飞来的海鸥飞向哪里，就会知道哪里有成群的小鱼，这个地方也就是海豚的聚集地。

海豚是天生的演员，它们十分喜欢在海面上表演，比如像马儿在草地上打滚一样在水面上翻跟头，有时候它们还会排成整齐的队列一只接一只地从水里面蹦出来，在空中翻飞一圈，然后再回到水中。

这个时候去捕获它们并不是最好的时机，因为它们会很快就逃走。要选择到它们吃东西的地方去，这个时候的海豚不会躲开小艇，所以可以在距离它们 10 ～ 15 米的地方射击，开枪要快，如果打中了就要立刻过去把它们拖到船上，不然死海豚会沉入海底，就很难打捞了。

在我们这里，海豹是很少看到的，因为它们都不是本地的。有一次，一只地中海的海豹游过博斯普鲁斯海峡[①]的时候偶然到了我们这里，大概有 3 米长，在水面上只能看到它乌黑的脊背，不过不一会儿就不见了。

喂！这里是里海[②]

我们这里有好多来自不同地方的鱼，有里海鲱（fēi）鱼[③]、

---

①博斯普鲁斯海峡：又称伊斯坦布尔海峡，沟通黑海和马尔马拉海，并将土耳其亚洲部分和欧洲部分隔开的海峡。

②里海：世界最大的湖并且是咸水湖，位于亚欧大陆腹部，亚洲与欧洲之间。

③鲱鱼：学名太平洋鲱鱼，也称青鱼，头小，身体呈流线形，背侧蓝黑色，腹侧银白色，为冷水性中上层鱼类。

鲟（xún）鱼[①]、白鲟[②]和很多别的鱼，一群一群的互相聚在一起。这些鱼都只是路过而已，它们要游到伏尔加河、乌拉尔河的河口附近，因为那里可以让它们好好地吃上一顿苋（xiàn）菜[③]，这些苋菜都是这两条河的上游解冻后带来的。

到那时，小鱼们就会疯一样地逆流向上游去，那里是它们产卵的地方，也是它们出生的地方，距离这里非常远，在河的北面。鱼儿们也将在那里大大小小的支流产卵。

渔民们早已在整条伏尔加河[④]、卡马河[⑤]、奥卡河[⑥]、乌拉尔河[⑦]及它们的支流上撒下渔网，等待捕捞这些回归故乡的鱼群。

在我们北边的海域还有冰，冰面上有很多海豹的家。这个时候，小海豹已经换过毛，变成了深灰色，慢慢长大

---

①鲟鱼：世界上现有鱼类中体形大、寿命长、最古老的一种鱼类；其形态独特，身体呈锥形，头、躯干为一平面。

②白鲟：俗称象鱼、象鼻鱼等，属淡水鱼类。它的头极长，头长超过体长的一半，肉质鲜美，营养价值高。

③苋菜：叶呈卵形或棱形状，菜叶有绿色或紫红色，茎部纤维一般较粗，咀嚼时会有渣。苋菜菜身软滑而菜味浓，味道甘香，有润肠胃清热的功效。

④伏尔加河：位于俄罗斯西南部，全长3690公里，欧洲最长的河流，也是世界最长的内流河，流入里海。

⑤卡马河：俄罗斯中西部河流，全长1805公里，为俄罗斯最重要的河流之一。

⑥奥卡河：俄罗斯西部河流，长1478公里，是俄罗斯伏尔加河右岸最大支流。

⑦乌拉尔河：又称乌拉河，发源于乌拉尔山脉南部，流经俄罗斯联邦及哈萨克斯坦，在阿特劳注入里海，全长2428公里。

后再变成棕色。海豹妈妈从冰窟窿里出来喂饱自己的宝宝，这是为数不多的最后几次了，然后它们也要换毛了。

这个时候，雌海豹就会来到雄海豹的身边，和它们一起换毛，只见冰面上躺着一群群换毛的海豹。如果海面上的冰融化了，它们还要爬上沙滩，把没来得及换好的毛换好。

注意！这是远东

我们这里的狗也是要冬眠的，冬天过后，它们也醒过来了。可能别的地方的狗都不冬眠，但我们这里不同。有一种特殊的野狗，和熊、土拨鼠[①]一样，到了冬天它们就会呼呼大睡，这在我们这里并不是一件奇怪的事情。

这种狗浑身的棕色毛发又密又长，耳朵被毛发遮住，腿很短，个头比狐狸小，有冬眠的习惯，就像獾一样，爬回自己的洞，熟睡一整个冬天。人们管它叫浣熊狗，没错，它长得很像美国的浣熊[②]。现在春天来了，它也出来觅食了，它不仅能够抓老鼠，还会捕鱼。

这时候，在乌苏里[③]边境旁的森林里，刚出生的小老虎正张大眼睛看着这个奇妙的世界。

从 3 月 21 日这一天起，会有很多的鱼长途跋涉从海洋

---

①土拨鼠：善于挖掘地洞，为了安全，通常洞穴都会有两个以上的入口。土拨鼠也具备游泳及攀爬的能力。

②浣熊：原产自北美洲，因其进食前要将食物在水中浣洗，故名浣熊。

③乌苏里：乌苏里江是中国黑龙江支流，中国与俄罗斯的界河。

那边游到我们这里来产卵。这时候，有一种鱼我们已经可以开始捕食了，那就是南海边长着扁扁身子的比目鱼①。

报告，这里是中亚的沙漠

我们这里的春天阳光明媚，虽然是沙漠，可一点也不热，不时还会下起小雨。沙地上并不是毫无生气的，这个时候还长出了小草，它们正在茁壮地成长，灌木丛里也长出了叶子。

这里的春天也是丰富多彩的。小动物们都从冬天的美觉中醒来，蜥蜴、蛇、乌龟、土拨鼠、跳鼠从各自的洞穴爬出来，屎壳郎、象鼻虫也飞了起来。

春天的客人还有很多，远处飞来了小个子的沙漠莺，能歌善舞的鹟（wēng）②在空中飞舞着。各种云雀也不愿被落下，纷纷赶来凑热闹，有带冠毛的云雀、白翅膀云雀、亚洲小云雀、大云雀、黑云雀，天空中回荡着它们的歌声。

山上飞下来的兀鹰③就不那么友好了，它们用又长又弯的嘴在啄乌龟，伸进乌龟壳里啄肉吃。

所以，如果谁还说沙漠里没有春天的气息，那可是大错特错的想法。

---

①比目鱼：又叫鲽鱼，身体扁平，双眼同在身体朝上的一侧。它栖息在浅海的沙质海底，捕食小鱼虾。

②鹟：鸟类的一科，体型较小，嘴稍扁平，吃害虫，是益鸟。

③兀鹰：头部和长颈交杂生长着白色和青白色的羽毛，飞行不用拍动翅膀，而是利用气流扶摇直上。

这里是中亚的沙漠

喂！喂！这里是波罗的海[1]

我们这里的港口热闹非凡，一个个解冻的港口驶出了一艘艘轮船，它们将要开启一段新的旅程。

港口也迎来了世界各地的轮船，随着它们的到来，波罗的海的日子也变得欢快起来了。

渔民们已经准备好各项捕鱼的工作，就等着小鳁（wēn）鱼[2]、小鲱（fēi）鱼和米鱼[3]的出现。在芬兰湾[4]和里加湾[5]，

①波罗的海：位于欧洲北部斯堪的纳维亚半岛和日德兰半岛以东的大西洋的陆内海，是世界上最大的半咸水水域。

②鳁鱼：又称沙丁鱼，身体侧扁，通常为银白色。

③米鱼：形似鲈鱼，但肉质略粗糙，体色发暗，灰褐并带有紫绿色，腹部灰白。

④芬兰湾：波罗的海东部的大海湾，位于芬兰、爱沙尼亚之间，伸展至俄罗斯圣彼德堡为止。

⑤里加湾：波罗的海东南部海湾，在爱沙尼亚西南岸与拉脱维亚北部海岸之间，深入内陆 174 公里。

鲑鱼[①]、胡瓜鱼[②]和白鱼也出现在刚刚融化的海水中。

到这里，我们这次举行的无线电播报就全部结束了，这次无线电播报得到了各方各地的支持，收到了很多宝贵的信息。下一次播报将在 6 月 22 日进行，敬请大家期待。

打靶场：第一次竞猜比赛

1. 按照日历，哪一天被认为是春天的开始？

2. 哪种雪融化得更快——干净雪，还是脏雪？

3. 为什么春天里猎人不能捕猎软毛的野兽？

4. 春天，是蝙蝠先出现，还是昆虫先出现？

5. 我们这儿[③]，春天哪种花最先开放？

6. 春天，哪一种鸟儿的羽毛会显著地改变颜色？

7. 什么时候野白兔最容易被发现？

8. 小兔子生下来的时候，是睁着眼，还是闭着眼？

9. 这里画着两种松树。一种在密林里长大，一种在旷野上长大。你能

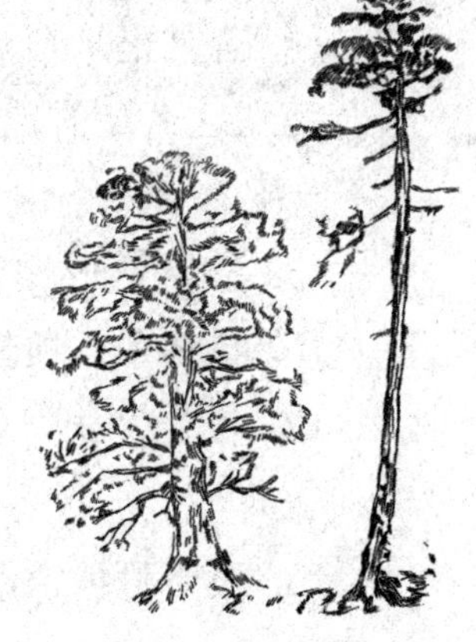

两种松树

---

①鲑鱼：又称三文鱼，是深海鱼类的一种，也是一种非常有名的溯河洄游鱼类，可食用，营养价值高。

②胡瓜鱼：因鱼身有一种鲜黄瓜般的气味而得名，体长侧扁，鳞片小，侧线不完全。

③我们这儿：此指列宁格勒，也就是今天的圣彼得堡。

把它们分辨出来吗？

10. 我们这儿，最小的野兽是什么？

11. 我们这儿，最小的飞鸟是什么？

12. 这里画着三种不同的鸟嘴。这些鸟，一种是吃昆虫的，一种是吃谷类和浆果的，一种是吃小野兽和小鸟的。根据嘴的形状，你能分辨出哪种鸟嘴吃什么食物吗？

三种不同的鸟嘴

13. 我们这里会唱歌的鸟中，哪一种鸟的羽毛，雄鸟是黄色的，雌鸟是绿色的？

14. 森林里，有棵树中部的树皮被兔子啃光了。兔子怎么会爬到这么高的地方吃树皮呢？为什么挨近树根的部分它不吃呢？

15. 一年里面，哪两天太阳在天上停留整整 12 小时？

16. 什么东西顶朝下生长？

17. 没生炉子，没烧柴火，可是让你感觉浑身暖和。（谜语）

18. 飞着静悄悄，坐着也静悄悄，等到死去腐烂了，才放声叫。（谜语）

19. 一匹马拖着车，跑了一阵子，车辕（yuán）子还在那儿没动。（谜语）

20. 有位老妈妈，冬天穿白衣裳，春天换上花花绿绿的花衣裳。（谜语）

21. 冬天靠它取暖，春天融化，夏天从来不见，秋天准

备出现。（谜语）

22. 回想昨天，期待明天。（谜语）

23. 头上很多杈，却不是树木。（谜语）

告示：紧急征求住房

我们已经从南方回来啦！

现紧急征求用木板钉成的单栋小房子。要求：木板要结实，至少有 2 厘米厚。房子需要高 32 厘米，面积是 15 厘米 ×15 厘米，门朝南，5 厘米大，离地板 23 厘米高。

——椋鸟启

椋鸟启

我们很快就要到达了。

现在征求一个菱形小房子。四壁的面积 12 厘米 ×12 厘米，门 4 厘米大。

——善于捉昆虫的鸟儿：朗鹟启

朗鹟启

我们将于 5 月到达。

我们征求的住房里面须有隔板，隔成三个房间。房子总面积是 12 厘米 ×36 厘米，门要开在屋檐下面，直径 4 厘米。

——雨燕启

雨燕启

白鹡鸰启

我们想征求这样的房子：

木板房，面积 11 厘米 ×11 厘米，高 11 厘米，门口直径 4 厘米，离地板 7 厘米高。

——白鹡鸰启（我们已经到了）

第二期　候鸟回家月

（春季第二个月）

一年——分十二个月谱写的太阳诗篇

4月，春姑娘虽然早已降临大地，但是沉睡中的森林却还没有完全醒过来，大树依然光秃秃地站在那里，等待森林苏醒之后为它们换上绿色的长裙。不过，此时如果我们侧耳倾听，就能听到树干中浆汁流动的声音。树芽也像个调皮的孩子，从枝丫之间探出了头。

森林中的生命都在等待森林苏醒的那一刻。森林一苏醒，它们就可以开始尽情绽放自己的美丽了。

这时，大地早已经苏醒，冰雪融化，雪水汇成小溪，从山上欢快地流下来，徐徐吹来的暖风已经为一个热闹月份的到来拉开了序幕。

春姑娘迈着轻盈的步伐四处奔走，大地被她从冰天雪地中解放出来。她所到之处，融化了的冰雪悄悄汇成小溪，小溪又偷偷流入小河。这时候小河里的冰也融化了，河水水面上涨，也开始欢快地流动起来，鱼儿也按捺不住心中的喜悦，时时蹦出水面看一看这大好的春光。

春水滋润着大地，在暖融融的阳光里，大地终于脱去它枯黄的棉衣，穿上了花裙子。低头一看，嫩绿色的小草迎着阳光破土而出，努力伸展绿色的小手，像要抱一抱这美丽的世界。

鸟儿掀起返乡大热潮

春天来了，小草发芽了，大地好像穿上了漂亮的绿衣服。春风轻轻吹拂着树枝，凑到花朵旁，我们能闻到花儿的香气。抬头看看天上，鸟儿也排着长队从它们过冬的地方飞回来了。

哪些鸟儿会最先回到家里呢？想知道答案的话就抬起头来看看吧。一般最先飞回来的都是那些不太漂亮的鸟儿，因为那些最漂亮的鸟儿颜色都非常鲜艳，它们如果站在光秃秃的地面或枝头上，很容易就会被那些凶猛的野兽或者大鸟看到。所以为了保护自己，漂亮的鸟儿总是在刚进入秋天的时候就离开这儿，而一直要等到第二年春暖花开以后才飞回来。

注意看的话我们会发现，回家的鸟儿非常遵守秩序，一排排、一列列，按照它们遵守了很多年的规矩，时时变换着列队的方式。你可以抬头看一下，在城市和我们列宁格勒州的上空，就是鸟儿们的一条飞行路线。我们把这条路线叫作“波罗的海航空线”。鸟儿们就是通过这条路线从寒冷的北冰洋飞去温暖的热带国家的。

候鸟掀起返乡大热潮

在返回故乡的时候，鸟儿们先后要经过非洲海岸、地中海[1]、比利牛斯半岛[2]、比斯开湾[3]海岸、北海、波罗的海等地方。在回家的路上，它们会遇到许许多多困难，要面对浓雾、暴风雨、严寒，还有猎人手中的猎枪等。即便这么凶险，鸟儿也从来没有停下它们回家的脚步。

厚厚城墙般的浓雾就像蒙在鸟儿眼前的纱布，在这样浓的雾中，鸟儿是看不清路的。迷路的鸟儿在又潮又湿的环境中往往非常着急，这时它们就会乱冲乱撞，很多鸟儿一不小心就撞到了岩石上，受伤甚至撞死的鸟儿非常多。

由于在寒冷的天气里很难找到食物，因此在回家的路上，鸟儿如果遇到非常冷的天气，就会很危险。许多鸟儿就是在寒冷的天气中被冻死或饿死的。

除了雾气和寒冷的天气，暴风雨也是鸟儿回家路上经常遇到的“敌人”。遇到暴风雨的时候，雨水会把鸟儿的翅膀打湿，大风有时候甚至会折断鸟儿的翅膀。因为不能正常飞行，所以很多鸟儿都死在了暴风雨中。

上面我们说的那些阻挡在鸟儿回家路上的“敌人”已经非常可怕了，但是还有一些“敌人”更可怕，它们就是猎人手中的枪和那些非常凶猛的动物。

每年都会有很多鸟儿死在猎人们的枪口之下。而且，

---

①地中海：世界最大的陆间海，被北面的欧洲大陆，南面的非洲大陆和东面的亚洲大陆包围着。

②比利牛斯半岛：位于欧洲西南角，东部、东南部临地中海，西边是大西洋，北临比斯开湾。

③比斯开湾：北大西洋东部海湾，介于法国西海岸和西班牙北海岸之间，略呈三角形。

由于在“海上航空线”上来来往往的鸟儿非常多，因此这儿也成了许多凶猛的动物聚集的地方。在鸟儿飞去热带过冬或者飞回来的时候，这些凶猛的动物一般都会守在鸟儿们经过的地方，许多鸟儿都被它们抓住，并最终沦为它们嘴里美味的野餐。

可见，鸟儿回家的路走得多艰辛，但这些困难丝毫没有让它们退缩，它们还是义无反顾地加入了返乡的热潮中。

戴脚环鸟儿的秘密

在森林里，为了躲避即将到来的寒冷冬季，很多鸟儿都会飞到其他地方过冬。大部分鸟儿选择南方作为它们过冬的地方，而除了南方，也有鸟儿会飞往西方、东方甚至北方去过冬。

那么，人们是如何探知到鸟儿们的这一秘密的呢？

原来，人们很早以前就想到了一个非常好的办法，那就是在鸟儿的爪子上套上一个带有一些数字和字母的金属环，这种金属环一般都是用铝做成的，非常轻便。通过脚环上的数字，科学家们可以判断出这只鸟的脚环是在何时何地被套上的，而脚环上的字母则注明了为这只鸟套脚环的是哪个国家的哪个科学机构。

科学家在地球的北面给一只鸟戴上脚环，即使以后它飞到非洲、南美洲甚至更远的地方，他们也能成功追踪到它的足迹。由此，鸟儿们的神秘生活规律也得以被科学家了解到了。

了解以上信息后，你就应该知道怎么处理你或者你的朋友逮到的带脚环的鸟了。发现这种带脚环的鸟以后，你应该先记下它脚环上的字母和号码并把它放生。之后，再拿出一张纸，给中央鸟类脚环局写一封信，告诉他们你发现这只鸟的具体位置，例如莫斯科市 B-313 区列宁大街[1] 86 号 310 室，并写下邮编 117313。或者你也可以直接把鸟的脚环取下来寄过去。

我们每寄出一个脚环或者给中央鸟类脚环局写一封信，就为科学家们进一步探究候鸟迁徙的秘密做出了一点贡献。

林中大事记

道路泥泞，想找点新闻可真难

春天来了，冰雪逐渐融化，雪水让本来就很不好走的林间公路和乡间道路变得更加泥泞不堪。

现在要想去郊区，可不是一件容易的事，因为你不管是选择雪橇，还是选择马车作为交通工具，走起来都非常困难。但是此时正是森林里最热闹的时候，树木发芽，柔荑花序开始开花，蚂蚁从窝里出来，池塘也变得生机勃勃。所以此时如果不去森林里看看，那是非常遗憾的。

为了知道森林里最近发生的这些事，我们费了很大力气呢。

---

①列宁大街：东起结雅河，西至市郊，长达 8 公里。1873 年，称斯维特兰那，这个名大约用了半个世纪，1924 年改名为列宁大街，1992 年该大街又恢复称作斯维特兰那。

过了冬的浆果才更甜

在寒冷的冬天，大雪掩埋了生长在森林沼泽地中的蔓越橘。现在，随着雪的融化，蔓越橘也渐渐从雪下探出了头。

这个时间对于孩子们来说是最好的，他们成群结队地来到森林里采摘蔓越橘。所有吃了这种浆果的孩子都对它赞不绝口，他们纷纷说，过了冬的蔓越橘比刚长出来的时候要甜得多。

昆虫的节日到来了

当柳树枝头挂满毛茸茸的小球，昆虫们就兴高采烈地开始忙碌了。在温暖的阳光下，勤劳的蜜蜂、贪吃的花蝴蝶、无所事事的苍蝇都在花丛间飞舞。

在结满亮黄色小毛球的柳树的枝丫间，五颜六色的蝴蝶扇动着它们的花翅膀飞来飞去。

黄色的柠檬蝶①仿佛被花朵亲吻过，它的翅膀上隐隐可以看出花朵的形状。棕红色的荨麻蛱蝶②瞪着它大大的眼睛，仿佛闻到了花蜜香甜的味道。最有趣的要数那只落在黄色小毛球上的暗灰色长吻蛱蝶③，它吸食花蜜时仿佛怕人

---

①柠檬蝶：和芝麻蝶较为相似，不同之处在于柠檬蝶体黄白色分明，且尾巴上不具有黑色眼斑，很容易辨认。

②荨麻蛱蝶：别称小樱蝶，翅膀为黄褐或红褐色，斑纹黑或黑褐色，幼虫为黑色。

③长吻蛱蝶：一种大型蝴蝶，在7月后半个月和8月初开始出现，天冷时躲起来过冬，第二年春天出来飞舞1个月，产完卵，然后死去。

看见似的，总是先张开翅膀把小球遮住，然后再把自己的吸管扎进花蕊里。

这个时候，勤劳的小蜜蜂当然也不会闲着，它们在树丛间飞来飞去，忙着采蜜、酿蜜。丸花蜂[①]嗡嗡地在空中盘旋，仿佛正在寻找合适的落脚点。这时，花蕊就像一只只抓满了花粉的小手，摇摇晃晃，等待着昆虫们的来临。

微风吹来，这种结满亮黄色小毛球的柳树随风轻轻扭动腰肢，满身的黄色小球像鸟儿身上脱落的纤细绒毛一样随风飘散，这时的柳树看上去就像一位贵妇人，从容而优雅。不过，不是所有柳树都让人这样心旷神怡，在森林里还有一种长着难看的灰绿色小毛球的柳树。

这种柳树看起来没有那些长着黄色小毛球的柳树漂亮，所以它们的周围也没有那些长着黄色小毛球的柳树周围热闹，只有很少的昆虫在它们的枝头停留。可是，你也不要因此而小瞧了这种柳树，虽然它们其貌不扬，作用可不小，结种子的任务一直都是它们在承担。当昆虫把花粉带到这种灰绿色的小毛球上，种子就会在长得像小瓶子似的雄蕊上慢慢长大。

这个热闹的季节是昆虫们的节日，花丛间、枝头上，到处都能看到它们忙碌而欢快的身影。

——尼·巴甫洛娃

---

①丸花蜂：又名熊蜂，浑身绒毛，个体大，寿命长。它是适合温室作物授粉的专业授粉蜂种，飞行速度快。

为什么蝰（kuí）蛇[1]要做阳光浴

春天的阳光将毒蝰蛇从冬眠中唤醒。沉睡了一个冬天的毒蝰蛇，血液都快冻成冰了，它拖着僵硬的身体慢慢地向前爬着，每动一下都仿佛用尽了全身的力气。

别看它现在爬起来这么费力，等到它躺到干燥的树墩上晒一会儿太阳之后，冰冷僵硬的身体变得暖和了，它的动作就会变得非常灵敏，再去捉老鼠和青蛙自然就容易了许多。

柔荑花序开花了

冬天，白杨树和榛树枝头有许多像紧握的小拳头一样密实的小包，它们就是柔荑花序的花苞。现在，春风吹暖了大地，在被阳光晒得暖融融的枝头上，这些“小拳头”也渐渐舒展开了。

河岸上、小溪旁的白杨树和榛树上还没有长出叶子，但是枝头上已经挂满了像毛毛虫一样的柔荑花序。

这些柔荑花序是咖啡色的，蓬松而富有弹性，被风一吹就翩翩起舞，非常漂亮。随着柔荑花序的摇摆，雄花上的黄色花粉也慢慢飘洒下来，在空中形成一层黄色的烟雾，如梦如幻。花粉跟随着风的脚步在树枝之间游荡，它们从一棵树飘到另一棵树，从一朵花飘到另一朵花。如果它们

---

①蝰蛇：一种毒蛇，长1米左右，背部淡蓝带灰色或褐色，腹部黑色。它多生活在森林或草地里，以小鸟、蜥蜴、青蛙等为食。

落在雌花花蕾中像昆虫触须一样的柱头上，雌花就受精了。

白杨树的花没有花瓣，它的雄花是一种黄色的小毛球，而雌花则一般呈褐色。榛树的雌花也没有花瓣，在榛树的雌花上，我们只看得到粗壮的花蕾，以及从花蕾中伸出来的一条条粉色的“小舌头”——柱头。有的花蕾中能伸出两三条小舌头，有些则能伸出四五条。

白杨树的雌花受精以后，将会长成一颗颗包裹着种子的黑色小球状果实。而榛树的雌花受精之后，榛树枝头就结出了一颗颗榛子。等到秋天到来以后，我们就可以爬到榛子树上去摘美味的榛子吃了。

——尼·巴甫洛娃

蚂蚁窝开始微微颤动

现在，随着天气转暖，大地渐渐脱去了冰雪做成的白色外衣，露出了黄褐色的皮肤。小草也从土堆里探出了头。温暖的阳光把地面照得暖融融的，蚂蚁也从窝里爬了出来。但它们仿佛还没有完全从美梦中醒过来，动作非常迟缓，像梦游的孩子，迷迷糊糊地抱成一团，躺在窝上晒太阳。

在一棵云杉树下面，我们就发现了一群这样的蚂蚁。它们懒懒地躺在阳光下，乍一看让人误以为是一堆垃圾或者是一丛掉落的松针。我们拿一根小棍棍轻轻地碰了它们一下，它们并没有迅速地四散逃开，而只是稍微动了一下。平时谁要是惹怒了它们，少不得要被咬上一口，而此时它们居然只是动了一下，毫无攻击我们的意图，可见此时的蚂蚁是多么没有生气。

别看现在它们正躺在窝上懒洋洋地晒着太阳，过几天之后，它们可就要开始忙碌了。到那时可不要再随便招惹它们了，免得它们一怒之下在你手上留下一些印记。

还有谁苏醒过来了呢

天气这么暖和，让我们再去森林里看看还有谁已经从美梦中醒来了。

往草地上看，蒲公英也开花了，白色的绒球随风摇曳，纤细的绒毛随风飞远；白桦树嫩绿的新叶从枝头钻出，迎着阳光抖了抖身上的露水。

再往前走，我们首先遇到的是正在展示绝技的磕头虫[①]。只见它仰面朝天地躺在地上，忽然把头往地上一磕，身体就离开了地面，为了显示自己的技艺有多高超，它往往不会直接落下，而是会在空中表演一下翻跟头。接着，我们又遇到了拖着扁平身体向前挪动的步行虫[②]，圆圆的黑色屎壳郎[③]，以及刚刚睡醒的蝙蝠。

终于，4月迎来了它的第一场雨。这时，许多蘑菇像撑

---

①磕头虫：学名叩头虫，其前胸腹面有一个楔形的突起，正好插入到中胸腹面的一个槽里，彼此镶嵌起来，形成一个灵活的机关。当发达的胸肌肉收缩时，前胸准确有力地向中胸收拢，不偏不倚地撞击地面，使身体向空中弹跃，一个“后滚翻”，再落下来。

②步行虫：腿长，有闪光的黑色或者褐色的翅鞘，喜欢栖息在潮湿凉爽的地区。

③屎壳郎：学名蜣螂，喜欢吃粪便，多以动物粪便为食。

开的小伞一般从松软的泥土中伸了出来，这些新长出来的蘑菇有着很奇怪的名字，叫作羊肚菌[①]或者编笠菌[②]。在雨后的阳光下，它们迎风抖动着小伞上的水珠。粉色的蚯蚓也不甘寂寞，从湿润的土里钻了出来，要来感受一下这清新的空气。

池塘开始变得生机勃勃

跟地面上的小动物们打过招呼了，现在让我们到池塘边去看看水里的小动物们有没有醒过来。

经过一个冬天的寂静，现在的池塘生机勃勃。蝾螈（róng yuán），也就是我们这儿孩子们所说的“茴鱼”，它是一种有点像青蛙，又更像蜥蜴的红黑色动物。冬天的时候，为了找到一床暖和被子，它从水中跳到了岸上，最终睡在了森林里湿湿的青苔下面。这时候，天气已经变暖了，它也准备从岸上回到池塘里去了。

跟蝾螈相反的是，青蛙此时却计划着离开池塘，跳到岸上去。它已经在池塘里的床铺上睡了一个冬天，并且刚刚产了卵。青蛙的卵就像漂在水上的一团果冻。在这团果冻上有许多透明的泡泡，每个泡泡上面都有一个黑色的圆点，这些长得像眼睛似的小泡泡就是青蛙的卵。

这时候，已经睡醒的癞蛤蟆也在产卵。不过它的卵跟青蛙的卵很不一样，它的卵都附在一条长长的细带上，像链子一样挂在池塘底部的水草上。

---

①羊肚菌：又名羊蘑、羊肚菜，因表面有许多凹坑，似羊肚状而得名。可食用，味道鲜美。

②编笠菌：同羊肚菌。

谁是森林里的清洁工

冬天的时候，严寒就像一个蒙着面的杀手经常毫无预感地降临，让很多小动物措手不及，不知如何应对。常常会有一些鸟、野兽因为来不及躲避严寒，而被冻死在森林里。这时候，其他动物都躲了起来，森林里非常安静，这些被冻死的动物尸体很快就被大雪掩埋了。

春姑娘降临以后，捧走了地上的冰雪，揭去了盖在这些可怜的小动物们尸体上的被子。不过不要担心，它们不会在地上躺很长时间的，因为很快森林里的清洁工们就来了。这支由熊、喜鹊、乌鸦、狼、蚂蚁、屎壳郎等组成的清洁队伍会用最快的速度把小动物们的尸体弄走。

它们到底是不是春花呢

现在正是雪花莲盛开的时候，让我们一起去森林里看看这些总是含羞低头的小美人们。在温暖的阳光下，它们默默地舒展着身体，先探出绿色的小胳膊，然后用尽全身的力气，伸出腰肢，终于，白色的花朵挂到了它们的头顶。雪花莲[1]是典型的春花，但不是所有草都跟它们一样，在春天到来以后才钻出地底，生长、开花。

---

①雪花莲：别名小雪钟，草本植物，花朵白色，花下垂，喜凉爽气候和肥沃、湿润、富含腐殖质的砂质土壤。

三色堇（jǐn）[①]、荠（jì）菜[②]、遏（è）蓝菜[③]、蓼（liǎo）[④]、欧洲野菊等都是从不躲起来过冬的植物。它们的蓓蕾早在前一年的秋天就迫不及待地从躯干中间钻了出来。当白雪在寒风的裹挟之下漫天飞舞的时候，这些植物迎着寒风，傲然挺立，一副不把严寒放在眼里的架势。

现在，春姑娘已经揭去了盖在这些植物身上的冰雪棉被，它们又重新嗅到了森林里混合着青草和泥土香味的空气。在暖融融的阳光下，它们努力伸展着沉睡了一个冬天的身体，开始展现勃勃的生机。

这些对寒冬不躲不避的植物虽然也在春天绽放花朵，但是它们到底能不能算作春花呢？

——尼·巴甫洛娃

为什么这儿有这样一只白寒鸦

我们是小雅尔切克村的小学生，在我们学校附近有一只白色的寒鸦。之前，我们经常见到黑色的寒鸦，但是对于白寒鸦却闻所未闻。我们将这件事告诉村里的老人们后，他们表示，活了这么大岁数也从来没有见过这种白寒鸦。

值得欣慰的是，这只白寒鸦并没有因为外貌上的与众

①三色堇：原产南欧，别名猫脸，多年生草本植物，喜凉爽气候，可在秋季播种。用于春季花坛，也可夏季播种，晚秋开花。

②荠菜：一种人们喜爱的可食用野菜，遍布全世界，营养价值很高。

③遏蓝菜：为夏收作物田主要杂草之一，一年生草本植物。

④蓼：一年生或多年生草本植物，生长在水边或水中。

不同而被同伴们排挤，它跟一群普通的寒鸦融洽地生活在一起。

但有一个问题一直令我们疑惑不解，那就是：这只白寒鸦为什么会在这个地方出现？

——森林通讯员　波良·西尼采娜　葛拉·马斯罗夫

编辑部的说明

小雅尔切克村出现的白寒鸦其实不是一只正常的寒鸦，它患了一种叫作黑色素缺乏症的病。并不是所有患黑色素缺乏症的动物都是通体白色，有些患病不太严重的只是身体的一部分被白色覆盖。这种病的病因是它体内缺乏一种染色体，导致身体无法产生足够的色素将羽毛染上颜色。

黑色素缺乏症在家禽和家畜里非常常见，我们经常看见的白兔子、白猫、白公鸡、白老鼠等，都是这种病的患者。普通的野生动物有时候也会生下这种浑身都是白色的宝宝。这种宝宝非常可怜，它们一般都很难活下来。

在白色的宝宝还很小的时候，它们通常会被自己的父母弄死。有些侥幸存活下来的白色宝宝，也会因为外貌上的与众不同而被同伴们嫌弃、排挤，在群体中感受不到温暖。

当然也有非常幸运的，就像小雅尔切克村的那只白寒鸦，遇到善良的父母和友爱的兄弟姐妹，大家都不会因为外貌而嫌弃它。但是即使是像这只白寒鸦一样幸运的动物也很难活得长。因为它们过于显眼，所以在遇到天敌的时候，总是最先被发现。

外貌上的与众不同给这些患黑色素缺乏症的小动物的

生活带来了很多麻烦，它们中的很大一部分都是因为这份与众不同而丢掉了性命。

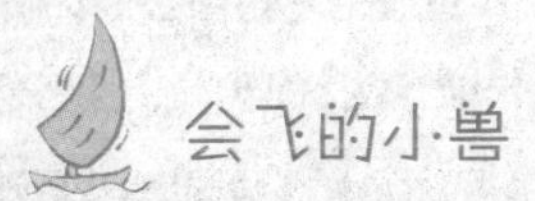

会飞的小兽

啄木鸟的叫声伴随着一阵骚乱声传来，它又和谁打起来了？赶紧去看看。

当我们快步穿过丛林，到达事发地点——森林里的一块空地上，我们看到的是一只稀有的小兽。它通体灰色，耳朵长得有点像熊猫的耳朵，又小又圆，一双眼睛又大又凸，警惕地看着四周。此时它正拖着短短的尾巴，沿着一棵枯树的树干向上爬着。

随着它爬行的路线向上看，我们看到一个整齐的小洞。很明显，那是啄木鸟的家。小兽很快就爬到了小洞口旁，只见它趴在啄木鸟的家门外向里面探头探脑，看来，它是来偷鸟蛋的。

像所有爱子心切的动物一样，啄木鸟此时非常着急，它生怕这只讨厌的小兽伤害到它的孩子。只见它不停地追逐、扑打着小兽。为了躲闪一直追赶着自己的啄木鸟的进攻，小兽只好绕着树干越爬越高。

忽然，小兽停了下来，此时，它站在树顶往四周看，前方已经没有路可以走了。它迟疑了一下，想思考下一步应该怎么办。但是啄木鸟显然不会放弃这么好的攻击机会，只见啄木鸟冲上去，狠狠地啄了它一口。

意识到自己此时毫无还手能力，继续留在这里只能忍受啄木鸟没完没了的攻击之后，小兽决定逃跑。它从容地从树上跳了下去，不要害怕，它不是为了保全自己的尊严而选择自杀。它张开爪子，像秋天的落叶一样，在空中滑翔着。不要怀疑你的眼睛，它确实是一只会飞的小兽。只见它轻轻地摆动尾巴控制着方向，身体在空中左摇右晃，最终落在了空地另一端的一根树枝上。

这种会飞的小兽叫鼯（wú）鼠[①]，是森林里的伞兵。在它的两肋上，长着厚厚的皮垫。遇到危险的时候，它只要伸出“双手”，皮垫就会张开，此时的它就像背着降落伞，自然是再高也不怕了。怪不得一开始惹事的那只鼯鼠胆子那么大，敢去招惹啄木鸟。

——森林通讯员　尼·斯拉德科夫

加急信件！飞鸟传书

（来自我们的专业记者）

小心！发大水了

对森林里很多的居民来说，春天的到来，也意味着灾难的到来。天气逐渐变暖，雪水迅速融化，河水水位不断上升，小河的两岸已被淹没，很多地方已经是滔滔洪水。

动物们受灾的新闻接二连三地从森林里传出，其中受灾最严重的要属生活在地面上的兔子和地底下的鼹（yǎn）

①鼯鼠：也称飞鼠或飞虎，它的飞膜可以帮助其在树中间快速地滑行，但由于其没有像鸟类可以产生阻力的器官，因此鼯鼠只能在树、陆中间滑翔。

鼠、野鼠、田鼠等小动物们，它们的家被洪水冲垮，没有了住的地方，只能四处流浪，居无定所。

这个时候，每个小动物都想方设法地找到安全的地方继续生活。小鼩（qú）鼠[①]树洞里的家也被灌满了水，它爬出洞口，爬上灌木丛，想等到水退后再去找吃的，被水打湿的它看上去十分可怜，它一定是饿坏了。

大水来的时候，鼹鼠还闲在家中，突如其来的灾难把它吓坏了，情急之中它跳入水中，幸亏它是个出色的游泳选手，它边游边找干燥的地方安身，不久它就爬到了岸上。

幸运的是，鼹鼠在水里没有被猛禽野兽发现，要知道它那油亮的黑毛皮很容易引起注意。鼹鼠上岸后丝毫没有休息就立马挖了个洞钻了进去，生怕被敌人发现。

兔子上树，死里逃生

兔子为什么爬到了树上，到底发生了什么事情？

这只兔子生活在河中心的小岛上，它每天生活得很规律，白天躲在灌木丛中，晚上外出觅食，春天杨树的树皮十分鲜嫩，兔子吃着感觉美极了。而且晚上出来不会碰到狐狸和猎人，兔子可以安心地填饱肚子。

幼小的兔子还不太聪明，没有见识过大世面，它完全没有料到灾难将要到来。这个时候，河水融化后已经把冰块冲到了小岛上，岛上的水位越来越高。

这天中午，兔子依旧在灌木丛中睡着美觉，梦中还在

---

①鼩鼠：哺乳动物，形似小鼠，叫声尖而急促。

想着昨晚吃的美食，津津有味。太阳照着它，暖洋洋的，它完全不知道洪水马上就要来了。直到它梦到自己躺在水床上，一睁眼，怎么自己身上的毛都湿了？它赶紧跳起来，原来不是梦境，周围到处都是水。

大水已经来了，先是淹没了它的爪子，它赶忙朝着小岛的中间跑去，那里还没有被大水侵占。不过兔子完全没有想到河水上涨的速度如此之快，没过一会儿，它就发现小岛干燥的地方越来越小，整个小岛就快要被洪水漫过。兔子十分着急，河水十分冰冷，它不可能跳进去，那一定没有活路，而且河水这么宽，它估计游不了几米就不行了。

兔子在一块仅存的干空地上度过了一天一夜。第二天早上，整个小岛大部分已经被水淹没，只剩下一小块地方，还是干的，兔子跑了过去，看到那里长了一棵大树，但是树干很粗，兔子没有见过这么大的水，被吓急的它只能围着大树乱跑，干着急却想不出办法。

兔子上树，死里逃生

第三天，大水已经盖过了树根，兔子拼命向树上爬去，但每次都会重重地落回水中。它不断地向上跳，终于爬到一根小树杈上，这真是它的救命稻草。就这样，它在这根树杈上一动不动地坐着，看着下面的水，幸运的是大水没有再涨上来，但也还没有退去。

还好老树皮可以充饥，虽然又苦又硬，但至少小兔子不会饿死。温饱问题不用担心，但是可怕的风是兔子最大的敌人。大树被风吹得来回摇摆，小兔子拼命地抓住树枝，像帆船上的水手一样跟着风来回摆动，有几次差点掉下去。

树下的河水水流湍急，水里什么都有，大树、木头、麦秸，甚至还有动物的尸体，一样样从兔子脚下过去。小兔子看到这一幕，完全被吓傻了，因为它看见了自己的亲戚也在河水里，是一只死去的兔子，它仰面向上顺着水流漂走，身上还缠着树枝。

整整过了 3 天，大水才慢慢退去，兔子才得以从树上下来回到平地上。不过它只能在小岛的中间继续待着，看来只能等到夏天，河水变浅之后，它才能重新回到岸边。

会跳的“蘑菇”

渔夫在水面上慢悠悠地划着小船，他布下渔网，沿着灌木丛边一点点地划过。

突然，他看到水面上有一只奇怪的东西，形状看起来很像一只蘑菇，不过是棕红色的蘑菇。正当渔夫纳闷这是什么的时候，那只“蘑菇”竟然跳了起来，一下子就跳到了小船里。

渔夫定睛一看，这才发现，原来是一只浑身湿漉漉、毛茸茸的松鼠。

渔夫带着这只落水的小松鼠来到岸边，它很开心地跳到岸上，摇着尾巴开心地跑回森林里去了。

渔夫很是疑惑，松鼠怎么会在水中的灌木丛上，它在那里又待了多久呢？不过我们无法和松鼠对话，所以这些问题的答案也就不得而知了。

鸟类也遭殃了

洪水来袭的时候，很多小动物都深受其害，你可能会觉得，那长翅膀的鸟类应该很好逃难吧？其实不然，它们也遭殃了。

淡黄色的鹀鸟一家在春天刚到来时就开始辛勤地搭窝，它们已经在大运河的河岸旁做好了巢，而且鹀鸟妈妈已经在里面下了蛋。大水突然来到，一下子冲坏了它们的巢，就连里面还没有孵化的蛋也一起被冲走了。鹀鸟妈妈伤心极了，它只能重新筑巢生蛋。

此时的沙锥（zhuī）也不好过。沙锥是一种鹬鸟，它长着一张长长的嘴巴，平时它都是用嘴巴插到稀泥里面找寻食物。现在大水一来，原本习惯站在地上的它只能站在大树上，这对它来说非常痛苦。

沙锥因此变得十分焦虑，不过它也只能等到大水退去了，不然离开这片沼泽它也不知道可以去哪里生活，况且其他地方已经被其他的沙锥占领，即使飞过去，它们也不会收留它的。

梭鱼意外中枪

猎人是我们的通讯员。有一次，他发现自己做错了一件事情，因而懊恼不已。

原来，那次猎人在森林里发现一群生活在湖里的野鸭，它们躲在灌木丛后面，躲避着人类和其他猛禽。

猎人看到后悄悄地向野鸭靠近，这里的水不是很深，只没到了他的膝盖。就在猎人盯着野鸭一步步前进时，突然从灌木丛旁边闪过一个灰蒙蒙的东西，猎人只看到这个家伙顶着发光的脊梁在水中扑腾。

未曾多想，猎人随即朝它开了两枪，“砰砰”，灌木丛后荡起水波，一会儿就平息了。猎人走进一看，原来是一条约 1.5 米长的梭鱼①。

猎人完全不知道这个时候是梭鱼的产卵期，它们从河里游到温暖的岸边孵化自己的小宝宝，等到鱼卵降生后再回到湖里或河里。

知道这一点后，猎人十分后悔，他在不知情下违反了法律，因为法律上禁止猎人在岸边射击正在产卵的鱼类，哪怕是没有看清楚是什么的时候，也禁止射击。

残存冰块漂流记

冬天的时候，小河上有一条冰路，农场的工人们从这

①梭鱼：头短而宽，鳞片很大，背侧呈青灰色，腹面浅灰色，两侧鳞片有黑色的竖纹。

经过时都是驾着雪橇。现在河里的冰逐渐融化，冰路也浮了起来，顺着水流往下漂着。冰块上什么都有，马粪、车辙、马蹄的印记，还有一根用来钉马掌的钉子。

刚开始，这些冰块只是在水里缓慢地漂流着，还不时会有白色的小鹡鸰落在冰面上，啄食上面的苍蝇。后来，冰块融化得越来越多。在冰块附近，一只黑色的鼹鼠使劲地爬上冰块。原来，大水来的时候，它还在冰块底下，没有氧气，不能呼吸，差一点憋死在下面。这时，冰块的边缘碰到一座小山丘，鼹鼠立刻跳到山丘上，挖了个新的洞穴一头扎进去。河水继续漫过河岸，冰块也随之来到草地上，顽皮的小鱼儿在被水淹没的草地上尽情玩耍，在冰块周围嬉戏、打闹着。冰块被河水推着不断向前，来到一片树林后被一个大树墩挡住了。一群受到水灾迫害的小动物看到后，立刻跳上冰块，聚集在上面的小兔子、小老鼠们挤靠在一起，它们的眼神中充满了恐惧，看起来十分可怜。

后来，随着太阳升起，大地被温暖的阳光照耀着，然后，大水很快退去，冰块也随之消融，最后，完全消失不见了。

这时，路面上只剩下那根钉子，还留在木墩上。小动物们看到周围恢复原样，纷纷开心地跑开散在森林里。

江河湖泊里的有趣故事

我们曾经去过一片偏僻的森林，里面有数百条小河，它们大部分都会流入姆斯塔河[1]，然后姆斯塔河再注入伊尔

[1]姆斯塔河：俄罗斯河流，位于特维尔州和诺夫哥罗德州，发源自瓦尔代高地上沃洛乔克以北，最终流入伊尔门湖。

明湖。随后，伊尔明湖的水会经过广阔的沃尔霍夫河[①]和拉多加湖[②]注入涅瓦河[③]。

森林里的伐木工人经常会充分利用起这数百条小河，用水运的方法来运输木材。冬天的时候，伐木工人在树林里砍伐树木。等到春天一来，就把这些木头推入小河里，让它们顺流而下，来一段河里的长途旅游。在河流的江河入口，伐木工人在筑起的堤坝后面把木材编成大片的木筏推入水中进行运输，有时，在这些死木头里可能还住着木蠹蛾，它们也跟着木头一起旅行。

常年在森林里工作的伐木工人脑袋里装满了各种各样有趣的事情，下面这个故事就是一个伐木工人讲给我们听的。

有一只松鼠在林中河边的树墩上正啃着松果，它用两只前爪捧着松果啃得有滋有味。忽然，森林里跳出一条大狗，朝松鼠扑了过来，汪汪地大叫着。松鼠吓了一跳，赶忙朝周围一看，发现周围一棵树都没有，无路可逃的它急忙丢掉松果，摇着大尾巴向河边跑去，大狗在后面紧追不舍。

河里漂着一条条圆木，松鼠一下就跳到了最近的圆木上，接着像跳木板路一样，跳到一个又一个圆木上。大狗来到岸边，看到松鼠跳到圆木上，它也跟了上去，可是它

---

①沃尔霍夫河：俄罗斯西北部河流，为伊尔门湖的主要出水口，流过诺夫哥罗德，向东北穿过有沼泽的平坦盆地，注入拉多加湖。

②拉多加湖：位于列宁格勒州边境的卡累利阿共和国和列宁格勒州之间，西北靠近芬兰边境。

③涅瓦河：俄罗斯联邦西北部重要河流，源出拉多加湖，自东向西流，流经俄罗斯圣彼得堡，最终注入波罗的海芬兰湾。

细长的腿在圆木上完全没有办法跳跃，圆木在水里打着滚，大狗后腿用力想跳到另一根上的时候，前腿一滑就掉到了水里。水里又漂来一排排圆木，大狗消失不见了。

那只聪明的小松鼠接着在圆木间跳着，不久就跳到了河对岸。

讲完这个故事后，工人还告诉我们，他有一次还看见过一只全身棕红色的野兽，足足有两只猫那么大，它嘴里叼着大鳝鱼蹲在圆木上，这显然是它刚捕获的战利品。这只野兽在圆木上享用了美味之后就又跳到水中。工人最后说，这其实是一只河獭（tǎ）[①]。

冬季，鱼儿在忙什么呢

寒冷的冬天，大多数鱼儿都在睡觉。

鲫鱼和冬穴鱼在秋天的时候就会钻到河底，等待冬天的到来。鮈（jū）鱼[②]和小鲤鱼则会选择在水底的沙坑里度过冬天，鲟鱼也和鲫鱼一样，一到秋天就会回到深河底部。在那里，冬天不会很冷，河水冻不透。

现在，那些睡了一整个冬天的小鱼都醒过来了，它们急忙游到自己喜欢的地方去产卵。

还有一些小鱼，它们一冬天都不睡觉，那它们在做什么呢？一会儿让我们的森林记者告诉你吧。

---

①河獭：头尖，脖粗，身体呈管状，尾巴不太灵活，逐渐变细；身体呈流线型，腿比较短，脚呈璞状。

②鮈鱼：常见的小型鱼，生活在温带淡水水域，体淡灰或淡绿色，口角有须，体侧有一行淡黑色斑点。

祝你一钓一个准

我们经常会在猎人去打猎之前对他说：“祝你一根鸟毛都打不到！”但是对要去钓鱼的渔夫，我们却会说：“祝你一钓一个准！”这是一个古老的好玩的习俗。

你也是垂钓爱好者吗？如果你是的话，我们不仅会给你一句吉祥的“祝你一钓一个准”，还会给你一些钓鱼的建议，告诉你什么时候什么鱼在哪里最容易上钩，有了这些技巧，想钓不到鱼都难。

河水开冻了之后，我们就可以带上食饵去钓鱼了，一般我们都会用蚯蚓作为鱼饵钓山鲶鱼。等到池塘和湖里的水完全融化以后，我们就可以钓到铜色的鲑（guī）鱼[①]。鲑鱼在岸边附近出没，常常会躲在上一年残留的草丛中。再过一段时间，我们也可以开始捕捉小鲤鱼了。

随着河水变得越来越清澈，大鱼就可以用渔网来捞，小鱼就可以用钓钩来钓了。

有名的捕鱼专家库尼洛夫曾经说过这样一句话：“如果你真想成为一个聪明的钓鱼者，你必须研究鱼的生活特点，你应该在不同的时间地点观察，这样就可以正确地选择钓鱼的地方。”

随着水逐渐退去，河岸慢慢露出来，水也更加清澈，这个时候，梭鱼、鲫鱼、鲤鱼、鳜（guì）鱼[②]也可以列入你

---

①鲑鱼：又称三文鱼，是深海鱼类的一种。它在淡水江河上游的溪河中产卵，产后再回到海洋。

②鳜鱼：体侧扁，性凶猛，生活在淡水中，味鲜美。

垂钓的清单。你可以选择到河流的入口处和河汊子附近，浅滩和石滩附近，或者到岸边没有被淹没的灌木丛附近，或在桥下和小船上，在这些地方下钩都可以钓到鱼。

库尼洛夫还说过："如果钓竿上带着鱼漂，在早春到春天这段时间里，你可以在任何地方钓到各式各样的鱼，因为它是通用的渔竿。"

大概从 5 月中旬开始，你就可以用蚯蚓当饵在池塘和湖里钓到冬穴鱼。再过一段时间，你就可以钓到斜齿鳊（biān）[1]、鳜鱼和鲫鱼。在钓鱼时，要想选择最佳地点，岸边的草丛和灌木旁，1.5 米到 3 米的浅水滩是最好的选择。如果一个地方没有鱼上钩，那么就换到另一片灌木或芦苇丛旁，如果你在小船上，就更方便你移动了。

在狭窄平静的河流地段，河水一变清就可以在岸边下钩，最适合垂钓的地方是在有陡峭一些的岸边，河中心有树丛的小坑，还有岸边长着杂草和芦苇的河湾。有些河岸十分泥泞很难靠近，不过你要是穿着长靴走进这里，在芦苇丛旁抛下鱼饵就可以钓到不少鳜鱼和斜齿鳊。

钓鱼需要耐心和恒心，你要沿着河岸仔细寻找合适的地方，在灌木丛旁，将钓竿放到树中间，把鱼饵钓钩甩到远处没有人垂钓的地方。

经常会有成群的钓鱼爱好者集中在桥墩旁和河口或者堤岸上，和他们在一起，你会满载而归，毕竟他们都是一些经验丰富的垂钓者。一般人们钓大鲤鱼用的鱼饵是豌豆、

---

①斜齿鳊：体侧扁，略呈菱形，身体是银灰色的，背是绿色的，鳍是红色的。它生活在淡水中，为重要经济鱼类之一。

蚱蜢和蚯蚓，将它们挂在钓钩上后，你就可以在岸上进行垂钓，有时候也会用到一些特殊的钓竿。

如果是在5月中旬到9月中旬，即使用不带鱼漂的鱼竿钓鱼也是可以的。这种方法适用于钓淡水鳜，可以选择在大坑、河水转弯的地方，林中小河的安静水域，岸边灌木下的水域，堤坝或浅滩的地方。

有几种鲑鱼和鳜鱼要在浅滩或暗礁下下钩，这样钓到的概率比较大。一些小鲤鱼和个头中等的鱼类，要在距离岸边不远的激流中下钩，或者也可以选择在河底有不少石头的水中下钩。

森林里的激烈战争

森林里没有风的时候，云杉国里一片寂静，它们的种族十分庞大，有着很多的亲戚，而且个子和力量都是老树林里最高最大的。一旦微风吹过，矗立在这里又高又直的云杉就会发出“嘘嘘”的声音，树梢上的针叶来回摇摆，好像是在发出心中怒吼一样的声音。

这是一个黑暗的国家，老云杉们站得笔直，伸出的爪子互相缠绕着，好像有什么不高兴的事情，纠缠在一起的树枝形成一个巨大的屏障，笼罩着这个国家。这样厚厚的屏障，阳光无法穿透，所以树下都是黑暗的，连空气的流动都有些不通畅，感觉闷闷的。它们的树干光秃秃的，只有一些枯树枝从角落里翘起，弯曲得很脆弱可怜。

我们派去森林里采访的记者在云杉国里感觉四周都是

潮湿、腐烂的气味，空气里夹杂着树脂的味道，他们发现了一棵100多岁的老云杉，它灰白胡子，个头十分高大。在云杉国里，类似这样个头的云杉有很多，有的有两根电线杆那么高，有的甚至有三根电线杆那么高。记者们感觉这个国家里到处都是死亡的气息，没有任何绿色的生机，偶尔长出的小植物也会很快死去。

能够存活的也只有灰藓和地衣，因为它们的食物是云杉的树浆，在那些死去的老云杉上，灰藓和地衣贪婪地吸取它们的“血液”来维持自己的生长，显然，它们是这里唯一能够坚持存活下去的植物。

植物都没有办法生长，想看到动物就更难了，这里既看不到野兽的踪迹，也没法听到鸟儿的歌唱。特派记者在这片黑漆漆的森林里走了很久才碰到一只猫头鹰，它孤苦伶仃的，在这里躲避阳光。它看起来并不欢迎记者们的到来，被吓到的它浑身颤抖，不断张开它钩子般的嘴巴来恐吓这些陌生的来客。

走出云杉国这个压抑的地方，森林记者来到了一片充满生机的地方，这就是白杨树和白桦林的国家。这里是一个完全不一样的地方。白色桦树、银色杨树的绿色嫩芽已经开始迫不及待地钻了出来，它们很欢迎记者们的到来，发出窸窸窣窣的声音，温柔而动人。

这里就像欢乐的合唱训练厅，各种鸟儿在林中飞舞歌唱，声音有高有低，遥相呼应。太阳在这里也被请进门来，穿过树叶照耀着每个角落，连空气也变得色彩鲜艳，不时还会出现一道太阳的影子。在这样明媚的天气下，小动物们都出来玩耍，金色的小蛇在树干上穿梭，老鼠、兔子和刺猬在地上蹦来蹦去，有的小动物还从记者脚边穿过。

地上还生活着一些比较矮的植物，它们在大绿屏障的掩护下，也健康地成长着。在这个国度，时时刻刻都充满着欢愉的气氛，风吹过的时候更是一片喧嚣，即使是没有风的日子也安静不下来，不管是白天还是晚上都会有树叶沙沙的声音，好像在说着悄悄话。

这两个国度每年春天都会有一场激烈的斗争，发生在一片荒漠上，那里是河对面的一个大伐木场，荒漠后面就是一大片云杉树，它们像一排排战士一样坚守着。当冬天的积雪退去后，荒漠就会变成两个国度的战场。

这块新空地炙手可热，来自各个国度的“人们”已经开始抢占地盘了，这可是奉行先到先得的原则。我们的森林记者渡过河，来到这片荒漠，找了一块空地支起帐篷，来见证这场战斗的过程。

这天一早，太阳的光芒照射在大地上，记者们还在帐篷中熟睡，突然好像听到几声枪响，他们立刻从帐篷里出来，跑到了发出声音的地方。原来是云杉国已经开始对空地发起进攻了，它们派出了自己的空军先头部队来抢占有利地形。

云杉的大球果在太阳的炙烤下一个个爆裂开来，发出噼里啪啦的声音，每一个球果裂开都会有“砰”的一声，就像玩具手枪发射子弹一样。球果越来越大，鼓开后一下子爆开飞出很多的小战士，它们就是杉树的种子。

球果好像一个秘密的基地，里面有很多的武器和战士，只要大门打开，种子们就会像带着滑翔机的战士一样冲向空中，在风的帮助下，一会儿高一会儿低，尽力朝前飘去。

像这样的小战士有很多很多，秘密的基地在每一棵云杉树上就有很多，而每一个基地里又有将近 100 多个勇猛的小战士，也就是种子，这些种子从基地里发射出来，在空中飞舞着，然后降落在荒漠上，沿着冰碴面继续向前进发。

云杉种子飞得并不太远，虽然它有小翅膀，但是因为本身比较沉，很容易半路就跌落，微风并不能把它们送到荒漠里去，不过即使它们落地，只要不生根，狂风一来，就又会从地上飞起来重新朝着目的地进发。就这样，几万名战士一同攻占，最终抢占了所有的空地。

就在它们为赢得胜利感到高兴的时候，还有更加严酷的考验在等待着它们，那就是寒冷。这里的早晨十分寒冷，还没有太阳的照射，这些种子差一点就被冻死。还好过了几天，太阳及时出来，春雨又使大地变得松软，它们才可以在这里生根发芽。河对面的白杨树也没有闲着，它们虽然没有参加到战场中来，不过它们已经开花了，种子也开始变得成熟起来。

又过了 1 个月，夏天就要来到了，云杉国这个阴森而忧郁的国度也开始庆祝它们的节日，云杉要开始换装了，原本一点生机也没有的地方瞬间变得热闹起来。有些树枝上长出了红色的果子，那是球果，还有一些绿色的球果，云杉墨绿色的树叶上挂上了金黄色的花絮，云杉也开花了，一个个都在准备着明年继续战斗的种子。

而那些在荒漠的砍伐地落户的种子也已经在温暖的春泥里茁壮地成长，准备破土而出。这时候它们已经不能叫作种子了，而应该被称为小树苗。在我们的记者看来，这片砍伐地应该是被云杉成功占领了，其他的国度已经错过了这个好机会。

不过战争还没有结束，我们希望能够收到各地的记者发来的最新战况，好在下一期的《森林报》上刊登。

农庄生活

如果评选“最勤奋最辛苦”奖，那一定要颁发给我们村庄里的拖拉机。雪地刚刚融化的时候它就已经在田里工作了，除了耕地和耙地，它还可以在钢爪子的帮助下把大树连根拔起，把一片片荒地变成肥沃的土地，再变成种满农作物的良田。

拖拉机在辛勤工作时，总会有一些小动物跟在它的后面，原来它们是在寻找拖拉机工作后的土地里出现的丰富食物。走在前面的是一群蓝黑色的白嘴鸦，如此美妙的食物够它们吃上一阵子的。再后面跟着一群黑乌鸦和白喜鹊，那些土地里的蛆虫、甲虫和它们的幼虫都是这些乌鸦餐桌上的美味。当土地被耕好也被耙过以后，就要开始播种了。这时，人们会开着拖拉机，带上播种机一起来到田地里播下新一年的种子。

一般人们播种的顺序是：先是亚麻种子，然后是春小麦，最后是燕麦和大麦。这个时候，秋天播种的小麦和黑麦已经长出好几厘米了。它们在雪地里沉睡了一个冬天，现在生长得都很不错。

春天的田地里总是不安静的，在黎明和黄昏时总会有吱吱的声音，这种声音听起来好像是蟋蟀在叫，又好像是其他的动物。

“切尔克，维克；切尔克，维克……”这只在唱歌的动物是一只美丽的“田公鸡”，也就是灰山鹑（chún）[①]。它浑身的羽毛都是灰色的，但是眉毛却是鲜艳的红色，看起来很漂亮，它的两只爪子是黄色的，灰色的外衣上还有一些白色的花斑，看起来很特别。它的妻子雌山鹑早已在做好的巢中等待着它，它们的巢在一片绿色的草丛中。

牛马们现在已经不睡懒觉了，黎明刚到，牧民们就会带着它们来到草场上饱饱地吃一顿，这可吵醒了在屋里睡觉的孩子们，他们只好也爬起来迎接新的一天。

牛和马经常会遭遇寒鸦和白嘴鸦这些不速之客，它们像骑士一样，站在牛和马的背上，用嘴在牛和马的背上啄着。牛和马本来可以用尾巴甩掉这些小动物，但是它们却并没有这么做，因为这些小动物可以帮助牛马清理皮肤中的牛皮蝇[②]、马虻（méng）[③]的幼虫，还有一些苍蝇卵，这是苍蝇趁着牛马受伤的皮肤没有愈合时把它们的卵产在那里。所以牛马们很感谢身上的“骑士们”给它们洗澡杀菌。

肥壮而又毛茸茸的丸毛蜂早已醒来，在空中嗡嗡地叫着。黄蜂扭着小细腰在空中飞舞，这时，蜜蜂也该出来了。

---

①灰山鹑：一种结实及中等身形的猫头鹰，在欧亚大陆的林地很普遍。

②牛皮蝇：全身披长毛而形似蜜蜂的大型蝇类。幼虫均寄生在牛背部皮下组织内，可引起慢性的寄生虫病；偶尔寄生于人、马、驴、羊和野生动物。

③马虻：身体灰黑色，长椭圆形，头阔，触角短，翅膀透明。成虫像蝇，生活在草丛，吮吸人兽的血液。

工人们把蜂房搬出了屋子，拿到养蜂场上，蜂房在地窖里放了整个冬天，蜜蜂们憋坏了，这时它们纷纷爬出蜂房，忽闪着金色的翅膀在太阳底下享受着阳光的沐浴，等到暖和点，它们就可以去采花蜜了。一想到花蜜的香甜可口，蜜蜂们就急切地希望今年第一次去采蜜的那天早点到来。

植树活动开始了

在我们这里，每年春天都要栽种几十公顷的树木，这样的木场有很多，有的地方还开发了新苗木场，面积最大的有 50 公顷，最小的也有 10 公顷。所以，每年一到这个时候，就意味着新的植树活动开始了。

农庄新闻

（尼·巴甫洛娃）

一座新城诞生了

早上起来，村民们发现在果园旁边落成了一座新的城市，这座城市里房屋整齐排列着，都是标准统一的住宅。听说这些房子是人们用担架抬过来的，并不是像我们的房子一样盖起来的。

这一天，天气变暖了，这个城市里的居民纷纷结伴而出，在各自的住房上空欢快地盘旋着，在欣赏和熟悉这座漂亮的新城。

土豆过节啦

土豆们在阴冷的仓库里待了一个冬天，现在终于可以重见天日了。这一天，对它们来说是个盛大的节日，它们被一个个轻轻地放到箱子里，然后装上货车运到田地里去。

这些土豆们可都是宝贝，需要小心地装卸，而且不能用麻袋，要用箱子运输，这是为什么呢？原来，这时土豆们已经冒出了一个个嫩芽。这些嫩芽和它们肥厚的根连在一起，一同连在母体上，在嫩芽上还长出了白色的小包，有的嫩芽上面已经长出了嫩叶，所以工作人员们才会如此小心翼翼地呵护这些土豆，生怕影响它们的生长。

神秘的土坑

秋天的时候，学校号召大家在校园周边挖坑。坑挖好后，大家都很好奇，这个土坑是干什么用的呢？后来，有几只青蛙不小心掉到坑里，很多同学纷纷猜测，这难道是用来逮青蛙的吗？

现在大家终于知道了，这原来是为了栽种果树用的。学校组织大家在这些坑里种上各种果树，首先是要将一个个小树苗绑在一个木桩上固定好，然后放到坑里，再给小树苗培土、施肥、浇水。

这个时候，就连青蛙也知道了这些坑的作用，大家也可以看到学校的周边种满了苹果树、樱桃树、梨树和李子树等果树。

牛也要修指甲啦

牛儿和人一样，也是需要修剪指甲的。

春天来了，牧场请来了专业的理发师给牛儿修指甲，让它们享受高级的修剪服务。牛儿的4只牛蹄都要先用刷子刷洗干净，然后再进行修剪。

牛儿的指甲要剪得整整齐齐的，这样等到它们走到牧场上工作时才不会因为指甲过长而发生意外。

田里的鸟儿们在忙什么呢

春天，田地里的拖拉机很忙碌，日夜不停歇地在劳动着。晚上只有拖拉机在田里坚持运转着，不过到了白天，就会

田里的鸟儿们在忙什么呢

有一群伙伴陪着它们，那就是跟在拖拉机后面的寒鸦。

寒鸦在拖拉机后面也忙得不可开交，它们可没有在劳动，而是在享受美食，拖拉机刚刚翻出来的蚯蚓又多又美味，它们都来不及吃了。

而在江河和湖泊附近，拖拉机后面的“跟屁虫”则是一群白色的鸥鸟，它们对那些在土里过冬的甲虫幼虫以及蚯蚓也很热爱，对它们来说这无疑是一顿美味的大餐。

好奇怪的嫩芽

你听说过芽壁虱[①]吗？这种动物需要你在树丛中仔细寻找才能看到。在黑醋栗树丛中，有一种嫩芽，形状又大又圆，长得很奇怪，样子很像蓝色的圆白菜。

如果你走近用放大镜一看，会被它们可怕的样子吓到，因为在嫩芽里面住着一条条长虫，看起来会让人恶心反胃。如果你是一个勇敢的人，可以继续仔细观察，你会看到那些长虫一个个弯曲着身体，翘着胡须蹬着腿儿。

这些小动物就是芽壁虱，它们在嫩芽里寄生了一个冬天，而且变得越来越多，所以嫩芽也被它们撑开了。但是这种虱子是黑醋栗树的敌人，它们的存在会毁坏黑醋栗的芽，还会携带传染病，这会使黑醋栗无法结出果实。

所以，一旦发现黑醋栗树有很多这样鼓起来的芽，就

---

①芽壁虱：也叫芽螨或大芽病。芽壁虱的成螨为乳白色半透明长蠕虫，体长100～300微米。该螨主要危害芽苞，使其膨大，比正常芽几乎大一倍，第二年芽萌动继续膨大，大芽横径中心部位开裂，不开花不展叶，逐渐枯死。

要赶紧把它们摘下来烧掉，不然等到这种鼓芽长满全树，整个树就无法结果，甚至会整个被吞噬掉，这样好好的一棵树就会因为这种动物而被全部毁掉。

顺利飞行的鱼儿

今天机场将要迎接一批新的客人，它们的年纪很小，还是远道而来，所以工作人员们特别小心翼翼地对待它们。这就是将要来我们这里生活的小鱼，它们只有1岁多，怪不得要如此谨慎地保护它们呢。

在飞机上，鱼儿们被装在水箱里，虽然在高空飞行了很久才来到这里，不过它们都很健康，现在已经在池塘里活蹦乱跳地游玩嬉戏起来了。

越来越满的森林储存器

六年级A班有一个很大的箱子，里面装着各种植物的种子，这是他们的森林储存器。里面有白杨树的花絮、槭（qì）树[①]的种子、结实的棕色果实，这些都是孩子们自己从森林里搜集来的种子。其中，小维嘉一个人就带了10公斤的柃木[②]种子，是班上提供种子最多的人。

---

①槭树：多为小乔木，偶尔有灌木或大乔木。它的枝条横展，树姿优美，而且多为弱阳性树种，是风景林中表现秋色的重要中层树木。

②柃木：别名细叶菜、海岸柃，灌木，高1～3米，在3～4月开花，7～8月结果，茎、叶、果可入药。

我们村庄有很多田地，为了抵御风沙的侵害，我们要通过植树造林来保护它们。学校里的孩子们都知道这件事情，所以都在尽自己所能收集树种。等到秋天的时候，他们就会把装满种子的森林储存器送给政府。这对政府来说是个天大的好事，因为这样就可以开发新的农场进行林木培育，早日为田地树立起站岗的哨兵啦。

城市新闻

一年一度的植树周开始了

春天的花园里、学校里、公园里，甚至是房子附近或者路上，出现了一群忙碌的孩子们，他们在忙什么呢？

原来是在准备植树。这时候雪已经融化，大地也恢复生机，一年一度的春天植树节来到了，这也意味着城市的植树周开始了。

林木培育场把准备好的20000多棵树苗发放给各个学校，有云杉、槭树和白杨等。在涅瓦区，少年自然科学试验站也准备了很多树苗，有几万棵，都是果树的树苗。

夜莺唱起了欢快的歌儿

“布——谷”，这是5月5日清晨在郊外的公园响起的第一声杜鹃叫声。

过了一周后，又突然传来了鸟叫声。

在寂静的夜晚，这声音听起来很清晰明亮，从一开始轻轻地叫到后来越来越婉转，变成啼鸣，就好像抓一把豌豆撒在锅里一样。

大家都好奇，是什么鸟儿有如此美妙的嗓音，仔细听后，才知道这是夜莺唱起了欢快的歌儿。

翩翩起舞的蝴蝶

公园里，一只长吻蛱蝶悄悄地飞来了，它长得很漂亮，身上穿着褐色的衣服，上面还有一些浅蓝色的斑点，在空中翩翩起舞着。

一层水蒸气般的绿色烟雾缭绕着树木，像一层薄纱一样笼罩着树林，不过等大树发芽后，这层雾气就会消失不见。这只长吻蛱蝶在这树林间跳了一阵舞后就飞走了。

它刚走，另一只蝴蝶又飞来了。这只蝴蝶长得很像一只荨麻蛱蝶，不过要小一些，它身上的衣服是淡褐色的，没有刚才那只那么显眼，翅膀上还有一个很大的锯齿痕迹，好像是受了伤被撕掉边缘一样。

这只可怜的小家伙到底是什么蝴蝶呢？如果你能抓到它，可以看到它的翅膀上还写着字母，不仔细看还看不到呢。这个字母是白色的，就好像拉丁字母的“c”，和俄语里的“С”也很像。科学家们把这样的蝴蝶叫作白蝶。

蝴蝶们都相继飞出自己的窝，来到公园和花园里嬉戏。不久，你就可以看到白蝴蝶、小粉蝶和大白蝶这些美丽的蝴蝶啦。

奇特的七鳃鳗

你肯定见过很多的鱼类，但是有一种鱼你看到它一定会觉得它长得很奇怪。这种鱼类生活在我国的西部边境，一直到萨哈林[①]，所有的湖泊河流里都有。

这种鱼长得一点也不像鱼，反而更像蛇，因为它除了后背没有鱼鳍，身子很长，没有鳞片，游起来来回扭动。它的嘴很特别，不是普通的鱼嘴，而是一个漏斗形的圆洞，这是它的吸盘。不过你可不要因为这个大吸盘而认为它是水蛭[②]，它其实是一种比较奇特而少见的鱼。

村里的渔夫们把这种鱼叫作七鳃（sāi）鳗（mán），名字里的七是指它的眼睛后面，身体两侧都有七个小孔，就是它的呼吸孔。这种鱼小时候很像泥鳅，所以经常被孩子们拿来当鱼的诱饵，去钓那些食肉的大鱼。

渔夫们曾经说过，七鳃鳗的吸盘威力不小，他们曾经看到七鳃鳗用吸盘吸在石头上，吸住后就开始全身扭动，在水里不断地扭着、挣扎着，最后竟然把石头都挪动了，可见这个吸盘的力量还真是大。七鳃鳗把石头挪开以后就在石头底下产卵，原来它费力挪开石头就是为了自己的小宝宝呀。

这种鱼在自然科学上还有个学名叫石吸鳗，虽然它看

---

①萨哈林：即萨哈林州，位于俄罗斯的最东方，是俄罗斯联邦唯一的一个坐落于59个岛屿之上的行政区。

②水蛭：俗名蚂蟥，在内陆淡水水域内生长繁殖。它的体长稍扁，体长2～2.5厘米，宽2～3毫米。

起来不好看，但是如果人们把它带回家烹饪以后放在餐桌上，就是一道令人垂涎三尺的美食。

街道上空的热闹生活

继夜莺、蝴蝶飞来后，燕子也跟在了它们的后面。现在飞来的燕子有三种，有一种个头很小，身上是灰褐色的，胸脯是白色的，是灰沙燕[①]；有一种尾巴很短，咽喉的地方是白色的，是金腰燕[②]；另一种比较普遍，是家燕，它的长尾巴就像交叉的剪刀，脖子上还有个火红的斑点。

这三种燕子不但长得不太一样，而且它们的巢也安在不同的地方。

灰沙燕喜欢在悬崖的岩洞里安巢，金腰燕则是把巢安在石头房上面，最普遍的家燕就在城市周边的木房子上安家落户。还有一种燕子是在这三种燕子出现很久以后才会出现，它就是雨燕。雨燕和燕子很容易区分，它有着刺耳的尖叫声，而且经常会在房顶之间飞过来飞过去，浑身乌黑色，翅膀也有所不同，像镰刀一样是半圆形的。

晚上的时候，还会有一些夜间的小动物跑出来，蝙蝠总会在深夜里穿梭在城市和郊区中，不过不用害怕，它们不会袭击街上的行人，只有空中飞的飞虫和苍蝇才是它们

---

①灰沙燕：一种褐色燕，体长约13厘米。它的喙短而宽扁，基部宽大，呈倒三角形，翅膀狭长而尖，脚短而细弱，尾巴略分叉。

②金腰燕：生活习性与家燕相似。它的体长约17厘米，翅膀狭长而尖，尾巴呈叉状，形成“燕尾”，脚短而细弱。最显著的标志是它有一条栗黄色的腰带，因此又名赤腰燕。

攻击的对象。这个时候，爱叮咬人的蚊子也出来凑热闹了。

街道上空的生活真是越来越热闹了。

晴天里居然下雪了

冬天的脚步已经看不到踪影了，它再也不能拿雪花和狂风来吓唬我们。但是 5 月 20 日的时候竟然下雪了，难道冬天还这么恋恋不舍吗？

这一天早上，天空一片蓝色，阳光很明媚，如此美好的天气居然飘起了雪花，雪花徐徐地飞舞在空中，亮晶晶的，就像晚上的萤火虫一样。不过这个时候的雪花落到半空中就变成了雨滴，感觉就像在下太阳雨一样，一落地就融化并滋润着土地。

雨后，我来到森林里。在那里，雪花融化的地上撑起了一把把小伞，这是要为土地遮风避雨吗？其实，这些都是今年的第一批蘑菇——羊肚菌和鹿花菌，细雨过后它们更加茁壮成长了，我摘了一些准备带回家，这新鲜的蘑菇做出的汤一定非常美味。

——森林通讯员　维利卡

这些长翅膀的飞机乘客是什么呢

飞机上来了一批带翅膀的特殊客人，如果你侧耳倾听，可以听到一阵音调均匀的嗡嗡声。

原来这些客人是从库班远道而来的高加索蜜蜂，这次一共有 800 多个蜜蜂家庭一起来到我们的城市，尊贵的它们被安排在200间舒适的小木箱里，装在飞机中一同抵达城市。

虽然路途有些遥远，但是飞机上的工作人员为它们精心准备了“蜜粮”，吃饱喝足的蜜蜂们知足地降落在机场上。

胆子大的鸥鸟

在河岸的栏杆上，或是在铁皮房的屋顶上，总是可以看到鸥鸟站在那里休息。

涅瓦河解冻以后，鸥鸟就会飞到城市上空，它们的胆子很大，完全不怕人类，当着人的面也能镇定从容地从水里捉鱼吃，哪怕人走近了也还能吃得津津有味，它们飞累了就找个地方休息，河岸的栏杆上或铁皮房的屋顶上都是它们经常落脚的地方。

致亲爱的同学们一封公开信

听说，我们很多学校的同学们最近都在制作各种标本，有昆虫标本、植物标本以及矿物标本等，种类繁多，十分丰富。这些标本都是课堂上最直观的教材，有其他的学校想和我们互换各种标本，我们也正有此意，于是就把收到的来自世界其他地方的植物标本和样品邮寄给了他们，这样我们也能在课堂上见到更多的生物标本了。

现在，我们已经开始收集春天花朵的标本。在暑假的时候，我们将会在老师的指导和帮助下更进一步地接近大自然，收集更多没有见过的植物或昆虫标本。我们大家都想尽自己最大的努力为学校做出贡献。

暑假过后，我们重新回到学校上课。在课堂上，我们可以听到植物老师和动物老师用我们制作、搜集的标本，给我们讲更多生动有趣的知识，这会让我们兴奋不已的。当然，我们中间每一位同学的标本都有可能被邮寄到世界的其他地方，来和其他学校的同学交换标本，让他们也能够看到我们这里生物的样子，同时，我们学校也会迎来来自各地的标本教科书。

打猎去

市场上有好多野鸭

最近，很多形态各异的野鸭出现在了列宁格勒的集市上。

分辨这些野鸭的种类对有经验的主妇来说是一件很简单的事情，她们一眼就能看出来哪一只是矶凫[1]，哪一只是美味的野鸭。矶凫是一种秋野鸭，它以鱼类为食。谁要是把它买回家就惨了，它浑身都是腥味，烤熟之后也没人愿意吃。

其实矶凫与野鸭的后脚趾是不一样的，相对于生活在河面上的野鸭，在水中生活的矶凫后脚趾上突起的厚皮要大得多。判断野鸭和矶凫最简便的方法就是观察它们的后脚趾。采买经验不足的主妇常常会错把矶凫当作美味的野

①矶凫：学名红头潜鸟，体圆，头大，很少鸣叫，为深水鸟类，善于收拢翅膀潜水。它是杂食性鸟类，主要以水生植物和鱼虾贝壳类为食。

鸭买回家，她们有时甚至会买回一只潜水的䴙䴘（pì tī）[①]，只因为它跟野鸭在外形上太相似了。

市场上出售的这些野鸭的个头大小不一，而且颜色各异。有些野鸭又细又长的尾巴就像锥子，而有些野鸭又扁又宽的嘴巴看上去跟铲子一样。除了宽嘴巴的野鸭，还有一种野鸭的嘴是窄窄的。在挑选野鸭的时候，为了避免买错，大家可一定要擦亮自己的眼睛呀。

猎人开始布置诱饵

如果你有时间，可以在傍晚的时候到斯摩棱河的岸边去看一看。假如运气好的话，你会在斯摩棱墓场附近看见来猎野鸭的人。即便运气不佳，你也能看到很多颜色跟河水相近的小船。这种小船的形状跟一般的小船不太一样，船身宽而小，船头和船尾高高翘起，船底却很平。这是猎人们猎捕野鸭专用的划子。

他们猎野鸭可不是在斯摩棱河里，而是在距离它很近的马尔基佐夫湖。马尔基佐夫湖是芬兰湾的一部分，位于涅瓦河口和喀琅施塔得[②]所在的科特林岛[③]之间。春天的时候，我们在市场上能看到各种各样的野鸭。其实在马尔基佐

---

①䴙䴘：别名水葫芦，外形如鸭，而嘴却直而尖。

②喀琅施塔得：俄罗斯重要军港，在芬兰湾东端科特林岛，东距圣彼得堡 29 公里。

③科特林岛：俄罗斯岛屿，位于圣彼得堡以西约 30 公里处。它的形状狭长，东西长度约 14 公里，南北宽度约 2 公里，面积有 16 平方公里，扼守俄国进入芬兰湾的水道。

夫湖上，野鸭的数量多得更是超乎我们的想象。这时候涅瓦河上的冰虽然早已融化，可是在河湾里还漂着许多大冰块。

猎人们通常在黄昏的时候出发。他们会把装了枪和其他东西的划子推到河里，然后用一支既能做舵又能做桨的木头划着小船就走了。从斯摩棱墓场到马尔基佐夫湖大约要用 20 多分钟。

到达马尔基佐夫湖之后，小船继续在灰色的波浪中前行，直至到达冰块旁边。这时，猎人会在皮袄外面套上一件白大褂，然后爬上冰块，拿出一只雌野鸭并用绳子把它拴好，放入水中。把绳子的另一端绑在冰块上之后，准备工作就完成了。

之后，就只等着拴在绳子上的雌野鸭嘎嘎的叫声引来更多野鸭了。

雌野鸭叛变，猎人变成了隐形人

“砰砰”两声枪响，从远处飞来的野鸭掉落在水里。这是来寻觅雌野鸭的雄野鸭，听到这边的声音就找了过来，看来它不是那么幸运，没有逃过此劫，死在了猎人的枪下。

雌野鸭还是在不停地叫着，看来它是希望更多的雄野鸭到这边来。果然，陆续地从四面八方来了很多雄野鸭，它们不知道，在雌野鸭的身后有一个黑洞洞的枪口正瞄准着它们。

在白色的冰块旁，一个穿着白大褂的猎人坐在白色的划子里，端着枪一直朝着雄野鸭射击，他船里的野鸭的数量越来越多。野鸭们还在往这里飞来，像是排着队一样。

太阳就要从海平面上消失，城市的轮廓也渐渐看不清楚了，远处的城市里，人们点燃了篝火。

天黑了，伸手不见五指，猎人已经没法看见鸭子，该是停手的时候了。于是，他把作为诱饵的雌野鸭放回划子中，将船锚拴在冰面上，防止被波浪打翻。

一阵风吹过，乌云遮住了天空，猎人在想怎么过夜。

雌野鸭叛变

水上有个帐篷

远处的城市越来越模糊，黑夜降临，河面上下起了小雨。

猎人赶忙将事先准备好的支架固定在划子的两边，然后解开帐篷搭在架子上，就这样，他在河面上架起了一片遮风避雨的小空间。他点燃煤油灯，房间里立刻亮堂起来，他在湖里舀了一壶水，这马尔基佐夫湖里的水都是从涅瓦河流过来的淡水，放在炉子上烧热了就能喝。

雨还在不停地下着，帐篷顶上发出乒乒乓乓的声音。不过猎人在小房间里很舒适，煤油灯的火焰温暖了整个帐篷，猎人在里面喝着热茶，吃着东西，然后又喂了点东西给雌野鸭，这可是他打猎的秘密武器。

吃过饭，猎人点起一根烟，卧在划子里闭目养神。

黑夜很快就过去了，春天夜晚的时间很短，天边泛起了一条白色，乌云渐渐散去，雨也停了。

猎人从帐篷中探出脑袋，发现还是到处黑乎乎的，什么也看不到。原来，和划子绑在一起的冰块被风吹到大海里了。猎人心想，幸好昨晚没有遇到大块的冰块，不然划子肯定会被撞坏，自己现在在哪儿可能还不知道呢。

猎人把划子上的东西收拾好，准备重新开始工作。

天鹅被引诱过来了

猎人又把他的诱饵雌野鸭拿出来，放到水面上，野鸭嘎嘎地叫起来。聪明的猎人还把一只很大的白天鹅放在野鸭旁，天鹅虽然和野鸭一起漂浮在水面上，但是它却一声不吭，它其实是猎人的另一个小道具——一只假天鹅。

雌野鸭的声音果然又引来了很多雄野鸭，它们从四面八方飞过来，一只只死在猎人的枪下。

不过一会儿，又有一大群雄野鸭落到雌野鸭身旁，不过这个时候猎人的注意力完全不在它们身上了，远处传来的“克噜——克噜，克噜——克噜……”的声音吸引了猎人的注意力。

他往枪里补上新的子弹，将双手放在嘴边吹起哨子，“克噜——克噜，克噜——克噜……”，他模仿着空中的声音叫起来。

天空中的声音越来越近，猎人已经看到有3个黑点在空中。猎人停止了模仿，端起枪，他看到了3只白天鹅飞过来，呼扇着沉重的翅膀，在猎人不远的冰块附近停下来。阳光下的天鹅看起来很美，翅膀都有一圈光晕。

它们看到了猎人旁的白天鹅，以为刚才的叫声是它发出来的，就慢慢靠近过来，围着天鹅转来转去。

猎人在划子里一动不动，犀利的眼睛一直盯着这几只天鹅，心里又兴奋又紧张。天鹅依旧在低空盘旋着，好像在呼唤着那只白天鹅和它们一起上路，它们万万没想到，那一只白天鹅竟然是一只假天鹅。

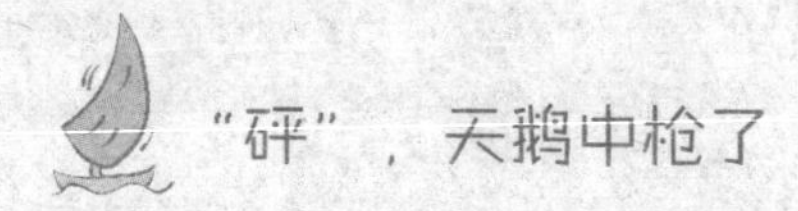

“砰”，天鹅中枪了

“砰”，一声枪响，在低空旋转的天鹅被猎人打中了，因为它离划子太近，猎人不费力就打到了它。

“砰”，又一只天鹅往前一倾，重重地栽在冰面上，剩下一只天鹅看到同伴们依次倒下，一下子冲向高空，消失在空中。

看着面前打到的两只天鹅，猎人很高兴：“今天真是不费吹灰之力就得到战利品，可以早点回家了。”

猎人拔下船锚准备划着划子回家，不过回城的路也不那么好走。现在天已经慢慢黑下来，只能够听到远处市区工厂的轰鸣声，但是到底在哪个方向呢？

猎人的划子撞在冰面上，咔嚓咔嚓地发出声音。为此，他放慢了速度，生怕划子被冰块撞坏。因为一旦用力过猛撞到厚冰面，不但划子会翻，猎物会不见，就连他自己也要掉到水里去了。

不准开枪打天鹅

“叔叔，这是你在哪里打的鸟儿，我怎么没有看到我们这里有呀？”

“它们正在往北方飞，要在那里安巢的。”

“啊，那它们的巢一定非常大吧，会是什么样子的呢？”

一群孩子围着刚刚打猎回来的猎人，他身上背着两只雪白的大鸟，大到在猎人的肩膀倒挂着，嘴都快到地上了。大家都很好奇地围着他，本来热闹的安德耶夫市场里更是人声鼎沸。

孩子们问完问题，一群主妇们也关心起来，不过她们想到的问题可和孩子们完全不一样。

“这种鸟可以吃吗？不会有什么怪异的味道吗？”

猎人听着各种问题围绕在耳边，但是他的耳朵深处还嗡嗡地响着打猎时天鹅的叫声，野鸭嘎嘎的声音，还有划子撞在冰上的声音。

刚才这段发生在市场上的事情是很久以前的故事了。现在虽然每年春天还会有白天鹅从城市上空飞去，飞过的时候还是会传来响亮的叫声，就像街道上的喇叭声。但是，天鹅的数量越来越少，还是有很多猎人想方设法要捕杀这些美丽的大鸟。

于是政府就下令禁止开枪打天鹅，如果打死天鹅，将会受到很严重的惩罚，需要交纳很重的罚金。不过，政府是允许去马尔基佐夫湖上打野鸭的，因为那里的野鸭多到打不过来。

打靶场：第二次竞猜比赛

1. 身穿黑衣，蛮横无理；换上红衣，温顺无比。（谜语）
2. 最先出现的食用蘑菇叫什么名字？
3. 为什么白嘴乌鸦喜欢在田里跟在农民后面走？
4. 喜鹊巢和乌鸦巢有什么不同？
5. 哪一种蜘蛛被叫作“流浪汉”？
6. 什么燕子先飞到我们这里来？雨燕还是家燕？
7. 如果人造椋鸟房不够用，椋鸟会在什么地方做巢？
8. 为什么椋鸟和寒鸦落在牛羊和马的背上站着兜风？
9. 为什么家鸭和家鹅，春天会忽然很忧愁地叫唤，显得非常不安？

10. 发大水时，哪些鸟受苦？

11. 发大水时，禁止开枪打什么鱼？

12. 鸟类和爬虫，哪一种比较怕冷？

13. 青蛙的舌头，是如何固定在嘴里的?

14. 这里画着两种鸟的翅膀，一种是住在森林里的鸟的翅膀；一种是住在旷野里的鸟的翅膀。你能区分出来吗？

两种鸟儿的翅膀

15. 前面像锥子，后面像叉子，侧面像锤子，背上穿蓝呢，胸前挂白巾。（谜语）

16. 没门环的大门一打开，没尾巴的小狗跑出来。（谜语）

17. 像头黑牛却不是牛，6 条腿儿没蹄子。飞的时候连声吼，落地是个挖土的好手。（谜语）

18. 有个家伙 5 月出世，不是鱼虾不是飞禽不是走兽，也不是人。飞在空中连声哼哼，停下来又不作声，谁要朝它打一下，它就流血命归西。（谜语）

19. 一个浇灌，一个吃喝，一个一直在长。（谜语）

20. 不会在地上跑，不会往上瞧，也不会做巢，却会生养无数小宝宝。（谜语）

21. 管全世界的人饭吃，自己却一口饭也不吃。（谜语）

22. 有了一串小铃铛，开出一串大铃铛。（谜语）

23. 没有翅膀却会飞，没有脚却会跑，没有帆却会漂。（谜语）

24. 四个走路的家伙，两个顶撞的家伙，还有个鞭子似的家伙。（谜语）

“火眼金睛”第一次大比拼

谁想得到“火眼金睛”的光荣称号，那么就应该仔细观察我们登在广告栏里的图画，然后还要学会根据这里画的鸟兽的侧面轮廓、脚印及其特征，辨认出它们是什么鸟兽，还有它们是在森林里的，还是在田野里的，还是在水里和空中的。

下面开始吧。

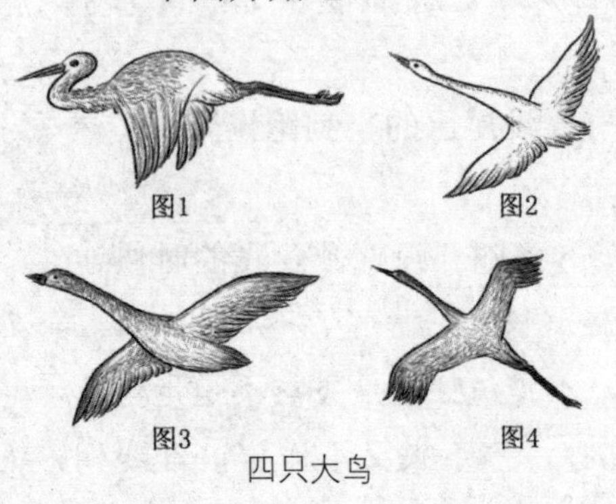

四只大鸟

图中有4只大鸟在天空中飞着，说出它们分别是什么鸟。

1. 这只鸟的翅膀往下弯，两只脚在后面像两根棍子一样支棱着，头和脖子好像是安在背上的一个问号。这是什么鸟？

2. 这是一只很大的白鸟，长长的脖子，短短的尾巴，翅膀生在后面，看不见脚。这是什么鸟？

3. 这只鸟和第二只鸟很像，只是小一些，脖子也短一些，颜色是灰的。这是什么鸟？

4. 这只鸟的翅膀长在中间，脖子和脚都像根木棒一样。这是什么鸟？

告示1：请大家报名加入救助鸟兽协会

森林里发大水了，请大家踊跃报名加入救助鸟兽协会，帮助那些被大水淹了的兔子、狐狸、松鼠和其他两栖小动物等。

参加这次救助活动的人，都将得到一枚“马查依老爷爷”[①]奖章。

奖章将交给少年科学家来制作，用金色或银色的纸包在厚纸圆圈上制成。

其中，那些曾救助过麋鹿等大野兽的人将获得金奖章；曾救过小兔子、松鼠等小兽的人将获得银奖章，这是经过少年科学家小组开会讨论决定的。

告示 2：请给鸟儿预备住宅

大名鼎鼎的扑灭害虫的健将——歌声优美的鸟儿，现在正忙着寻找孵小鸟的住宅呢。

在这里，我们恳切希望小读者们能伸出援手，帮助鸟儿预备这样的住宅。

树干上枯枝脱落的地方，会留下一个凹坑，把它挖深之后就变成了一个洞。在老树腐朽的树干上就更容易挖洞了。这样的洞挖好之后，山雀、朗鹟、鹟鸟和其他喜欢在树洞里做巢的小鸟，如猫头鹰和黑啄木鸟等就可以入住啦。

你还可以按照下图的方式，把灌木的树枝扎成一束，

---

① “马查依老爷爷”奖章：以前有个叫马查依的老爷爷，一到发大水的时候，他总是划船出去挽救动物。俄国著名诗人涅克拉索夫有一首诗，写的就是有关他的事迹。

这样就可以给喜欢在灌木丛里做巢的小鸟预备好住宅啦。

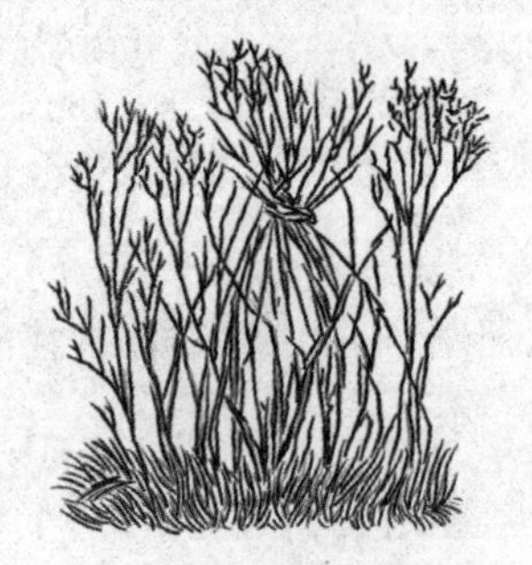

三个鸟巢（1）

下图这样的巢，则是适合给浅树洞里做巢的灰色的鹟鸟和红胸脯的欧鸲（qú）预备的。

三个鸟巢（2）

下图这样的卧式树洞适合让猫头鹰和寒鸦来入住。

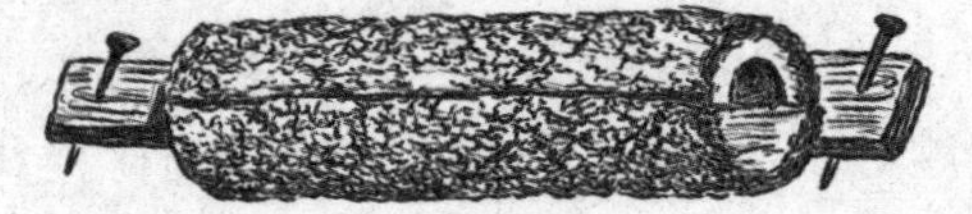

三个鸟巢（3）

第三期　载歌载舞月

（春季第三个月）

一年——分十二个月谱写的太阳诗篇

5月，太阳彻底赶走了盘踞在大地上的寒冷和黑暗，森林穿上五彩缤纷的艳丽长裙，开始载歌载舞。就像诗人们所说的："现在，俄罗斯所有的动物都沉浸在欢乐之中。树林里，肺草①已经从厚厚的枯叶下钻出，闪烁着蓝莹莹的光芒。"

这是一个让人忍不住想开怀唱歌的月份。高大的乔木换上了绿色的新衣，零零星星的花朵开在绿色的草地上，就像散落在绿色天鹅绒上的彩色宝石。昆虫薄翼轻颤，在空中飞来飞去。

清晨，当薄雾散去，太阳公公从地平线上露出笑脸，长着金黄色翅膀的小蜜蜂们飞出家门，准备开始一天的工作。它们真是森林里最勤劳的小动物，每天飞来飞去不停地忙碌着。

现在，太阳公公已经爬上了枝头，森林里开始热闹起来。野鸭、琴鸡、啄木鸟在森林上空盘旋，仿佛要比一比谁飞得最高；家燕和野燕穿梭在茂密的丛林里，追赶嬉戏；茶隼（sǔn）②和云雀飞翔在田野上空，乍一看像哪个孩子放飞的风筝；雕和鹰在天地之间盘旋；调皮的鹬鸟一边跳舞，

---

①肺草：分布于欧洲和亚洲西部，花冠蓝色或紫色，圆筒状。

②茶隼：一种小型猛禽，以猎食时有翱翔习性而著名，吃大型昆虫、鸟和小哺乳动物。

一边还不忘模仿绵羊的叫声，它可真不愧是高空中的绵羊。

傍晚来临，当其他动物开始陆续归家的时候，白天躲在家里睡大觉的蚊母鸟[①]和蝙蝠却出门了。它们这是要出去找寻食物啦。

5月，天气时暖时凉。白天阳光暖和明媚，到了夜里，却又会变得非常凉。在这个月份，有时候，你觉得树荫下简直就是天堂；有些时候，你却被冻得必须要烧火炕取暖。

这个月份之所以又被称作“哎呀月”，其实就是因为冷的时候，它简直能把人冻得“哎呀！哎呀”叫个不停。

欢快的5月来了

5月是春天的尾巴，夏天就快要到了。此时，森林里，唱歌跳舞的活动变少了，因为动物们都在忙着工作，鸟儿们为找地方做巢和孵小鸟而绞尽了脑汁。

除了忙碌，5月里的动物们似乎也变得有些躁动不安。它们都迫不及待地想表现自己的勇敢以及身手敏捷，所有动物都摩拳擦掌，准备找谁打上一架。而一旦真的打起来，空中绒毛、兽毛、鸟羽就漫天飞舞了。不过这样也让5月变得更加欢快起来。

村民们说：“春天其实很愿意留在我们这里，一辈子都不走。只是很快，夏天就会派它的信使布谷鸟和夜莺来，当它们俩唱起歌的时候，春天就必须要依依不舍地离开了。”

---

①蚊母鸟：水鸟名，喜欢吃蚊虫和金龟子等昆虫，有时在草丛间低飞，张着大嘴捕食蚊虫。

林中大事记

鸟儿们唱起了歌谣

5月，阳光温暖明媚，森林里百花竞相展露着妖娆的体态，树木郁郁葱葱，动物们都非常兴奋，整天忙这忙那。每天清晨和黄昏，都是森林乐队的演出时间。

啄木鸟以它坚硬的嘴作为鼓槌，把能够发出美妙动听声音的树干作为鼓，正在敲得不亦乐乎；蚱蜢用它带着钩子的小爪子不停抓着带有锯齿的小翅膀，发出吱吱呀呀的声音，就像在拉着一把大提琴。

最异想天开的要数沙锥了，它在森林上空模仿起了羔羊欢叫的声音。只见它冲入云霄，张开尾巴，然后俯冲下来，尾巴上的羽毛兜着风之后，发出咩咩的声响。天牛扭动脖子，发出嘎吱嘎吱的声响，就像在演奏小提琴。浑身火红的麻鳽（jiān）[①]没有动听的歌喉，它只喜欢把长长的嘴巴伸进湖水中，然后长吹一口气，这时湖水就会发出牛叫似的咕噜咕噜声。

森林里小动物们都想在大家面前展现自己的多才多艺。别看有些动物五音不全，它们可一点也不觉得难为情，就像青蛙，好像受到其他小动物的感染，一直呱呱地叫个不停，它的歌声一点也不动听，但它自己显然没有意识到，还在一直唱着。与它截然相反的是燕雀、莺和鸫鸟，它们发

---

①麻鳽：俗称比翼鸟。

出的声音非常清脆、婉转，让人听了不由得心情愉悦起来。

除了这两种对比非常强烈的声音，我们还能听见甲虫吱吱呀呀演奏大提琴的声音，丸花蜂和蜜蜂嗡嗡低唱的声音，黄鸟和身材娇小的白眉鸫[①]吹奏笛子的声音，猫头鹰轻哼小曲的声音，以及狼的嗥叫声和牝鹿的咳嗽声等。

鸟儿们唱起了歌谣

①白眉鸫：中等体型（23厘米）的褐色鸫，上体是橄榄褐色，头深灰色，眉纹白，胸带褐色，腹白而两侧带有赤褐色。

这时候，夜莺也开始唱歌了。它们唱起歌来非常卖力，经常不分昼夜。听着它们时而尖利时而婉转的歌声，孩子们非常困惑：难道它们不需要休息吗？

其实，春光如此美好而短暂，这些歌声清脆的夜莺为了尽情展现自己的歌喉，当然不愿意把宝贵的时间都浪费在睡觉上啦。它们通常只在唱歌间隙打个小盹，或者在半夜、中午休息一会儿。森林乐队有了这么美妙的声音加入后，演奏得更加精彩了。

小花出来旅游了

在明媚的阳光下，紫堇[①]开花了。它长长的花茎上长着茂密的青灰色小叶子，这些小叶子的边缘并不整齐，而是像锯齿一样。一束束淡紫色的小花就盛开在这些青灰色的叶子之间，让整株紫堇花看上去就像一个身穿青灰色裙子的美丽姑娘，看上去让人赏心悦目。

而站在它旁边的，是它的好朋友，一个叫作顶冰花[②]的艳丽姑娘。顶冰花头顶早就开出了金星似的花朵，只是其枝头没有一片叶子，光秃秃的。金色的阳光透过它的枝干、花朵，把地面照得金灿灿的。

5 月，已经不是紫堇花和顶冰花最辉煌的时刻了。由于

---

①紫堇：别名断肠草，一年生草本，无毛，根细长，绳索状，茎高 10 ～ 30 厘米。它生长于路边、林下、多石处等潮湿地方。

②顶冰花：多年生草本，花开 2 ～ 5 朵，成伞形排列。它生长于山坡和河岸草地，全株有毒，以鳞茎毒性最大。

生活在乔木和灌木丛底下，此时头顶浓浓的树荫让它们的生存变得越来越艰难。不过，还好它们只是来地面上旅游而已，现在已经快到“回家”的时间了。等到在地面上播下种子以后，它们就会重新启程，迅速回到地下世界里去。从夏天开始，它们就幽居在地底的家里，直到来年开春，才会再次到地面上来。

如果你想把顶冰花或者紫堇花请到自己家里来做客，就要记住下面这些注意事项啦。要是你有哪点做得不好，这些美丽的姑娘可不会答应你的邀请哦。

首先要注意的就是，移植必须在它们枝头的花朵凋谢之前进行。同时，由于这些尊贵的客人有着非常长的地下根茎，因此在移植的时候一定要非常小心，不要把它们的根茎给弄断了。

其次，在气候比较暖和或者有东西覆盖的地方，紫堇花和顶冰花的球茎和块茎埋得比较浅，相对比较容易移植。要是不凑巧你想请的姑娘生活在冻土带，那你就要分外小心了，因为它们的球茎和块茎通常都埋得非常深。

——尼·巴甫洛娃

有趣的对话

有一天，我和一个小伙伴穿过森林去田里除草。当我们走过池塘边时，看到两只青蛙从水中探出头，在争吵。只见一只青蛙对着另一只大喊：“傻瓜！傻瓜！”另一只青蛙也毫不示弱，反驳道：“你才是傻瓜！你才是傻瓜！”

它们谁也不肯让步，就这样鼓起耳朵后面的鼓膜一直嚷嚷着。

听过这番有趣的对话后，我们继续向前走着，又听见一只鹌鹑的声音，它仿佛在跟我们说话："除草去！除草去！"我回答它说："我们本来就是要除草去啊！"它好像没有听到我说的话一样，还是一个劲地对着我们大喊："除草去！除草去！"

有趣的对话

我们终于来到田边，还没开始除草，就遇到了好奇的圆翅田凫，它扑闪着翅膀向我们发问："你们从哪儿来？你们从哪儿来？""我们从古拉斯诺亚尔斯克村来。"我们答道。本以为这样就能满足它的好奇心了，没想到它却明显没有放过我们的意思，还是一直在旁边吵个不停。

——森林通讯员　库罗奇金

原来鱼儿不是哑巴

以前，大家都以为鱼类不会发出声音，水底是一个静默的世界。可是最近，海底音响收听装置——“水底耳朵”的发明却彻底否定了我们之前的观点。原来鱼类并不是哑巴，海底也并不安静。

有人通过无线电收音机广播了人们捕捉到的水底的声音。这是我们以前从来没有听到过的声响，混杂着呻吟声、哼唧声、咯咯声，以及喑哑的啾啾声、尖利的嘎吱声、刺耳的唧唧声。虽然不能确切地说出哪种声音是由哪种鱼发出的，可是听了这些声音之后，人们还是不禁感叹，原来每种生物都有属于自己的独特声音，鱼也不例外。

“水底耳朵”的发明，帮助我们重新认识了水底世界。此外，其实它还有许多其他用处。例如，在它的帮助下，渔民伯伯们可以更加方便地探知哪片海域的鱼多，贵重的鱼类要转移向何处。这样，他们在捕鱼的时候就不会再毫无头绪地四处乱找了。

现在，人们甚至设想，有一天我们可以通过模仿鱼的声音来诱捕鱼群。这个计划听起来就够玄妙吧。

“房檐”下的小秘密

花粉十分柔弱娇嫩，不能经受雨水、露水的侵袭。为了保护它，花儿们可想了很多办法呢。

含苞待放的凤仙花为了保护花粉不受雨露侵袭，将花梗架在叶子的柄上。这样每一个花蕾都乖乖躲在了叶子形成的“屋檐”下面，即使下雨了也不怕。

毛茛（gèn）[①]的花在雨露中保护花粉的方法则是垂下头，让花粉待在花瓣做的“屋檐”下。

金梅草[②]的花瓣就像一个个向花心弯曲的勺子，这些排列得非常紧凑的勺子组成了一个严丝合缝的小球。雨水或者露水即使落在花上，也无法靠近花心，更不要说伤害花粉了。怪不得金梅草总是朝天开，下雨天也不肯低下高贵的头。

野蔷薇和莲花保护花粉的方式是闭合花瓣。雨水落下的时候，它们的花粉都躲在密闭的小房子里，自然是不怕外面的风雨的。

铃兰、覆盆子[③]、越橘都是谦虚的植物，它们的花朵天生垂着头，就像一个个挂在叶子间的小铃铛，雨露怎么也伤害不到藏在“房檐”下的花粉。

---

①毛茛：多年生草本植物，有伸展的白色柔毛。它生于田野、路边、沟边、山坡杂草丛中。

②金梅草：又叫金莲花、金疙瘩，常盛开在海拔1800米以上的高山草甸或疏林地带，在夏季里开出灿烂的金色花朵，7片金黄色花瓣有拇指甲盖大小。

③覆盆子：木本植物，果实味道酸甜，植株的枝干上长有倒钩刺。

森林里的狂欢夜

“为了听一听你们在报纸上所说的森林乐队的演奏，我在晚上来到了森林。但是让我失望的是，这里除了乱糟糟的声音，我一点也没感受到森林乐队高超的演奏水平。”这是我们《森林报》的一位记者给编辑部寄来的一封信中的其中一段。

他告诉我们，他在森林里听到了各种各样的声音，可是根本弄不清楚那些都是什么动物发出的，他不知道应该如何来写这篇描写夜森林的报道。我们让他把听到的声音直接描述出来，于是，他在信中这样告诉我们：

“现在是半夜，不知道鸟儿是不是都休息去了，鸟声变得稀稀落落。最终，周围终于安静了下来。

“后来，忽然从一片高地上传来了低沉、悠扬的琴声，琴声起初很小，后来逐渐变得非常宏大，随后又逐渐变小。最终，演奏结束，四周再次安静下来。

“我觉得这个精彩的独奏，真算得上是个不错的前奏曲。不知道接下来还会有什么精彩的表演在等着我。

“正当我沉浸在对琴音的回味之中时，林子里忽然传来一阵令人毛骨悚然的笑声‘哈哈——哈哈！呵呵——呵呵！’瞬间，就像一群蚂蚁从背上爬过，我起了一身鸡皮疙瘩。真是个狂妄的家伙，居然这样嘲笑刚才的那位琴手，我倒要等着看一看它有什么精彩的绝活。

“等了很久，四周一片沉寂。我非常困惑，演出不会已经结束了吧，我还没有欣赏够呢。

“忽然，传来了一阵给留声机上发条的声音。原来这些粗心的小动物们忘记给留声机上发条了啊，怪不得停顿了那么长时间。我又开始静静等待音乐再次响起。可是上发条的声音持续了很久，还是没有播放音乐，难道是它们的留声机出了什么毛病？

“过了一会儿，上发条的声音总算停止了。可是，音乐并没有如我所愿地响起，耳边却传来了‘特了了，特了了……’的声音，没完没了，听得人不胜其烦。

“终于，这讨厌的声音停止了，我以为终于要上唱片了，周围却响起了鼓掌的声音。真是一群爱捣乱的家伙，还没开始演奏呢，就故意这么大声地鼓掌。

“遇到这样爱摆架子的艺术家和爱捣乱的观众，我觉得非常生气，没有再继续待下去，转身离开森林回家去了。”

其实，我们的森林记者用不着生气。经我们辨别，他一开始听到的开场独奏，大概是金龟子一类的甲虫在飞动。而那嘲笑金龟子琴音的狂妄家伙应该是大猫头鹰——灰林鸮（xiāo），因为只有它能发出如此让人毛骨悚然的讨厌声音。

给留声机上发条的应该是夜里活动的蚊母鸟，不过它可没有留声机，那种声音是从它喉咙里发出来的。它也是五音不全却爱好唱歌的家伙，它一唱起歌来简直令人抓狂。不过，别看它唱歌不好听，它可一点也不凶猛。鼓掌的也是它。当然，它并不是真的在拍手，掌声是通过它挥动翅膀产生的。刚唱完歌马上就给自己鼓掌，它可真是个自恋的家伙。

一块来嬉戏和跳舞

5月，阳光透过浓密的树荫照亮了大地，花儿盛开，小草努力向上生长。这时候正是嬉戏和跳舞的好时节。

空中的最佳舞者要数游隼（sǔn）[①]，它的表演非常出色。为了展示自己的机敏，它飞上云霄，然后忽然收拢翅膀，像一枚石子，从云端跌落下来。眼看它就要摔到地上了，所有人的心都提到了嗓子眼。出乎意料的是，它忽然展开翅膀，在空中来了个大盘旋，之后又开始了新一轮的表演。

游隼的表演花样很多。有时在空中翻几个跟头，然后像小丑倒栽葱一样，扇着翅膀落向地面；有时张着翅膀停在高空中，一动不动，乍一看，还以为是谁放飞的风筝呢。

空中的舞会非常精彩，沼泽地里，灰鹤们也毫不示弱。它们举办的舞会也在如火如荼地进行着。

只见灰鹤们围在一起，形成了一个圈。一两只特别爱表演的立刻就走到了舞台中间。

起初，它们还有点害羞，舞步没什么花样，只是用两条长腿在地上不停地蹦着。后来渐渐地放松之后，它们越跳越起劲，舞步也开始花样翻新。只见它们时而转着圈跳，时而蹿来蹿去，甚至还蹲起了矮步，看上去就像踩着高跷在跳俄罗斯舞，真可笑。

①游隼：别名花梨鹰，体型比较大的隼类，体长为38～50厘米，飞行迅速，主要捕食野鸭、乌鸦等。

一块来嬉戏和跳舞

面对如此可笑的舞姿，站在后面的观众们却没有表现出一点嘲笑的意思，它们一直用翅膀认真地为舞台中央的同伴打着拍子。

最后飞来的一批鸟儿

春天已经接近尾声。此时，鲜花开满大地，乔木和灌木枝繁叶茂，大地早已脱去了枯黄的外衣，换上了五彩缤纷的春装。

这时，最后一批鸟儿也从越冬地返回了。现在飞回来的，都是些特别漂亮的鸟儿，它们穿着色彩斑斓的衣服，在景色最美的时候回到了家乡。

粉红胸脯的伯劳[①]，蓝绿相间的佛法僧鸟，以及五彩的流苏鹬[②]都回来了。天气已经很温暖，但是为了美丽，流苏鹬依然戴着它毛茸茸的围脖。

从非洲南部赶回来的金莺有着黑色的翅膀和金黄色的身体，它不仅貌美，还多才多艺。只见它有时高兴地站在枝头演奏横笛，有时给大家模仿小猫惹人怜爱的叫声。

翠鸟也从埃及飞回来了。彼得宫中的小河边隐约出现过它们的身影。现在，它们依然穿着之前三色相间的晚礼服。

人们还看到蓝胸脯的小川驹（jū）鸟和有着一身杂色羽毛的野鷚在潮湿的灌木间愉快地飞来飞去。金黄色的黄鹡鸰也已经返回了家乡，现在正在沼泽地里玩耍呢。

现在森林里多了这些美丽的身影，变得更加热闹了。

长脚秧鸡从非洲走来了

现在，茂密的草丛里常常传来“克利克——克利克！克利克——克利克”的叫声。我们循声找去，却总是找不到发出这种声音的动物。想看看它的样子是真不容易。

发出这种声音的其实是秧鸡。它是一个长着翅膀却不

①伯劳：体型中等，嘴强壮，能用喙啄死大型昆虫、蜥蜴、鼠和小鸟，会将捕获的饵物穿挂在荆刺上，正如人类将肉挂在肉钩上，因此又名屠夫鸟。

②流苏鹬：体型略大而嘴短，暗褐色，腿长，头小，颈长，嘴直，喜欢在沼泽地带及沿海滩涂活动。

擅长飞行的家伙。秧鸡飞起来很费劲，而且速度非常缓慢，如此差的飞行技术使它在飞的时候经常被鹞鹰和游隼盯上，一旦被这两种动物捉到就凶多吉少了。

所以，为了安全，秧鸡通常选择用步行的方式前进，这样既能发挥它惊人的奔跑能力，又能帮助它在草丛里躲避敌人的袭击。除非万不得已，它才会张开翅膀飞行一小段，而且飞行的时间也一般选在夜里。这也是它回来得比其他鸟儿晚的原因，它是从非洲徒步穿越整个欧洲，一步一步走回来的。这个家伙对家乡的热爱和执着倒是挺让我们感动的。

有的笑，有的哭

5月，天气温暖，微风和煦。花儿扭动着腰肢，迎风招展；鸟儿站在枝头，放声高歌；小草在明媚的阳光下，努力地伸展着身体……

当所有生物都在快快乐乐地忙碌时，白桦却在森林深处哭泣。在暖洋洋的阳光下，白桦的眼泪从树皮上的孔洞里不停往外流着。这些眼泪其实是白桦的树液。

人们把白桦树的树液当作滋补身体的良药，经常看到有人为了收集白桦树液而割开树皮，让树液从伤口中流出。其实这种做法对白桦的伤害非常大。

树液是流动在树木身体内的血液，对树木来说非常重要。一直流眼泪的白桦如果不及时停止哭泣，就可能会因为失去太多树液而干枯，甚至死掉。

松鼠开荤了

5 月，许多鸟儿已经在树枝上安了家，下了蛋，有的甚至已经孵出了小宝宝。

这时候，松鼠也开始出来觅食了。它已经吃了一冬天的素食，每天不是吃松果就是吃去年秋天采回来的蘑菇。可以想象到它想尝一尝肉食的心情是多么迫切。

只见松鼠在树枝间跳来跳去，一旦找到一个鸟巢，又碰巧大鸟不在或者大鸟本身不够凶猛，那小鸟和鸟蛋就不可避免地要沦为松鼠餐桌上的美食了。

别看松鼠外表这么可爱，在破坏鸟巢、杀害小鸟这件事上，它表现出的残暴不亚于任何凶猛的肉食动物。

好奇怪的兰花

最近，我在罗普萨看到一种开着 5 朵美丽花朵的兰花。虽然是第一次见到这种兰花，我却觉得它应该算得上是兰花中的精品。我撩起一朵花想仔细看看，却发现在这朵花的花心停着一只红褐色的苍蝇，我马上把手缩了回来，觉得非常恶心。

为了赶走这只讨厌的苍蝇，我用麦穗使劲拍了拍它，但是出乎意料的是，它居然停在那儿一动不动。居然有这样不怕死的苍蝇。

我又仔细看了它一眼，才发现原来那不是一只苍蝇。虽然它长着一对跟苍蝇一样毛茸茸的短翅膀，小脑袋和触须也一样不少，可它确实是兰花的一部分。它的表面非常柔滑，触摸起来像天鹅绒一样，身上还布满了浅蓝色的斑点。可能正是花心这一只“苍蝇”的存在，让这种花有了蝇头兰这个名字。

与美丽高贵的蝇头兰相比，兰花中也有一些不美丽，甚至可以说有些丑陋。但即使它们不美丽，散发出的香气也十分迷人。其实，所有兰花都有着令人陶醉的香气。

在我们这儿，兰花的种类并不多，有几种兰花的根系非常发达，像一只只胖乎乎的小手，紧紧地抓着大地，生怕大风把它们连根拔起。与长在树上的姐妹——热带森林兰不同的是，我们北方的兰花是长在地上的。

浆果成熟了

5月，浆果已经陆续成熟。在沼泽地上，我们已经能够看到快成熟的云莓。云莓是浆果里面最小气的，它的茎上最多只有一颗果实，有些云莓甚至只开花，不结果。

虽然每棵草莓最多只能结5个浆果，但是跟小气的云莓相比，它也显得大方了许多。现在，在向阳的地方，我们已经能够看到草莓红彤彤的肥胖身影。它们像掉在绿背景上的红色宝石，鲜艳欲滴。草莓的口感我们就不用描述了，相信很多人都知道其入口之后的美妙感受。

这时候，覆盆子也熟了。覆盆子是所有浆果中最大方的，在它的枝头挂着很多成熟的果实。

——尼·巴甫洛娃

这是只什么甲虫呢

我想让您帮我判断一下，我最近捉到的这只甲虫到底是哪种甲虫？

它看上去跟瓢虫有点像，颜色却不是瓢虫的红色，身上也没有白色的斑点。它通体漆黑，长着6只脚，身体比豌豆稍大一些，圆乎乎的，头顶上长着触须。遇到危险的时候，它会蜷缩起来，把脚收到肚子底下，把触须和头像乌龟似的缩进身体里面。小孩子们如果看到这样的它，估计会误认为这是一粒黑色的糖果。

只有感觉危险已经过去之后，它才会慢慢地伸出脚，并把头从身体中探出来一点，看看外面是什么情况，如果确定已经安全了，它会把头和触须彻底伸出来。

在它的后背上有一双黑色的硬翅膀，翅膀下隐藏着一对黄色的复翅。把硬翅膀抬起来，然后再展开复翅，这样它就可以振翅飞翔了。

——你们的小读者　刘霞（12岁）

编辑部的回复

根据你的描述，我们判断，这只甲虫应该是阎魔虫。这种甲虫主要以腐烂的植物和动物的粪便为食。阎魔虫的种类非常多，你捉到的那只是黑色的，此外它们还有许多其他的颜色。

有一种生活在蚂蚁窝里的黄色阎魔虫，浑身长着细毛。

它们与蚂蚁是非常好的朋友，不仅能自由出入蚂蚁窝，而且每当遇到危险时，蚂蚁在拼尽全力保护自己家之余，还会尽最大的努力保护这个黄色阎魔虫房客。

阎魔虫跟乌龟有点相似，都爬得很慢，而且它们也有很深的壳，遇到危险时可以像乌龟似的把头缩进壳里。所以，阎魔虫还有一个小名叫小龟虫。

燕子开始筑巢了

（摘自少年科学家的观察日记）

5 月 28 日

最近，我十分惊奇地发现在我房间的窗子对面，邻居家的屋檐下，有一对燕子在筑巢。我认真观察，想知道它们是从什么地方找的建筑材料，又是怎样一点一点将它们那出名的小窝建成的。

只见，一只燕子径直朝着村外的小河边飞去，难道建筑材料是从那里找到的？我跟了过去，果然发现它停在了河岸上，抖了抖身上的羽毛，用嘴叼起一块泥巴，然后衔着就又飞回来了。

真是个聪明的家伙。为了提高工作效率，它们竟然想到了轮流换班。一只燕子回来之后，另一只燕子马上就出了门。就这样，它们一点一点地把衔回来的泥巴糊在了屋檐下的墙上。

等做好窝之后，它们可能很快就要开始孵蛋了，真想知道什么时候能看到那些毛茸茸的小燕子，也想知道这对父母是怎样给孩子喂食的。

5 月 29 日

今天一大早，我发现隔壁的屋顶上有一只大公猫。它浑身脏兮兮的，毛被撕扯得一片一片的。我注意到它的右眼是瞎的，我觉得这不是一只温顺可爱的小猫，它应该非常爱跟别的动物打架。

只见它趴在屋顶上，一直盯着飞来的燕子，而且还不时朝燕子们正在施工的房子里瞄上一眼。糟了，难道它也对这个燕窝感兴趣，那燕子岂不是很危险？

这时候，燕子们自己也意识到了危险正在靠近。当它们看到这只猫的一瞬间，发出了惊慌的叫声，并且立即停止了工作。不知道它们会不会因为这只猫的出现而离开这里。

6 月 3 日

这几天，大公猫还是经常爬到屋顶上去窥视燕子。燕子一发现它，就立刻停工，这严重影响了它们的工作进度。

现在，燕子的巢已经像镰刀似的挂在了对面的屋檐下。虽然还远远没有完成，但是单看基部就不难判断，这是一座坚固的房子。

今天午后，燕子一直没有出现，我不禁怀疑它们是不是要换一个更安全的地方安家了。如果它们放弃这里的工程，那么我就什么也观察不到了，想到这个，我觉得非常沮丧。

6 月 19 日

那对燕子好长时间都没有来了，看来它们真的已经放弃了这个工程。这些天，天气一直很炎热，燕子用泥巴做的镰刀形底座已经干了。每次看到对面屋檐下这个颜色已经变得灰暗的未完工燕窝，我都会觉得非常沮丧，都怪那

燕子开始筑巢了

只可恶的大公猫，吓跑了这对辛勤劳作的燕子。

今天白天，忽然乌云密布，大雨很快便从天而降。大街上，一股股雨水欢快地向前奔腾着，村外的小河已经泛滥，河岸里的稀泥快要没到膝盖了，河水咆哮着快速向前流淌。我的窗户外面也挂起了一道雨帘。

黄昏时分，雨终于停了。被雨水洗涤过的空气分外清新。我走到窗前，打开窗户，默默呼吸着雨后的空气。忽然，一只燕子熟悉的身影从我眼前掠过。只见它飞到屋檐下，在镰刀似的底座旁待了一会儿，然后转身飞走了。

难道它们不是被那只凶恶的大公猫吓走的？我想了想，前段时间它们之所以没有来，可能是因为河岸的泥土都干了，它们找不到做巢用的湿泥。如果真是这样的话，它们应该马上就回来了吧。

6月20日

今天，那对燕子带了一群同伴来参观它们还未完工的新家。这群同伴一直在房顶上盘旋，它们不时地朝屋檐下看一眼，叽叽喳喳地好像在给这个家的主人们提房屋建造方面的建议。它们在那儿议论了足足有十来分钟，最后才一起飞走了。

这时，剩下的那只燕子来到了屋檐下。只见它用爪子紧紧抓住新房镰刀似的底座，停在那儿用黏稠的口水，对基部进行加固。我觉得它应该就是这个家的女主人。过了一会儿，男主人也飞回来了，它的嘴里衔着一块泥巴，把泥巴递给了女主人之后，它很快就又飞走了。

那只讨厌的猫又来到了屋顶上，偷偷窥视着燕子们。燕子们看到它了，却没有像过去那样表现得很慌乱，也没有停下手头的工作。它们已经不再怕这只猫了。

看来，不管怎样，我总可以看见一个燕子巢的完整筑造过程了。也许，燕子们对大公猫不畏不惧，是因为它们确定大公猫的爪子够不到它们的窝吧。

——森林通讯员　维利卡

斑鹟（bān wēng）[1]巢里的恶斗

我在我家花园的白桦树上挂了一个带活动盖子的树洞形人造鸟巢，本意是为了给无家可归的鸟儿们一个栖息的

①斑鹟：中等体型（15厘米）的灰色有细纹的鹟，多在开阔林地及花园出现。

地方，没想到，却因此引发了一场恶斗，甚至有鸟儿因此而丢了性命。

5月中旬的一天傍晚，我看到一对斑鹟停在白桦树上。后来，雄斑鹟飞走了，雌斑鹟落在了我挂的鸟巢上。

两天后，我又看到雄斑鹟飞来，钻进了鸟巢，然后又钻了出来，飞到了旁边的一棵苹果树上。这时，一只朗鹟飞来，停在了鸟巢上，雄斑鹟看到它之后，从苹果树上猛扑过来，一场恶斗开始了。雄斑鹟是为保卫自己的家园而战的，当然非常卖力，所以，朗鹟最终被赶走了。

之后，这对斑鹟夫妇住进了鸟巢。它们每天进进出出，忙碌而快乐地生活着，其中雄斑鹟没日没夜地卖弄着自己的歌喉。

这种平静的生活并没有持续多久，很快，一对燕雀停在了白桦树的枝头上。我以为又一场恶斗即将开始，斑鹟却没有理会它们。后来，我想了想，这没什么奇怪的。燕雀是自己筑巢的，它们不住树洞，而且它们所吃的食物跟斑鹟也毫不相同。在斑鹟的眼中，它们不是敌人。

两天后，真正的死对头出现了。一只麻雀一大早就入侵到斑鹟家里。雄斑鹟当然不会对这位不速之客手下留情，只见它猛然向麻雀扑了过去。

一场恶战之后，鸟巢里忽然安静下来。我怕两只鸟儿受伤，赶紧跑过去用木棍敲了敲树干，麻雀扑棱一声从鸟巢中飞了出来。之后，鸟巢中又没了动静。难道那只雄斑鹟被麻雀啄死了？

这时，雌斑鹟一直在鸟巢附近盘旋，叫声非常凄惨。我赶紧跑过去朝鸟巢里看了看。两个鸟蛋完好地放在那里，雄斑鹟还活着，只是受了很重的伤，它浑身的羽毛被扯得一片一片的。

之后的几天，都没有看到雄斑鹟的身影，也没听到它唱歌的声音。终于有一天，它飞出来了。它的样子非常憔悴，看得出来身上的伤还没有好。我担心它被母鸡攻击，就把它带回了家里，帮它处理伤口，并捉苍蝇给它吃。由于怕母斑鹟担心，晚上的时候，我又把它送回了它自己的家。

7天之后，我跑到白桦树旁去探望雄斑鹟，却闻到一股腐烂的气味，原来它已经死了。只见它紧紧地靠着墙，一旁的雌斑鹟正在孵蛋。不知道是因为之前的伤势过重，还是后来麻雀又来找过它们麻烦。

我把雄斑鹟的尸体从鸟巢中拿了出来，它为保护自己的家园，保护自己的妻子和孩子而付出了生命，真是一只值得敬佩的鸟儿。而在这个过程中，雌斑鹟一直待在窝里，直到把一窝小斑鹟平安地孵了出来。这也算是给雄斑鹟的一个慰藉了吧。

——贝科夫

森林里的激烈战争（续一）

不知道你们是不是还记得住在采伐空地上的《森林报》记者，他们曾经写信告诉我们，他们一直在等待采伐之后的空地上再次长出一片云杉来。

几场春雨之后，空地上钻出了许多挥舞着手臂的嫩绿色小家伙。记者们看到它们之后并没有十分兴奋，原来它们不是云杉的幼苗。

那这些绿色的小东西都是些什么呢？原来是莎草[1]和拂子茅[2]等杂草。它们捷足先登，占领了这片空地。小云杉来晚了，这里已经没有它们生长的地方。

可是这些勇敢的小云杉们并没有准备放弃。在另一片砍伐地上，它们伸出双手努力拨开挡在头顶上的小草，拼命往外钻。小草们也毫不示弱，压在小云杉身上，一点挪开的意思也没有。

这场激烈的战争就这样拉开了帷幕。好不容易探出头的小云杉，一出来，就被细铁丝一样的草茎缠住了，它用尽全身的力气想拨开这些缠绕在身上的小草，见一见阳光，但这显然不是一件容易的事情。小草们用草茎织成了一张结实的网，小云杉伸出双手使劲撕扯，也没能完全摆脱它们的束缚。

可是，战场不止一个，小云杉和小草们不仅在地面上打得不可开交，在地底下，它们相互之间也没有手下留情。在地下，它们的根缠绕在一起，你扯我一下，我勒你一下，拼命抢夺着水分和营养。很多小草还没把头探出地面，就被饿死在了地下。同时，也有很多没有见过天日的小云杉

---

①莎草：多年生草本，高 15 ～ 95 厘米。茎直立，三棱形。根状茎匍匐延长，部分膨大呈纹外向型形，有时数个相连。生于山坡草地、耕地、路旁水边潮湿处。

②拂子茅：多年生草本，具根状茎，平滑无毛或花序下稍粗糙，高 45 ～ 100 厘米，径 2 ～ 3 毫米。常见于水分条件良好的农田、地埂、河边及山地等。

被小草们柔韧的根勒死在了襁褓中。

能钻出地面并冲破小草们织成的网，成功见到太阳的小云杉，真可谓云杉里的幸运儿和佼佼者。

这种幸运儿和佼佼者虽然并不多，可是，只要它们突围成功，小云杉们就在这场激烈的森林大战中占了上风。小草们虽然努力伸展着躯干想长得更高，但是它们很快就停止了生长。而云杉却张着小手努力向蓝天靠近，它们越长越高，枝叶也越来越茂密。

大家应该明白，小草们为什么那么拼命地阻止云杉钻到它们上面了吧。现在，它们已经开始受罪了，云杉茂密的枝叶将它们挡得严严实实，完全见不到阳光的它们身体非常虚弱。

而在地底下，云杉的根茎也越来越粗壮，小草们完全不是它们的对手，根本抢不到什么食物。此时，小草心中一定非常自责，怪自己当初没有将云杉全部挡在下面。一切都已经无可挽回，小草们很快就变得非常瘦弱，瘫软在地上甚至直不起身子。

云杉和小草之间的战争最终以小草的落败而告终。森林大战却并没有就此结束，又有一个新的成员加入了这场战争，它就是白杨。此时，白杨开花了，柔荑花序挂满它的枝头，每一朵柔荑花序中都藏着几百颗种子。

白杨决定派它的孩子们来参战。它对自己的孩子信心十足，因为这些孩子都是最优秀的伞兵。它们身体的周围包着一团毛茸茸的棉絮，非常轻盈，被风一吹，就在空中翩翩起舞。

风儿非常喜欢这些会跳舞的家伙，一来就带着它们在空中转呀转，跳着圆圈舞。当它们请求风儿带它们到河对岸的时候，风儿没有拒绝，带着它们飞过空地，到达了云杉国的边境。这些可爱的小伞兵们收起降落伞，落在了小云杉和野草的头顶。它们站在那儿东张西望，等着小雨姐姐的来临。被雨水一冲，这些顽皮的孩子就钻到了地底，暂时安静了下来。

很快白杨的种子发芽了，只见它们一簇簇伸着小手钻出了地面。不过，很快它们就意识到，事情不像之前想得那么简单。此时云杉浓密的枝叶完全遮挡了它们头顶的阳光，虽然它们极力伸展躯体，但还是只能站在云杉的阴影里面。

白杨是喜阳的植物，离开阳光，它们无法生存。眼前的这种情况始料未及，此刻它们非常慌张，曲着身子挤在一起，不知如何是好。在这场白杨与云杉的争夺战中，云杉又赢了。

正当云杉得意扬扬之际，白桦树也准备派自己的这群孩子去河对岸的空地上远征。它的孩子是一群擅长驾驶滑翔机的飞行员。它们悄悄来到空地上，并躲在土里潜伏了起来，不知道它们最终能不能打败云杉，成为森林里这场激烈战争的最后的赢家。

我们《森林报》会继续关注这场森林大战的战况。

农庄生活

现在是忙碌的季节，集体农庄的人们在播种完成之后，还要到秋播地里去施肥，到亚麻地里去除草。接着，他们还要去种菜园：马铃薯是最先栽下的，然后是胡萝卜、黄瓜、芜菁（wú jīng）[①]、甘蓝等。

这时候，孩子们也放假了。集体农庄里的农活这么多，他们当然也不能闲着。只见他们每天帮着大人栽种、除草、除害虫、为果树剪枝。此外，编扎白桦扫帚的任务也是由他们完成的，他们要编扎足够一年用的白桦扫帚。

现在，秋天种的麦子已经齐腰高，春天播种的庄稼也已经长起来了。不知道孩子们有没有注意到，最近都没有在清晨听到雄山鹑唱歌的声音，难道它们搬走了？不，它们并没有搬家，雄山鹑之所以不再唱歌，是因为雌山鹑正在孵蛋。为了防止自己的歌声把鹰、狐狸或者农庄里那些正在放假的小淘气鬼们招来，这个时候，雄山鹑必须保持安静。

除了忙碌农活，孩子们还要帮忙钓鱼。他们在一根长杆子的一头绑了一个框，然后在框上装了一个网，这就是自制的捕鱼捞网。每天一到傍晚，他们就带着自制的捞网来到小河边捕鱼。他们的捕鱼经验非常丰富，知道用什么鱼饵能钓到什么鱼。看看他们的战果吧，有鳕鱼、小梭鱼、鲑鱼、鲈鱼、小鲤鱼、鳜鱼等等。

孩子们的假期生活真是非常丰富，晚上也没有闲着。深夜，他们经常一起在河边捉龙虾。捉龙虾是件很简单的事情，只需要在岸边布下簖（duàn）[②]，等一段时间之后去

---

①芜菁：大头菜，又称大头芥，外形酷似萝卜，供食用，肉质柔嫩、致密，供炒食或腌渍等。

②簖：渔具名，插在水里捕鱼蟹用的竹或苇栅栏。

收网就行了。在等待的过程中，他们在河边燃起篝火，唱歌、讲故事，玩得不亦乐乎。

麦子已经快熟了，收割麦子的时候，孩子们还要去麦田里捡麦穗、捆麦束。他们的假期过得非常充实，在休息的同时，也充当了父母的小帮手，劳逸结合，真是太好了。

——森林通讯员　安娜

植树造林开始了

春季植树造林的工作已经告一段落。在苏联欧洲部分的草原和森林草原地带，大片新护田林诞生了，它们的总面积约有 25 万公顷。而在我们俄罗斯联邦的中部和北部，总面积差不多有 10 万公顷的新森林也已经诞生了。

到今年秋天，俄罗斯联邦的林场还将有几万公顷的新森林诞生。现在，在集体农庄里，有很多苗圃，这些苗圃可以为明年的造林工程提供大约 10 亿棵树苗，这些树苗中不仅有乔木，还有灌木。

农庄新闻

（尼·巴甫洛娃）

逆风来帮忙了

杂草在亚麻田里胡作非为，亚麻们忍无可忍，只好请村民们来帮忙。

这时，风轻拂着亚麻，亚麻田仿佛卷起层层浪花。村民们来到田头，赤脚沿着田垄小心翼翼地迎风前行。亚麻们在风儿的指引下低下了头，只剩杂草孤零零地站着。看来风儿也讨厌田间这些一直折磨亚麻的杂草，它故意让杂草们暴露在村民们眼皮底下。当杂草被消灭掉以后，逆风又托着亚麻的腰，把它们扶了起来。

绵羊脱衣裳

这时候，需要帮忙的可不止亚麻一个。绵羊们也吵着身上的绒毛大衣太厚了，要求村民们帮它们脱掉。

经验丰富的剪毛工人答应来帮绵羊的忙。只见他们拿着电推子来到了集体农庄的绵羊剪毛室，不一会儿，便把绵羊浑身上下的毛剪得干干净净。

绵羊脱衣裳

我的妈妈在哪里

脱掉绒大衣的绵羊妈妈可真是大变样了，它们明明已经回到了羊群，可是孩子们还是在旁边悲悲切切地哭着："我的妈妈在哪里呀，妈妈去哪里了呀？"这些可怜的小家伙，连自己的妈妈都认不出来了。

好心的剪毛工人于是帮每一只小绵羊找到了它们的妈妈，然后又忙着去给下一批绵羊脱衣裳了。

牲口队伍越来越大了

小河村的孩子们饲养的牲口群，昨天一夜之间就扩大到了原来的 4 倍。其中，山羊妈妈库姆希加生了 3 个可爱的宝宝，这 3 个宝宝的名字分别叫作库加、姆扎和施卡利克。

这已经不是今年春天的第一桩喜事了。今年开春以来，已经新增了许多只小马、小牛、小猪及小羊等，集体农庄的牲口队伍比以前壮大了许多。

看牧场上那群欢快的小牛犊，它们翘起尾巴，满世界跑啊，跳啊。原来这群小牛犊是第一次离开牲口棚来到牧场，怪不得这么兴奋呢。

花期到了

好久没有去果园里了，听说果树正在开花，我们去看看吧。

草莓已经开过花了，现在，小小的绿色果实像一只只可爱的小铃铛缀在叶子之间。樱桃树和梨树的枝头，雪白的花正开得灿烂，要不是天气这么温暖，以及它们枝头绽出的一点新绿，你一准以为它们正被大雪覆盖着呢。

苹果树的花期也到了，过不了几天，我们就可以闻到它那清新的花香啦。

有趣的农场新生活

番茄苗以前生活在温室里，昨天，它和黄瓜苗都搬家了，池塘边的园地是它们的新居。在这片园地上，它们比邻而居。可是，黄瓜苗还很瘦弱，它躺在白色的棉被下，只敢把鼻尖露出来。而番茄苗已经长得很壮实了，绿色的花蕾已经探出了头，相信过不了多久，它的枝头就会开满花朵。娇弱的黄瓜苗可要快点长大啊，真不知道它什么时候才能赶上番茄。

土地妈妈非常呵护这些可爱的植物们，给它们提供充足的养分和水，怪不得它们个个都长得这么好。

来帮助这些6只脚的朋友

农作物开花的时候，蜜蜂、丸花蜂、蝴蝶、甲虫等6只脚的小昆虫们就又开始辛勤劳动了。它们在田间的花丛中飞来飞去，帮助黑麦、亚麻、苜蓿（mù xu）[①]、荞（qiáo）

①苜蓿：俗称三叶草，是一种多年生开花植物。

麦、向日葵等开花的植物授粉。

它们虽然非常努力地工作，可是田里开花的植物实在太多了。为了不累坏这些可爱的小劳动者们，让我们去田里帮一帮它们吧。

给向日葵授粉是件很有意思的事，我们要事先准备好一小块兔子皮，然后把花粉收集到上面，对着正在开花的向日葵花盘一扑就完成了。

给别的农作物授粉需要两个人一起来合作。两个人要各自拉着一根长绳子的一端，让绳子拂过开花植物的枝头，这样这些植物就会弯下身体，它们的花粉自然就落了下来。此时，再借助一点风的力量，授粉很轻易地就完成了。

城市新闻

市区哪来的麋鹿

近几年来，人们经常在列宁格勒市区看到麋鹿的身影。5月31日早晨，又有人在梅奇尼科夫医院附近发现一只麋鹿。大家猜想，这只麋鹿可能来自符谢沃罗德区的森林里。

你见过会说人话的鸟儿吗

有位读者到《森林报》编辑部来告诉我们这样一件事。他说，早上在公园散步的时候，听到灌木丛中传来洪亮的声音，“特里希尔，维吉尔？”（译成中文意思是：有没有看见特里希尔？）这声音非常急切，他以为有人在找特里希尔，但是转身看了半天也没找到一个人，只在灌木丛中看到一只红色的鸟。

他当时非常震惊，居然有会说人话的鸟。正当他困惑谁是特里希尔的时候，那只鸟又重复了一遍："特里希尔，维吉尔？"他向前一步，想看清这只鸟的样子，它却扑棱一声飞走了。

这位读者来向我们请教，他遇到的鸟是什么鸟？

我们告诉他，这种鸟其实是红雀[①]，它从遥远的印度飞来，是个非常好奇的家伙，它的叫声听起来确实很像在问什么。不过，每个人对它的叫声都有不同的理解，有的人认为它是在问："有没有看见特里希尔？"也有的人认为是在问："有没有看见格里希卡？"至于它的问话确切的意思是什么，我们就不得而知了。

海底来客

在大海中，有许多鱼每到要产卵的时候，就离开海底的家乡，来到河里。最近几天，就有一群甜瓜鱼从芬兰湾来到了涅瓦河里，准备产卵。这些海底来客的到来让渔民们非常高兴，这几天他们捕到许多鱼，收获颇丰。

在这队伍庞大的海底来客里，有一种与众不同的鱼叫小扁头。小扁头是一种完全透明的鱼，连肚皮里的肠子都能看见。它就像一片树叶，漂荡在海底。它的与众不同之

①红雀：一种北美鸣鸟，头上有一个特色的羽冠。它主要吃种子，也吃昆虫和果类。

处在于它是唯一一种在海洋深处出生，然后游到河里生活的鱼。

它在大西洋的马尾藻海域出生，并在那儿长到 3 岁。3 岁生日一过，它就跟同伴们一起游向 2500 公里外的涅瓦河。

长大之后的小扁头，外形非常像一条蛇。这时候，它抛弃掉了不文雅的小名，开始启用它的大名——玻璃鳗鱼。

现在，涅瓦河里已经可以看到成群结队游来的玻璃鳗鱼了。

可以采蘑菇了

雨后的郊区，蘑菇从松软的泥土中探出了头，有平茸蕈（xùn）、白桦蕈[1]等，它们是夏季的第一批蘑菇。由于它们钻出来的时候，秋播黑麦正在抽穗，因此这些蘑菇被统称为麦穗蕈。

麦穗蕈一到夏末就会不见踪影，所以，想采蘑菇的孩子们可要抓紧时间啦。因为不久之后，当花园里的紫丁香开始凋谢，春天就要离开，夏天就要到来了。

在城郊漫步的黑水鸡

最近，听郊区的人说，他们一到晚上就会听到水沟里传来“呼嘁——呼嘁——呼嘁——呼嘁”的声音。这声音有

①白桦蕈：又称西伯利亚灵芝、白桦茸，含有丰富的蛋白质、脂质、维生素、矿物质等。

些低沉，而且断断续续的，有点像鸡的叫声。

发出这种声音的到底是谁呢？

原来，是在城郊漫步的黑水鸡。它们不仅和秧鸡有血缘关系，而且也是从欧洲徒步到我们这儿的。

飘来的云团

6 月 11 日这一天，天空中没有一朵云彩，太阳炙烤着大地，晒烫的地面发出阵阵的呻吟声。人们热得快喘不过气了，很多人来到涅瓦河边散步。

忽然，人们发现，一大团灰色的云彩从河对岸很远的地方飘来。这团云彩飞得很低，几乎擦着水面而来。大家都停下脚步，望着这团不仅颜色奇怪而且会发出窸窸窣窣声音的云彩。直到它靠近人群时大家才看清楚，原来是一大群刚出世的小蜻蜓。它们成群结队，也许是要去寻找新家。

只见它们扇动着小翅膀在人们头顶盘旋。孩子们也停下了手中正在玩的游戏，出神地望着这些可爱的小家伙。太阳光穿过它们透明的薄翅，在人们脸上留下无数细小的彩色光斑。此时，仿佛有一群彩色的小精灵在人们身上欢快地跳舞。它们从哪里来又要飞到哪里去，没有人知道。

这群小蜻蜓并没有因为人们的关注而多做停留，只见它们掠过人群，越飞越高，终于消失在房屋后面。河边的奇幻世界消失了，小孩子又开始顽皮地嬉闹。

其实这种由小蜻蜓组成的“云团”非常常见，只是我们很少注意它们从哪儿出发，要飞去哪里。如果你想知道这个问题的答案，下次再见到的时候不妨注意一下。

雏鸟开始学飞了

最近是雏鸟出巢的日子。

这些小家伙还没有完全掌握飞翔的技巧，经常不小心从屋檐下或者树枝上摔下来。走在路上的时候，你可要小心一点，经常抬头看一看你的头顶，以防小乌鸦或者小麻雀摔在你的头上呀。

森林里来了一批新居民

近几年，在列宁格勒州叶非莫夫区与邻近几个区的森林打猎的人经常发现一种以前从来没见过的动物。它的个头跟狐狸差不多，但当地的居民说不认识它。

其实它是乌苏里的浣熊狗，也叫浣熊。浣熊的毛皮非常值钱。与其他冬眠动物不同的是，冬天它并不是一直待在家里。天气比较暖和时，它会出来散散步。

10 年前，50 多只浣熊乘火车来到了我们这里。现在，它们的队伍已经非常庞大。在我们州的森林里，整个冬天都能看到浣熊的身影。政府已经允许猎人们捕猎它们了。

穿着皮大衣的"刺猬"

欧鼹[1]喜欢在地上挖洞，吃植物的根部。有时，它会在

①欧鼹：体大而肥胖，毛皮柔软，黑色或褐色。吃蚯蚓、蝼蚁等，主要生活在农田、丘陵地带。

花园或者菜园里挖洞，翻出一堆一堆土来，扔到一边。

为了防止它把长得好好的花或者蔬菜碰坏，你可以在地上插一根顶端装有小风车的长杆子。这样，风吹起时，随着风车的转动，长杆子会带动土地一起颤动，听到这嗡嗡的响声，所有欧鼹都会马上四散逃跑的。

虽然有时候欧鼹会不小心碰坏蔬菜或者花卉，可是如果你把它当作啮齿类动物就冤枉它了。欧鼹可以说是穿着优雅长大衣的“刺猬”，它虽然外形跟老鼠相似，却并不属于鼠类。它是一种有益的动物，以金龟子和其他害虫的幼虫为食，不偷吃粮食，也从来不故意搞破坏。

——少年自然科学家　尤兰

神奇的回声探测器

在夏天的一个夜晚，一只蝙蝠从打开的窗户飞进了一户人家。女孩儿们惊恐万分，一边大叫着“快点！快把它赶出去”，一边用围巾裹住自己的头。爷爷不以为然地告诉她们：“不要担心，蝙蝠是冲着亮光来的，它不会钻到你们的头发里的。”

但蝙蝠真的是冲着亮光来的吗？

为了解答这个疑惑，科学家曾经做过这样一个实验：把蒙着眼睛、堵着鼻子的蝙蝠放在拴满细线的房间里，出乎意料的是，蝙蝠居然能成功地躲开科学家为它们布置的“天罗地网”。

如果真像爷爷所说，蝙蝠是冲着亮光来的。那蒙上眼睛之后，它肯定就什么也看不到了，又怎么能那么灵巧地躲过科学家设置的障碍呢？

后来，回声探测器发明出来以后，我们才真正了解了蝙蝠的秘密。原来它是靠回声来定位的。飞行的时候，它会不停地发出一种人耳听不到的声音，也就是超声波[①]。超声波遇到障碍物之后被反射回来，蝙蝠的耳朵收到信号，并通过信号判断要不要改变方向。大部分物体反射超声波的性能都很好，只有又细又密的长头发反射超声波的性能很差。

所以，老爷爷对蝙蝠不会钻到女孩儿头发里的判断也是不对的。蝙蝠很有可能因为忽略了头发反射回来的微弱信号，而直接冲着女孩儿们的长发扑去。

给风儿评评分

细细的微风最受大家的欢迎。

在炎热的夏天，微风就像一条干净、轻盈的手绢，从我们身上轻轻拂过。一瞬间，身上的薄汗迅速消失，我们感到前所未有的凉爽和舒适。

下面我们就给风儿评评分，看哪种风儿是我们最好的朋友。

当空气流动的速度小于每秒 0.3 米的时候，我们完全感觉不到风的存在，这时烟囱的烟几乎是笔直地升向天空的。这种风只能得 0 分。

---

①超声波：频率高于 20000 赫兹的声波，方向性好，穿透力强，易于获得较集中的声能，可用于测距等。

如果空气以每秒 0.3 ～ 1.5 米的速度流动，就会产生非常小的软风，烟囱的烟柱在软风的吹拂下开始往旁边稍稍倾斜。其实这个风速只相当于正常人步行的速度，并不是很快。可是我们仍然能够感觉到它，软风吹到脸上的时候，凉凉的，很舒服。这种风可以得到 1 分。

轻风的风速比软风稍快，大概相当于正常人奔跑的速度。当空气流动的速度达到每秒 1.6 ～ 3.3 米时，就会形成轻风。轻风会把树上的叶子吹得鼓起掌来。轻风能比软风更迅速地给我们带来凉爽。它可以得 2 分。

可以得到 3 分的是微风。气象学里是这样描述微风的：细树枝在微风中会兴奋地跳起舞来，这时纸折的船儿也像开足了马力一般，奋力前进。当刮起微风时，空气每秒钟流动 3.4 ～ 5.4 米，跟马小跑时的速度差不多。

比微风稍微强劲的是和风。和风的速度是每秒 5.5 ～ 7.9 米，当吹起和风时，道路上尘土飞扬，树枝轻轻摇摆，大海也会泛起些许波浪。和风能得 4 分。

清劲风的威力要比以上几种风都要大，它能使海上波涛汹涌，树梢会剧烈摇摆，甚至细树干也会随风摇曳。它的速度是每秒 8.0 ～ 10.7 米，与乌鸦飞行的速度相当。这种风能得 5 分。

如果说清劲风的嚣张还在我们可以忍受的范围内，那么强风的嚣张就实在有点过头了。气象学家给它打 6 分。它不仅故意搞破坏，用力摇动树木，还吹掉晾在绳子上的衣服，吹走人们头顶上的帽子，甚至把排球吹得四处乱飞，给打排球的人捣乱。它的速度非常快，跟摩托车差不多，可以达到每小时 39 ～ 49 公里。

在第八期《森林报》上，我们会接着报道关于风的事情，希望读者们继续关注。

打猎去

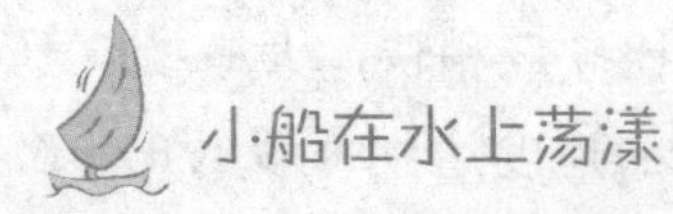

今夜，我和塞索伊奇划着一只小船在林间的河上漂荡，他坐在船头，我在船尾掌舵。天空布满乌云，黑得就像被墨汁染过一样。塞索伊奇是一位奇怪的猎人，他是个左撇子，擅长捕猎各种飞禽走兽，却唯独对捕鱼嗤之以鼻。今天，他虽然答应跟我一起来捕鱼，却拒绝用鱼钩、渔网以及其他捕鱼工具。可能他觉得自己是来“猎”鱼的。

穿过又高又陡的河岸后，我们来到了河水泛滥的地区，一些灌木的枝丫像一条条手臂，伸在河面上。这里有一条河和一个小湖，夏天的时候，它们之间由一条窄窄的水路相连。现在，周围的水很深，船可以自由自在地在灌木丛中穿行。

继续前行，我们面前出现一片模糊的树影。前面就是森林了，夜里的森林黑压压的，就像一堵立在我们面前的高墙。塞索伊奇拿出一根火柴，点燃了船头铁板上的枯枝和引柴。篝火发出橘红色的光，平静的水面瞬间被照得很亮。借着火光，我们寻找着鱼的踪迹。

我轻手轻脚地拨动船桨，小船缓缓前行。一个奇幻的世界逐渐出现在我们眼前。我们已经到达湖中央。远远地就看到一团蓬乱的“头发”在湖面上漂着，难道水下潜藏着一个巨人？

湖水深不见底，火光只能照到水下两米深的地方，黑漆漆的水下不知道藏着什么危险可怕的东西。忽然，一个银色的小球闯进我们的视线，它从黑暗的水底浮上来，越变越大，速度也越来越快。眼看它就要跳出水面了，我吓得赶紧缩了一下脖子，它却忽然变成了红色。原来是个沼气泡，这个调皮的家伙钻出水面就炸了。

这次的捕鱼之行真可谓惊心动魄。

我们继续前行，经过几个长满植物的岛屿。忽然，一个黑色的怪物伸着长长的触须向我们扑来。它长得有点像章鱼或者乌贼的亲戚，不过比它们的触须更多一点，样子也比章鱼和乌贼更难看、更凶恶。我们迫不及待想逃开，却在下一刻发现它不过是一棵被水淹没的白柳残株。

忽然，塞索伊奇用左手举起一支两米长的鱼叉，死死盯着水面。在鱼叉顶端，5个长着倒刺的钢齿闪闪发光。我惊奇地看着他，此时的他满脸通红，像一个满脸胡子的矮个子军人，模样威武，正手举长枪，准备刺向敌人的胸膛。

难道他发现“猎物”了？塞索伊奇忽然转过头，示意我停下来，这时我才看清水深处有一条又黑又长的大鱼。他慢慢地把鱼叉浸到水中，斜对着那条大鱼伸了下去。快碰着大鱼的脊背时，塞索伊奇忽然停了下来，我们都屏住了呼吸。忽然，他猛地一下将鱼叉刺进了那条鱼的身体。

真是个大家伙，这条鲤鱼足足有两公斤重。它拼尽全力做最后的挣扎，可费了这么大劲，塞索伊奇怎么可能让它逃脱。

把鲤鱼在船上放好后，我们继续前进，眼前水底世界的迷人景色完全吸引住了我。很快，一条鲈鱼的身影进入

小船在水上荡漾

我的视线。它躲在水底的灌木丛中，一动不动，好像正在思考着什么。这时，塞索伊奇也发现它了。我冲他示意，他摇了摇头，他嫌这条鱼太小了。

我们绕着湖面走了一圈，又有一条鲤鱼、两条大个的鲈鱼，以及两条长着金色细鳞的鲤鱼，从我们的船底游过。船上燃烧着的枯枝和通红的木炭掉入水中，发出嘶嘶的声音。

黎明已经快要来临了。偶尔，头顶会有野鸭扇动翅膀的“嗖嗖”声传来。一只小水鸭躲在灌木丛后面，唧唧地唱着歌。“斯普留！斯普留”的声音从林子里传来，原来是一只善良的小猫头鹰，它好像在用柔声给谁提示着什么。

为了避免小船碰到前方的一根短木头，我稍微改变了行驶的方向。这时，我听到了塞索伊奇压抑着兴奋的低沉声音：“停……别动……咝——梭鱼……”他把鱼叉柄上拴着的一根绳子绑到了自己手上，小心翼翼地把鱼叉浸入了水中。

经过了一瞬间的沉静，忽然，他使出全身的力气把鱼叉刺向梭鱼的身体。塞索伊奇费了很大的劲把这条梭鱼拖上了船。这个 7 公斤重的大家伙可是拖着我们走了好一会儿呢，幸亏鱼叉刺得够深，否则它准能成功逃脱。

琴鸡“啾叽啾叽”叫个不停，它的叫声穿过薄雾传来，天已经快亮了。塞索伊奇的心情很好，他把烧剩下的柴火扔到水里，然后提议我们俩换一下，我来开枪，他来划船。

不错的收获

这是一个美丽的清晨。晨风微凉，笼罩在树林里的薄雾逐渐散去，周围的一切逐渐变得清晰可见。我们乘船继续在灌木丛中穿行。

光滑的白桦树干、粗糙的黑云杉树干伸出水面，像举起的手臂。森林的边缘被一层绿色的薄雾所笼罩，朦胧而清新。我们望向远方，树林像被悬挂在半空中。近处，两片树林在眼前浮动，一个伸向空中，一个伸向水中。清澈的水面倒映出树的影子，水面轻轻摇晃，树枝瞬间变得支离破碎。

在光秃秃的桦树枝头，站着一大群琴鸡。雄琴鸡小脑袋、长尾巴，全身乌黑，尾巴后拖着两根长长的辫子，它的身体很结实。相对于强壮的雄琴鸡，雌琴鸡看上去柔弱得多，它的身体是一种淡淡的黄色。

我觉得十分惊奇，桦树那么纤细的树枝居然能承受这样一群又大又重的鸟。在丛林下边的水中，也倒映出一排乌黑和淡黄的大鸟，它们低着头漫无目的地四处晃荡。

我们离这些鸟儿越来越近，为了不把这些小家伙们吓跑，塞索伊奇小心翼翼地拨动着船桨。在离它们不远的地方，我轻手轻脚地举起了双筒枪。

不错的收获

鸟儿的思想都比较迟钝。此刻，所有琴鸡都转过头，伸长脖子静静看着我们，没有一只飞走。也许它们还在困惑，漂在水上的到底是什么东西。我们继续慢慢前行。终于，离和我们距离最近的一只琴鸡已经只有50多步了。它好像已经意识到了危险的靠近，开始变得有点慌乱，小脑袋左转右转，但还没想好往哪儿飞。

只见它上下跳着，想找一个安全的地方，细树枝在它的剧烈运动下却开始左摇右摆。它慌乱地扇了几下翅膀，看伙伴们都安静地待着，又觉得可能是自己多虑了。

我朝着它开了一枪，琴鸡应声扑通跌进水里，水花四起。其他琴鸡扇动着翅膀，一下子全都飞走了。慌乱中，我对着空中的一大片琴鸡又开了一枪，这一枪没有打中。我们把船划到桦树下，从水中捞出了湿淋淋的死琴鸡。塞索伊奇笑着祝贺我：“好样的！”

一大早就猎到这么美丽的一只鸟，真是件高兴的事。此时，太阳已经爬上了枝头，野鸭成群结队地掠过水面，云雀在田野上空欢快地叫着，勾嘴鹬的尖叫声不断传来，琴鸡也“叽咕！叽咕”地叫得非常欢快。

虽然忙碌了一整晚，此刻的我们却丝毫没有觉得疲惫。回家的路上，我们慢慢划着船，边走边欣赏沿途的美景。

——来自我们的专业记者

猎熊记

最近，熊经常在我们这一带祸害牲口。它时不时地跑来咬死村庄里的一头小牛或者吃掉一匹小马。我们认为必

须采取行动，不能让它再伤害我们的牲口了。

为了收拾这个讨厌的家伙，我们开了一个会。在会上，塞索伊奇主动站了出来，他是我们这儿最好的猎人。他提出用加甫里奇家死去的小牛作为诱饵，把熊引来，然后干掉它。大家听他这么说都非常放心，于是就把那头死去的小牛交给了他。

塞索伊奇用大车把小牛的尸体拉到树林里的一块空地上。擅长打猎的他知道，熊对头朝南或者头朝西的尸体时会起疑心，觉得是陷阱。所以，他把小牛尸体头朝东放在了地上，并在四周围起了一道用白桦树枝做成的矮栅栏。

在离栅栏 20 多步远的地方有两棵并排的树，为了方便观察熊的行踪，塞索伊奇还在这个地方搭了个离地约 2 米高的棚子。夜里，他就在这个棚子上等着熊出现。

准备工作都做好了，可是开始的几天夜里，人们发现棚子是空的，塞索伊奇并没有住在里面，他回家睡大觉去了。一个星期之后，他还是没有住进去，只是每天早晨去小牛尸体周围看看，绕着栅栏走一圈，站在那儿抽根烟就走了。

这时，村民开始觉得塞索伊奇对这件事并不是很用心。他们甚至当面取笑塞索伊奇，问他是不是因为家里的大床更舒服，所以不乐意守在树林的小棚子里。面对人们的取笑和质疑，塞索伊奇只是告诉他们，熊还没来，守在那儿也没有用。

小牛的尸体已经发臭，人们有点等不及了，又去找塞索伊奇。没料到他只是说：“那才好呢！”面对这样一个处事不惊的人，村民们实在不知道应该拿他怎么办。

其实塞索伊奇有自己的计划。他知道熊一直没有动小牛的尸体不是因为它不喜欢，而是现在它还不饿。而且熊的口味非常特别，它喜欢那些臭烘烘的东西。

塞索伊奇已经看到了栅栏周围熊留下的脚印，这足以证明它已经来过了。村庄里的牲口群现在没有任何危险，因为有现成的食物摆在眼前，熊是不会去动村庄里的活牲口的。现在唯一要做的就是等，等到小牛的尸体发出更强烈的臭气，到时候饥饿的熊一定会跑来美滋滋地大吃一顿。

小牛的尸体在树林里放了一个多星期的时候，熊终于忍不住爬过栅栏，美餐了一顿。栅栏周围和小牛旁边的脚印让塞索伊奇立即就发现了这一情况。当天晚上，他就带着枪来到了棚子里。

深夜，大多数动物都睡觉了，树林里非常安静。那一天晚上，天上没有月亮，不过所幸北方初夏的晚上，即使没有月亮也还看得见。猫头鹰不时扇动着毛茸茸的翅膀从空中飞过，它在寻找藏在草丛中的野鼠。兔子也没有休息，还在咔嚓咔嚓地啃着白杨树的树皮。一只獾躲在草丛中默默挖洞，翻它喜欢的细植物根。刺猬为了寻找青蛙，这么晚了还在树林里晃悠。

通常这个时候，塞索伊奇正在家里的床上睡大觉。此刻，站在棚子上的他觉得很困。忽然，“咔嚓”一声传来，塞索伊奇一下子清醒了。有一刻，他怀疑自己听错了，可看着爬在白桦树栅栏上的黑毛野兽，他知道战斗就要开始了。只见那只熊已经爬过栅栏，向小牛的尸体悄悄走去。终于，它走到了小牛的尸体旁，然后吧唧吧唧开始享受美食。

塞索伊奇心想：“等着吧，待会儿还有更好吃的东西呢，我就要给你尝尝我的枪子了。”他悄悄拿起枪，瞄准熊的左肩胛骨放了一枪。

沉睡中的树林被这一声雷鸣般的枪响惊醒，瞬间乱作一团。刺猬马上缩成一团，趴在地上；野鼠以最快的速度逃回洞中；兔子吓得从地上跳了起来；猫头鹰躲进云杉浓密的枝叶间，偷偷看着外面；獾更是吓得边叫边往地洞里钻。

塞索伊奇从棚子上下来，走到栅栏边看了看，然后卷了一根烟，站在那儿抽了起来。这时，树林又恢复了宁静。那些胆大的野兽也开始各忙各的了。抽完一根烟，塞索伊奇不慌不忙地朝家里走去。整夜未眠，他要赶在天亮之前回去补一小觉。

天亮以后，人们都起床了。塞索伊奇让村庄里的小伙子套个大车去树林里把熊的尸体拉了回来。终于，熊再也不能来祸害村里的牲口了。

打靶场：第三次竞猜比赛

1. 哪一种甲虫用它出生的月份来命名？
2. 蚱蜢是怎样发出声音的？
3. 勾嘴鹬用什么东西发出类似羊叫的声音？
4. 火红色的鹭鸶为什么被称作“水牛”？
5. 蜘蛛有几只脚？
6. 甲虫有几对翅膀？
7. 什么鸟从南方到我们这里来，一部分路程是步行的？
8. 椋鸟巢里的小鸟孵出来后，碎蛋壳到哪里去了？
9. 什么生物的耳朵长在腿上？

10. 哪种鸟的叫声像猫叫？

11. 青蛙卵和癞蛤蟆的卵有什么不同？

12. 秧鸡的个头有多大？

13. 什么鸟叫起来像狗吠？

14. 哪一种鸣禽最后一批飞到我们这里来？

15. 丁香在春天开花，还是在夏天？

16. 树底下，闹哄哄；树林中间，有谁在打钉；树林上面，烛火通明。（谜语）

17. 不管是走路还是赶车，甚至是生病的时候也用得着它。（谜语）

18. 白得像雪，黑得像铁，绿得像树叶，打起转来像中了邪，上起树来像我们上台阶。（谜语）

19. 网子一面，不用手编。（谜语）

20. 又长又细，落到草里，自己躲起来，儿子却跑出来。（谜语）

21. 我不来时求我来，我来之后却躲了起来。（谜语）

22. 像小牛那么大，但是没有角，宽脑门细眼梢，不让碰，不让摸，牲口群里有了它可不得了。（谜语）

23. 谁刚一出生就长着胡子一大把？（谜语）

24. 一个跑个不停，一个躺着不动，一个摇摇晃晃。（谜语）

“火眼金睛”第二次大比拼

怎样辨别落在水面上的野鸭和矶凫？

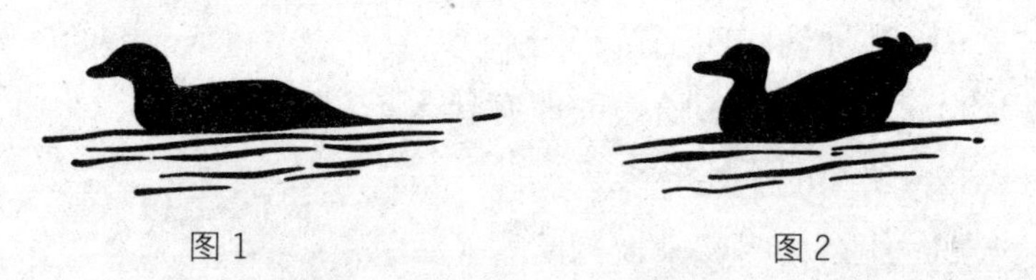

图1　图2

下面有两种兔子：灰兔和白兔。冬天，很容易分辨它们，可是夏天一到，它们都变成了灰色，那该如何辨别它们呢？

图3　图4

下面有三种小兽，它们三个有什么区别，分别叫什么名字？

图5　图6　图7

下图中有三种蛇和一条没有脚的蜥蜴。你能分辨出哪一条是蜥蜴吗？三种蛇中哪一种有毒，哪一种没有呢？

图8　图9

图10　图11

告示：快来看表演和歌唱

䴙䴘是一种怪模怪样的鸟。它细细的红色嘴巴一直长到了脸颊，脖子上漂亮的大领子在阳光的照耀下会发出铜色的光芒。为了一睹这些身着华服的演员们的风采，我们在长满青草和芦苇的森林湖岸边搭起了一个帐篷。

清晨，天气晴朗，阳光透过青草和芦苇的缝隙照射着大地。演员们的表演很快就开始了。

两只并肩前行的䴙䴘进入了我们的视线，它们整齐的列队让我们想到了行进中的士兵。忽然，它们好像接到了“分开——游”的命令，呼啦一下就分开了。

接着，精彩的部分开始了。它们先表演了一段优雅的舞蹈，然后又仰起脑袋，伸长脖子给我们做了一场演讲。之后，是一段水上芭蕾。只见它俩同时一头扎进了水里，动作非常流畅、一致，甚至没有发出半点声响。

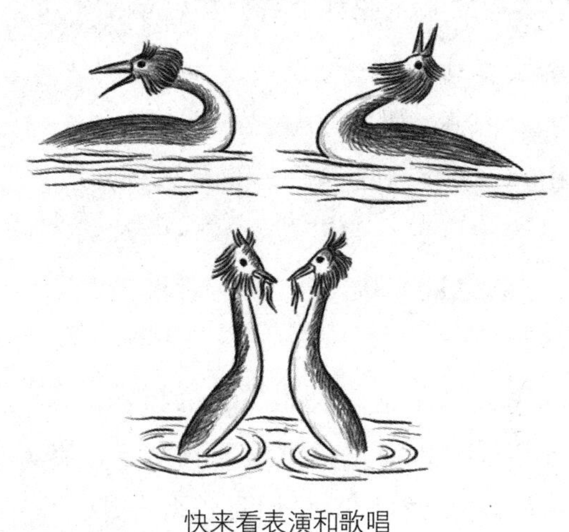

快来看表演和歌唱

又过了一会儿，两个小演员先后从水里钻出来，抖了抖身上的水珠。这两个小演员之间的关系可真好，一会儿不见就要互送礼物，只见它们像交换手绢似的，互赠了一绺自己从水底摘下的青苔。

看到这么可爱、友好的小家伙，我们忍不住拼命鼓起了掌。结果，它们好像害羞似的，很快就消失在了芦苇荡中。

打靶场比赛的答案

第一次竞猜

1. 3月21日。

2. 脏雪融化得快，因为它的颜色比较深。深颜色吸收阳光多一些（夏天戴黑帽子最热了）。

3. 软毛兽在春季换毛，脱掉那层又密又暖的绒毛（因为毛的作用减少了）。此外，野兽在春季怀小兽。

4. 蝙蝠要等到它们所吃的昆虫出现后，才出现。

5. 款冬、毛茛、雪花。

6. 白山鹑——冬天它是白的，夏天有斑纹。

7. 在雪融化以前，它变成了灰色的时候，或者在地面比白兔先变了颜色的时候。

8. 睁着眼的。

9. 在又密又黑暗的森林里生长的树木，很快地向上面有光的地方伸长，所以下面就没有树枝了。在旷野里生长的树枝，下面的树枝存留着，而且长得很开。

10. 小小的鹪鹩。它只有 3 厘米半长（不算尾巴）。

11. 鷦鷯和戴菊鸟。它们的个儿差不多大——比蜻蜓还小些。

12. 凡是靠植物种子（仁、核）和浆果维持生活的鸟，嘴巴就又粗又硬（便于把核啄破）；凡是靠昆虫维持生活的，嘴巴就又细又软；凡是猛兽，嘴巴就像钩（便于把肉撕碎）。

13. 交喙鸟。

14. 这是一棵冬天被兔子啃过的树。冬天，地上的积雪有 1 米来厚，兔子啃不到下面的树皮。

15. 3 月 21 日，是春分；9 月 21 日，是秋分。

16. 冰柱。

17. 春天太阳的热。

18. 雪。雪融化了就流成小溪，淙淙地响。

19. 马是河，车辕是岸。

20. 冬天，大地上积着白雪；春天，大地上开满鲜花。

21. 雪。

22. 今天。

23. 鹿。

第二次竞猜

1. 龙虾。

2. 羊肚蕈和编笠蕈。

3. 农民耕地时会犁出许多蛆虫和甲虫的幼虫及其他昆虫，白嘴乌鸦把它们啄起来吃。

4. 乌鸦巢又平又浅；喜鹊巢是圆的，有盖儿。

5. 不编织蜘蛛网的蜘蛛类。

6. 家燕。

7. 在丛林和园子里的树洞里。

8. 衔毛做巢或啄食牛马皮肤里的昆虫和昆虫的幼虫。

9. 我们的家鸭和家鹅的祖先是候鸟。春天，野鸭和野鹅飞过的时候，家鸭和家鹅就感到苦闷——它们也觉得想往哪儿飞似的。

10. 春天发大水，常常淹掉那些在地上做巢的鸟的蛋和小鸟。

11. 什么鱼都禁止捕。4月末，大梭鱼游到春水泛滥的水湾里产卵，它们在水很浅的地方产卵，常常把它们的脊背露在水外面。盗猎的人就在这种时候开枪打它们。

12. 爬虫类。因为它们的血是冷的。天气冷的时候，它们会冻坏。至于鸟类，如果它们吃饱了，就几乎是不怕冷的。

13. 前部的尖。

14. 生活在旷地上的鸟，翅膀狭长而尖。所以很容易推测出：生活在树林和丛林里的鸟，翅膀不可能是长的，因为长翅膀会绊住树枝和树干。在密林里生活的鸟，翅膀都是宽短而圆的，插图上是鸥和喜鹊的翅膀。

15. 家燕。

16. 蜂房，蜜蜂。

17. 甲虫。

18. 叮人的蚊子。

19. 雨水、大地、青草。

20. 鱼。

21. 土地妈妈。

22. 铃兰的花蕾和花。

23. 云。

24. 牛的四条腿、两只犄角、一根尾巴。

第三次竞猜

1. 金龟虫（5 月金龟虫和 6 月金龟虫）。

2. 蚱蜢的腿上有小刺，翅膀上有锯齿。用腿擦翅膀，发出嚓嚓的声音。

3. 用尾巴。

4. 因为雄鹭鸶能发出牛叫似的声音。

5. 8 只。

6. 甲虫有两对翅膀。外面一对是硬的、厚的，主要作用是保护底下那对飞行用的翅膀。

7. 秧鸡鸟。

8. 椋鸟用嘴把破蛋壳从巢里衔出去，丢到离巢很远的地方。

9. 蚱蜢的听觉不是在头上，而是在一对前脚的小腿上。

10. 黄莺。

11. 青蛙的卵，是像胶冻似的一大团一大团漂浮在水里。癞蛤蟆的卵，是附着在一条胶质的带子上，带子附着在水草上。

12. 比椋鸟大一点，比鸽子小一点。

13. 雄的白山鹑，在春天的交配期中，它发出的声音和狗的叫声一样。

14. 是那些羽毛的色彩很鲜艳的鸟。在我们这里的树上长满了翠绿的嫩叶的时候，它们才飞来。

15. 春天。丁香花谢的时候，就算是夏天开始了。

16. 蚂蚁在蚂蚁洞里的生活很忙碌；啄木鸟啄树像铁匠打铁；夜里，星星在树林的上空闪耀，像点了蜡烛似的。

17. 白桦树。走路的人砍下它的树枝做手杖；赶车的人用它做鞭柄；乡村里，给病人喝白桦树液。

18. 喜鹊。

19. 蜘蛛网。

20. 雨。雨落在草里，从草里流出小溪。

21. 雨。

22. 狼。

23. 山羊。

24. 河、岸、岸边的矮树丛。

“火眼金睛”大比拼的答案及解释

第一次大比拼

图 1 是鹭鸶。很容易把它和鹤区别开，因为它在飞的时候，脖子是弯的，翅膀也弯得厉害。

图 2 是鹅。它在飞的时候，伸直它那有伸缩性的长脖子。因此，看上去好像它的翅膀在后面似的。它的短腿缩在身体下面，所以看不见脚。

图 3 是雁。它在飞的时候，像天鹅；可是它的脖子短得多，它的全身比较小，是灰色的。

图 4 是鹤。它在飞的时候，脖子和长腿伸得像棍子似的。

第二次大比拼

图 1 是浅水野鸭。它在水上的时候，把身体的后部离开水面抬起来。它觅食吃的时候，只把身体的前部钻到水里去，像家鸭一样。

图 2 是矶凫，它停在水里的时候，身体后部突起处浸在水里。潜水的时候，整个身子都钻进水里。

图 3 是白兔。它的耳朵比较短，如果向前弯，碰不到鼻尖，脚爪宽。尾巴圆圆的，根部有个黑斑点，是灰色的。

图 4 是灰兔。夏天很容易把它和白兔辨别开，因为它的身子比较大，身上有毛，略带褐色或淡黄色。耳朵很长，如果向前弯，可以越过鼻尖；腿细，尾巴比白兔的长，上面有个长形的黑斑点。

图 5 是鼩鼱。它是非常有益的吃昆虫的小兽。

图 6 是家鼠。它是非常有害的啮齿类动物。

图 7 是野鼠。它也是有害的啮齿类动物。

这三种鼠类小兽，根据以下的特征很容易把它们彼此区别开：鼩鼱的嘴伸得长长的，像个长鼻子，身体是弓起的，眼睛藏在毛里面，几乎看不见；家鼠和野鼠的脸没有长鼻子；家鼠的尾巴长，野鼠的尾巴短。

图 8 是没有毒的黄额蛇。

图 9 是有毒的灰蝰蛇。

安静而非常有益的黄额蛇，头两侧有明显的黄点子。毒性非常大而有害的蝰蛇的灰色背上，清清楚楚地看得到“犯罪的烙印”——锯齿形的黑条纹。

图 10 是非常有益的没有脚的动物——蜥蜴。

图 11 是黑蝰蛇。

可不要把黑蝰蛇当作黄颔蛇：黑蝰蛇的头上是没有黄点的。蛇蜥跟黄颔蛇一样，可以拿在手里，因为它没有毒牙，不会对你怎么样——如果只抓住它的尾巴，它会像蜥蜴那样，任它的尾巴留在你手里。可是如果你抓住的是蝰蛇的尾巴，它就会猛然一回头，用毒牙咬住你。被它咬了之后，就会中毒，甚至死亡。因此，应该好好地学会把蝰蛇（蝰蛇有各种颜色的——从浅灰色到乌黑色全有）跟黄颔蛇和蛇蜥区别开。

蛇不会像蜜蜂或黄蜂那样蜇人——人们错误地以为它们那尖尖的分叉的小舌头是蜇人的武器。其实，毒蛇的毒在牙里面。

森林报·夏

［苏］维塔里·瓦连季诺维奇·比安基◎著
胡乃波◎编译

华龄出版社
HUALING PRESS

序言 PREFACE

书籍是人类文明传承的重要载体，古今中外人们所撰写的图书可谓汗牛充栋，其中有一个很大的门类，其作品是专门写给孩子的，我们称之为童书。童书细分起来又有很多种，但笼统地可以概括为两类：一类是科普，一类是文学。苏联作家维塔里·瓦连季诺维奇·比安基所著的《森林报》作为一本童书可谓独树一帜，它兼具科普与文学两大功能，既是一本关于自然界的百科全书，也是一部世界儿童文学史上的名著。

维·比安基出生于1894年，他父亲是一位著名的自然科学家，在科学院动物博物馆工作。比安基的家就在动物博物馆对面，他小时候经常去那里玩，看那些罩在玻璃中的动物标本。

后来，比安基长成了一个少年。于是他父亲出去打猎就经常带上他，并且告诉他所遇到的每一株小草、每一只飞禽走兽的名字，教他根据飞行时的模样来识别鸟儿，根据脚印来识别野兽。更重要的是，他父亲还教会了他记录下对大自然全部的观察印象。每到夏天，比安基就会跟着家人到郊外、乡村或者海边居住。在那里，他们钓鱼、捕鸟，在森林里散步，喂野兔、刺猬、松鼠、鹿等。这些都给比安基打下了很好的观察大自然和描写大自然的基础。

在家庭的熏陶下，比安基自幼就喜欢大自然，到他27岁那年，已经积累了一大摞日记，他决心要通过自己的努力，让这些雄浑壮丽的自然景象和那些奇妙的动植物，活在自己的书中。1923年，比安基成为彼得堡学龄前教育师范学院儿童作家组的成员，开始在杂志上发表作品。在他有生之年，总共发表了300多部童话、故事、小说，而《森林报》则是他的代表作。

《森林报》是一本开阔视野的读物，书中有草长莺飞，有四季轮回，其中那些关于花木鸟兽的瑰丽传说更是让人沉醉：狐狸施计抢走了獾的洞穴；松鼠为存储过冬的粮食，把蘑菇晾在树枝上；丛林中的白桦、白杨和云杉为争夺地盘展开大战……那些丛林里、田野中，既有温馨感人的互助，也有惊心动魄的交锋。当然，受时代局限，当时被津津乐道的狩猎等行为，已经不再符合现下的环保理念了。

今天，我们很多生活在城市里的中国孩子，每天都被钢筋混凝土包围着，生活环境只有家和学校，很少有机会走进原野、走入森林，全身心地投入大自然之中，感受地球的美好。但是，让孩子们充满对自然的热爱，也是教育工作的一项重要课题，因为我们就生活在这个自然界当中。

了解自然界中飞禽走兽、昆虫游鱼的生活和习性，亲近大自然，看四季的变化、草木的盛衰，除了能够增长孩子的知识，扩大他们的视野，更重要的是能激起他们内心的真趣，丰富他们的心灵和情感。然而，我们总是太忙碌，根本无暇带孩子们出去走一走。那么，我们是不是应该送给他们一些什么，来弥补我们的过错呢？或许对父母来说，帮助孩子们感受自然，最简便、直接的方法莫过于为他们选择一本优秀的自然读物了，维·比安基的这本《森林报》便是不错的选择。

我国很早就引进、翻译了《森林报》，至今已有多个版本。客观地说，这些版本各有特色，但总有些不足之处。因此，我们力图打造一套更完美，也更适合中国孩子阅读的《森林报》。在这部《森林报》精选集里，我们选录了一部分最有代表性和针对性的内容，为孩子们绘出精美插图，希望小读者们能更直观、更有效地汲取书中营养，从而更加热爱大自然赋予我们的一切。

目录 CONTENTS

第四期　安家筑巢月（夏季第一个月）

第五期　雏鸟出壳月（夏季第二个月）

第六期　结伴飞翔月（夏季第三个月）

第四期　安家筑巢月

（夏季第一个月）

一年——分十二个月谱写的太阳诗篇

6月，栅栏旁边的玫瑰花终于开了，像小女孩的脸，红中泛白，还散发着浓郁的香味，又像涂在绿色叶子上的一抹胭脂。玫瑰是盛开于春末夏初的精灵，当它露出笑脸时，就意味着我们要挥手告别绿意盎然的春天，张开双臂迎接花团锦簇的夏天了。

夏天到来后，鸟儿不再做迁徙的空中旅客，它们停留在湿漉漉的草地上，用啼鸣唤醒立金花、金凤花、毛茛（gèn）[①]这些属于夏季的植物，把绿色的草地装扮成一条华丽而缤纷的大毯子；它们俏立在森林中的古树上，看着人们顶着黎明时分的露水，到森林里采集草药，以储藏起来对抗不知何时会突然来袭的疾病。

气温越来越高，阳光越来越强，白天越来越长。这就是6月的夏天，明朗的、热烈的、像火一样充满激情和活力的夏天！到了6月21日夏至这一天，太阳显得格外热爱人类，它一直挂在天边慈祥地微笑，笑容变成一道道金色的阳光，把整个大地照得亮堂堂的。这是一年当中白天最长的日子，一旦夏至这天的太阳不情不愿地落山后，白昼就会缩短，而黑夜则慢慢地拉长。

---

①毛茛：多年生草本植物，有伸展的白色柔毛，生于田野、路边、沟边、山坡杂草丛中。

当黑色的帘幕遮盖了整片大地以后，夏夜就成了昆虫的舞台，蛙鸣虫语不断，还有萤火虫提着灯笼飞来飞去地助兴。这夏天的夜，真是既安静又热闹。

动物们的个性住宅

不只人类有高大的楼房、华丽的别墅、精致的木屋，自然界的动物也有各自的隐蔽所藏身，或是临时的避难所，或是固定的住宅。尤其一到孵育季节，无论飞禽或是走兽，甚至小小的昆虫，都会提前建好自己的房子，准备迎接即将出生的宝宝。

如果想知道它们都生活在哪里，它们的房子是什么样的，又是怎样建成的，就得耐心跟随我们，到大森林里看一看。

各式各样的漂亮房子

来到森林里之后，我们抬起头稍微仔细观察，就能发现隐藏在白桦树枝里的鸟巢，那是“森林歌手”黄鹂的家。黄鹂的羽毛鲜亮，啼声清脆悦耳，只是胆子太小，一般不敢大大方方地出现在引人注目的树顶，大多选择在高树树冠中部的枝杈筑巢。

黄鹂爸爸和黄鹂妈妈会把树皮、麻类纤维、草茎编织

成一个结构紧密的悬巢，像一只吊篮一样挂在树枝开叉处，非常结实，即使大风来袭，也能保护鸟蛋或是雏鸟的安全。

我们知道很多鸟都像黄鹂一样把巢筑在树上，但是也有一些鸟儿非常奇特，它们会把家安在草地上，比如能歌善舞的百灵鸟，就喜欢在比较凹的地面或丛草间，用枯叶、杂草和泥土垒砌鸟巢。

有同样喜好的鸟儿还有林鹨（liù）①、鹀（wú）鸟、篱莺等等，其中篱莺的房子最有趣。因为它不仅像人类的房子一样有个房顶似的盖子，甚至还在巢穴的侧面开了一道门，不知是否会有幸运的“客人”走过这道门，到篱莺的家里参观一下呢？

还有一些鸟儿，虽然也像黄鹂一样住在树上，但它们并不喜欢会随风晃动的悬巢，大概是因为它们觉得那样的巢穴不够安稳吧。于是它们把家安在树洞里，像我们熟悉的“森林医生”啄木鸟、“空中捕鼠员”猫头鹰，还有山雀、椋（liáng）鸟等，都在树洞里筑巢。

你看，树枝间、树洞里、地面上、草丛里，到处都有小房子，那么地底下呢？地底下当然也有住户，除了翠鸟、灰沙燕等少数鸟儿会到地下抢占地盘儿，地底下的

---

①林鹨：一种小型鸣禽，体长约16厘米，头及上背布满黑色纵纹，下体皮黄白色，胸多纵纹，栖息于针叶林、混交林、灌木草原等地。

常住居民多是鼹鼠、田鼠等鼠类动物，以及各种各样的昆虫。

在能够想到的空间里，是否还有被忽略了的地方？不错，我们忘记了“水”这个非常棒的安家之所。水鸟䴙䴘（pì tī）[①]的家是用芦苇、水藻和细长的草叶编织成的，像一个木筏子，又像一片片浮萍，随着流水飘来飘去。䴙䴘的性格也很胆怯，很少上岸，平时就藏匿在巢里或草丛中，一旦遇到惊扰，会迅速潜入水里。

到了水下，就是河榧（fěi）子[②]和水蜘蛛的天下了。水蜘蛛也叫银蜘蛛，是蜘蛛中唯一一种生活在水里的，因而也被视为同类中的叛逆者。

其实，动物们的房子远比人类的住宅更加丰富有趣，不同的选址、别样的户型、舒适的格局，既满足了这些小生灵的生存需要，也把整个大自然装点得更加多彩。

最棒的住宅是哪一个

当我们了解了这些漂亮的住宅之后，就会忍不住想要评出“住宅之最”。但如你所知，评选的标准不同，就

①䴙䴘：外形如鸭，嘴却直而尖，脚的位置特别靠后，尾特别短。它平时栖息于水草丛生的湖泊，食物以小鱼、虾、昆虫等为主。

②河榧子：一种长着翅膀的昆虫。当它还是幼虫时，全身光溜溜的，生活在小河和小溪的底部。

会得到不同的答案。于是我们这场“动物居所评选大赛”不得不进行很多场，很多动物凭借自己的智慧和勤劳登上了领奖台。

在以大小为评判标准的比赛中，雕毫无悬念地获得了住宅最大奖。它们的巢是用树枝、树皮筑成的，或者架在粗大结实的松树枝上，或者筑在高山上的岩石缝里，看上去就像一个巨大的盘子。

与之相比，黄头戴菊鸟那如同儿童拳头般大小的巢就太不起眼了，尽管它的巢是我们所见到的鸟巢中最小的，但是因为黄头戴菊鸟甚至还不如一只蜻蜓大，拳头大小的巢对它来说已经足够宽敞了。

反舌鸟[①]的房子被评为最漂亮的房子。

反舌鸟像水蜘蛛一样是族群里的叛逆者，它把巢筑在了树上，并且会花费很多心思装饰自己的家园：它那精致的小房子的主要装修材料是光滑的白桦树皮和浓密的苔藓，房子建好之后，它还会不辞辛劳地到处寻找各种颜色的纸片，然后贴在鸟巢的内壁，就像学习人类在墙壁上贴五颜六色的墙纸。由此，反舌鸟的巢被评为最漂亮的房子，真是当之无愧。

水蜘蛛的房子被评为最奇怪的房子。

水蜘蛛像所有蜘蛛一样靠吐丝来造房子，不过由于它

---

①反舌鸟：又名乌鸫（dōng），体型略大（29厘米）的全深色鸫，善于模仿人说话的声音和别的鸟儿的叫声。

生活在水里，因此只好在水生植物之间结网，然后用它肚皮上的防水绒毛带来一些气泡。这些气泡依附在蛛网上，逐渐聚集在一起，使舒展着的蛛网连成一片，最后形成钟罩形，内里还有空气。水蜘蛛就在这种有空气的小房子里安营扎寨。

最舒服的巢属于长尾山雀。

这种鸟的外形简直就像一把长柄勺子，所以人们给它取了一个有趣的外号——汤勺子。汤勺子不仅长得有特点，搭起巢来也很有一套。它的巢是圆形的，外壁用苔藓修建，中间有一个小小的圆形入口，巢的内部就是用各种松软的皮毛铺垫起来的卧室，看上去就非常舒服。

除了舒适感，有的动物还会像艺术家一样追求房子的美感，这一点要向卷叶象鼻虫[①]致敬。它首先会咬断白桦树叶的叶脉，失去营养供给的叶子很快就会枯萎，然后象鼻虫会把因枯萎而软化的叶子卷成细细的小筒，用唾液把接口处黏合。这个密封且隐蔽的筒房也是象鼻虫的产房，雌性象鼻虫会躲在里面，直到产下虫卵。

为了安全而费尽心思的当属田鼠，有人说狡兔三窟，但田鼠明显比兔子还要狡猾很多，它们的洞穴有很多出口，前门、后门、侧门、紧急避难出口……如果你想把一只田鼠堵在洞里，不如趁早打消这个念头吧。在你筋疲力

---

①卷叶象鼻虫：甲虫的一种，生活在低、中海拔山区。成虫主要出现在夏季，寄主植物为罗氏盐肤木。

尽的时候，它早就从某个你可能永远发现不了的洞口逃走了。所以田鼠的家，可以说是最安全的了。

田鼠费力装修洞穴是为了安全，河榧子幼虫的努力则是为了方便。河榧子的幼虫在发育成熟之前，没有翅膀，只能光溜溜地生活在河底或者溪底。河榧子幼虫经常要搬家，为了方便，它想到了一个好办法：泥土滚制一个细长的管子，再把这个管子黏在一节细树枝或稻草上，平时它就藏在管子里，要搬家或要旅行时，只要把前腿探出来，就可以像蜗牛一样背着房子出发啦！

以上提到的每种动物，无不通过辛勤的劳动在住宅大赛中赢得了荣誉，但偏偏也有不劳而获者——欧莺和勾嘴鹬（yù）[①]，它们的巢之所以被评为最普通的，是因为它们是最懒惰的：欧莺产卵时，只需要一个小土坑或一堆枯树叶，勾嘴鹬就更求省事了，它会直接把蛋生在沙滩上。

当然，我们还是要尊重每一种动物的习性，不能用人类世界的观点批判它们的懒惰。

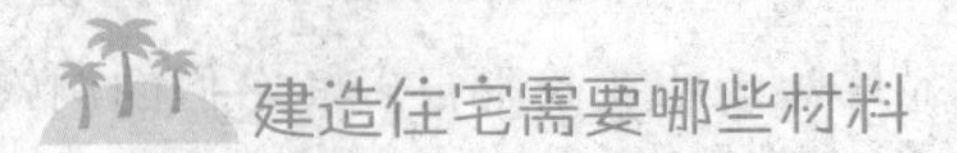

建造住宅需要哪些材料

动物们建房子用的建筑和装修材料，比人类使用的要

①勾嘴鹬：体型略小而嘴下弯的一种鸟，叫声明亮而快速。

环保多了。

棘鱼[①]使用的材料是草茎、唾液和苔藓[②]。建房安家是棘鱼爸爸的任务，它会首先准备好墙壁和天花板的材料——一些韧性较好的草茎，选择的标准是把它们放到河底以后不会自己浮上来，接下来它会用自己分泌的唾液把这些草茎黏合在一起，留下的缝隙用苔藓填满，留下两个小洞作为出口。

对于动物们来说，唾液是非常好的黏合剂，比如家燕和金腰燕筑巢时也要用到。它们需要用唾液把用泥巴和禾草做成的窠（kē）[③]黏牢固，才能放心居住。

黑头莺[④]的巢是用蜘蛛网和树枝做成的，用蜘蛛丝捆绑缠绕起来的鸟巢，显得格外稳固。

还有一种叫作鳾（shī）鸟[⑤]的小鸟，它像啄木鸟和猫头鹰一样生活在树洞里。为了预防松鼠之类的不速之客闯入自己的家，鳾鸟会用泥巴封住洞口，只留一个仅能容自己出入的小孔作为家门。

---

①棘鱼：已知最早的有颌脊椎动物，称之为棘鱼，是因为其背鳍、胸鳍、腹鳍和臀鳍的前端有硬棘。

②苔藓：属于最低等的高等植物，无花，无种子，以孢子繁殖。

③窠：昆虫、鸟兽的巢穴。

④黑头莺：莺的一种，歌声优美，是鸟类里杰出的歌唱家。

⑤鳾鸟：典型森林鸟类，体型似山雀，嘴细长而尖，约1.5厘米，体长约13厘米。它主要啄食树上的昆虫和植物种子。

这些鸟儿都专注于修理房子的外部，鸫（dōng）鸟[1]却比较重视内部的装修。鸫鸟是鸣禽的一种，不仅善于发声，还是捕虫能手。筑巢时，它们会衔来很多烂木屑，当作石灰用来粉刷墙壁。

蓝绿相间、有着咖啡色条纹羽毛的翠鸟比较重视巢的舒适程度。我们已经知道它多生活在地下，尤其喜欢河岸边的湿润泥土，所以它常常在河岸上挖洞，然后在洞底铺上一层细细的鱼刺和柔软的绒毛，这就是它那舒服的大床了。

自然界里不仅有生活在地下的鸟儿，还有住在树上的老鼠，虽然听上去有些稀奇，但却是千真万确的。这是一种野鼠，它们的窠就建在树上距离地面 2 米左右的地方，是用草叶和草茎编织成的，看上去和鸟巢差不多。

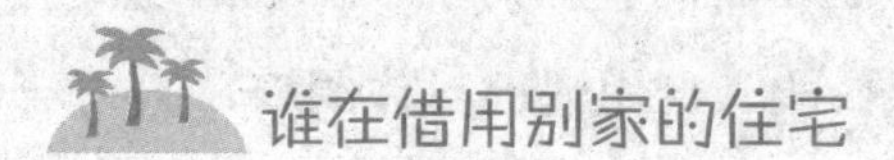

谁在借用别家的住宅

有些动物懒得造房子，有些动物实在不会造房子，还有些动物的房子可能被破坏了。若是平时，它们或许还可以凑合着过日子，但到了孵育季节，就不得不想办法为即将出生的宝宝寻找能遮蔽风雨的巢穴了。

---

①鸫鸟：鸟类的一科，嘴细长而侧扁，翅膀长，善于飞翔，叫声很好听。

不同的动物各有妙招，或者把被丢弃的旧房子占为己有，或者抢占别人的巢穴。总之，为了给孩子找到一个相对安全的出生场所，它们可谓费尽心思。在这方面，有一只麻雀可谓其中的佼佼者。

这只麻雀本来造了鸟巢，就在一户人家的屋檐下，能遮风挡雨，又便于觅食，实在是个不错的住所。让人气愤的是，就在它马上要生蛋的前几天，这户人家的男孩儿用一根竹竿捅坏了它的小家，它不得不面临着没有“产房”的尴尬局面。于是这只麻雀在旁边小林子里的树洞里做了个巢，并在里面产下了几枚鸟蛋。

不幸似乎紧随着它，某天它出去觅食时，不知什么动物偷走了它的蛋。麻雀只好再次搬家。这一次，它看中了不远处山岩上的一只雕巢，那些粗大的树枝之间有宽裕的缝隙留给它重建鸟巢。在那之后，再也没有什么动物或人敢破坏它的家了，而它的庇护者——雕，根本不会注意到自己多了这么一个邻居。

麻雀几次搬家是因为巢遭到了破坏，还有些根本不筑巢的鸟儿也只有自谋出路了，比如杜鹃，它们会把蛋产在黑头莺、知更鸟[①]等会筑巢的小鸟窝里，那些房子的主人如果发现不了，就会帮杜鹃把它的孩子孵出来，先孵出来的小杜鹃会毁掉其他鸟蛋，最终彻底霸占别人的家；黑勾

①知更鸟：又名知更雀，体长约14厘米，长着红色的胸羽，黑色的脑袋，明亮的眼睛。

嘴鹬也不筑巢，它通常是在森林里寻找被其他鸟儿遗弃的旧巢，然后在里面生蛋，把孩子孵化出来。

森林里的大宿舍

森林里有一些动物是独居的，常常以家庭为单位，生活在一所房子里。但是，还有很多群居动物，它们生活在集体宿舍里，不论捕食、睡觉、御敌，还是迁徙都以集体为单位，彼此互相帮助，互相照顾。

提到森林里的大宿舍，人们第一个想到的可能就是蚂蚁了。蚂蚁绝对称得上是建筑专家，它们挖的蚁穴有不同的分室，有的用来居住，有的用来储存食物，有的用来做育儿室……不同分室有不同的作用，这个大宿舍可以容纳很多成员，而且彼此沟通起来非常方便。

和蚂蚁洞类似的动物宿舍还有蜂巢。蜜蜂、黄蜂、丸花蜂等不同种类的蜂都像蚂蚁一样，生活在各自的集体宿舍里。整个蜂巢分成若干个大小不同的六角形蜂房，蜂王、工蜂、雄蜂各有自己的领地。

还有一些鸟儿也喜欢群居，比如当我们到海边时，会看到一群一群的海鸥，它们像沙滩的领主一样，把周围的沙滩、小岛当成自己的殖民地。白嘴鸦最喜欢在安静的花园里、幽静的小树林里生活，它们成群结队地霸占着那里，对闯入的陌生人有很强的敌意。

还有灰沙燕栖息在湖泊、河流、沼泽旁的泥质沙滩或者附近的土崖上，一般会在早晨或黄昏结群在水面上穿梭飞行，其余时间就生活在陡壁沟壑里，或者山地岩石上的小洞里。由于成员太多，河岸上的巢洞过于密集，远远地看过去，整条河岸就像一个巨大的筛子。

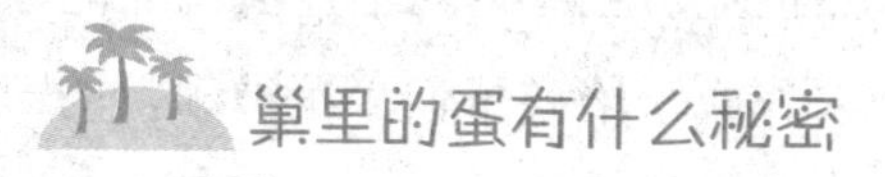

巢里的蛋有什么秘密

为了保护即将出世的孩子，鸟儿不仅会努力把房子建得更安全些，还会在自己生下的蛋上做点文章。由于它们各自的生活环境不同，要提防的敌人也不同，因此它们的蛋在颜色、形状、大小上都有很大差异。我们不妨举几个例子来认识一下这些聪明的鸟妈妈。

首先来了解一下不同鸟蛋在颜色上的区别。歪脖鸟[①]的蛋颜色很漂亮，以白色为主，稍微透一点粉红色，有点像女孩子们害羞时的脸色；勾嘴鹬的蛋上面布满了大小不一的斑点，就像一张脸上长着星星点点的雀斑；而野鸭的蛋看上去非常干净，颜色纯白，就像野鸭白色的羽毛一样。

之所以会出现这些差异，大概是因为它们自我保护的天性造成的。要知道歪脖鸟一般在地下的洞穴里产蛋，这些洞穴又深又黑，因此即使鸟蛋的颜色鲜艳一些也没有关

---

①歪脖鸟：开阔林和灌木林中的一类灰褐色鸟，全长约17厘米，尾较长，有数条黑褐色横斑。

系，敌人很难发现。如果勾嘴鹬蛋的颜色和歪脖鸟的一样，那可就糟糕了！因为它们会把蛋直接生在草墩上，带斑点的鸟蛋和草墩的颜色有点接近，这样也就不容易被发现了。

野鸭虽然也把蛋生在草丛里，但依然能保证孩子们的安全，因为它养成了给孩子们“盖被子”的习惯——平时野鸭会趴在蛋的上面孵化，一旦它不得不离开自己的巢，就会从身上衔下几根白色的羽毛覆盖在蛋上面，远远看过去，就会以为那堆白色的东西只是几根毛而已。

然后我们再来讨论为什么勾嘴鹬的蛋一头是尖的，而兀鹰[①]的蛋却是圆的？

虽然勾嘴鹬的身材很娇小，只有兀鹰身体的1/5，但让人瞠目的是，它们的蛋竟然差不多一样大！这样一来，问题就出现了：如果勾嘴鹬的蛋两头都是圆形的，那么几枚蛋在鸟巢里占据的空间就会很大，不像尖头对尖头那样能节省一下空间，以勾嘴鹬那么小的身体，孵蛋时根本无法把所有蛋压在身下。

至于为什么身材有5倍差距的两种鸟，会生下几乎同样大小的蛋，这个问题我们需要留到以后再来解答。等到勾嘴鹬和兀鹰的孩子破壳而出时，就是我们揭开谜底的时候了。

---

①兀鹰：头部和长颈交杂生长着白色和青白色的羽毛，飞行不用拍动翅膀，而是利用气流扶摇直上。它以腐肉为食。

林中大事记

是谁霸占了獾的家

獾（huān）是一种喜欢独居的动物，长着细长且弯曲的爪子，善于掘土，习惯挖洞穴居住。虽然它的洞里一般只住着自己和家人，但勤劳的獾总是把洞挖得非常宽敞，再多住一家人也不会觉得拥挤。獾喜欢干净，总是把家里收拾得非常整洁。

但是，有一只獾遇到了麻烦——它的家被搞得乱糟糟的，它不得不离开了。

事情的起因是这样的：獾的洞穴附近住着狐狸一家，但不知什么原因，狐狸洞洞顶的泥土突然坍塌了。狐狸不得已，只好带着孩子搬家。但它又懒得再费劲寻找住处，于是看中了邻居——獾的家。狐狸连招呼都没打，就带着孩子搬了进去。

喜爱独居和整洁的獾怎么能容忍这样的不速之客，于是它用锐利的爪子把狐狸赶了出去。

人们常说狡猾是狐狸的天性，事实确实如此。狐狸被赶出来之后，既没有气急败坏地挣扎，也没有垂头丧气地离开，而是带着小狐狸躲在了洞口不远处的灌木丛里，一点声响都没有，一直等到獾从自己家出来，到森林里去觅食。

是谁霸占了獾的家

时机到了！狐狸立刻带着孩子闯进了獾的家里。它们没有住下来，而是在洞里奔跑跳跃，把整个洞穴搞得乱糟糟的，出门时还在门口的地上拉了一堆粪便。之后，它们重新躲进了灌木丛里。

在森林里吃饱了的獾一回到家附近，就嗅到了一股难闻的味道。等来到洞口，那堆臭烘烘的粪便简直让它难以忍受。勉强走到洞里，被洗劫过的景象更让它吃惊。獾对脏乱丝毫不能容忍，只好选择离开，另寻地方再去挖洞。

于是，狐狸带着它的孩子们，大摇大摆地住进了獾原来的洞里。

最自由的水上植物

如果有人问："陆地上最自由的植物是什么？"

很多小孩子脑海里浮现出的答案一定是：蒲公英。只要有风，白色绒球上的蒲公英种子就会随风飞到任何地方，飞到哪里，就在哪里扎根，飞到哪里，哪里就是它的家。

那么，水上最自由的植物又是什么呢？

当然是浮萍了。这种生活在池塘里、小河中的植物，像蒲公英一样，能够到处旅行。不同的是，蒲公英的交通工具是风，浮萍的交通工具是水。它会随着流水四处游荡，流到哪里就在哪里短暂停留，之后再重新上路，不受束缚。

浮萍是一种细小的多年生草本植物，一般长着 5 ～ 10 条根，这些细长的根支撑着圆圆的叶子，像荷叶一样。这些叶子表面是绿色的，但是下面挨着水面的部分其实是紫色的。在叶子的背面，有一个小小的囊袋，新的浮萍就在这个囊袋里孕育，然后由一根长柄与母体相连。

浮萍雌雄同体，有的会开花，有的不会开花，但这影响不了它的繁殖。因为只要到了繁殖季节，浮萍叶子背面的长柄就会断开，新个体和母体脱离，很快就能生长成新的浮萍了。

所以，蒲公英和浮萍旅行的目的也不相同，蒲公英飞

来飞去是为了传播种子，繁育后代；贪玩的浮萍只是为了欣赏更多的美景罢了。

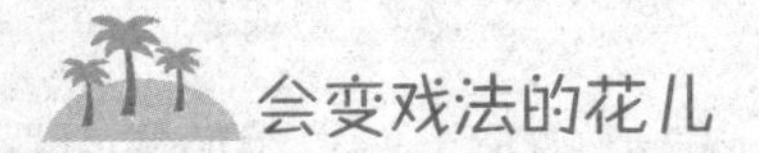

会变戏法的花儿

有一种开着紫红色或蓝色小花的植物，是森林里出名的魔术师。在纤细的灰白色茎秆的顶端，有一些蓬松的、形状酷似犄角的小花，不过它们虽然漂亮，却不能结子。真正能结子的，是花中间那些暗红色的管状花蕊，这些管子里住着几株雄蕊和一株雌蕊。

平时，花蕊都在安静地休息，一旦被外力打扰，不管是被人触碰到还是有蜜蜂或蝴蝶光临，它们都会苏醒过来，为客人展示神奇的魔术——那些暗红色的管子会向着旁边歪斜，然后出人意料地，从里向外喷出一股细小的花粉。别看这些花粉并不起眼，却是这种植物赖以繁殖的基础。当那些身上沾着花粉的小昆虫到其他花朵上做客时，传粉的任务就完成了。

这种神奇的植物遍布在花园里、草地上、山坡上、河岸边，甚至房前屋后都有它们的身影，其名字叫作矢（shǐ）车菊①。每到夏天，一丛丛蓝色的、紫色的小花就会怒放，散发出阵阵清幽的香气。

---

①矢车菊：庞大的菊科家庭中的一员，欧洲是它的故乡。夏季它会开出淡紫色、淡红色及白色的花朵。

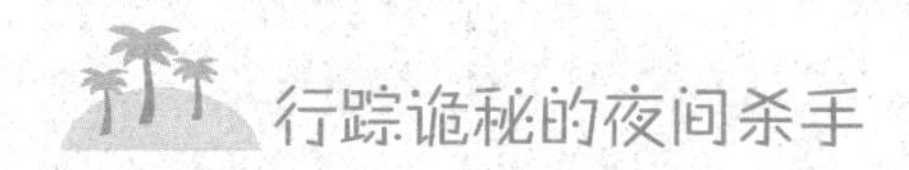

行踪诡秘的夜间杀手

森林里连续发生了几起离奇的“谋杀案”。最初，祸事发生在兔子家里。兔妈妈早上醒来，发现窝里的小兔子不见了，四处寻找也没有下落。这几只失踪的小家伙很有可能遭遇了不幸。

又过了几天，夜幕降临之后，獐（zhāng）鹿[①]夫妇带着两个孩子外出觅食。为了能监视周围的动静，它们特意选择了一块空地，獐鹿妈妈带着两只小獐鹿在空地中间吃草，獐鹿爸爸在周围转来转去，警惕地为妻子和孩子们站岗放哨。突然，一只黑乎乎的大家伙从不远处的灌木丛里蹿了出来，速度非常快，以至于獐鹿爸爸没来得及反抗，就被那个看不清样貌的动物扑倒了。獐鹿爸爸绝望地发出了悲啼，獐鹿妈妈没有办法，慌张地带着两个孩子拼命逃走了。

等到天亮之后，它们才敢回到那块空地，遗憾的是，地上染满鲜血，只有獐鹿爸爸的尸体——四个蹄子，还有一双犄角。

这些恐怖的事情让很多动物晚上不敢再出门，但麋鹿先生似乎一点也不害怕。确实，麋鹿不仅块头大，还有一

①獐鹿：体积不大，前肢短，后肢长，蹄小耳大，头上无角，这是它和鹿显著的区别之一。

对又坚硬又锐利的大犄角，它连熊都不怕，又有什么可担心的呢。

于是这天晚上，麋鹿像往常一样沐浴着清凉的月光出门了。来到树林的深处以后，它站在一棵树下，发现月光把一团黑乎乎的影子投射到了地上。麋鹿抬起头，还没来得及看清趴在树上的究竟是什么东西，那团黑影就从树上跃下来，压在它身上。麋鹿靠着求生的本能，奋力地甩动脖子，终于把偷袭自己的敌人甩了出去，然后麋鹿撒腿就跑，侥幸捡回了一条命。

直到跑到安全的地方，麋鹿仍然心有余悸，那个可怕的杀手，足足有300公斤重！如果不是它反应敏捷，只怕已经成为对方肚子里的夜宵了，更可怕的是，它甚至不知道敌人长什么样子！

行踪诡秘的夜间杀手

从这几起案件分析，凶手不可能是熊。熊一般比较懒惰，很少四处寻找猎物，并且不大可能长时间潜在灌木丛里伺机偷袭，更何况，以它的庞大身材，它怎么可能神不知鬼不觉地把兔子偷走呢？还有人怀疑凶手可能是狼，这个推测也不成立。第一，狼不可能有300公斤的重量；第二，狼不会爬树；第三，这片森林里几乎从来没有发现过狼的踪迹。

由于杀手太过神秘，而且行踪不定，这让森林里的居民整日惊疑不定。那些弱小的动物，比如松鼠、小鹿、山鸡[①]等，天一黑就会缩在窝里不敢出门，就连睡觉都提心吊胆的。它们都在期盼着凶手被揪出来，还它们一个安全、自由的大森林。

这一天终于到来了！

这次的遇难者是一只松鼠。大概是因为松鼠太过机敏，而且进行了激烈的反抗，所以出事的树干和树底下都留下了比较多的痕迹：凶手的脚印！根据这些脚印的大小和形状，这个神秘作案者的真实面目终于被揭发出来了——猞猁（shē lì）[②]。

猞猁的长相和猫有点像，所以又被称为“森林猫”。

---

①山鸡：又叫野鸡，性情活泼，善于奔走而不善飞行，喜欢游走觅食，奔跑速度快，高飞能力差，只能短距离低飞并且不能持久。

②猞猁：属于猫科，体型似猫而远大于猫，生活在森林灌木丛地带、密林及山岩上，喜欢独居。

千万不要被它的名字和脸蛋迷惑，它完全没有家猫的温顺，而是一种极其凶残的猎手。它长着一双夜视眼，晚上看东西就像白天一样清楚，善于攀爬，会游泳，尤其喜欢晨昏时分出动，常常埋伏在猎物可能经过的路上，甚至能在同一个地方耐心地潜伏上几个昼夜，而且行动起来异常迅速。

如此敏捷又狡猾的夜行强盗，那些兔子啊、獐鹿啊、禽鸟啊，自然不是它的对手。

保护家园的勇敢鱼儿

我们在前面已经讲到过安营扎寨是棘鱼爸爸的任务。事实上，雄棘鱼盖的房子有两个非常重要的作用：婚房和产房。只有当它把窠建好了，才有棘鱼姑娘愿意嫁给它。之后，雄棘鱼和雌棘鱼就会交配、产卵。

不过，棘鱼不会遵守一夫一妻制。一产下鱼卵，雌棘鱼就会离开。没等小家伙们孵出来，不甘寂寞的雄棘鱼就又去寻找新欢了。可是，所有它领回来的雌棘鱼都会在产完卵后离开。最后，房子里只剩下了棘鱼爸爸，还有围绕着它浮动的一堆堆鱼卵。

对于很多鱼儿来说，新鲜鱼子可是味道非常鲜美的食物。比如鲈鱼[1]就非常爱吃棘鱼鱼子。这天，一条鲈鱼

---

①鲈鱼：又名花鲈，体长而扁，肉质白嫩、清香，没有腥味。

闯进了棘鱼的家，一进门就张开大嘴要吸食房间里的鱼卵。

雄棘鱼对爱情虽然不够忠贞，但它却是个称职的好爸爸。它的个子虽然很小，但为了保护孩子们，它还是勇敢地冲上去和鲈鱼搏斗了起来。棘鱼的背上有三根刺，肚子上有两根，发怒的雄棘鱼扬着这些武器，刺向鲈鱼。但是，鲈鱼因为身上的鱼鳞像厚厚的盔甲，所以对棘鱼的进攻似乎一点都不放在眼里。聪明的雄棘鱼看准机会，终于把刺扎进了鲈鱼身上唯一赤裸着的地方——鳃。

就这样，贪婪的入侵者终于被赶走了。

欧夜莺的蛋神秘失踪

保护子女是为人父母的本能，人类如此，动物也是如此。

前不久，我们在森林里的一棵大树上发现了一个欧夜莺的巢，一只雌性欧夜莺蹲在巢里，似乎正在孵蛋。当我们靠近时，欧夜莺误会我们要伤害它，便迅速地飞到了空中，但并没有飞远，只是一直在巢的上空盘旋、啼叫。我们走过去一看，只见巢里有两个鸟蛋。为了便于继续观察，我们记下了鸟巢的位置，然后就离开了。

可是，等第二天我们再次来到森林里，准备观察欧夜莺的孵育进度时，却发现鸟巢里空空的，不仅没有雌欧夜莺，连那两个鸟蛋都不见了。

难道是雏鸟已经孵化出来了吗？

仔细观察和讨论后，我们终于得出了结论：鸟巢附近没有破掉的蛋壳，所以应该没有孵化出来。即使孵化出来，雏鸟也无法离开巢里。最可能的就是，经过了昨天发生的事情，雌欧夜莺害怕我们破坏它的家，伤害它的孩子，所以，在我们离开之后，它就把巢里的蛋衔到别处去了。

虽然这只雌欧夜莺误会了我们的本意，但对父母们来说，为了保护孩子，不管多么谨慎，还是觉得不够。

这六只脚的小兽是什么呢

有一种神奇的六脚小兽出现在加里宁州[①]。那天，有人在地上刨了个小土坑，准备埋一根竿子用来锻炼身体。就在他聚精会神地用铁铲刨土时，那只小兽突然就出现在了他的脚下。

那个小家伙看起来既像田鼠，又像黄蜂。说它像田鼠，是因为它出现在泥土里，而且身上长着短而浓密的棕黄色细毛，前脚掌上还有锋利的爪子；说它像黄蜂，是因为它长着像黄蜂翅膀那样的薄膜。同时具备这两种毫不相似的动物的特征，可想而知这是一种多么奇怪的物种。

①加里宁州：今名特维尔州，在俄罗斯欧洲部分中部伏尔加河上游。

看到它的时候，目击者完全惊呆了，他还没来得及把这种从未见过的动物抓住，那小东西就钻进土里逃走了。因为它只有 5 厘米左右大小，并不容易找到。于是，这神秘出现的小东西又这样神秘地消失了。

这六只脚的小兽到底是什么呢？

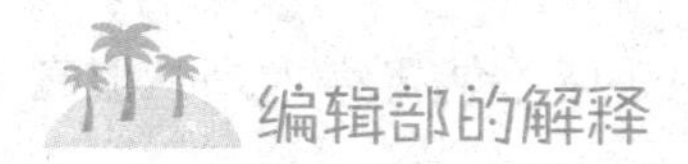

编辑部的解释

这种神奇的小兽，学名叫作蝼蛄（lóu gū）①，在俄罗斯的南部地区比较多，很少出现在加里宁州，难怪很多人没有见过它。它既不是鼠类，也不是某种蜂，它属于昆虫纲里的蝼蛄科。蝼蛄生活在泥土里，一般夜晚活动，除非白天温度适宜它才会出来溜达。那天，一定是那个挖坑的人破坏了它的洞穴，打扰了它的睡眠，它不得已才出现了。

蝼蛄和田鼠一样，善于挖洞，它的工具就是前脚掌上那锋利的尖爪，挖起土来非常迅速，像一台小型的掘土机。

事实上，它的前爪形状更像一把剪刀，而且确实具有剪刀的作用——当它在土壤里进行挖掘作业时，如果碰到了某些植物的根，它就会用前爪“咔嚓”一声把根茎剪断。由于蝼蛄会在土壤里挖掘长长的隧道，因此一些植物的幼

①蝼蛄：俗名土狗子，身体狭长，头小，呈圆锥形。它生活在地下，湿土中可钻 15 ～ 20 厘米深。

根遭到了严重的破坏，根茎无法吸收水分和养料，植物很快就会枯萎、死亡，所以说，蝼蛄其实是一种害虫。

要捕捉这地下坏蛋并不是一件容易的事情。一方面它在土壤里行进得非常快，甚至能够倒退着疾走；另一方面，别忘了它还有一双大翅膀。蝼蛄的翅膀可不是“摆设”，而是像黄蜂的翅膀一样能扇动着让它飞起来。虽然它的前翅比较短小，不能飞得太高，但它飞起来的速度可不慢！

但聪明的人们还是想到了捕捉这坏家伙的好办法：由于蝼蛄比较喜欢潮湿的环境，因此我们可以选一片比较湿润的土壤，每天晚上再在那里洒上很多水，再用一些柴草、杂物遮盖在湿土上，夜里，蝼蛄就会钻到潮湿的杂物里去。第二天一早，掀开柴草，肯定能看到它们的踪影，只要用捕虫网或者其他工具，迅速地扑过去，肯定能把它们一网打尽。

刺猬大战灰蛇

想起昨天清晨在森林里发生的一幕，玛莎还心有余悸。

玛莎的家就在森林边上，前几天她就听说森林里的草莓已经成熟了，一直想去摘。昨天，玛莎终于得到妈妈的许可，她一早起来就提着竹篮，光着脚丫出发了。

到了森林里的小山旁，嚯！只见一颗颗红色的草莓点缀在山坡的绿草间，红的绿的相互映衬，像一杯清凉的草莓抹茶，似乎给这个炎热的 6 月带来了一抹凉意。玛莎顺着山坡小道边走边摘，很快就装满了篮子。

就在转身回家的刹那，玛莎突然脚下一滑，摔倒在地，脚上立刻传来一阵钻心的疼痛。她伸手一摸自己的脚，感觉湿乎乎的，抬手一看，竟然有很多血，玛莎差点哭了起来。努力镇定下来的女孩仔细查看草地，终于发现了罪魁祸首——一只蜷缩着的刺猬。可能她跌倒的时候，脚正好踩在了刺猬的背上。

玛莎既疼又害怕，她双臂撑在地上，想站起来。这一动弹不要紧，她发现原来更危险的动物就在自己前方——一条巨大的灰蛇正朝她游走过来！从这条蛇的黑色锯齿状条纹"外衣"可以判断它有剧毒。这可怕的家伙赤红着眼睛，芯子吐得"嘶嘶"作响，快速游动着，发出"沙沙"的摩擦声。身软腿抖的玛莎根本跑不动，不禁哭了起来。

就在这危险关头，本来一直蜷在地上的刺猬突然站起来了。它朝着灰蛇的方向爬了过去，速度很快。灰蛇警惕地停了下来，抬起上身迎向刺猬。

就在刺猬快要触碰到蛇的瞬间，灰蛇把整个上半身甩向刺猬，像一根鞭子似的抽了过去。刺猬的反应异常敏捷，把身上所有的刺都竖了起来。被刺痛的灰蛇缩回身子就想逃走，可是，占了上风的刺猬怎么可能轻易放过它。刺猬扑过去，压住了蛇身的中段，然后向前拱过去，咬住了蛇头。蛇剧烈地挣扎着，但由于畏惧刺猬的铠甲，又不敢缠上去。

刺猬大战

两只动物在地上滚动撕咬，草丛被压倒了一片，偶尔有一两颗草莓被它们压扁，淌出红色的果汁。在旁边看了很久的玛莎终于回过神来，顾不得脚痛，拿起地上的篮子就向森林外跑去。

回家后，玛莎过了好久才缓过神来。想到那只伤了自己又救了自己的刺猬，玛莎的心情有点复杂，但她真的很想知道谁是“刺猬大战灰蛇”的最后赢家。

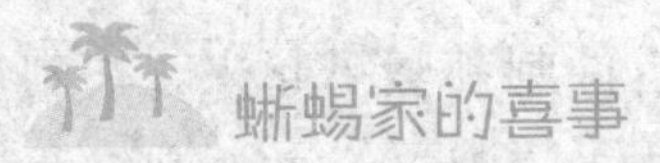

蜥蜴家的喜事

这些天，我不得不想尽方法多捕一些苍蝇、蜗牛、甲虫之类的小虫子。我捉虫既不是为了消灭害虫，也不是为了做研究，而是为了给家里的新成员——一只蜥蜴，添一些美食。这只蜥蜴是我从森林里带回来的，我发现它的时候，它正躲在一个树墩旁边，虽然它皮肤的颜色和树皮很像，但还是被我发现了。

现在，蜥蜴的房子是一只铺满沙石的玻璃瓶。它住在里面，有清水喝，还有昆虫吃，日子非常安逸。蜥蜴最爱的食物是一种白蛾，每次一把蛾子丢进玻璃瓶里，蜥蜴就会探出长长的舌头，迅速地把美味卷进嘴里。看到蜥蜴那满足的样子，我不得不经常到甘蓝丛里去捕捉白蛾子。

把它带回家一段时间之后，喜事降临了。在某个夜晚，蜥蜴在玻璃瓶里沙石间生下了 10 多枚椭圆形的蛋，蛋壳是白色的。蜥蜴生产的时候非常安静，以至于直到第二天清晨我准备给它喂食时，才发现了那些又软又薄的小白蛋。

于是，我给它们准备了一个更大的容器，并且把这个新房子放在了可以被阳光晒到的地方。这位准妈妈就在新房子里孵蛋。孵蛋的时间持续了 1 个月，当那群活泼可爱的小蜥蜴从蛋壳里钻出来的时候，我高兴极了，就像那也是我家的喜事一样。

——森林通讯员　谢斯加科夫

燕巢里的有趣生活

——摘自少年科学家的观察日记

6 月 25 日　晴

前几天我就注意到有两只燕子一直绕着我家房梁飞

来飞去，还“啾啾”地讨论着什么。我想，它们大概看中了这块地盘，打算安家吧。可惜它们还不知道家里那只肥猫的存在，否则一定会改变主意。

观察好了情况，它们开始行动。每天来回无数趟，衔回泥巴，用唾液黏在房梁上。今天，它们已经从早到晚忙碌了整整一天，而燕巢也初步成型，像一轮弯弯的月亮。不过，这轮月亮一点也不对称，一端凸出来的面积比较大，另一端则又细又短。我仔细回想了一下这几天看到的情况，终于发现了原因。

面积比较大的一端的负责者是雌燕，另一端是由雄燕完成的，雌燕每天往返很多次，雄燕却常常一两个小时甚至更长时间才衔泥巴回来。雄燕消失的那段时间，到底去做什么了？我不知道。我只知道，雌燕干的活要比它那强壮的丈夫多得多了。

直到太阳快要落山了，燕子夫妇才终于停了下来。这倒不是它们累了要休息，而是因为如果一直不停地黏泥巴，巢太湿就不牢固，只有让泥巴变得干燥一些，才能继续施工。停工的这段时间，偶尔还有其他燕子飞来，像在参观工程的进度。

6月28日　晴

窝的主体结构快要完成了，工程进行到装修阶段，所需材料是干燥的枯草和松软的羽毛。现在，燕子夫妇的任务就是飞出去找材料。

今天，我才明白是自己误会了雄燕。原来它们的本意就是把巢的一端砌得比另一端长一些，这样雌燕负责的那端就连接到了房梁，燕窝贴在木梁上，没有一点缝隙，而雄燕那端在距离房梁还有段距离时就停工了，留下了一个圆孔。这个圆孔，不就是燕巢的门吗？我当时怎么就没有想到，如果没有门，它们该怎么进出呢？

对于误会了雄燕，我觉得非常抱歉。傍晚，我把一些柔软的绒毛放在了容易被它们发现的地方。本以为要到明天它们才会衔走，结果不一会儿雌燕就从窝里飞出来，把材料叼走了。原来，从今天开始，燕子的新巢就投入使用啦。

6月30日　晴

昨天，燕巢就竣工了。晚上，雄燕和雌燕都留在了新家。

早上，我只看到雄燕飞了出来，雌燕却没有出窝，不久雄燕叼了一只虫子回来。我想，燕子妈妈大概在生蛋吧。似乎为了再次强调之前我对它的看法有误，雄燕一整天都飞来飞去，或者飞走去捕虫，或者围着巢不停地叫着，像在跟妻子说话。

果然，雌燕已经产下了第一枚蛋。这个好消息引来了燕子家族的亲友，它们成群结队地绕着小夫妻的巢飞来飞去，还好奇地向巢里探头张望。大概是它们过于吵闹了，终于把我家的肥猫吸引了过来。猫咪也时不时地爬上屋顶，惊走了燕群，惹得雄燕在巢旁边直扑棱翅膀。直到我把肥猫赶走，它才安静了下来。

7月13日　晴

经过两个星期的等待，雏燕终于破壳而出了！

今天一早，我就看到之前很少离巢的雌燕和雄燕一起进进出出，忙里忙外，一会儿去捕虫，一会儿去汲水，偶尔还衔些干草到巢里。后来，雄燕从窝里衔出了一块蛋壳，我又听到细嫩的"啾啾"声，才确定小家伙们已经出世了。

我真心地感到高兴，尤其替燕子妈妈松了一口气。之前的十几天里，为了保证窝里的温度，它只有在中午暖和的时候，才飞出来在巢附近捉一些小昆虫吃，或者在院子旁边的水塘里喝一点水，其余时间几乎都待在巢里。这下好了，它终于可以放松一下了。

7月20日　晴

就在刚才，我家房梁上上演了一幕"猫燕大战"，真是精彩极了。

从雌燕产下第一枚蛋的那天起，肥猫就开始想办法接近鸟巢了。今天，趁着燕子夫妇外出觅食，它终于爬到了燕巢旁边，把身体倒挂在房顶的横梁上，爪子都快伸到巢里去了。

雏燕被吓坏了，一边叫唤着一边往窝里缩。我拎起了一把笤帚，准备把猫赶走。就在这时，一群燕子飞了过来，围着梁上的猫不停地转，还发出尖利的叫声。肥猫的心思被扰乱了，它把爪子伸向绕着自己打转儿的燕子。结果，肥猫一不小心，从梁上摔了下来。还好它并没有摔坏，痛苦地叫了几声，就爬起来一瘸一拐地逃走了。

真是虚惊一场！

——森林通讯员 维利卡

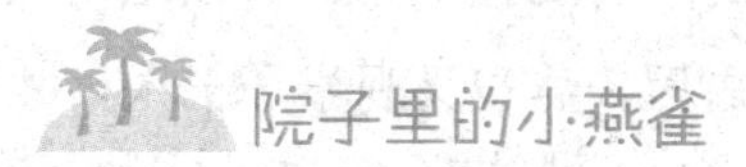

院子里的小燕雀

夏天，我家的小院就成了绿色的城堡。绿色的爬山虎攀缘在墙壁上，间杂着黄绿色的小花，像一条巨大的点缀着花点的墨绿壁毯。

一天，我在院子里由各种植物藤蔓交织成的天然凉亭下散步，细碎的阳光透过叶子的缝隙投射在地上，星星点点地闪烁着，有种梦幻的感觉。突然，一个淘气的家伙闯到了我的脚下，惊醒了我的夏梦。原来是只小燕雀。

这个小家伙一定是和父母走散了，从它头顶还未褪去的绒毛就能知道，它还没到离巢的年龄。它被我打量的目光吓到了，畏缩着想要飞起来，但只飞了不到 33 厘米高，就又落在了地上。看着它飞飞停停的可爱样子，我冲过去捉住它，把它带回了屋子里。

我想它的父母一定在焦急地四处寻找它。于是我打开窗户，把小燕雀放在了窗前。果然，没过多久，燕雀夫妇就衔着虫子来到了窗前。燕雀的叫声响亮悦耳，像清亮的笛声。整整一天，燕雀一家都是在我的窗台上度过的。到了晚上，因为担心小燕雀会被猫、狗这些家伙伤害到，我不得不关上窗户，把小燕雀关在了笼子里。燕雀夫妇只

能恋恋不舍地离开。

第二天清晨，燕雀妈妈成了我的起床闹铃。我被一阵焦急的啼鸣惊醒，打开窗户一看，燕雀父母正带着孩子的早餐在窗外盘旋。看到我，它们害怕地不敢靠近，我只好躲了起来。这之后，燕雀又观察了很久，才谨慎地飞进屋里，落在笼子旁边，把食物喂给了它的宝贝。隔着冰凉的铁杆，小燕雀歪着头，用嫩黄的嘴巴蹭了蹭它的妈妈。这一幕，让我的眼角竟有些湿润。

后来，我把笼子提到藤蔓架下，把小燕雀放在了它出现的地方。等我把笼子放回屋里，再出来看它时，它已经不见了。我相信，一定是小燕雀的妈妈带它回家了。

有生命的“马毛”

你见过用坚硬的石头砸都砸不死的虫子吗？这是一种身体细长的蠕虫，在池塘、泥沼、河流中比较常见，甚至会出现在比较深的水坑里。它的学名是金线虫，因为外形有点像马毛，像棕红色的马鬃，因此又被人称为“有生命的马毛”。

金线虫的身体非常灵活，简直可以用能屈能伸来形容它：它既能蜷缩在一起，盘成一个圆团，又能伸展开来，像一条坚硬的铁丝，甚至用石头砸过去，它都毫发无伤。这种蠕虫并不大，长相也不恐怖，但人们却很畏惧它。据说金线虫能钻进人的身体里，还能在人体内游泳，让人瘙痒难耐。

金线虫的幼虫也生活在水里，它们的身体有钩刺，一般会寄生在其他生物的身体里。选择宿主也是需要长远眼光的，如果它们选择了过于弱小的宿主，一旦宿主遭遇了更强大的敌人，金线虫也就危险了；如果选择了比较厉害的宿主，就能安全地长大，然后离开宿主游到水里，去延续它们这个族群的生命。

最近，学校组织了一场演讲比赛，主题围绕着“如何消灭害虫”展开，一位少年科学家也报名参加了。他准备的报告题目是《我们要同森林和田野里的害虫做斗争》。

这些天，为了赢得比赛，少年科学家不得不利用课余时间埋首在图书馆里，查阅相关的资料。

从书和杂志里看到的一些数字让他感到震惊：按照统计，想要有效地消灭昆虫，每公顷土地上至少需要 20 个劳动力，并且这些人要忙碌一天；用手捕捉到的 1301 万只甲虫，能装满 813 节火车车厢；如果想节省人力，用机械或化学方法对付害虫，那么经济消耗又是一笔天文数字……

庞杂的信息挤进少年科学家的大脑里，他一时消化不了，有点儿头晕目眩，只好收起书本，回家休息了。

所谓“日有所思夜有所梦”，这不，他白天一直琢磨

的那些昆虫排着队钻进了他的梦乡：有甲虫、青虫、菜虫、蝗虫[①]，还有蟋蟀、毛毛虫，它们从田地里、草丛里、森林里钻出来，汇聚在一起，像等待将军检阅的士兵。后来不知哪里传来一声号令，害虫们冲进庄稼地里，作物立刻就枯萎了！少年科学家用了很多方法，用手捉，用脚踩，喷药，洒水，都无济于事，害虫越来越多，乌泱泱地像洪流一样，马上就要把他淹没了！

突然，耳边传来一阵清脆的鸟叫，害虫立刻消失不见了。

原来只是一场噩梦，但窗外的鸟鸣声还在继续，婉转悠扬，像一曲动听的音乐。这倒提醒了少年科学家，他马上翻身起床，在演讲草稿里添加了一行字：鸟儿是捕虫的能手，而且还是免费的，为了让它们更好地开展工作，我们必须创造出适合并吸引鸟儿来安家的环境。

请来试验一下

在我们《森林报》的读者中，不知有没有人家里或附近有家禽养殖场？而且是那种露天的，四周有围墙但没有顶盖的场所。这些养殖场大多面临着同样的难题：那些可

---

①蝗虫：是危害大多数作物的重要害虫，数量极多，生命力顽强，能栖息在各种场所。在严重干旱时可能会出现大量蝗虫，对自然界和人类形成灾害。

恶的老鹰、大雕还有猫头鹰，总是出人意料地一头扎进鸡群或鸭群，捉走一些倒霉的家伙。

如果你面临着这样的情况，我倒是有个主意可以帮你解决困难。

方法非常简单，只要找几根结实的绳子，横竖交叉着搭在养殖场上空就行了，绳子要拉得松一点。

在偷袭者的眼里这些绳子是坚硬而且紧绷的，能承受自己的重量，当它们准备袭击家禽时，会先停在绳子上稳住身形，寻找猎物。这样一来，它们只要往绳子上一站，就会倒栽葱一样头朝下，用爪子牢牢钩住绳子，挂在上面。因为害怕扇动翅膀会导致自己跌落摔死，所以它们会一直保持这种姿势，有人走过来也不敢松开爪子。

你要做的就是，走过去，然后把这些抢劫者从绳子上摘下来。

我们绿色的朋友——森林

如果说大海是孕育生命的摇篮，那么森林也是。白桦树、松树、银杏树、杨树，各种各样绿色的树木，把森林连成了一片绿色的海洋。灰的藤、红的花、黄的果，像在大海中起起伏伏的小船，把蓬勃的生机和美丽的希望带到世间的每个角落。

如果把森林当成朋友，它就会回馈给我们适宜的气候、美丽的风景、甜美的果实，还会成为我们开疆拓土、延续生命的助手；反之，如果你像对待奴仆，甚至敌人一样对待它，那么森林就会毫不客气地反抗甚至进攻。

在这一点上，以前森林的主人做得就不是很好。他们不知道爱惜、保护森林，总是毫无节制地破坏土地，砍伐森林。

恶果很快就出现了：在那些森林被大量砍伐的地方，河流渐渐干涸，鸟儿不再唱动听的歌曲，鱼儿也没了踪影。那些盎然的绿色，变成了颓废的枯黄；湿润的森林，成了寸草不生的沙漠。滚烫的黄沙被狂风裹挟到农田，作物很快就垂下了头，显得无精打采；河流早已裸露出河床，坑坑洼洼，像难堪的伤疤，不仅如此，森林的消失还导致了降雨减少，地下水水位下降，庄稼少了雨水的滋润，很快就枯萎甚至死亡，农田面临着减产或绝收的厄运。

终于，人们意识到先前的做法是不对的，所以他们向森林伸出了友好的双手，开始大片种植绿色的森林，来抵御风沙、干旱和热风的侵害。

经过一段时间的治理，茂密的植被重新覆盖了大地，暖暖的阳光洒在上面，绿意逼人。人们为森林送去肥沃的土壤、甜美的清水，还派了鸟类这“森林卫士”去为它捕虫。没了肆意砍伐，也没了恶意破坏，森林经过漫长的休养生息，很快焕发出生机，开始向人类表达善意。

它们蔓延到农田旁，为庄稼阻挡住干热的风，阻拦下滚烫的沙；它们伸展到河岸，为清凉的河水支撑起一片绿荫，阻隔了阳光的暴晒；它们扩散到峡谷边，用巨大的根茎抓住塌陷的、移动的泥土，防止峡谷向其他地方进攻。

有这么得力的好帮手帮我们守护家园，我们有什么理由不去珍惜它们呢？

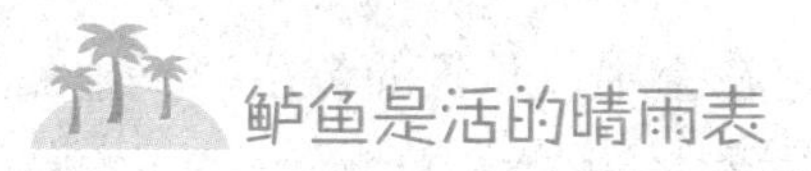

鲈鱼是活的晴雨表

很多热爱钓鱼的人常常有这样的经历：出门之前艳阳高照，微风送爽。但到了河边，装好鱼饵，把钓钩甩下去，还没等到浮子的第一次颤动，天空就变了脸，瞬间阴雨密布，雨点像是被人从天上抛下来的，噼里啪啦地砸在地上。

骤雨是6月里的常客，尤其喜欢在下午光临。

于是，一些经验丰富的垂钓爱好者把一位业余天气预报员请到了家里，这就是鲈鱼。他们把鲈鱼比作有生命的晴雨表，虽然鲈鱼不够专业，但能比较准确地预测几个小时之内的天气。那么，这种不会开口说话也不会动手写字的鱼儿是用什么方式把预测结果告知人类的呢？

方法非常简单：如果你打算在河边安然度过整个下午的时光，不如先去河里捉几条鲈鱼回来，把它们放进玻璃瓶里。鲈鱼对空气和水温的变化非常敏感，会随之调整饮食和作息。出门前，先喂它们一些食物，如果它们一拥而上抢夺食物，那你就放心出门吧；如果它们对食物没了兴趣，你还是待在家里比较好，因为接下来的几个小时可能会出现雷雨。

会飞的大象

你见过会飞的大象吗？

前不久，一个小城市的上空就出现了这神奇的一幕：一只大象悬浮在空中，长长的鼻子一直垂到了地上，像一把大扫帚，所到之处都卷起了飞扬的尘土。只不过这些

会飞的大象

灰尘没有向四周散去，而是像被某种神奇的力量吸引着，一直绕着象鼻子打转儿，尘土越来越多，越来越厚，直到把象鼻环绕得密不透风，像一根擎天柱。然后，飞象就拖着这沉重的负累，向远处的城镇飞奔而去。

到达城市上空以后，大象开始一边奔跑一边喷水。一阵大雨从天而降，雨点敲打着屋顶、草丛、树木、水面，发出叮叮咚咚的响声，声音有大有小、忽高忽低，像一曲悦耳的打击乐。正陶醉于雨声的美妙，一滴落在地上的雨点突然弹跳起来，又迅速地摔在地上，第二滴、第三滴、第四滴，更多雨点重复着这样的动作，让人眼花缭乱。定睛一看，原来是一些蝌蚪、小鱼，甚至还有青蛙！

千万不要被这景象吓到，事实上那只是一片形似大象的云彩。若是晴天，它会悠闲地在天空中散步，只不过这天它凑巧遇到了刚从森林湖泊里吸满水的龙卷风。龙卷风裹着湖水里的小生命，来到这座城市后，恶作剧地把它们丢下来，然后自己逃跑了。

森林里的激烈战争（续二）

夏季的蝉鸣蛙噪搅扰得空气都浮躁起来，似乎有一种不安分的力量在蠢蠢欲动。果不其然，森林里的空地上响起了嘹亮的号角，原来是云杉、白桦和白杨在争夺地盘，不仅这些大家伙们你争我夺谁都不肯示弱，就连弱小的青草都加入了战争。在这场没有硝烟的战争里，它们必须战斗，否则就会无立足之地，这是最原始的生命本能。

高大的云杉赶走了其他敌人，成了胜利者，在空地上扬起了高傲的头颅。但是，这并非最后的结局，不信就跟我到另一块砍伐地里瞧一瞧吧。

这块砍伐地是去年形成的，那时候高大的树木被砍伐一空，只有一些小树苗侥幸生存下来。它们也曾进行了惨烈的厮杀，顽强的云杉成了统治者。但一年之后，这里的情况又发生了变化：云杉从这里消失了，只有一排排白杨树和白桦树，像刚毅的战士，守卫着自己的领土。

短短一年的时间，到底是什么破坏了原来的秩序？

原来，云杉虽然有强壮的身体、顽强的意志，但它有个致命的弱点：当它还未成熟时，非常怕冷，而且它庞大的根系只会向四周扩散，不能扎到很深的地方。于是，秋天一到，凉凉的风吹痛了它的针叶；雪花一飘，严酷的寒风吹熄了它的生命。冬天，小云杉如果得不到有力的保护，树上的嫩芽就会被冻死，根本活不到第二年春天。

霸道的领主就这样悄无声息地死去了，曾经被欺压的白桦、白杨，乃至柔弱的小草立刻焕发出了蓬勃的生机。新的领土之战又打响了。

野草的生命力固然顽强，但毕竟力量太小。很快，它们就被白杨和白桦树踩在了脚下，虽然已经处于劣势，但野草还是紧紧包裹着树木，寸土必争。可惜这样一来，它们反而帮了敌人的忙。因为干枯的野草会变成树木的养料，使树木脚下的泥土更加肥沃，而且野草腐烂还能产生热量，就像在小白杨和白桦的脚下安装了一个小火炉，使它们能安全地度过冬天。

白杨和白桦可没有表示出应有的感激，它们手拉手肩并肩，遮出了一片绿荫，也挡住了阳光。在这个密不透风的空间里，野草简直快要无法呼吸了，于是慢慢地没了精神，直到枯萎。

在这场后续的战争里，避开云杉威胁的白桦树和白杨树成了最后的胜利者。它们挺立在那儿，尽情地舒展着身体，叶子在夏风的拂动下“哗哗”作响，树枝也放松地左摇右摆，像在庆贺这难得的胜利。

这边战争已经结束，我们的记者又奔赴第三块砍伐地，在那里又将发生怎样的事情呢？敬请关注我们下一期的《森林报》。

祝你一钓一个准

对于住处附近有河流或湖泊的人来说，在炎热的6月，背着钓竿、鱼篓到清凉的水边钓鱼，是件无比惬意的事。既有凉风送爽、鱼儿解闷，还能收获成功的喜悦，那种安静的等待、随意的休闲，真让人向往。

此时，鱼虾正肥，适宜垂钓。但想吸引鱼儿上钩，必须准备美味的饵料。最好的鱼饵莫过于麻油味道的食物，可以用平底锅煎些麻油饼，捣碎后掺在荞麦粥里，再撒上碾碎的麦粒、豆子或米，极具诱惑力的鱼饵就制成了。

用这样的鱼饵，能吸引足够多的鲫鱼和鲤鱼，但如果想捉到那些相对狡猾的肉食鱼，就要每天在河里的同一个地方撒上饵料，让鲫鱼、鲤鱼习惯到这里觅食。只要几天工夫，梭鱼[①]、刺鱼、鲈鱼就会循着鲫鱼和鲤鱼的踪迹游过来，到时候再把鱼钩甩下去，成功率就会大大增加了。

准备好鱼饵，接下来就要选择合适的天气出门钓鱼，因为天气的变化会影响鱼儿的食欲。比如晴朗的日子，或者刚刚下过雾后，鱼会比较有胃口，也就容易上钩。想要预测天气，有一些简单的方法，比如通过云霞的颜色就能判断：如果云霞呈现金粉色，说明空气干燥，下雨的可能性不大；如果云霞呈现紫红色，那么就要提防大雨的降临了。

以上条件都具备了，还要掌握一些钓鱼的窍门。

天气过于炎热，不适合钓鱼。因为鱼会选择比较清凉的地方“避暑”，比如有凉水冒出的泉眼附近。这种天气下可以选择晨昏出发，因为这两个时间段是一天中比较凉

---

①梭鱼：身体细长，最大的可以长到 1.8 米，头短而宽，鳞片很大，背侧呈青灰色，腹面呈浅灰色，两侧鳞片有黑色的竖纹。它喜爱群集生活，以水底泥土中的有机物为食。

爽的时候，鱼会比较活跃。如果风雨持续了好几天，那么也不要去钓鱼了。这种天气下，鱼的食欲降低，即使用麻油鱼饵喂它，它也不会张嘴；但如果是阵雨过后，就赶紧收拾渔具到水边去吧，因为阵雨降低了水温，食欲受到刺激的鱼会胃口大开。

再者，倘若连续的干旱使河里的水位降低了，就要找水比较深的坑，缺少食物的鱼肯定禁不住美食的诱惑，会乖乖上钩。

乘着小船去钓鱼

通常，人们都是用钓竿或绞竿钓鱼，长时间坐在水边安静地等待着，这种方法对培养耐性很有帮助。此外，还可以乘着移动的小船钓鱼，让人有格外刺激的体验。

或许你会感到疑惑：在运动状态下恐怕只能用渔网捕鱼吧，怎么能钓鱼呢？

让我来为你解释：首先，还是要准备鱼饵——一条假鱼，不论是塑料的还是橡胶的，只要它的外形看上去像一条鱼就可以；然后，准备“鱼竿”——一条长长的绳子，起码要 50 米，绳子必须结实；最后，准备“鱼钩”——一段坚韧的牛皮筋或钢丝。

接下来要做的，就是用牛皮筋把假鱼固定在绳子一端，然后扔进水里。一个人划船，另一个人握着绳子另一端，使“鱼饵”保持在距离小船 25 ～ 50 米的地方。

这条随船行而“游动”的鱼会把鲈鱼、梭鱼等大个头的肉食鱼类吸引过来，当它们咬住假鱼以后，绳子就会抖动，握绳的人迅速地把绳子拖过来，猎物就上钩了。

需要注意的是，划船时要慢一些，以防划桨的声音把鱼儿吓跑。另外，要把小船划到最合适的地方，要选择河流的陡岸附近，或水面宽阔的深水区，湖里最好的行船处是悬崖下的深坑里。

怎样捉小龙虾才是最快最好的

带着些许凉意的夜风吹散了白天的炎热，泛着银白色的天河里有星星在洗澡。在这星光闪烁的夜里，踩着河滩上湿润温暖的细沙，燃起一堆篝火，再架上一口小锅，烹煮一些味道鲜美的小龙虾，再喝上一瓶自己带来的冰水。天哪，这真是一个再舒服不过的夏夜！

其他条件都太容易满足了，需要我们费心准备的，就是捕捉小龙虾。只有充分了解了它们的习性，才便于我们展开行动。

虽然捕捉小龙虾最好的时节是 5 ～ 8 月份，但事实上在前一年的冬天，小龙虾的生命就已经处于孕育中了。它们是由虾子孵化来的，整个冬天，这些虾子都附着在妈妈的腹足和虾颈处，跟随妈妈在河岸或湖岸上的温暖洞穴里，度过寒冷的冬季。第二年夏天，当温暖的阳光敲打在虾子上，小家伙们就会活蹦乱跳地跑出来，像要加入盛夏时节的动物狂欢。

接下来的一年里，它们会换八次外壳，这之后，每年换一次。正在换壳的小龙虾会躲在洞里，直到新的硬壳长出来，否则，裸露着的光滑鲜嫩的虾肉会让无数水中生物垂涎三尺。

捉龙虾有一个简单的办法，那就是到一些浅水区里去，寻找水底的虾洞，看到缩在里面的龙虾后，就伸出手指捉它的背部，一定要提防不要被它挥舞的钳子夹住手指。如果想在短时间内捉到更多，就尝试下面的办法吧。

先为它们准备些美食吧！一些小鱼、小虫都是它们常吃的食物，但最具诱惑力的，莫过于腐肉。这些“夜行侠”白天常常躲在洞里，但如果闻到了腐肉的味道，即使太阳把水面都烤热了，它们也会出来觅食。所以，捉龙虾前，可以把一些剁碎的腐肉、死鱼等系在网上，把网缠在直径30～40厘米的木箍或者铁丝箍上，然后把这工具系在长竹竿上，浸到水里。

当一串串气泡接二连三地从水里冒出来时，就要打起精神了！那是馋嘴的小龙虾出洞了，它们正在呼吸。再过一段时间，拎着竹竿把虾网提起来，就能看到被缚住的龙虾了。

好了，现在小龙虾已经洗净，可以下锅了，你有没有准备好葱花、姜丝和食盐呢？

农庄生活

夏天的味道越来越浓，空气里都弥漫着花朵的沁人香气，还有香甜的浆果的味道。

这片神奇的土地，孕育着丰富多彩的植物。如今，它们把自己的果实捧过头顶，这是给无私的造物主的忠诚献礼：饱满的草莓爬满了向阳的山坡，红的果、绿的叶、黑的籽，让人忍不住要流口水了；长在沼泽里的桑叶悬钩子经历了从白色到红色，由红色到金黄色的蜕变，终于成熟了，它们沉甸甸地挂在枝头，绽放出灿烂的微笑；还有森林里的黑莓、覆盆子，都在向着村庄里的孩子招手。

年幼的孩子哪里禁得住浆果的诱惑，但又不得不止步。勤劳懂事的他们，要把更多的时间和精力放在农田和菜园里，肆虐的野草得由他们去铲掉，干渴的蔬菜需要他们去浇灌。你瞧，孩子们正在绿油油的菜园里拔葱呢！

大人们也不得空闲，他们挥舞着镰刀、开着割草机，正在收割农场里大片大片的牧草。这些汁水丰富的美味牧草，可是那些山羊、奶牛整个冬天的食物。

人们忙得不可开交，动物们却显得格外悠闲。村庄外的麦田里，一只灰山鹑（chún）正带着它的队伍沿着麦垄踱方步，像一位精神抖擞的将军，身后还跟着副将和士兵——它的妻子和孩子。小山鹑像一队黄茸茸的小圆球，边走边跌跤。这一幅农家田园风光，真是既美丽又温馨。

农家生活趣事

农庄新闻

（尼·巴甫洛娃）

牧草被人欺负了吗

最近，森林记者收到了一封特殊的举报信，原来是牧草抱怨人类在扼杀它们的生命。

每年 6 月，恰好是牧草开花的时节。有的牧草已经开出了白色的花朵，像羽毛一样的柱状花穗抽了出来，细细软软的毛上挂着颗粒状的花粉；还有的牧草正准备开花，蓬勃的生命力就包裹在一层薄膜之下，似乎马上就要爆发。

开花可以算得上是植物生命中最美丽的时刻了。可是，本该享受赞美和欣赏的牧草却受到了打扰：人类挥舞着镰刀，开着隆隆作响的割草机，破坏了它们的盛会——他们把牧草齐根割下，聚拢到一起，系成捆，装上车带走了。

车轮碾过，扬起的尘埃迷住了牧草的眼睛。它们非常伤心，忍不住向森林记者抱怨起来。

仔细地探访调查后，森林记者确定人类有充足的理由这样做。牧草是农庄里牲畜过冬的口粮，必须趁着阳光正好的季节收割下来，充分晾晒，才能储存，否则就会因潮湿而腐烂。看来，也只有让牧草受点委屈，再重新生长了。

魔法药水

不要再为农田里有太多难以铲除的杂草而烦恼了，因为科学家已经研制出了一种杂草死亡药水，能有效地杀死混迹在农作物里的野草。而且，这种神奇的药水不会对农作物构成伤害。它好像拥有先进的雷达探测系统，能够准确分辨出野草和庄稼，然后对着野草释放毒性，消灭它们；却对庄稼释放活力因子，让谷物还像之前一样精神抖擞地生长。

小猪被太阳晒坏了

炙热的阳光是杀毒消菌的最好药剂，所以“晒太阳”也成了强身健体的好方式。但是，如果在 6 月正午的太阳下暴晒，这可不是明智的选择。农场里的两只小猪，就犯了这样的迷糊。

夏天是个燃烧的季节，烈日中天，天上的火球仿佛正在进行核聚变，树上的蝉烦躁地叫着，地上的狗无耐地吐着舌头。就在这样的天气里，有两只小猪在农场里溜溜达达，直到被饲养员发现赶回猪舍。可惜，它们的后背已经被灼伤了，粉嫩的皮肤已经变得又红又黑，甚至长出了水泡。兽医替它们查看伤情后，明确地告诉饲养员，在太阳像大火炉一样把大地烤得发烫的日子，要禁止农庄里的动物外出。

避暑的客人是怎么走丢的

农场附近有一条潺潺的河流，河水清澈见底，温度适宜。农场里的人常去河边纳凉、洗衣服或洗澡。在农场通向小河的道路两旁，有大片大片的亚麻田，现在正是亚麻的花季，小伞一样的淡蓝色花朵铺满了整片田地，散发出阵阵清香。

但正是这片亚麻花，险些闯了大祸。

事情是这样的，那天，农场里接待了两位前来避暑的女客人。她们清晨出发去河边游玩，看到路边像一块淡蓝毯子一样的亚麻田，连心情也变成了清新的淡蓝色。但到了下午，当她们准备回农场时，却怎么也找不到来时的路了，因为她们是沿着亚麻田走过来的，但现在放眼望去，是一望无际的绿野，哪里还有那些蓝色花朵的影子？

原来，亚麻清晨开花，等阳光变得强烈以后，蓝色的花朵就会凋谢，只剩下绿色的茎秆和叶子。

两位客人就这样迷路了，她们越走越远，最后停在了距离农场 3 千米远的一个干草垛旁。如果不是农场里的人找了过来，她们恐怕就得在那儿过夜了。

母鸡要住进疗养院了

金黄色的麦穗被捆在一起，然后由农民拉走了。广阔的麦田成了母鸡的天下。

原来，麦田收割之后，地上洒落着很多麦粒，农民们没有时间和精力把它们一粒一粒捡起来，又觉得浪费了实在太可惜。于是他们想出了一个好办法，那就是把农场里的母鸡带到这里“疗养”。这真是两全其美的主意，母鸡能享用到营养美味的食物，农田里的麦子又不会被浪费。

等到这片地里的麦粒被母鸡啄干净，农民就会带着它们出发，前往下一个麦田疗养院。

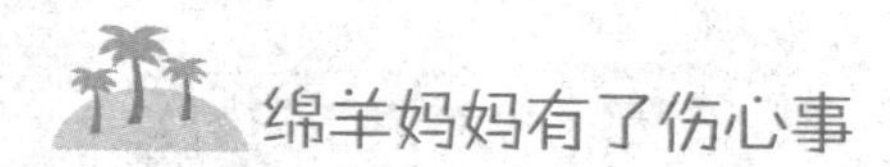

绵羊妈妈有了伤心事

最近，绵羊妈妈添了些伤心事。它的孩子们身体逐渐丰满，白色的体毛也变得更加浓密，还能够独立地吃草了。孩子长大了，绵羊妈妈本应该高兴才对，为什么会伤心呢？

原来，小绵羊长到三四个月时，就应该离开妈妈，学习独立生活。所以，人们很快就会把小绵羊带到独立的羊舍去。绵羊妈妈会觉得不舍和难过，也很正常，可是为了孩子们考虑，它也只能默默地接受这样的安排。

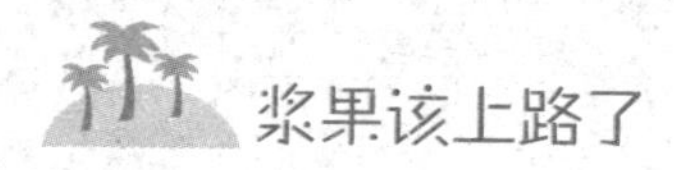

浆果该上路了

夏天是个突飞猛进的季节，一切生命都在紧锣密鼓地生长；夏天还是个成熟的季节，几声惊雷，一场大雨过后，果香就溢满了山野。树林里的浆果踩着6月的尾巴成熟了，红的是树莓[①]，灯笼一样的是醋栗[②]，它们都挂在枝头，得意地笑着。

很快，就会有人来采摘，把最新鲜的果实送到城里去。但要注意的是，树莓的果皮比较薄，如果路途太颠簸，它们可能会烂在半路上；所以，对这种浆果，必须仔细打包，小心地放到卡车上去；对醋栗就不需要这么谨慎了，因为它们还没熟透，果皮坚硬着呢。

乱哄哄的餐厅

早上7点，农场的职工划着小船进入了池塘，小船上载着剁碎的土豆、饭团，还有一些晒干的小虫子。池塘正中央有几根木桩，这些木桩把一块平整的大木板固定在了水里。职工把船划到木桩旁，然后就把那些食物随意地撒进水里，落到木板上。

这里，就是鱼儿的餐厅啦，那个木板就是鱼的餐桌，当然，它们不需要椅子。食物刚撒下去，立刻有很多鱼从木桩周围涌了上来，闹哄哄的，乱作一团。这个餐厅的最

①树莓：落叶灌木，高1～2米，幼枝带绿色，有柔毛及皮刺。它的果实性微甘、酸、温，生长在溪边、路旁或山坡草丛中。

②醋栗：又名灯笼果，果实近圆形或椭圆形，成熟时果皮黄绿色，光亮而透明。

大优点是能同时容纳很多客人——至少400条鱼要在这儿用餐，最大缺点就是纪律不够严明——谁见过在餐厅里你推我搡的客人呢？

少年自然科学家讲的故事

在我们这里，天气炎热的时候，人们会把牲畜赶到附近的橡树林里乘凉。但这天，突然发生了惊险的一幕：牛群疯了一样四处冲撞，尾巴剧烈地甩动着，甚至头朝橡树撞了过去。不明所以的赶牛人不得不冒着危险努力安抚它们。

等牛群终于安静下来，赶牛人发现最先发狂的那只母牛眼睛红肿，正是它的发疯刺激了整个牛群，使情况变得特别糟糕。仔细查看了母牛的眼睛，赶牛人明白了是怎么回事。

原来，橡树林里生了很多毛毛虫。这种讨厌的昆虫会啃咬树叶，破坏树木，而且它们的毛很容易掉落，掉在人身上就能引起刺痒。那天，可能是毛毛虫的毛恰好掉进了母牛眼里，才导致了骚乱。

这也就能解释为什么橡树林里的杜鹃和黄鹂多了起来。往年，村庄附近偶尔才有杜鹃飞过，可最近一段时间，常常有灰黑色的杜鹃摆动着带白色斑点的尾巴啼叫不止，美丽的黄鹂也时常唱着婉转悠扬的歌凑热闹，就连罕见的松鸦也成了橡树林里的常客。

它们自发地来到这里，主动承担起了保护树木的任务。我相信，过不了太久，那些恶心的害虫就会被这些勇敢的战士彻底消灭。

打猎去

不是打鸟，也不是打兽

夏天到了，很多敌人也进入了村庄里，人类不得不发起战斗。有时，敌人是苍蝇和蚊子，它们污染食物，传播疾病，人们用苍蝇拍和灭虫药对付它们；有时，敌人是盗取粮食、咬噬家具的老鼠，鼠药和老鼠夹子是消灭它们的好武器；还有时候，敌人是鸟雀，它们破坏人们辛苦种植的菜园，啄烂了蔬菜的叶子，人们用稻草人驱赶它们。

虽然菜园里已经架设了稻草人，鸟雀不再那么猖狂，可叶子上还是出现了斑点一样大大小小的窟窿。到底是谁在做坏事呢？肯定不是鸟雀，从窟窿的大小也可以推测不是兽类。只有目不转睛地盯着菜叶，才能找到元凶——一些像跳蚤一样跳来跳去的跳甲虫[①]。

别看它们个头不大，危害可不小。跳甲虫最喜欢吃蔬

---

①跳甲虫：生活在世界各地，色暗或具金属光泽，后足大，适于跳跃。它是重要的作物害虫，成虫吃叶，幼虫吃根，有的传播植物病，如马铃薯早期凋萎病。

菜的嫩叶子，所以会挑选嫩叶的蔬菜或幼嫩的菜心下口，嫩蔬菜吃完了，它们没办法继续挑食，就会进攻那些快要成熟的蔬菜。用不了几天，几公顷的菜园就会被毁掉。

这种甲虫是黑色的，容易藏身在菜叶里。不过，背上的两道白色条纹还是暴露了它们的藏身之处，使人们有机会消灭它们。

大战跳甲虫

对付这些小个子的跳甲虫，威力再大的枪炮也发挥不了作用，因为根本就无法瞄准。

但是，有一种特制的长矛对爱蹦跳的跳甲虫能发挥大作用。我们需要准备的是一根长长的竹竿，竹竿一端系上一块布条，就像旗子，然后在距离竹竿顶端 7 厘米以下的地方涂上一层胶水。至此，大战跳甲虫需要的胶水长矛就制作好了。

只要让人在菜园里拿着长矛，旗子一端朝下挥舞，注意不要让涂胶水处碰到蔬菜。跳甲虫被挥舞的竹竿惊吓，就会蹦起来，只要它们向上一蹦，就会被竹竿上的胶水黏住，以它们的力量，根本无法脱身。

当然，这种方法不能保证把跳甲虫全部消灭，还需要采取其他措施巩固战果。比如，趁着清晨的露水还没有干涸，在菜叶上撒烟灰或熟石灰，这些物质会像农药一样除掉害虫，同时还不会伤害菜田里的作物。

会飞的敌人更可怕

在人们眼中，蝴蝶是美丽的，它们像落英、像流云，在绿草红花间婆娑起舞。殊不知，它们对农作物的危害甚至比跳甲虫还要严重。不管是在阳光下翩翩而过的白菜粉蝶①、萝卜粉蝶②，还是趁着夜色穿梭飞行的甘蓝夜蛾③、甘蓝螟④，都是害虫。

这些蝴蝶虽然颜色不同、形态各异，连生活习性也大不一样，但它们都会在菜叶或其他作物的茎秆叶片上产卵。经过一段时间的生长，青虫、菜虫等就会从虫卵里爬出来。在它们进化成蝴蝶之前，要靠着啃咬植物的茎叶生存。

消灭青虫远比捕捉蝴蝶更容易些，所以，为了保护作物，要尽量在它们成蛹蜕变前行动。可以像消灭跳甲虫一样在作物上撒熟石灰，也可以直接翻找虫卵，用手捏碎或用脚踩碎。

千万不要被蝴蝶的外表迷惑，一定要看到它们破坏植物的恶劣本性。

---

①白菜粉蝶：个头很大，翅膀上长有黑色的斑点。

②萝卜粉蝶：颜色和白菜粉蝶一样，只是个头比它小。

③甘蓝夜蛾：棕灰色的蛾子，浑身毛茸茸的。

④甘蓝螟：身子小，翅膀下垂，身子的前半部是黄色的。

两类不一样毒性的蚊子

除了蝴蝶，还有一种会飞的敌人会对人类构成威胁，那就是我们之前提到过的蚊子。

蚊子处于卵和幼虫阶段，生活在水里。成虫会选择沼泽或有水的深坑产卵，有的卵浮在水里，有的卵则附着在离水非常近的草茎上。等它们孵化成软软的幼虫，就会游到水里，长成蛹的时候也不会离开，直到变成成年的蚊子，才会冲出水面，占领无边的夜空。

多数人都有过被蚊子叮咬的经历，伤口处会有痛痒的感觉，然后会起一个红包，越挠越痒，包也越来越大，肿到一定程度后就会慢慢退去，皮肤会恢复原状。这是比较常见也比较幸运的经历，因为还有另外一种蚊子，被它咬伤的人，会有生命危险。

这种蚊子携带疟疾原虫，原虫会顺着被叮咬的伤口进入血液，对血液成分造成破坏。人一旦发病，会感觉忽冷忽热，异常难受，甚至一边打寒战一边出汗，偶尔体温会降至正常，但经过一个间歇期后，症状会更加严重。

一般来说，只有雌性蚊子才会叮人吸血，所以要格外警惕那些吸盘旁长着触须的雌疟蚊[1]。

---

①疟蚊：蚊子的一种，会传播疟疾给人类，大多数生活在热带地区。

鉴于蚊子的危害之大，科学家们一直在研究消灭蚊子的方法。平常，人们只能用手去拍打围着自己嗡嗡飞的蚊子，或者使用一些灭蚊剂，但是，这些方法显然不能起到斩草除根的效果。所以，和蚊子斗争，要从消灭它们的卵和幼虫着手。

我们都知道，煤油的密度比水小，倒进水里以后，就会浮在水面上。如果在一个装有水的固定容器里倒入足够多的煤油，这些液体就会在水的表面形成一层密不透风的薄膜，将水和空气阻隔起来。试想，如果蚊子的幼虫呼吸不到空气，还能活下来吗？

答案非常肯定，它们肯定会因为窒息而死亡。那么，消灭蚊子幼虫的方法就已经很明显地摆在我们面前了。把煤油倒进虫卵和幼虫比较集中的水域，最初，它们可能会奋力挣扎，想要冲破煤油层的阻挡，但很快它们就会无法呼吸，直至死亡。

无人知晓的谜

如果你问村里任何一个人：谁是最聪明最勇敢的猎人？绝大多数人都会回答："当然是猎人塞索伊奇啦！"没错，那个身材矮小，也不够强壮，看上去一点也不起眼的人，就是我们的英雄塞索伊奇。前不久，他带着一只猎狗，独自深入森林三天三夜，追捕伤害牲畜的坏蛋。

最先发现小牛尸体的是一个牧童。平时，牧民们就把牲畜放养在森林空地上。那天牧童离开小牛去提水，等他回到牧场，只见小牛血肉模糊地躺在地上，已经断气了。出事的地方离农场并不是很远，竟然有野兽敢到距离人群聚居区这么近的地方行凶，这太不可思议了。

村民和猎人们很快都赶来了。猎人谢尔盖仔细检查了一番，发现除了脖子后边的伤口和乳房被咬掉，尸体再也没有其他伤口。谢尔盖认为凶手一定是熊，他认为只有熊咬死猎物后，会等到猎物的肉变臭再食用。猎人安德烈也表示认同这个观点。

于是，他们邀请塞索伊奇和他们一起，在空地旁的树上搭建一个窝棚，等待熊回来拖走它的食物。他们料定，不出两天，熊一定会出现在夜幕中。

但是，在仔细观察过现场之后，塞索伊奇拒绝了他们的邀请："不可能是熊，你们不要白白浪费时间了……"他正打算说出自己的理由，谢尔盖和安德烈却表示不屑，并且坚持自己的看法。塞索伊奇没再多说话，只是又围着小牛尸体转了几圈，一会儿抬头看看周围的树木，一会儿弯腰观察地面，最后叹了口气，离开了。

当天晚上，谢尔盖和安德烈就藏在新搭的棚子里等候着；而塞索伊奇却背上猎枪，带着猎狗走进了森林里。

就像塞索伊奇预料的那样，熊果然没有来。谢尔盖他们连续等了三天，凉凉的晚风吹得他们直哆嗦，小牛的尸体也发出了腐臭的味道，熊却一直没有出现。他们终于肯承认自己的推测出现了问题，就在他们准备离开的时候，却看到塞索伊奇扛着一个大袋子从森林深处走了出来，猎狗跟在它后面，看上去很兴奋。

谢尔盖和安德烈赶紧围了上去，打量着那个沾着斑斑血迹的袋子，他们相信袋子里一定是凶手的尸体。

无人知晓的谜

“快把真相告诉我们吧！”他们焦急地说。

“那天我就想说，熊不会只啃小牛的乳房而不吃牛肉啊！更何况，地上的脚印也不对。”

“那脚印很宽，足足有 25 厘米，还有什么动物能有这么大的脚掌呢？”谢尔盖还有点不服气。

“可是，你们难道没有注意到吗？那脚印的脚爪印记并不明显，熊是不会缩着脚趾走路的！”塞索伊奇一边说着，一边开始解袋口的绳子。

“是猞猁！一定是猞猁！只有猞猁的脚印是圆的，因为它走路的时候会把爪子缩起来！”安德烈恍然大悟般惊呼起来，好像发现了什么天大的秘密。

与此同时，塞索伊奇打开了袋子，一张带着红褐色斑点的猞猁皮露了出来。

这件事很快传遍了村庄，谢尔盖和安德烈也对塞索伊奇心服口服，大家都纷纷称赞塞索伊奇既勇敢又富有智慧。

至于那三天里，塞索伊奇和他的猎狗怎样找到并杀死了猞猁，他并没有仔细讲述。猞猁为什么到离村庄很近的地方袭击小牛，又为什么没有吃掉尸体，也都成了无人知晓的谜。

天南地北：各地无线电呼叫

在6月21日夏至这天，列宁格勒（今彼得格勒）《森林报》编辑部决定进行一次无线电通报。

在这一年之中白昼最长、黑夜最短的一天，呼叫遍布在世界各地的沙漠、森林、海洋、岛屿、草原，请各自汇报一下你们的情况，是不是也迎来了最长的白天？

喂！喂！这里是北冰洋群岛

喂！喂！你好！北冰洋群岛响应《森林报》的号召，特此通报岛上的情况。

当你们为迎来一年中白昼最长的一天而兴奋时，我们已经持续三个月没有见过黑夜了。从早到晚，太阳永远在地平线以上，白昼时长达到了24个小时。虽然太阳忽高忽低地开着玩笑，但永远不会沉到海里去，它始终照耀着这片覆盖着厚厚冰雪的广袤土地。

北冰洋群岛上虽然寒冷，但还是有不少动物在这里唱着生命的赞歌。尤其是多到无法计数的鸟儿，用响亮的鸣叫给这片鲜有人迹的地方增添了生机和活力。

这是一曲极其复杂、华丽的交响乐，有多少种不同的叫声，就有多少种不同的鸟儿：角百灵①、鸥鸟、野鸭、雁，这些是我们比较常见的，还有些鸟儿的名字，你可能甚至从来没有听说过，比如北鹟（miáo）②、雪鹀③、潜鸟④、

---

①角百灵：一种小型鸣禽和中等体型的深色百灵，栖息于干旱山地、荒漠、草地或岩石上。

②北鹟：鸲鹟鹟莺属的一种鸟。

③雪鹀：俗名雪雀、路边雀，体大而矮圆的黑白色鹀，主要栖息在草地、开阔林地等。

④潜鸟：羽毛浓密，背部主要呈黑色或灰色，腹部白色，以鱼类、甲壳类和软体动物等为食。

管鼻鹱（hù）[①]、花魁鸟[②]。

鸟儿是海岛真正的主人，为了显示主人翁地位，它们纷纷抢占地盘，搭巢建窝，以至于整个岛屿上，到处都是成排成列的鸟巢，甚至连石头上都没有放过。它们时而在鸟巢里休息，时而成群结队地在阳光下飞翔，把矫健英气的影子投射在荒原上。

由于岛上没有黑夜，鸟的作息也受到了影响。不像别的地方的同类那样日出而作日落而息，或昼伏夜出，这里

北冰洋群岛

---

①管鼻鹱：生活在格陵兰北部等地区的沿海地带。它的嗅觉能力惊人，除了死物，也吃活猎物，比如沙鳗和小鲱鱼，有时甚至捕食海蜇；所有的食物都取自海面。

②花魁鸟：体长39厘米左右，体态优美，为稀有的观赏鸟类，主要生活在美国、挪威等国的沿海岛屿及海岸边。

的鸟儿只用很短的时间打盹，大部分时间都在劳作：筑巢、孵蛋、捕食、哺养孩子、对付敌人……事情这么多，哪还有时间休息呢？更何况到了冬天，会持续几个月见不到太阳，到那时再睡也不迟呀。

岛上有很多长翅膀的动物，却不见蝙蝠的身影。这太容易解释了。整个夏天，太阳始终照耀着北冰洋群岛，习惯在夜深人静时才行动的蝙蝠根本无法生存。如果蝙蝠能偶尔来做客就好了，正好用苔原[①]上像黑压压的乌云一样多的蚊子招待它们。

相对于种类繁多的鸟类，岛屿上的兽类很少。只有小个子的白兔、旅鼠[②]，还有稍微大一些的驯鹿、北极狐。至于那些大块头的白熊，只有肚子饿了才会偶尔从海里游到岸上，寻找食物。

北冰洋群岛的土地永远被厚厚的冰雪覆盖着，即使太阳这样连续照射了三个月，也只有地表的冰雪化冻了，地表以下的冰雪还是坚硬如铁。即使环境如此恶劣，植物还是勇敢地扎下了根，五颜六色、形态各异的植被覆盖着冰层、苔原、沼泽，证明着生命力是多么值得赞美的力量！

---

①苔原：也叫冻原，生长在寒冷的永久冻土上的生物群落，是一种极端环境下的生物群落。

②旅鼠：一种极普通、可爱的哺乳类小动物，常年居住在北极，体形椭圆，四肢短小，比普通老鼠小一些，可长到15厘米，尾巴粗短，耳朵很小。

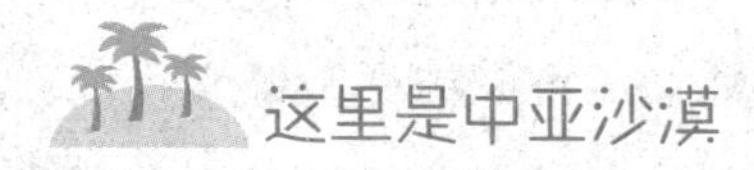

这里是中亚沙漠

同是在阳光的照耀下，北冰洋群岛上的鸟儿忙得不可开交，我们中亚[1]沙漠的动物却在呼呼大睡。因为，外面的太阳像一团大火球，把沙粒晒得滚烫，一股股热浪翻涌着，简直能把皮肤灼伤。

再勇敢的动物也不敢在火炉一样的太阳下长时间停留，不管是有毒的蛇、蝎子[2]，还是普通的蜘蛛、蚂蚁，都找到了各自的避暑宝地：有的藏身在凉爽的石缝间，有的躲在背阴的泥土里，还有的干脆钻到了很深的地下。

有的动物只在白天睡觉，早晨或夜晚温度比较低时会出来活动，比如敏捷的蜥蜴和笨拙的乌龟。

还有的动物会躲在洞里度过整个夏天，比如金花鼠[3]，尽管它们的天敌草原蚺（rán）蛇[4]也在睡觉，它们也不会趁着这安全的时期外出，因为太阳比蛇类还要恐怖，所以金花鼠会把洞口用土块堵住，阻隔外面的热浪，然后安心

---

①中亚：即亚洲中部地区。

②蝎子：身体瘦长，有带毒刺的尾巴，属野生动物类，常寄居山坡、墙缝、土穴等潮湿阴凉处。

③金花鼠：背部有数以纵条花纹的小型松鼠，身长约15厘米，尾长约12厘米，它是以植物为主的杂食性动物。

④蚺蛇：亦称水蚺，蚺属两种会变缩紧而嗜水的蛇，见于南美洲热带地区。巨蚺蛇也称绿蚺蛇或大水蟒，是一种橄榄色的蛇，夹有交错排列的椭圆形黑斑点。

陷入梦乡，这个睡眠期会持续 9 个月——从入夏到第二年的初春。金花鼠大概可以被评为最懒惰的动物了。

动物们之所以很少活动，是因为这里水资源实在太匮乏。过多运动会消耗大量水分，沙漠里显然不具备充足的水源供它们补给。草木因为炙烤和干旱而枯萎，只有骆驼草和一些不长叶子的灌木勉强在这里挣扎着生存，骆驼草能把根扎到距离地面五六米深的地方，从那里汲取些地下水维持生命，灌木只能用拒绝长叶的方式减少水分的流失。

因为缺水，鸟类和野兽也不得不搬家了。野兽们搬到了沙漠边缘，这里距离水源会近一点。鸟儿拖家带口，带着刚刚孵出的雏鸟，不知到什么地方去了，只留下了鸟类中的“骆驼草”——山鹑[1]。

山鹑之所以没离开，是因为雏鸟还没长大，经受不了路途的艰辛。好在山鹑的飞行速度非常快，能够飞到上百公里外的河边喝水，并且用嗉（sù）囊（鸟类食管后段可暂时贮存食物或水的膨大部分）装满水，回到家里后喂给孩子们。一旦雏鸟学会了飞翔，山鹑也会迅速地带它们离开。

这天，终于有一大团乌云遮住了太阳，沙漠里的生物们似乎从空气中嗅到了雨水的味道，个个欢欣鼓舞。但遗憾的是，一场大风刮过，乌云不见了踪影。在沙漠里，最让人讨厌的不是太阳，而是大风。它们会把黄沙卷得漫

---

①山鹑：为小型猎禽，体型比鹑大，嘴和脚较强健。

天飞舞，遮天蔽日，还会推动沙丘向远处移动，使处在沙漠边缘的村庄和房屋陷入危险。

但是，勇敢的人们还是不屈不挠地和它们斗争着。人们运用智慧，挖掘引水沟渠，把高山上的水引下来，造林造田，用绿色的抗旱植物装点着枯燥的黄色，并且用它们对抗着沙漠里的狂风。高山之水是生命之水，把植物滋润得生机勃勃，然后这些植物就会用庞大的根系紧紧抓住泥沙，把原本移动的沙丘固定在自己脚下。

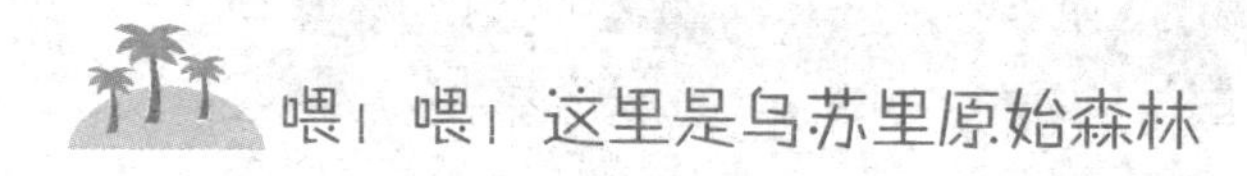

喂！喂！这里是乌苏里原始森林

喂，喂！我们在乌苏里原始森林响应来自列宁格勒的号召。

尽管太阳正高高地悬挂在天上，我们却正处于一片阴暗中。这里不是热带雨林，没有密集且常绿的乔木，没有穿梭悬挂在树间的藤蔓；这里不是西伯利亚[①]原始丛林，没有那么多有百年历史的老龄树木。乌苏里森林里遍布的，多数是像落叶松、云杉一样的针叶树，高大的树木都是彼此亲密的战友，一棵挨着一棵，在森林上空支起了一个巨大的绿帐篷，又厚又密，别说阳光了，就连风都很难穿行。

①西伯利亚：俄罗斯境内北亚地区的一片广阔地带，西起乌拉尔山脉，东迄太平洋，北临北冰洋，西南抵哈萨克斯坦中北部山地，南与中国、蒙古和朝鲜等国为邻。

这里是乌苏里原始森林

所以，一年四季，我们这里白天黑夜都是阴暗的，连白昼最长的夏至也不例外。不论是那些带刺的葎（lǜ）草[1]和野生葡萄树，还是凶猛的棕熊、虎、豹、狼和猞猁；不管是温顺的驯鹿和印度羚羊，还是漂亮的野雉（zhì）[2]、野鸭和鸳鸯，都终年生活在这密不透风、不见天日的绿帐下。

即便这样，它们还是茁壮地成长、快乐地生活着，把每一天都过得有滋有味。

---

①葎草：多年生草本植物，株长1～5米，通常群生。茎和叶柄上有细倒钩，叶片呈掌状，喜欢缠绕其他植物生长，耐寒，抗旱，喜肥，喜光。

②野雉：即野鸡，尾巴粗短，耳朵很小。

这里是库班草原

我们这里是库班草原，夏天的风像温暖的手，轻轻抚过一望无际的库班草原。像是为了庆祝夏至的到来，田地里的庄稼你追我赶地全都成熟了。农民操纵着机器，赶着马车，刚把珍贵的劳动果实运走，车轮疾驰扬起的尘埃还没落下，藏匿在地下的盗贼就迫不及待地露头了。

如果你从一片收割完的田地里走过，就会听见窸窸窣窣的啃噬声，可能还会看见迅速逃窜的影子。那是鼠类正在寻找人类落下的粮食，不论是田鼠、金花鼠，还是腮鼠①，都忙得不可开交。它们要趁着食物丰富、天气温暖的时节尽量多的储存食物，为即将到来的寒冬做准备。

地上的老鼠在忙，天上的鸟也没闲着。凶猛敏捷的老鹰、兀鹰和大雕一直在庄稼地的上空盘旋，只要见到兴风作浪的老鼠，就会一个俯冲，用尖利的爪子捏住它们的喉咙！老鼠的敌人实在不少，还有地上的狐狸、黄鼬②、草原鸡貂③，都在伺机一展身手。

---

①腮鼠：又称仓鼠，中小型鼠类，有一对不断生长的门牙，三对臼齿，成交错排列的三棱体。

②黄鼬：俗名黄鼠狼，因为它周身棕黄或橙黄，所以动物学上称它为黄鼬。

③鸡貂：一种害羞的动物，它们经常是在夜间活动，人们很少能够见到它们。鸡貂为杂食性动物，视力很差，但嗅觉非常灵敏，捕猎的时候主要依靠鼻子。

喂！这里是阿尔泰山脉[①]

和乌苏里森林相比，我们阿尔泰山脉这里的植物要丰富多了，而且从山顶到山脚，有四个差别明显的植被区：山顶最高处像北极一样永远处于冬天，覆盖着终年不化的积雪和坚冰；稍往下是苔原带，铺满了绿色的苔藓和地衣；再往下是山地草原带，野草长势喜人，真是肥沃的天然牧场；到了山脚，就是茂密的原始森林带。

在不同的高度，住着不同的居民。原始森林是鹿、熊、松鸡等动物的天下；草原带肥沃的水草吸引了羱（yuán）羊[②]，羱羊又吸引了雪豹，旱獭[③]和鸣禽也住在那里；苔原带的主人是山鹑，还有野山羊妈妈和它的孩子；要问野山羊爸爸到哪里去了，不如到再高一些的地方寻找吧，那里只有光秃秃的岩石，还有一些矮小的野草。

至于山顶最高处，野兽是没有办法爬上去的，就连鸟儿也不一定能飞上去，只有长着一双大翅膀的雕和兀鹰偶

---

①阿尔泰山脉：位于中国新疆维吾尔自治区北部和蒙古国西部，西北延伸至俄罗斯境内，呈西北——东南走向，长约2000公里，海拔1000～3000米。

②羱羊：又叫北山羊，生活于欧亚大陆和北非的崇山峻岭中；典型的高山动物，登山技术非常高超。

③旱獭：又名土拨鼠，体型肥大，体长50厘米，颈部粗短，耳朵短小，四肢短粗，尾巴短而扁平。

尔会飞到那里，由上向下俯视，伺机抓捕猎物。

动物们之所以不肯到山顶定居，很大程度上是因为那里非常寒冷。到了夏至左右，天气格外炎热，稍高处和山坡上的积雪都融化成了雪水，顺着山坡向下流动，有的汇集成清澈的溪流，一直流到山脚；有的则在半山腰拐了弯，从峭壁孤岩处跃下，成了瀑布。但是，顶峰处的冰雪还是不动声色地躺在那里，毫不动容。

天亮之前，是冷冰冰的山顶最美的时刻，因为低空处的水蒸气上升，经过山坡后遇冷，形成了云朵。被积雪染白了头发的山顶就在这云雾缭绕间若隐若现，如梦如幻。等到太阳升起来，在阳光的照射下，水蒸气又变成了水滴，等娇柔的云朵托不住它们时，它们就会坠下来，形成高山阵雨。

山上一般很清凉，不像山脚下的盆地里又闷又湿。盆地土壤相对肥沃，适宜种植庄稼，但这里每年要经历两次特殊的汛期：一次春汛，一次夏汛，都是因为山上积雪融水造成了河水暴涨。河水肆虐会影响作物生长，人们不得不在盆地以外开垦可耕作的土地。

为了生活得更好，人们想出了各种各样的方法，其中成效显著的，莫不是以和大自然和睦相处为前提的。不管何时，我们都要记住，要和大自然做朋友，而非敌人。

喂！喂！这里是海洋

我们生活的这个星球是蔚蓝色的，因为地球表面71%的面积被海水覆盖。这庞大的海洋，被人们冠名以太平洋、大西洋、北冰洋、印度洋，正是前三者，环绕着我们地广物博的祖国，用温暖的海风应和着陆地的脉搏。

大西洋在我们的祖国以西，从航行在上面挂着各国国旗的捕鱼船就能知道，那是一片物产丰富的神奇的海。如果列宁格勒的船队也想去那里，最便利的航线是经芬兰湾、波罗的海。不管是商船、渔船还是游艇，大多都会沿着这条路线行进。但如果目的是猎奇探险，那就一定要到北冰洋去看看。

很久以前，人们认为沿着亚欧海岸到北冰洋是不能完成的任务。但是，勇敢的俄罗斯航海家却创造了这个奇迹，他们用坚固的破冰船劈开了厚而坚硬的冰层，忍受着路途中不见人烟的寂寞，绕开了冰山，终于抵达了北冰洋群岛。

现在，我们正是循着这条航路前行着。这一路上虽然异常艰辛，但也能发现很多神奇而美好的事情。比如，阳光穿过冰层，折射出美丽的光环；又如，吸附在冰块上的海星，看上去既漂亮又可爱；再如，那些时而汇聚、时而散开的冰原，像是正在玩捉迷藏的游戏；还有生活在岛屿上的大雁，即使翅膀上的硬羽都脱落了，依然坚强地生活着；还有一种奇怪的海兔，看上去像戴着一顶钢盔，样子滑稽极了；趴在冰块上休息的海象，即使睡着了还是龇牙咧嘴地做出一脸怪相。

哦，还有很多凶猛的逆戟（jǐ）鲸[①]正追逐着其他的鲸鱼和它们的孩子，真不愧是“海上霸王”啊。这一切，都是我们在别处无法看到的。

下一站，我们要去的地方是太平洋。到了那里，会有更多的鲸鱼，我们到时候再继续聊聊鲸鱼的故事吧。现在，我们的夏季电台就暂时播报到这里了，好奇的孩子们，请耐心等待 9 月 22 日的到来，到时候，我们将继续为你们讲述这神奇的海上之旅。

9 月 22 日，不见不散！

打靶场：第四次竞猜比赛

1. 根据森林历，夏季从哪一天开始？这一天有什么特点？

2. 哪种鱼儿会做巢？

3. 哪种野兽喜欢在灌木丛和草丛里做巢？

4. 哪种鸟不会筑巢，只能在沙地上或小坑里下蛋？

---

①逆戟鲸：即虎鲸，背呈黑色，腹为灰白色，有一个尖尖的背鳍，背鳍弯曲长达 1 米。它的嘴巴细长，牙齿锋利，性情凶猛，食肉动物，善于进攻猎物。

5. 蝌蚪是先长前脚还是先长后脚？

6. 普通棘鱼的刺有几根，长在哪儿？

7. 金腰燕和家燕做的巢有什么不一样？

8. 为什么不能去掏鸟巢里的蛋？

9. 雄萤火虫有翅膀吗？

10. 哪一种鸟儿把鱼刺铺在窝里当垫子？

11. 为什么燕雀、金翅雀、篱莺在树枝间的巢，很不容易被人发现？

12. 所有的鸟儿在夏季都只孵一次小鸟吗？

13. 在我们这里，有没有能捕食生物的植物？

14. 什么动物在水底用空气给自己盖房子？

15. 谁的孩子还没出世，就丢给别人去抚养了？

16. 一只老鹰个子大，飞得高，飞得远，张开翅膀就能把太阳遮住。（谜语）

17. 倒下去是一棵棵，堆起来是像山儿一座座。（谜语）

18. 串串珠宝，挂在树梢，没有它，肚子吃不饱。（谜语）

19. 一缩一蹦，跳下水，一片水花，不见踪影。（谜语）

20. 推也推不开，抬也抬不起，时间一到，自动消失。（谜语）

21. 只看见除草，却不编草鞋。（谜语）

22. 没有身体却能活着，没有舌头却会说话，谁都没有看见它，但却都听过它的名字。（谜语）

23. 不是裁缝，不做衣裳，却老是把针带在身上。（谜语）

“火眼金睛”第三次大比拼

1. 图 1 和图 2 中的两个树洞里都可以听到鸟儿的叫声。仔细观察，每个巢里分别住着什么鸟儿？

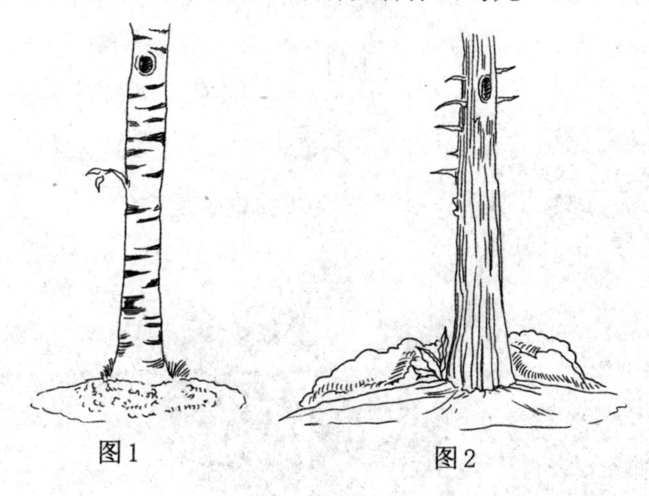

图1　　　　图2

2. 看图 3，谁在这里的地下生活，我们有眼睛却看不见？

图3

3. 图 4，住在这些洞穴里的是什么动物？

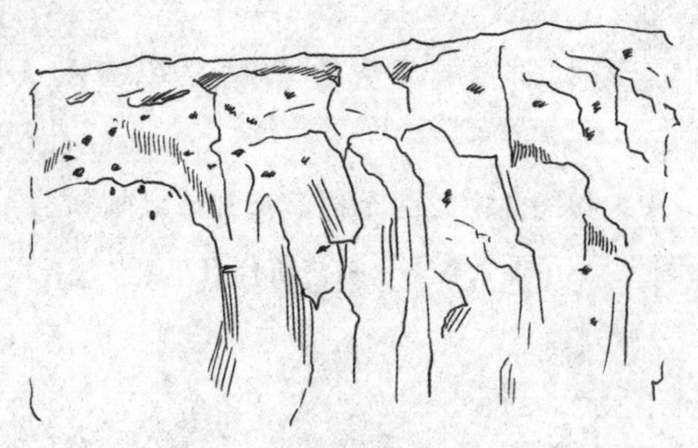

图 4

4. 图 5，树上这个用苔藓做的巢，是谁的？

图5

5. 图 6 和图 7 中的两个洞很相似，但里面却住着不一样的动物，你能分辨出它们是谁吗？

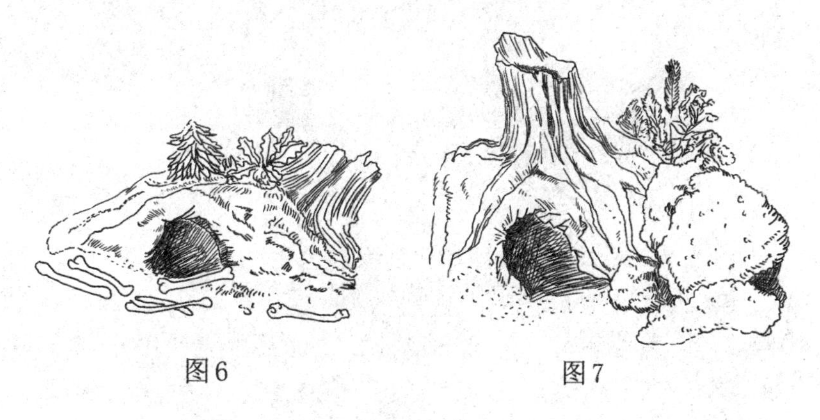

图 6　　图 7

告示：请爱护我们的朋友

鸟儿是我们人类的好朋友，我们都应该爱护它们。可是，我们这儿的孩子们却因为淘气而经常去掏鸟巢。他们可没想过，这样做，会带来多大的损失。

根据科学家们的计算，一个夏天，一只鸟儿可以给农业和林业带来巨大的利益。每个鸟巢里会有 4 ～ 24 个蛋，如果捣毁一个鸟巢，将会给国家带来多大的损失啊。

所以，让我们大家行动起来，组成一支护鸟队，不让任何人去捣毁鸟巢。而且，猫儿也会破坏鸟巢、捉鸟儿吃，所以我们不要让它们跑到灌木丛或森林里去。我们还应该向所有人大力宣传为什么应该爱护鸟类，鸟儿是怎样出色地保护我们的森林、果园和田野的；它们是怎样挽救庄稼，不让庄稼遭到害虫的侵害的。

鸟类是我们大家永远的好朋友，让我们一起来爱护它们吧！

第五期　雏鸟出壳月

（夏季第二个月）

一年——分十二个月谱写的太阳诗篇

盛夏7月到来得格外沉默。用歌声唱亮了整个6月的鸟儿不约而同地闭紧了喉咙，不再有青春年少的意气风发，雏鸟的到来使它们背上了沉重的负担。那些刚刚出生的雏鸟浑身光溜溜的，没有缤纷的羽毛和悦耳的叫声，看上去并不讨喜，但鸟爸爸鸟妈妈们还是乐滋滋地忙里忙外，给它们喂食哺水。

日照时间虽然一天天缩短，但千万不要小瞧阳光的威力。它既能加速植物的生长，比如给稞（kē）麦[①]和小麦镀上一层灿灿的黄金，也能把鲜活的生命晒成垂危的病人，你看那些在正午阳光下恹恹欲睡的野草，好像越来越没精神了。如果说6月的阳光张扬而俏皮，那么7月的阳光就是严肃而炽烈的。

人们在忙着收拾庄稼、收割牧草，当然，也没忘记到大森林里采摘成熟的浆果：有草莓，有黑莓，有覆盆子，还有樱桃，五颜六色、味美汁多的果实挂在枝头，和地上形形色色的野花一起，给森林披上了华丽的彩帐。而那些可爱的生命们，就在这多彩的帐篷下，演绎着多彩的生活。

---

①稞麦：即青稞，是禾本科大麦属的一种禾谷类作物。

森林里的孩子们

今年，大森林里又添了很多新生命，如果把那些活泼可爱的小宝宝都聚在一起，足够开一家中等规模的幼儿园了。那么，我们就来数一数到底森林大家族里又多了哪些成员吧。

生孩子最少的是麋鹿夫妇，它们只生了 1 只麋鹿；白尾巴雕的窝里添了 2 只小雕；黄雀、燕雀和鹀鸟家各多了 5 只雏鸟；如果你觉得这个数字太大，那就到啄木鸟家看看去吧，8 只小鸟正把头探出树洞，等待妈妈捕食归来喂它们呢；同样，长尾巴云雀的 12 只雏鸟和灰山鹑孵出的 20 只雏鸟都被饿得啾啾直叫，这么多的孩子，真是愁坏了它们的父母。

和鱼类生孩子的规模比起来，鸟类生孩子的数目真是小巫见大巫了。棘鱼家，上百颗鱼子浮动在窠里，每颗鱼子就是一条小棘鱼。这还算少的呢，鳊（biān）鱼可以繁殖几十万条小鱼，更多的是鳘（mǐn）鱼[①]，它的孩子可能有几百万条，那才真是无法计数呢。

---

①鳘鱼：形似鲈鱼，但肉质略粗糙，体色发暗，灰褐并带有紫绿色，腹部灰白。

被抛弃的孩子们

生孩子容易，养孩子则是个大工程了。自然界有很多不负责任的父母，也就多了很多被抛弃的幼儿。比如，“生孩子大户”鳊鱼[①]和鳘鱼产下鱼卵后就会离开。像鳊鱼和鳘鱼一样不负责的动物，最常见的就是青蛙了。但仔细想来，也能理解它们的决定，一只青蛙大概会产下1000多枚卵，那么多的孩子，无论如何也没法照顾。

至于这些被抛弃的孩子能不能找到食物，会不会遇到天敌，能否顺利孵化，就全靠它们自己了。即使它们侥幸进化成小鱼、小蝌蚪，依然可能遭遇视它们为美味的坏家伙。所以，每条鱼和每只青蛙能够安全长大，都是一件非常幸运的事情。

对孩子关怀备至的妈妈

大森林里有随意抛弃孩子的父母，也有对子女关怀备至的妈妈，山鹑和麋鹿便是其中的榜样。雌山鹑是最合格的妈妈之一，这是森林记者根据自己的亲身经历得出的结论。

---

①鳊鱼：学名鳊，该鱼全长约40厘米，头宽为口宽的2倍以下，背鳍刺一般短于头长，比较适于静水性生活。

一次，他正在田野小路上行走，突然一只小山鹑从草丛跳到了路上。记者下意识地跑过去捉住了它。受到惊吓的小家伙发出了凄厉的叫声，很快把雌山鹑召唤了过来。

山鹑妈妈张着翅膀，一边大叫着一边朝记者扑了过来，但它的翅膀好像受伤了，还没飞到记者身边就一头栽在地上，绝望地扑棱着翅膀。记者马上丢开小山鹑，想过去捉住这只雌山鹑。可是，它又爬起来，一瘸一拐地朝草丛里奔去，记者紧随其后。

只是一眨眼的工夫，雌山鹑突然振翅飞走了。等记者再回到路上，小山鹑早就不见踪影了。原来，聪明的雌山鹑，假装受伤把敌人引走，不顾自己安危，只为了救自己的孩子。

像山鹑这样为孩子奋不顾身的，还有麋鹿。麋鹿的敌人很多，包括凶猛的猞猁、雄壮的大黑熊。不管敌人是谁，

对孩子关怀备至的妈妈

只要威胁到孩子的安危，麋鹿妈妈就会勇敢地冲过去，用自己的蹄子对付它们。这样伟大的母爱，怎么能不令大黑熊等猛兽惧怕三分呢？

每天忙个不停的鸟儿

如果要评选森林最勤快的动物，鸟儿必然名列前茅，它们每天的平均工作时间在 20 小时左右，这个数字可真惊人。

为了建巢养家，鸟儿们每天天刚亮就要出去工作，尤其在孩子出生后，它们的任务就更艰巨了。雏鸟不能离巢，父母只好每天出去觅食，捉到虫子就飞回去喂给它们，每天不知往返多少次。

有的雏鸟食量小，成鸟只需要来回 30 多次，比如雨燕；但有的鸟儿得往返几百次才能把孩子喂饱，比如家燕和椋鸟。按照这样的频率，恐怕它们连翅膀都合不上。

据统计，椋鸟每天的工作时间大约为 17 小时，家燕比它多 1 个小时，雨燕又比家燕多 1 个小时。它们在哺育孩子的同时，又消灭了森林里的害虫，实在值得表彰。

生存能力很强的雏鸟

有些雏鸟非常娇弱，比如旋木雀的孩子。它们必须在巢里待满半个月左右才能在树枝上蹲一会儿；其间，甚至更长时间内，如果妈妈不给它们捕食，它们就会被活活饿死。

很多雏鸟都像旋木雀一样娇生惯养，就连凶悍的鹞鹰在啄破蛋壳，睁开双眼后，也得依赖爸爸妈妈的哺养。在长大以前，它只是个毛茸茸的小球，谁能想到这小家伙成熟以后会让啮齿类动物都畏惧三分呢？

但是也有少数雏鸟，一出生就有了很强的自理能力。比如，森林记者遇到的那只小山鹑，可能刚刚抖落身上的蛋壳，它们一孵化出来就能下地奔跑，而且速度很快。秋沙鸭生下来就会游泳，虽然它们连走路都走不稳，但只要下到水里，就成了游泳高手。又如，我们前面提到的沙锥，它的孩子一脱离蛋壳的束缚，就能自己离巢去捕食了。

在第四期《森林报》中，我们提到过沙锥的蛋个头非常大，只有这样，小沙锥才有足够的成长空间，才能长得那么强壮。

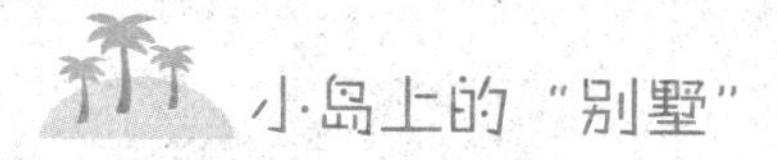

小岛上的“别墅”

晚上，凉爽的海风轻轻拂过沙滩，从遍布在沙滩上的沙坑里传来了窸窸窣窣的声响。原来是熟睡中的沙鸥为了睡得更舒服，正在挪动身体。

有人把沙鸥称为“沙滩殖民者”。确实如此，沙鸥的巢就在沙滩上。每个沙坑都是它们的别墅，里面住着两三只小沙鸥。在成年之前，小沙鸥们非常忙碌，既要学飞翔，

又要学游泳，还要学捕食，同时还要提防敌人的偷袭。

沙鸥对付敌人的方法简单而有效：只要敌人一靠近，沙鸥就会成群结队地一边鸣叫，一边扇动翅膀飞过去。它们只用气势，就能把敌人吓跑，甚至包括巨大而凶猛的白雕。

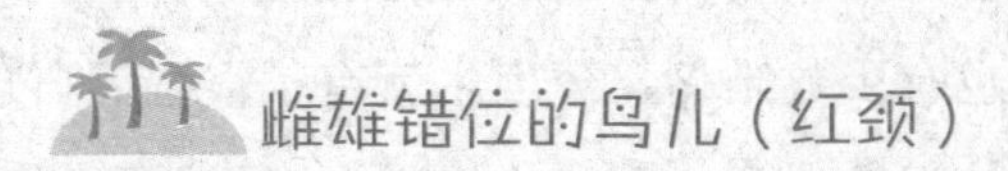

雌雄错位的鸟儿（红颈）

通常来说，鸟类中颜色艳丽、色泽鲜明、啼鸣悦耳的都是雄性；雌鸟的羽毛比较灰暗，叫声也不像雄鸟那样嘹亮动听，比如我们熟悉的孔雀，能开屏的都是雄孔雀；再如通过对比更常见的公鸡和母鸡，也能验证这条规律。

但是，在阿尔泰山、波罗的海①、卡马河②畔，甚至在莫斯科③附近，出现了一种叛逆的、完全违背这条规律的鸟，它们就是红颈瓣蹼（pǔ）鹬④。这种鸟的奇怪之处，不仅在于雌鸟比雄鸟漂亮得多，而且在窝里孵蛋的竟然也

---

①波罗的海：位于欧洲北部斯堪的纳维亚半岛和日德兰半岛以东的大西洋的陆内海，是世界上最大的半咸水水域。

②卡马河：俄罗斯中西部河流，全长1805千米，为俄罗斯最重要的河流之一。

③莫斯科：现俄罗斯首都，也是俄罗斯政治、经济、科学文化及交通中心。

④红颈瓣蹼鹬：一种小型海洋性水禽，体型秀美，嘴细长，身体为灰色和白色。

是雄鸟。雌鸟生完蛋之后会立刻离开，把孵蛋和哺育雏鸟的任务完全交给了它的丈夫。

7月份，当其他鸟儿都忙着孵蛋、喂养孩子时，红颈瓣蹼鹬却成群结队地在全国旅行。它们不仅漂亮，而且胆子很大，即使人类靠得再近，它们也能够悠然自得地在水里游泳，在地上散步。

红颈瓣蹼鹬

林中大事记

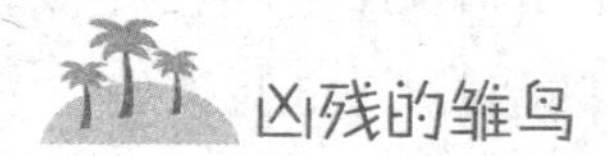

凶残的雏鸟

说起大森林里最无情无义的鸟，莫过于杜鹃了。从鹡鸰（jí líng）[1]一家的遭遇，就能知道杜鹃是多么的可憎。

森林里的鹡鸰生下了 6 枚蛋。有一天，趁着鹡鸰夫妇出门捕食，雌杜鹃在它们的巢里生下了一只蛋，临走时还把鹡鸰的蛋挪走了一枚。鹡鸰夫妇没有发现这件事，还是每天孵蛋，期待着孩子们破壳而出的那天。

这一天终于到来了，但鹡鸰夫妇被吓了一跳：这些孩子中，有一只长得实在太丑了。这只雏鸟个头比其他孩子

---

①鹡鸰：身体小，头顶黑色，前额纯白色，嘴细长，尾和翅膀都很长，黑色，有白斑，腹部白色。它以昆虫和小鱼等为食。

大很多，脑袋也格外大，皮肤不像其他孩子那样光溜溜的，而是非常粗糙，还暴露着一条条青筋，而且，它的眼睛向外凸着，像被一层膜遮盖着一样，根本睁不开。

对于这个奇怪的孩子，鹡鸰夫妇并没多想，它们实在太忙，每天飞进飞出地寻找食物养育这些孩子。只一两天的工夫，鹡鸰妈妈就发现那个丑孩子的胃口实在太大了，每次它衔着食物刚回到巢里，丑孩子就会把其他兄弟姐妹挤到一边，凑到妈妈跟前张大嘴巴啾啾地叫着。鹡鸰妈妈只好把食物喂给它。一天下来，雌鹡鸰带回来的食物大多数都被它吃掉了，可它还总是一副没吃饱的样子。

一天，不幸的事情发生了。鹡鸰夫妇回到巢里，发现少了 1 只雏鸟，巢里只剩下 5 只依偎在一起的雏鸟。鹡鸰以为有敌人摸到巢里偷走了它们的孩子，虽然伤心，却也无可奈何。但是接下来的几天，孩子们陆续失踪，最后只剩下了那只“大胃王”“丑八怪”。

其实，那些小鹡鸰已经被小杜鹃害死了。趁着鹡鸰夫妇不在家里，小杜鹃挪动到小鹡鸰的身边，把屁股塞到它身下，又用翅膀夹住它，然后用力推着它向后走，一直推到鸟巢边缘，接着小杜鹃抬起屁股向后一拱，小鹡鸰就跌下去了。

就这样，凶残的小杜鹃不动声色地谋杀了养父母的孩子，还装出一副可怜相，独自享用鹡鸰夫妇带回来的美食。直到十几天之后，杜鹃长出了羽毛，鹡鸰夫妇才发现，原来它的奇怪相貌不是畸形造成的，而是因为它根本不是自己的孩子！

但是，鹡鸰夫妇抚养了它这么多天，已经对它产生了感情，自己的孩子又都已经离奇地失踪了，为了有所寄托，它们继续精心抚养着这个养子。

秋天终于来了，小杜鹃早已羽翼丰满。它站在鸟巢旁边，最后看了几眼，然后拍动翅膀，飞走了，再也没有回来，只剩下年迈的鹡鸰夫妇，悲伤地守着那个空巢。

小熊来洗澡

前些天，一位猎人在森林小河旁看到了一幕非常有趣的景象：棕熊一家在洗澡。

当时他正在河边散步，突然听到旁边的灌木丛里传出奇怪的声音，出于猎人的直觉，他迅速爬到距离自己最近的树上。刚藏好，就见 4 只棕熊从灌木丛中钻了出来：1 只大熊，1 只中等的熊，还有 2 只小熊。猎人猜测，大熊可能是母亲，稍小些的熊是哥哥。

到了河边，熊妈妈就坐了下来。熊哥哥立刻叼起其中一只小熊，把它丢进河里，并且用肥厚的爪子按着它，像在帮它搓洗。可惜，这只小熊并不领情，拼命挣扎，大概是因为它很怕水吧。熊妈妈只是在旁边悠闲地看着，好像和自己关系不大的样子。

就在熊哥哥忙得满头大汗的时候，另一只小熊打算悄悄地逃走，只是它的动作太笨拙，刚逃开几步就被熊哥哥

发现了。熊哥哥把洗好的小熊叼出来，又冲过去把那只临阵脱逃的小熊抓了回来，然后就像对待第一只小熊那样，把它放到河里。

小熊来洗澡

这只小熊的反抗实在太剧烈了，两只脚掌乱蹬一气，熊哥哥一失手，它就掉进河里去了。河里的小熊吓得大叫起来，熊哥哥站在岸边手足无措，一直慵懒地坐在旁边的母熊急忙跳进河里，把小熊救了上来，还打了熊哥哥一顿。熊哥哥又累又委屈，嗷嗷地叫了起来，好像在哭。

直到两只小熊都被洗干净了，棕熊一家才离开。听到没有动静后，猎人才从树上爬了下来，他真为自己的敏捷和果断感到庆幸，否则，恐怕他早就成了棕熊的猎物。

浆果都熟了

现在，森林里的浆果都成熟了，在这里我们重点介绍一下越橘①和树莓吧。

越橘生长在伐木场里的树墩旁，或者在灌木丛或草墩旁，大概只有 40 厘米高，比较矮小，开白色或者粉红色的小花，果实是红色的圆球。

越橘需要自由的生长空间，如果人类过多干涉，比如修剪枝丫、浇水施肥，就会影响收成。那些没人管理的越橘反而会结出又大又密的果子，沉甸甸地挂在茎的顶端，把树枝都压弯了，似乎在朝着养育它的大地母亲鞠躬致谢。

树莓的果实也长在茎上，但它的茎非常脆弱，稍不小心就会折断。所以，如果你要从灌木丛里穿过，一定要特别小心，不要碰到它们。冬天一到，这些脆弱的茎条就会被冻死，但不要担心，明年春天，就会有一些新的娇嫩细茎从地里钻出来，到夏天，果实仍然会挂满枝头。

有些浆果的果实能够保存很长时间，比如越橘，可以保存整个冬天。这是因为它自身含有一种氨基酸，会起到防腐剂的作用。当你想食用越橘时，只要用开水冲泡一下，就会得到一杯美味的饮料。

①越橘：多年生落叶灌木，高至 40 厘米。它的花为白色或粉红，果实近圆形，蓝黑或深红色。

被猫咪养大的兔子

我们家的母猫最近收养了一个孩子，特别的是，这个孩子是一只兔子。

这只兔宝宝是我们从森林里捡到的，带回家后就被放到了母猫身边。母猫当时正处在哺乳期，但它的孩子都被送人了。伤心的猫妈妈误把兔子当成了自己的孩子，主动用奶水喂它，饥肠辘辘的小白兔似乎也把母猫当成了妈妈。

母猫真是个称职的好母亲，它不仅喂养小兔子，还教它们保护自己，免得被敌人欺负。虽然兔子不像猫那样有尖锐的爪子，但是兔子的前腿力道很大，在母猫的调教下，小兔子学会了用前腿抓挠那些常常打扰它们的小狗。

瞒天过海的伪装术

动物自保的方式各不相同，伪装就是其中一种。比如，变色龙有伪装色，竹节虫能装扮成树枝的形状，而摇头鸟的雏鸟，会伪装成蝰（kuí）蛇[①]，把敌人吓跑。

当敌人靠近鸟巢时，摇头鸟的幼鸟没办法逃离，它们就会开始前后左右地摇晃脑袋。在巢外面的敌人探头张望

---

①蝰蛇：一种毒蛇，长1米多，背部为淡蓝带灰色或褐色，身体两侧有不规则的斑点，腹部灰白色。它多生活在森林或草地里，以小鸟、蜥蜴、青蛙等为食。

时，会以为是小蝰蛇在来回蠕动。更有趣的是，摇头鸟晃动身体，会发出摩擦声，就像蛇在地上爬行一样，再加上它能模仿蛇类“嘶嘶”吐芯子的声音（蝰蛇有剧毒），这使很多动物不敢轻易靠近。

还有琴鸡，虽然不能伪装成什么厉害的角色，却能藏身在凶猛敌人的眼皮底下而不被发现。

琴鸡是一种嘴短而强、翅短而圆的鸟类，它的雏鸟像一团毛茸茸的圆球。当在空中盘旋的老鹰发现它们时，机警的琴鸡妈妈也早已察觉到了危险，它会发出尖厉的叫声。小琴鸡得到讯号，就会立刻躺在地上一动不动，似乎和地面上的杂物融为一体了。在高空的老鹰左看右看，怎么也找不到那些美味的猎物，只好灰溜溜地飞走了。

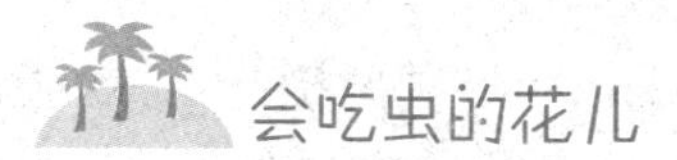

会吃虫的花儿

沼泽地里发生了一桩命案，被害者是一只长着斑点的大蚊子。凶手既不是凶猛的鸟儿，也不是彪悍的野兽，而是一株美丽的花。

这种花叫作毛毡苔[1]，长着细长的绿色茎条，圆圆的紫红色叶子，叶子上面还有细细的绒毛，像昆虫的触角。它的花朵非常漂亮，像一个个白色的小铃铛，微风拂过，

①毛毡苔：一种常见植物，主要生长在潮湿多沼泽地区的砂质酸性土壤中。它的叶柄细长，叶片近圆形，分泌黏液，能捕食小虫，是著名的食虫植物。

花朵随之摇曳，好像能碰撞出“叮叮当当”的清脆铃声。

毛毡苔可是行动敏捷的捕虫高手。那天，口渴的蚊子想喝点露水，结果，它刚触碰到毛毡苔的叶子，圆叶上的绒毛就迅速弹起来，像很多只手一样缠住了蚊子。蚊子剧烈挣扎起来，但叶片却合拢起来，把蚊子包裹在了里面。等叶子再打开，刚才还活蹦乱跳的蚊子已经变成了一张干枯的皮。

吃植物的昆虫常见，吃昆虫的植物却比较稀奇。在这里要提醒昆虫们，千万别被植物那温柔可爱的表象迷惑，它们可能也是危险的敌人呢。

蝾螈和青蛙的较量

蝾螈（róng yuán）①这种两栖动物，脑袋很大，身子细长，四条腿却很短。蝾螈长得和蜥蜴有点像，但是没有鳞片。而且，它们像蜥蜴一样，部分肢体受伤之后，还能再生。

有一只生活在池塘里的蝾螈，碰到了两只青蛙。不知出于什么原因，青蛙一左一右地跳过来，开始围攻蝾螈。倒霉的蝾螈拼命挣扎，还是被青蛙咬住了前脚和尾巴。在双方互相拉扯中，由于力量太大，蝾螈的前脚和尾巴都被扯断了。青蛙叼着对方残肢发愣的空隙，蝾螈逃走了。

---

①蝾螈：有尾两栖动物，体形和蜥蜴相似，但体表没有鳞，也是良好的观赏动物。它由头、颈、躯干、四肢和尾5部分组成，体全长61～155毫米。

这只蝾螈不会死，断掉肢体也是它们逃生的一种本领。要不了多久，新的肢体就会长出来。只是蝾螈有时候比较迷糊，肢体不一定能长对地方。就像这只蝾螈，后来，它断掉的前肢处长出了一条尾巴，而在屁股上，却长出了一只脚，变得更丑了。

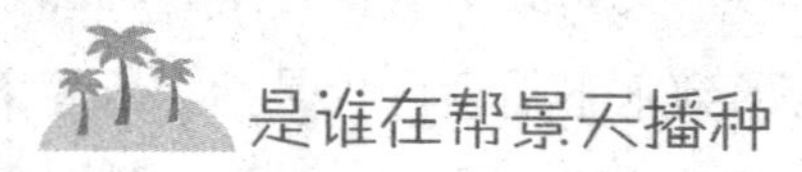

是谁在帮景天播种

景天[①]的叶子是卵形或者卵圆形的，灰绿色，肥厚而密集，绕着茎条生长。花是星形的，一簇一簇密密麻麻，像夏夜晴朗的天空里扎堆儿的星星，只不过颜色不是金灿灿、亮闪闪的，而是五颜六色、缤纷多彩的。

景天果实的形状和花类似，也像五角星，在阳光下害羞地紧紧闭合着，看起来好像还没有熟透。其实，这种果实只有在阴天的情况下才会打开。为了看到张开的果实是什么样的，不妨制造一场雨水吧。

说是人工降雨，其实没那么复杂，只要朝着景天的果实喷几滴水就行了。水滴落在星星一样的果实上，像在轻轻叩击它的房门，房门——包裹果实的叶片——就会慢慢打开，种子就露了出来。

景天之所以这么喜欢雨水，是因为它需要借助水流传播种子。不管是风，还是鸟兽，都不能敲开景天果实的房

---

①景天：多年生草本植物，叶长椭圆形，白绿色，花白色带红，供观赏。

门，只有水的滋润能让它敞开怀抱。之后，景天的果实就会顺水漂走，停留在哪里，就在哪里安家。

小矶凫学潜水

矶凫（jī fú）[1]又叫红头潜鸭，是一种深水水鸟。矶凫潜水，既是为了到水下捕食，也是为了躲避敌人。

我曾亲眼看到这样一幕：本来，一只矶凫正在教孩子潜水，突然，它发现我在旁边观察它们。于是，矶凫妈妈命令小矶凫钻到了水下，它则游到孩子潜下去的地方张望着，像在放哨。我以为小矶凫正在水下闭气，突然瞥见它从不远处的芦苇下钻了出来，游到芦苇荡里去了。原来，它早就从水下溜走了。

——森林通讯员　波波夫

奇特的果实

荷兰牻（máng）牛并不是一头牛，而是一种生长在菜园里的杂草，它的果实像牛一样长着一条小尾巴。在湿度计被发明之前，荷兰牻牛的果实一直担负着帮人们测量空气湿度的任务，它能胜任这个任务的关键就在于那条灵敏

①矶凫：学名红头潜鸭，体圆，头大，很少鸣叫，为深水鸟类，善于收拢翅膀潜水。它是杂食性动物，主要以水生植物和鱼虾贝壳类为食。

的“尾巴”。

花朵凋谢后，荷兰牻牛的果实就长出来了，像鹳（guàn）[①]嘴一样，每个果实都由五颗种子构成，它们紧紧挨在一起，用力一掰，就能分开了。

分开后的种子一侧长着尖钩，另一侧长着毛茸茸的螺旋状的尾巴。当周围空气湿度变大，种子受潮时，螺旋状尾巴就会旋转起来。如果种子挨着地面，旋转的小尾巴就会慢慢地钉进土壤里，于是，荷兰牻牛的种子就这样自己“走”进泥土里去了。

很久以前，人们就懂得利用荷兰牻牛种子的这种特点来测量空气湿度，只要那些被固定起来的种子晃动起它的小尾巴，就说明空气湿度正在发生变化。这个特点，让其貌不扬的荷兰牻牛变得与众不同。

这到底是什么鸟儿

我在河边散步时，发现了一种奇怪的小鸟，看上去非常像野鸭，但是野鸭的嘴是扁的，它们的嘴是又尖又硬的。

小鸟看到我，立刻落在了水面上，我脱掉衣服追了过去。它们好像并不怕人，没有迅速地飞走，而是在水上和我玩起了捉迷藏。它们时而游得很慢，似乎在吸引我过去，

---

①鹳：水鸟名，羽毛灰白色或黑色，嘴长而直，形似白鹤，生活在江、湖、池沼的近旁，捕食鱼虾等。

但我一靠近，它们又会快速地离开。我们就这样忽左忽右地一直游到了河对岸，它们突然一个转身，又快速地向另一侧河岸游了回去。

小䴙䴘

后来，我累得都快喘不过气了，它们还在兴致勃勃地游来游去，似乎希望我继续陪它们玩，可惜我实在没有力气了。后来，我又和朋友一起见到了这种水鸟，朋友告诉我，它们的名字叫作䴙䴘（pì tī）。

——森林通讯员　库罗奇金

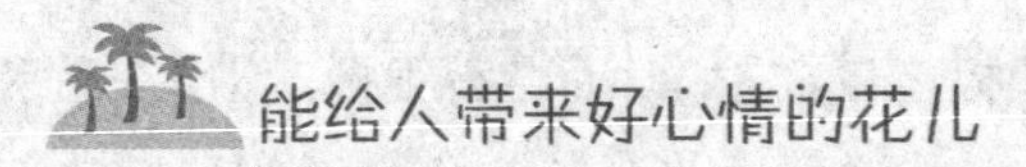

能给人带来好心情的花儿

如果有人问我最喜欢的花卉是什么，我会毫不犹豫地说："当然是铃兰了！"

我对这种花的喜爱，超过了世上其他任何一种。伟大的瑞典植物学家林奈给铃兰取了一个好听的名字：空谷百合。从这蕴含灵性的名字，就能想象出它是一种多么空灵而美丽的植物。

铃兰的植株矮小，嫩绿色的叶子似乎能掐出水来，绿色的茎条很有弹性。每到 7 月，是我家果园里的一大丛铃兰的花季，它的花是小型的钟状，一串串的挂在花茎顶端，并偏向一侧，又像是悬垂着的铃串，花瓣是朴素的白色，在阳光照射下晶莹雅致，泛着透明的光泽。铃兰花的果实藏在又大又尖的叶子下面，或者羞涩地躲在花瓣下，是淡红色或橘红色的椭圆形小果子，非常坚硬。

我常常会采一束铃兰花带回家，放在书房桌子的花瓶里，用清水浸泡。每天，我在书房里读书写字时，那盈盈浮动的浓郁香气总会让人陶醉其中，心情也会变得好起来。

——森林通讯员　维利卡

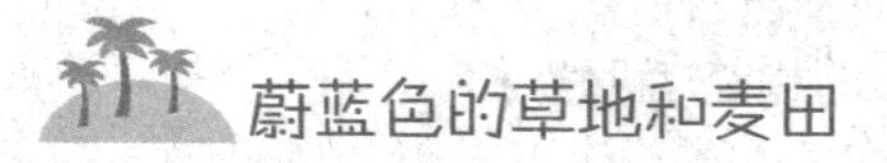

蔚蓝色的草地和麦田

我一早起来推开窗户，发现碧绿的草地变成了蓝色，就连更远处的燕麦田也是蓝色的。实在太奇怪了，难道是有人在夜深人静的时候给大地涂上了一层蓝色的油漆吗？我推开门走到野外，脚上的鞋子都被露水打湿了。今天的露水真重，每片草叶上都滚动着几颗晶莹的露珠，燕麦被湿漉漉的麦穗压弯了腰。

这露水难道是魔法师洒下的神奇药水，是它们把草地变成了蓝色的？

这满眼的蓝色真是既别致又漂亮。有几只灰山鹑趁着村里的人们还没起床，正在农场空地上偷吃堆放在那里的麦子。隔得很远看过去，灰山鹑都变成了淡蓝色，它们正一口接一口地啄食，一个猎人经过，灰山鹑马上拍着翅膀飞走了。

猎人走过农场，走过田野间狭窄的小路，朝着森林去了。我看到他在森林边上转来转去，偶尔停下来擦拭手中的猎枪。我想，他一定是在那里等待琴鸡呢。那边有一大块燕麦田，琴鸡常常带着孩子们去田里偷粮食。

很快，琴鸡就带着它的小分队出现了，虽然它们的动作很谨慎，但还是很快暴露了行踪。因为它们碰掉了燕麦叶子上的露水，于是燕麦变回了原本的绿色，在一大片蓝色中格外显眼。

不知为什么，猎人一直没有放枪，难道他没有发现那些鬼鬼祟祟的偷盗者吗？

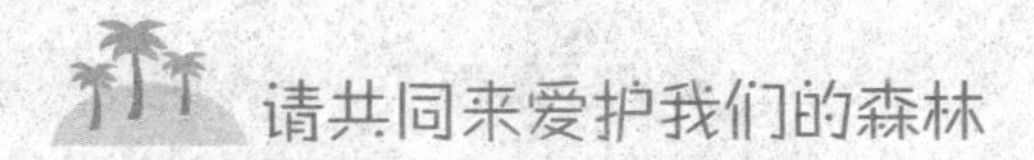

请共同来爱护我们的森林

烈日当空、天干物燥的季节，最容易发生森林大火。火灾的发生可能是自然原因导致的，比如雷电击中了森林里干枯的树枝，或者长期天气干燥导致地面温度上升引发树木自燃；也可能是人为造成的，譬如有人把没熄灭的火柴或烟头丢在了干枯的杂草上，或者人们遗留的篝火灰烬中残存着小小的火星。

森林里只要出现一点明火，哪怕只是灰烬中有一块红炭，都可能引发森林大火。因为森林里可燃物太多，那么多干枯的树枝、落叶、枯草，还有易燃的苔藓，只要一个火苗蹿起来，它就会像毒蛇一样四处蔓延，在强风的作用下迅速攻占整片森林。当一大片树木燃烧起来后，局势就会失控，代价将非常惨重。所以，森林防火，实在太重要了。

每个人都该有强烈的防火意识，一旦在森林里发现明火，首先要冷静下来判断火情。如果火势很小，自己能够扑灭，就不要迟疑，手里若有铁锹之类的工具，可以用来挖泥土盖住火苗，没有工具也不要紧，折些树枝去扑打也行，这些树枝上最好带着些绿色的树叶。如果火势已经开始蔓延，就要赶紧去找人帮忙，更要记得及时报警。

森林里的激烈战争（续三）

现在，森林记者离开了小白杨和小白桦的领地，来到了第三块砍伐地。这块砍伐地已经有十几年的历史了，最初占领了这里的小白杨和小白桦已经长成了粗壮的青年，始终掌控着好不容易抢来的地盘儿。

但它们的日子也并不好过，因为敌人始终没有放弃反攻的机会。每隔两三年，云杉就会派出一队“伞兵”——

种子，空降到白杨和白桦树脚下的土地。有的种子没来得及扎下根就又被风或者路过的鸟兽带走了，有的种子倒是侥幸活了下来。可是，小云杉长出来后，不得不过着“暗无天日”的生活，那些高大树木的树冠，早就为了争夺阳光拼命舒展开了，连成一片，不留缝隙。

好在小云杉不是特别喜光的植物，环境阴暗些，也不是不能忍受。它们“忍辱负重”，小心翼翼地在敌人的脚下生活，努力汲取营养和水分，让自己生长得更快一些。

显然，白杨和白桦没有把云杉的威胁放在眼里，当然更不会在乎那些每年都会发动进攻的野草。野草的生命力之顽强，让很多植物望尘莫及。每年春天，它们都会冲破坚硬土地的桎梏，即使很快就会因为缺少阳光和空气被闷死，它们还是不肯放弃。

森林里的激烈战争从未停止，不同族群间硝烟弥漫，就连同室兄弟也屡起战火——白桦和白杨从来没有停止过争夺。

每棵树都想占领尽量大的空间，好让地下的根延伸得更广阔，也让空中的枝叶舒展得更惬意。于是，它们拼命生长，互相推搡。有的树木长得比较快，它们超过了弱小的同类，把枝干伸展到更高更远处，抢夺阳光雨露，变得越来越强壮。那些弱小的树木，有的慢慢枯萎了，有的只能在其他同类的遮蔽下委屈地生活着，还要承受小云杉的欺负。

相比较而言，小云杉的日子要比那些弱小的杨树和桦树好过一些，因为它们比较耐阴，也因为那些高大的杨树和桦树封闭起来的空间可以帮它们保暖，还有腐烂的野草散发出热量，这些都帮它们对抗着早春的料峭寒意和冬天的寒冷。

至于小云杉后来的命运会是怎样，我们只能期待森林记者的后续报道帮我们解答了。现在，他们正出发前往下一块砍伐地。

农庄生活

7 月是成熟的时节，忙碌的农民额头上挂着亮晶晶的汗珠，那是幸福的记号。各种机器在农田里穿梭而行，用轰鸣声和马达声表达着收获的喜悦。

沉甸甸的麦穗压弯了麦秆的腰，黑麦、小麦都谦虚地低着头，向哺育自己的土地致谢。人们有的挥舞着镰刀，有的驾驶着收割机，所经之处，麦子一排排倒下，立刻有人走上去把它们捆成捆，堆成垛，一堆一堆排列好，又整齐又壮观。

一直躲在麦田里的田公鸡一家，不得不举家搬到隔壁的亚麻田里。但是，亚麻也已经成熟了呀。收完麦子的农民又投入了抢收亚麻的紧张战斗中。机器在前边开路，把亚麻推倒在地，人们像收麦子那样，又把亚麻捆成束，每十束堆成一垛，它们站立在亚麻田旁边，安静地等待农民带它们回家。可怜的田公鸡不得不再次搬家，这次，它们搬去了春播地里，终于可以暂时安静一下了。

大人们忙着耕地，以播种秋播作物，小孩儿们则被打发到森林里采蘑菇、浆果和榛子去了。他们每天都会带着满满当当的口袋回家，还会互相比较到底谁的收获最多。

等到再空闲些，一些往返于农村和城市的商人就会踏上火车，把一些吃不完的粮食、蔬菜运到城里去卖。很快，城里人的餐桌上，就会摆上香喷喷的燕麦粥，还有新鲜的黄瓜和胡萝卜了。

恢复森林的好帮手

战争虽然已经是很久之前的事情了，但那些被无情战火焚毁的森林还没有恢复生机。为了让更多的土地披上绿色的大衣，森林保护者们终年都在林区奋斗，就连中学生也加入了植树护林的大军。

他们用 3 年的时间收集了 7 吨松子，用这些种子，可以让数百亩乃至更广阔的土地上长满松树。学生们还担负着照顾幼苗、为树木培土、消灭害虫的任务，真是一群辛苦的森林小卫士。

谁也不闲着

7 月是收获的时节，也是忙碌的时节。幸好懂事的孩子们帮忙分担了很多农活，否则大人们就更辛苦了。

不管是田间地头，还是森林草场，都印下了孩子们的足迹。

当收割机在黑麦田里劳作时，孩子们要跟在后面帮忙捡拾落下的麦穗，然后捆成捆儿，等大人们把麦捆抬上车；亚麻成熟之后，他们早早地就来到田里，用手拔掉角落里机器收割不到的亚麻，也避免拖拉机掉头或转弯时会压坏庄稼；大人收割牧草也需要他们的帮助，虽然他们不会使用镰刀，但可以把干草耙到一起，然后送到农场里垛起来。

等这些紧急的任务都完成了，如果他们还有时间，就会到菜园里给蔬菜浇浇水、施施肥，还要把野草除掉。总之，大家可都忙得很呢。

农庄新闻

（尼·巴甫洛娃）

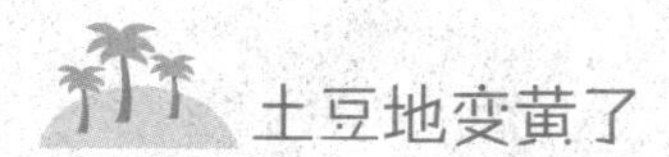

土豆地变黄了

农场附近有两块相邻的土豆地，左边一块面积很小，其中土豆秧的颜色有些发黄，叶子的情况就更糟糕了，看上去像已经枯萎很久了。但是，右边那片面积大些的地里，土豆长势正好，秧苗是健康的暗绿色。难道左边田里的土豆生病了吗？

当然不是，否则恐怕疾病早就殃及邻里了。事实上，

这是因为左边的土豆栽种得比较早，现在已经成熟了，而右边田里种的是晚土豆。这不，农民已经决定过两天就挖土豆了。

不过，最早品尝到新鲜土豆的不是人类，而是一群鸡。从昨天起，就有一群鸡跑到左边田里，用坚硬的嘴巴和灵活的爪子刨开土层，啄食露出来的土豆了。

森林简报

潮湿的土壤上，拱起了一个土包。后来，一只白蘑探头探脑地钻了出来，它头顶的大帽子上满是尘土，还粘着很多松针。这个狼狈的家伙是白蘑家族的侦察兵，它大概是先来侦察一下，看看外面的气候是否适合生长，而它的大部队——那些大白蘑、小白蘑、小小白蘑和小小小白蘑，就埋伏在它脚下的泥土里，随时准备冲出来占领这片阵地。

倒立的小岛

一个遍布陡峭岩石的小岛悬在空中，这已经够神奇了，更让人瞠目的是，这个小岛还是倒挂着的，所有树木、岩石都悬在半空，地上没有任何东西支撑它们。

我们在哈拉海东部航行时看到了这幅神奇的景象。当时，四周是茫茫的大海，这个倒立的小岛突兀地闯入了我们的视线。

其实，这是一种自然现象：海市蜃楼。当地球上的物体反射的光经大气折射，会形成虚像，也叫作“全反射现象”，在极地海洋非常常见。

又经过几个小时的航行，我们来到了这个“倒立”的小岛。事实上，它像所有岛屿一样稳稳当当地站立着。这个叫作比安基岛①的地方，到处都是巨大的石头，终年不断的海风和浪潮早已把石头的棱角磨平了。

海风和海浪还把一些圆木和树枝送到了倾斜的海岸上。经过风吹日晒，木料早已非常干燥，似乎用两根手指就能掰断。没有人知道它们是从哪里漂来的，或者是几千公里外的原始丛林，或者是更远的地方。

当其他地方被7月的太阳烤得发烫时，比安基岛上的夏天刚刚开始。尽管天气已经变热，但还是有很多小冰山和大块的浮冰从海岛周围飘过。周围的海面时常缭绕着浓雾，只能看到路过船只的桅杆和船帆，根本看不清船身，这种若隐若现之感，总会让人产生置身云端或仙境的错觉。

岛上最常见的植物是地衣和苔藓，它们生长在圆石头或者石板上朝南的一面，还有颜色素淡的野花，给灰黄或灰绿的苔藓增添了一抹清新的色调。当然，最能让这座岛

---

①比安基岛：位于诺尔德歇尔特群岛的海湾入口处，为纪念俄罗斯科学家瓦连京·利沃维奇·比安基而命名。

屿活力四射的，还是那些展翅飞翔的鸟儿和踪迹不定的野兽。

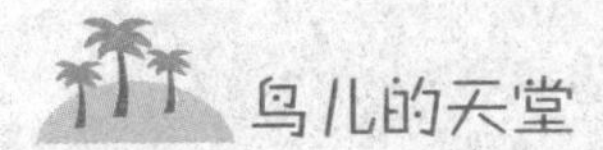

鸟儿的天堂

比安基岛是鸟儿的海上天堂。

这里不像大陆上的河边，成千上万只沙鸥聚集在一起霸占整片河滩。比安基岛上的鸟，会自由自在地选择安家之所，彼此和睦相处，互不干涉。

海鸥最喜欢在光秃秃的岩石上栖息。这里海鸥的种类非常多：白海鸥、黑海鸥、北极鸥。

北极鸥身体庞大，性情也很凶狠，有时会以鸟蛋或小鸟为食，甚至会吃一些小个子的兽类，它们是海鸥家族里的“坏小子”；长着剪刀状尾巴的鸥不仅身体瘦小，性情也比较温和，连羽毛都是粉色的，像海鸥家族里的“乖乖女”。这些海鸥饿了就到附近的海面觅食，累了就回到岛上休息。

除了海鸥，岛上还有白色的极地猫头鹰和羽毛雪白的雪鸹（guā）①。当雪鸹拍动着白色翅膀时，似乎会有白色的雪花从天而降。极地百灵的嘴角边和头顶各长着一簇黑色的羽毛，看上去就像它的胡子和犄角一样。岛上的鸟类居民还包括野鸭、大雁、天鹅、潜鸟和多种多样的鹬。

---

①雪鸹：“鸹”，乌鸦的俗称。

鸟儿们占领了岛屿上的石头和树木，野兽们则在海岸边和洞穴里安了家。海豹、海象、海兔就生活在岸边的海里，也会到岛上休息。有一种个头不大的海豹，长着油光锃亮的圆脑袋，这是极地特有的环斑海豹，总是眨着乌溜溜的眼睛环视四周，有趣极了。

偶尔，极地地区最凶猛的白熊也会路过这个小岛，即使它只是把脑袋露出水面，也会吓得鸟儿和其他野兽四处逃窜。

岛上距海远些的地方，有很多旅鼠，它们属于啮齿类，浑身长满茸毛，只是颜色不尽相同，有灰色的，有黑色的，还有黄色的。它们行动起来总是战战兢兢、小心翼翼，会尽量避开人类和它的天敌。

在比安基岛上，比旅鼠还要狡猾的动物，肯定就是北极狐[1]了。

北极狐喜欢捕食海鸥，它总是趁着大鸟不注意，悄悄靠近在石头上栖息的雏鸟，如果不是鸟妈妈及时发现发出警报，如果没有一群群海鸥尖叫着扑向它，那些还不会飞的小海鸥肯定就成了北极狐的晚餐了。捕食失败的北极狐有时候还会去偷人类的食物，它实在太狡猾了，人类根本无法察觉它究竟是什么时候把食物偷走的。

---

①北极狐：也叫白狐、蓝狐，被人们誉为雪地精灵；体型较小而肥胖，嘴尖，耳短小，略呈圆形，腿短。它冬季全身体毛为白色，仅鼻尖为黑色；夏季体毛为灰黑色，腹面颜色较浅。

打猎去

现在，小鸟还没有长大，很多小兽也还未出窝。这可不是打猎的好时节。因为法律明令禁止：处于幼年的飞禽走兽，严禁猎杀。

恐怖的黑夜

夜已经很深了，周围一片静寂。只有几颗星星挂在遥远的天际，泛着苍白的光。

在这万籁俱寂的时刻，死寂的阁楼里突然传出来了几声闷哼：“快走！快走！”声音凄厉，让人不寒而栗。窗外漆黑的夜色里，一个轻飘飘的影子一闪而过，两点绿油

恐怖的黑夜

油、圆溜溜的眼睛像鬼火一样闪烁。然后，那道黑影飞向了不远处的树林，传来“嚯，嚯，嚯”的怪叫和诡异的笑声。

笼舍里的家禽受到了惊扰，“咯咯咯”的鸡叫声和“嘎嘎嘎”的鸭叫响成一片，打破了平静的夜色。屋里的人翻了个身，烦躁地堵住了耳朵。

其实，给伸手不见五指的黑夜添了恐怖色彩的，不是什么恐怖的生物，而是鸮（xiāo）鸟和猫头鹰在作祟。前者常常藏匿在阁楼或房顶上，后者多生活在树林里，夜深时会靠近有人居住的地方捕鼠，偶尔也会偷袭家禽。它们的叫声凄惨，非常难听，所以常被人们视为不吉之物。

光天化日之下抢劫

家禽是很多动物眼中的美味猎物。所以，人们除了晚上要提防野兽偷盗，即使在光天化日之下，也要警惕凶猛飞禽的抢劫。

在鸡场上空盘旋的老鹰，随时都可能俯冲下来，抓走正在地上啄食的雏鸡；栖身在树木上的鹞鹰（yào yīng）①，看准时机就会蹿下来把离它最近的母鸡抓走；至于游隼（sǔn）②，最爱偷袭温顺的鸽子，它总是出其不意地闯入

①鹞鹰：身体细瘦，腿长，尾长，低飞于草甸和沼泽上，以鼠、蛇、蛙等为食。

②游隼：别名花梨鹰，体型比较大的隼类，体长为 38 ~ 50 厘米。它飞行迅速，主要捕食野鸭、乌鸦等。

鸽群，冲散它们的队伍，在鸽子们惊慌失措的瞬间，用带着尖钩的喙咬破鸽子的喉咙，然后叼着尸体快速逃走。

尽管这些猛禽威胁着农场饲养的禽类，但人们只能把它们轰走，不敢伤害它们，更不敢消灭它们。因为它们不仅做着“打劫”家禽的勾当，还是捕鼠的能手，不管是家鼠、田鼠，还是金花鼠，都很畏惧这些嘴上长着尖钩、爪上生着利刃的家伙。

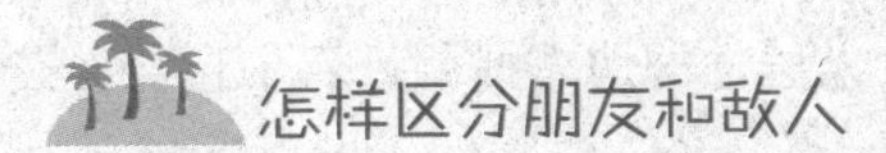

怎样区分朋友和敌人

那些既偷袭家禽、又捕捉鼠类和害虫的猛禽，既是人类的敌人，又是庄稼的朋友，人们既要防范它们，又不能伤害它们，这可真是让人头疼啊。所以，我们只好根据它们做的好事多一些还是坏事多一些，来判断它们是益鸟还是害鸟。

之前提到的那些在光天化日下打劫的，可以归入害鸟。虽然它们捕捉啮齿类动物，但多数时候还是会到农场伺机进攻鸡鸭等弱小的禽类，而且它们天性凶猛好厮杀，常常进攻别的鸟类，包括益鸟。有时候即使已经吃饱了，它们也会扑杀其他小鸟。

最应该受到谴责的就是老鹰。长着灰色羽毛，胸脯上有杂色花纹的老鹰，小脑袋，低前额，圆翅长尾，眼神犀利。游隼和鹞鹰也属于有害的鹰类，但外形与普通老鹰略有不同：鹞鹰个子比较小，只比鸽子大一点；游隼的翅膀又尖又弯，像两柄锐利的镰刀。

鸢（yuān）[1]也是害鸟。它们支棱着分叉的尾巴，在天上飞来飞去到处巡视，看见有离群的小鸡就会扑过去捕食，有时候还会以腐烂的动物尸体为食。

益鸟主要以啮齿类动物为食，还会捕捉庄稼和树木上的害虫，比如在夜间出没的猫头鹰和鸮鸟，虽然它们的长相和声音都十分可憎，偶尔也会偷食小鸡小鸭，但整体来说，还是益处更大。游隼中的红隼也是益鸟，它们又被称为“疟子鬼”，长着红褐色的羽毛，在空中飞行时可以快速振翅短暂停留，看上去就像站在云层里一样，它们的食物主要是老鼠、蚱蜢和蚯蚓。

在哪打猛禽最好

猎杀有害的猛禽是一件既有益又刺激的活动。狩猎爱好者总结出了很多有效的猎杀方式，近巢猎杀是最方便也最困难的一种。

首先，猎人要找到猛禽的巢。它们的巢很隐蔽，大角鸦和大鸮鹰的巢在巨大的岩石上；雕、老鹰和游隼的巢在陡峭的悬崖边，或者密林里那些最高大的树上。

---

①鸢：一种小型的鹰，有长而狭的翼，分叉很深的尾，薄弱的喙，两足只适于攫取昆虫和小爬行动物，也吃腐食烂肉。它以善于在天上做优美持久的翱翔著称。

其次，当人类历尽艰辛靠近鸟巢时，为了保护雏鸟，凶猛的禽鸟会拼命扑过来。如果猎人开枪不及时，枪法不够好，就会被禽鸟啄伤眼睛。一旦受伤，不要说打猎了，在那些人烟稀少、地形复杂的地方，甚至会有生命危险。

当猛禽不在巢里，而是在草垛或者树枝上伺机扑杀猎物时，猎人可以选择从背后偷袭：躲在它们身后的石头后面或灌木丛里，依靠射程远的枪支向它们射击。

带上助手去打猎

如果告诉你角鸮[①]是猎人的好助手，你会不会感到吃惊？

角鸮并非故意背叛同类，只是被迫充当了猎人的诱饵。角鸮夜间活动，如果它出现在白天，就会引来其他猛禽的进攻。猎人就是利用了这一点。

猎人会在森林空地上搭一个帐篷，在距离帐篷不远处埋上一根木棍，木棍上绑上横梁，然后把角鸮拴在上面。准备工作就绪，猎人在帐篷里架好猎枪，静静等待就行了。

不久之后，鹞鹰和鸢就会发现角鸮的存在，它们会绕

①角鸮：体型较小，全长约20厘米，上体灰褐色（有棕栗色），有黑褐色状细纹，栖息于山地林间。

带上助手去打猎

着角鸮盘旋、鸣叫、啄咬，角鸮被绳子拴着，根本无力反抗。得意的鹞鹰和鸢在肆意进攻，完全忽略了旁边的帐篷。

猎人要做的，就是瞄准，上膛，开枪，即可打到猎物。

晚上打猎才更有趣

最有趣的打猎，要数夜里打猛禽了。到了晚上，有一些不在悬崖筑巢的大雕会栖息在高大的树木上，为了安全，它们会尽量选择孤零零的、旁边没有“邻居”的树木，但这恰好方便了猎人靠近它们。

大雕熟睡时，警惕性会降低。猎人提着猎枪和电动灯靠近时，它们也不会察觉。突然，猎人打开了灯的开关，一道强光刺来，被惊醒的大雕还没回过神来，就被刺眼的灯光晃了眼，顿时像瞎了一样，什么也看不到了，只能傻愣愣地蹲在树上。如果猎人选择这个时间开枪，只要枪法好一些，怎么会落空呢？

夏日捕猎开禁了

8 月 5 日，禁猎规定取消了。

心急如焚的猎人终于被允许到森林和沼泽狩猎了。他们纷纷擦拭猎枪，准备弹药，奔走相告，相约着去打猎。住在森林附近的猎人，早就扛猎枪进入了森林；城里的猎人们，正在拥挤的火车站焦急地等待下一辆列车。

猎犬像它们的主人一样，露出了焦急的神色。这么长时间的禁猎，真是把好动的它们憋坏了。不管是颜色不一的斑点狗[①]，还是尾巴像鞭子一样的短毛猎犬，还是长着羽毛状尾巴的长毛狗，都经过了特殊训练，只要用鼻子一嗅，就知道附近什么地方有猎物。它们似乎知道，主人正要带它们去捕捉刚刚出巢的鸟儿，眼神里都透出

---

①斑点狗：即大麦町犬（俗称斑点狗，因身上的斑点而得名），是一种有斑点的、特殊的狗。它平静而警惕，强健、肌肉发达且活泼，具有极大的耐力，而且奔跑速度相当快。

了兴奋的光彩。

西班牙猎犬[1]不仅能引路，还能帮主人扑杀野鸭或松鸡，别看它们腿短耳朵长，看上去很笨拙，其实它们灵巧得很呢！它们还会凫水，能够游到水里，狂吠着追赶水鸟，把鸟儿赶到陆地上方便猎人开枪。另外，主人的子弹一出膛，它们就会跑向猎物坠落的方向，帮主人把胜利果实叼回来，即使猎物落在了密集的芦苇或灌木丛里，它们也能靠着灵敏的嗅觉找出来。

夏日捕猎开禁

终于把火车等来了。焦急的猎人们牵着爱犬，左推右搡地挤上了列车。旅途中，他们互相谈论打猎的技巧，赞

①西班牙猎犬：亦译猎狗，猎人用以将猎物从隐蔽处赶出的猎犬品种，类型甚多，是一种温和、忠诚、挚爱的狗。

美对方的猎狗，兴致勃勃地好像已经到了狩猎现场。说起上一次打猎的收获，他们个个得意扬扬，像个英雄一样扬着头。

事实上，他们中的很多人都夸大了自己的本领。等到两天后再回城里时，谁更诚实谁撒谎了很容易看出来：因为很多人用来装猎物的背包都是干瘪的。

当然，他们可能会说自己把猎物留在了森林里，或者送给了附近的农民。不明真相的人或许会发出赞许的惊叹，了解内情的人就会会心一笑。还有些没打到猎物的猎人会在背包里塞上一些乱七八糟的东西，假装自己这次获得了大丰收，一旦被人发现，那就太尴尬了——有谁见过绿色爪子的猎物呢？其实，那明明是一截云杉树枝啊。

打靶场：第五次竞猜比赛

1. 鸟儿什么时候有牙齿？

2. 什么样的牛吃得饱一些，是有尾巴的，还是没有尾巴的？

3. 一年之中，哪个季节飞禽走兽都能吃饱？

4. 哪类动物生两次、死一次？

5. 什么动物在长大以前，要变化三次？

6. 当人们形容某件对自己毫无影响的事情时，为什么会说“好比鹅背上的水”？

7. 为什么在夏季，狗总是把舌头伸出来，而马却不那样？

8. 哪种鸟儿的幼鸟，不认识自己的妈妈？

9. 哪一种鸟的幼鸟，会像蛇一样发出“咝咝”的声音？

10. 怎样根据白嘴鸦的嘴巴，来分辨老鸟和小鸟？

11. 很多鱼都不照顾自己的孩子，但哪一种鱼在孩子还没长大的时候，会照顾它们呢？

12. 蜜蜂蜇人以后，它自己会怎么样？

13. 刚出生的蝙蝠吃什么？

14. 中午的时候，向日葵的花朝什么方向？

15. 野公牛在山上跑，啄木鸟在山缝里跑；一个不停地眨眼，一个放声大叫。（谜语）

16. 早晨，田野是浅蓝色；中午的时候，变成了绿色。（谜语）

17. 几个小老头，全部带着红帽子，你要靠近它们就得弯下腰。（谜语）

18. 坐着是一根细棒子，穿着一件红衫子，露出亮晶晶的小肚子，肚子里装满了小石子。（谜语）

19. 躲在灌木丛里，声音咝咝沥沥，忽然朝你腿上咬去。（谜语）

20. 躺在草地上睡觉，一到早晨就不见了。（谜语）

21. 住在树林里，盖房子不用斧头，房子没有棱角没有柱子。（谜语）

22. 眼睛长在角上，房子背在背上。（谜语）

23. 花儿美丽，爪子尖利。（谜语）

“火眼金睛”第四次大比拼

猜一猜，谁是爸爸或妈妈，谁是孩子？

卷尾巴琴鸡：

琴鸡爸爸的尾巴尖向两边卷起，所以它才得了这样一个名字。不过琴鸡妈妈的尾巴却不是这样的。而小琴鸡呢，它根本就没有尾巴。

野鸭：

野鸭妈妈的嘴是扁平的，小野鸭和野鸭爸爸也长着这样的嘴巴。它们的脚趾间有蹼连着。但是你得看仔细了，别把野鸭和鹏鹏弄混了。

燕雀：

小燕雀刚出生的时候，光光的身子，才一丁点儿大，又小又无助。燕雀爸爸和燕雀妈妈长得差不多，身材和尾巴都一样，只是羽毛不一样。只要看小鸟的爪子，你就可以认出它是燕雀家的孩子。

鹏鹏：

雄鹏鹏和雌鹏鹏虽然长得很像，但小鹏鹏还是很好认的。只要看看它们的嘴和爪子就行了——和野鸭完全不一样哦。

红脚隼：

这种猛禽有个最大的特点，就是嘴很尖利，像钩子一样，爪子也很锋利。鹰也是一样。

不同的鸟儿

如图，这是五种不同的小鸟和它们爸爸妈妈的画像，没有按顺序摆放。请你按照顺序来给它们重新排列。注意一点：左边是鸟儿爸爸的画像，右边是鸟儿妈妈的画像。

告示：请帮助这些流浪的鸟儿

7月，是小鸟出生的月份。这时，常常看到有鸟儿找不到自己的妈妈，或者不小心从树上的巢里掉下来。小鸟可怜地躺在地上，啾啾直叫，还试图往灌木丛或草丛里钻，想以此躲开长着两只大脚的巨人——你。可是，它的两只脚还是软软的，站也站不稳，而且也还飞不起来。它都不知道该怎么办了。

如果你把它捧起来，仔细观察它，问它："你是只什么鸟儿呢？你的妈妈在哪儿呀？"它肯定还是会啾啾直叫"妈妈，妈妈，你在哪里呀"，因为它听不懂人话呀。这时，你肯定想把它送回家，还给它的妈妈了。可是问题来了，它的妈妈是谁呀？

这只小鸟全身光溜溜的，还没长出羽毛，根本无法猜出它是哪种鸟儿。不过，你不用太发愁，只要你用你锐利的眼睛，好好看看这只小鸟，重点观察它的脚和嘴是什么样的，然后再去找和它有一样的脚和嘴的鸟儿就可以了。

通过这样的方式，你就可以帮助这些流浪的鸟儿重新找到它们的妈妈啦，鸟儿们会很感激你的帮忙的。

第六期　结伴飞翔月

（夏季第三个月）

一年——分十二个月谱写的太阳诗篇

夏季的最后一个月份——8月到了。为了让人们早点习惯即将到来的飒飒秋风，原本炙热的阳光变得越来越温和。

草地换上最后一件华丽的夏季礼服，满眼的绿色依旧郁郁葱葱，蓝色和淡紫色的花朵是这件衣服上最耀眼的装饰。

晚熟的果树努力吸收着渐渐变弱的阳光，积攒着最后的能量，好赶在凉意浓前把果实催红。不管是树林里的浆果，还是沼泽地里的蔓越橘，都处在最后冲刺的赛道上。

大多数植物都在收藏和储存阳光，以抵御不久之后就会席卷而来的寒潮，连树木都知道现在不能再一味拔高，而应该横向生长，好让自己储存下更多“脂肪”。只有蘑菇显得那么特殊，一直躲在树下或石缝的背阴处，害羞地躲避着阳光的爱抚。

森林里立了新规矩

春天，鸟儿都成双成对地生活，彼此保留着独立的空

间，野兽也严格保护着自己的狩猎区，谢绝任何其他动物到自己的领地觅食。

8 月一到，情况就发生了变化，因为雏鸟已经能够自由飞翔和觅食了，鸟儿会带着孩子们到邻居家串门，去森林里闲逛；食物也越来越丰富，不用担心会饿肚子，野兽们也不再那么小气，开始向其他兽类开放自己的领地，偶尔还会到别人的地盘溜达溜达。

动物们多了沟通和互助，这样的森林更加和睦、融洽，更像一个大家庭。看那些合群的鸟儿，展开翅膀在树木间穿梭，互相追逐嬉闹，这场景多么友爱；还有到处乱窜的黄鼠狼、白鼬[①]和貂，虽然吵闹，但给森林增添了活力。

每个族群都有自己的规矩，这在鸟类中尤其明显。它们像人类一样奉行“尊老爱幼”的准则，幼鸟的行为举止会模仿长辈，向长辈学习飞翔、啄食，以及如何逃命；年长的鸟儿会时刻注意保护雏鸟的安全。

另外，不同种类的鸟合群之后，就会一起寻找食物，一起对付敌人，维护着“我为人人，人人为我”的团队规矩。

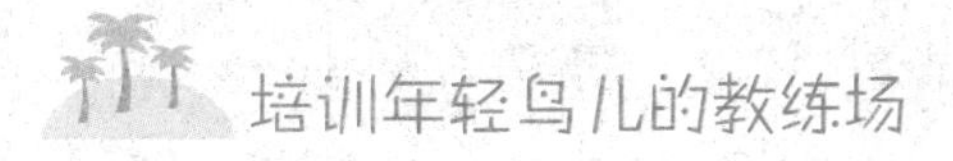

培训年轻鸟儿的教练场

为了训练雏鸟的飞翔能力和应变能力，鸟儿们会选择

①白鼬：又名扫雪鼬，是鼠类天敌。它的体长 251 ~ 315 毫米，体形细长，尾巴和耳朵都很短。

一片广阔的练兵场，并且委派最有经验、最有能力的教练员担当重任。

鹤的训练场就是浩瀚的天空。鹤群在飞行时，总是保持着三角形的阵形，这样能减小它们在长途飞行中遇到的阻力。所有幼鹤都必须学会保持队伍。为此，总是作为队形先锋官的最强壮的老鹤受到同伴们的委派，特来训练小鹤。

在它一遍又一遍的讲解和示范后，小鹤学会了按照一定节奏拍动翅膀，并且努力使自己的头挨向前面同伴的尾巴。这样，鹤群就像一个三角形的小船，强壮些的被安排在前面劈波斩浪，力气弱一点的就跟在队伍后面，努力使队伍保持平衡。

小琴鸡要接受的训练内容比较特别，它们要跟着琴鸡爸爸学习鸣叫。在森林里的空地上，小琴鸡们围绕在爸爸旁边，一遍又一遍地模仿爸爸的叫声，一会儿“咕噜咕噜”的叫，一会儿又细着嗓子发出尖叫声。琴鸡的叫声，既可以用来拉响警报，又能用来吸引伴侣，学好这门本领，真的非常重要啊！

鸟儿在远行之前，必须学会很多本领。所以，在不同的训练场上，鸟儿们都非常忙碌：有的鸟儿在学习跳舞，一会儿转圈，一会儿用双翅鼓掌；有的鸟儿在学习体操，一会儿向上急速飞行像在跳跃，一会儿又“嗖”地下坠像在下蹲；还有的鸟儿，在学习用嘴抛接石头。

只有学好本领，即将远行到暖和地带的鸟儿才能安全抵达目的地，而那些将要离巢的雏鸟才能更好地独立生活。

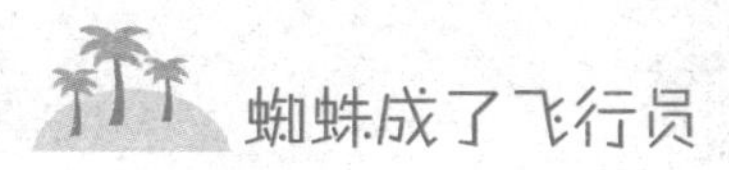

蜘蛛成了飞行员

多数人都见过蜘蛛结网，但有人见过蜘蛛飞翔吗？

夏末秋初，天气晴朗而干燥的日子里，小蜘蛛们纷纷上路，开始了漫长的飞行之旅。蜘蛛的翅膀就是“丝”，有了它的保护，小蜘蛛才能安全飞到目的地，并且安全着陆。

最开始，蜘蛛会先把一根细丝挂在树枝上，然后顺着丝线向下攀爬，一直爬到地上。坚韧的蛛丝毫不费力地承担着主人的重量。地面和树枝由一根长长的蛛丝连接着，而小蜘蛛还在不停地吐丝，用新鲜的丝线把自己包裹成一个“线团儿”。直到把自己缠得严严实实的，蜘蛛才停下来，耐心地等待。一阵风吹来，时机到了！风越来越大，小蜘蛛咬断树枝那端的蛛丝，御风出发了。它裹着厚厚的蛛丝，一边飞行一边俯下身子张望，寻找降落的地方——着陆点必须适宜安家才行。

风是蜘蛛飞行的动力，它推动着小蜘蛛穿过森林，越过河流，绕过小丘，最后来到了一户人家的院子里。看到地上有一个粪堆，小蜘蛛决定降落了。它努力摆动方向，使蛛丝的一端挂在墙壁或者树枝上，然后不紧不慢地解开身上的线团，向下降落，等爪子触碰到地面，这才算安全着陆了！

现在，小蜘蛛已经忙前忙后地吐丝结网，准备在这里安家生活了。

林中大事记

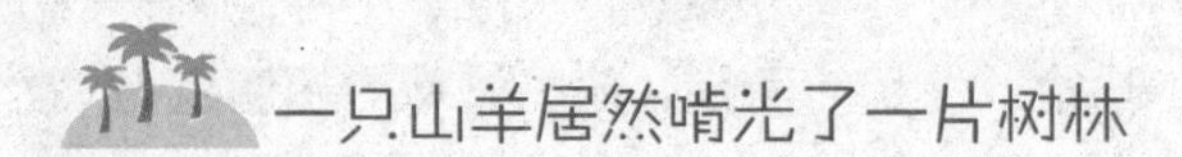

一只山羊居然啃光了一片树林

前些天，林业员饲养的一只山羊让大家经历了情绪的大起大落。

这只山羊本来被拴在草地上的木桩上，但绳索不知为何断了，山羊乐颠颠地跑进了树林。农场里的人找了它三天三夜，但树林又大又密，找起来十分费劲。大家都很担心，虽然树林里没有狼之类的野兽，但是他们还是觉得山羊可能不会再回来了。

谁知道，第四天的清晨，山羊一边“咩咩咩”地叫着，一边从树林里走了出来，好像只是出去旅游了一趟。这突如其来的惊喜，让人们格外高兴。

哪知，当天傍晚，糟糕的事情又发生了！树林里的一片幼林区被破坏得一片狼藉。林业员到现场仔细查看后，发现了山羊的蹄印和脱落的羊毛，原来在那只山羊失踪的三天里，它一直躲在这片林区，把那些幼小鲜嫩的树苗全部啃光了！

林业员又气愤又无奈。有什么办法呢，面对那些比大松树美味上百倍的小树苗，你怎么能指望一只山羊保持理智呢？

抓住猫头鹰这个强盗

不管白天还是夜晚，森林里的小鸟必须打起精神，时刻对危险保持警惕。

白天，成群结队的黄篱莺在茂密的灌木丛里穿梭，在树枝间、草地上寻找肥美的虫子。然而，就在它们寻找猎物的同时，自己也成了其他动物眼中的美食。此时，一只凶狠的貂就埋伏在树上，等着某只小鸟被同伴落下。貂浑身黑色，趴伏在树干上不易被发现。黄篱莺一直没有发现它的存在，貂有些得意忘形，轻轻晃动起尾巴，眼里的凶光也越来越亮。

突然，貂的尾巴碰到了树枝，发出“哗”的一声。一只警觉的黄篱莺立刻“啾啾啾”地大叫起来，鸟群惊起，朝着四面八方散开飞走了。

光天化日下敌人都敢偷袭，到了夜晚就更难防范了。夜深人静，正宜睡眠。鸟儿栖息在树上，把头埋在翅膀下，睡着了。但是，有个长着猫脑袋、钩子嘴、大翅膀的家伙可没工夫睡觉。它睁着圆溜溜的眼睛，四处张望，终于发现了一只睡得很香的小鸟。它看准时机，冲过去伸出爪子捏住了小鸟的喉咙。可怜的小鸟，只发出了一声痛苦的呻

吟，就莫名其妙地丢了性命。

那个丑陋的凶手就是猫头鹰。猫头鹰一般在夜间活动，以鼠类为食，偶尔会捕食小鸟。它行动敏捷，让人防不胜防，小鸟们都对它深恶痛绝。难怪那只出现在白天的猫头鹰会成为众矢之的，被群鸟围殴。

抓住猫头鹰这个强盗

它本来正躲在茂盛的树叶下休息，但露在外面的圆耳朵把一只小鸟吸引了过来。小鸟的叫声惊醒了猫头鹰的美梦，幸好猫头鹰白天很迟钝，它刚睁开眼睛，那只小鸟就一边飞一边叫了起来，向同伴发出危险的信号。

得到消息的鸟儿们立刻飞了过来，它们争先恐后地飞向猫头鹰，围着它飞翔盘旋，不管是小个子的戴菊鸟[1]，

---

①戴菊鸟：最小的鸣禽之一，体长 8 ~ 11 厘米，长着绿白色的身体，头部有鲜黄色的条纹。

还是机灵的山雀，还有强壮的松鸦，都毫无畏惧，尖叫着、拍打着，齐心协力把猫头鹰赶出了森林。

不断占领土地的草莓

植物结果后，大多会停止生长，步入生命低谷。草莓显得有点与众不同，果实成熟后的草莓迎来了生命中的又一次高潮。

渐渐老去的草莓植株上又长出了长长的新嫩藤蔓，这些藤蔓一节一节的，每一节上都长着一丛叶子，并且有细根紧紧挨着泥土，并向下延伸。如果把藤蔓掐断，这就是一株独立的新草莓了。即使不掐断也没关系，这棵小草莓会围绕着母株扎根生长。

所以，草莓以母株为中心，一条条长长的藤蔓向四周伸展开去，占领了大片的土地，它们又把根伸展到地下很深的地方，霸占着地下的空间。

——尼·巴甫洛娃

被鸟枪吓跑的“胆小熊”

一大清早，鸟儿叽叽喳喳的叫声刚响起，猎人就走出家门，来到燕麦地。很多燕麦都被压倒了，地里被蹚出一条弯弯曲曲的小路，通向森林。猎人刚走上前，就被一阵臭味逼得退后了几步，原来地上遍布着让人恶心的粪便。

看到这情况，再想起昨晚惊险的一幕，猎人出了一头冷汗。

昨晚，猎人经过麦田时，一只黑熊正趴在地上偷吃麦穗。黑熊用两只爪子紧紧抱住一捆麦穗，用力地吮吸着新鲜的燕麦汁。当时，猎人的枪里只剩一枚子弹，而且是那种威力很小、用来打鸟的铅弹，用它来对付庞大的黑熊实在有些勉强。

黑熊吓跑了

但是，年轻的猎人不想就这样放任黑熊糟蹋粮食，于是，他毫不犹豫地扣动了扳机。“砰”的一声巨响打破了夜色的沉寂，搞不清状况的黑熊被吓了一跳，它来不及观察敌情，就踉踉跄跄地朝着森林跑去了，一路压得很多燕麦东倒西歪。

现在，看到地上的粪便，猎人终于明白黑熊为什么急着逃跑了。原来它在闹肚子。

如果那是一只健康的熊，猎人恐怕就要陷入危险了。

“漫天雪花”

8月的太阳虽然温和，但偶尔也会发脾气。就像现在，虽然已是傍晚，但被灼热太阳烘烤了一天的空气还是很烫。不远处的湖面上，却飘洒着纷纷扬扬的“雪花”。“雪花”又大又密集，络绎不绝地从空中降落下来，打着转儿，转着圈儿，落在树叶间、草丛里、湖面上，像给大地盖上了一层厚厚的棉絮。

8月飞雪已经够奇怪了，更怪的是，这些“雪花”竟然不会融化！

其实，从天而降的根本就不是雪，而是一群昨天才从湖底爬上来，今天就要死去的短命昆虫——蜉蝣（fú yóu）①。

在进化为成虫之前，蜉蝣的幼虫生活在河流或湖泊底部的淤泥里，终年不见阳光，它们又丑又脏，以泥巴或水苔为食。幼虫生长得很慢，有的要在水下生活长达三年的时间，才能爬到岸上，褪掉外皮，长出翅膀。成熟的蜉蝣身体细长柔软，翅膀轻薄透明，呈折扇状，伸开的尾巴像三根探头探脑的天线。

蜉蝣是名副其实的“短命鬼”，有“朝生暮死”的

---

①蜉蝣：体形细长柔软，体长通常为3～27毫米，寿命很短，仅一天而已。

特点，也就是说蜉蝣的生命只有几个小时到一天。在有限的生命里，它们会展开翅膀到处飞翔，似乎在欣赏世上美丽的景色。到太阳快落山的时候，它们就会回到水边，轻轻地降落在水面上，产下虫卵，然后安静地死去。

当遮天蔽日的蜉蝣一起飞向湖面时，那情景确实很像下雪。蜉蝣用数百天的生长换来了一天的飞翔和后代的延续，真让人不得不感叹生命的珍贵！

好吃的蘑菇

森林里，“滴滴答答”的雨点叩响了蘑菇的家门，湿润的地面很快就会被蘑菇撑开，它们纷纷跑出家门，来呼吸雨后的清新空气。

最先长出来的，是松树林里的白蘑菇：这种蘑菇顶着深栗色的帽子，菌肉又肥又厚，还散发着好闻的酱香味，它又被称为“牛肝菌”。

云杉林里的白蘑菇也冒了头，但它和松林里的伙伴不太一样，虽然也顶着白色的伞状菌盖，但颜色有点偏黄，茎也更细长一些。和这种白蘑菇做伴的，是菌盖上长着像年轮一样的圈状纹理的棕红色蘑菇。

一直和云杉斗争了很多年的白桦和白杨也不甘示弱，纷纷把脚下的小蘑菇催了出来。白杨蘑长得很漂亮，紧紧挨着白杨的树根，像是舍不得离开母亲的孩子；白桦蘑独立一点，生长在距离白桦树很远的地方。

除了林间，草地也是蘑菇们愿意居住的好地方。在林间小路上的草丛里，藏着一个个毛茸茸的球状物体，这就是油蘑。顾名思义，油蘑的表面有很多黏糊糊的液体，就像油一样，会把草叶或树叶黏在身上。松乳菇长在松林草地上，个头不太均衡，大的像盘子，小的只有铜钱大小。它们顶着被虫子咬得乱糟糟的蘑菇头，爬满了一大片土地。

以上提到的这些蘑菇都是可以吃的，并且都十分美味，喜欢吃蘑菇的孩子们可以到野外去采摘啦。

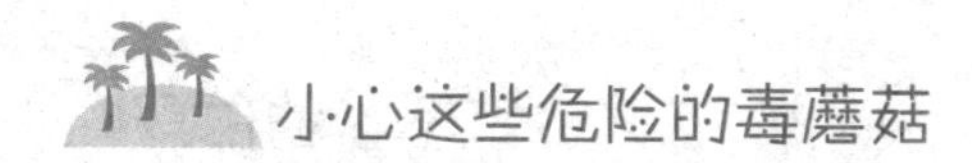

小心这些危险的毒蘑菇

我们前面提到蘑菇，大多其貌不扬，有些甚至很丑陋，但都是可以安全食用的美味。很多色彩斑斓的蘑菇，常常在美丽的外表下掩藏剧毒，有人甚至称它们是“杀人菇”。所以，越是漂亮的蘑菇，越要小心。

但是，并非所有长相“朴素”的蘑菇都无毒，比如有一种白色的蘑菇，就含有比蛇毒还厉害的剧毒。这种蘑菇和食用菇不同，它的菌盖上覆盖着白色的碎片，看上去像釉质的一样，茎的形状像宽瓶子的细瓶颈，而且还系着一条杂色的领带，它就是毒蝇蘑。毒蝇蘑[①]的外形和苍白蘑[②]非常相似，依据以上特点可以把这两种毒蘑菇分辨出来。

---

①毒蝇蘑：有毒真菌，夏秋季在阔叶林中地上群生。

②苍白蘑：毒性很强的一种蘑菇，茎很粗，和香菇一样都有个白帽子。

胆蘑[1]和鬼蘑[2]也是白色的毒蘑菇，它们的特别之处在于菌盖朝向地面的部分是粉红色甚至深红色的。还有另一种方法能更准确地把它们分辨出来：将菌盖捏碎，普通食用白蘑菇的菌盖碎片还是白色的，毒蘑菇的碎菌盖则会由红色变成黑色。

食用蘑菇前，一定要通过多种方法确认它是否有毒，千万不能大意。

——尼・巴甫洛娃

怎么也打不着的白野鸭

在诺夫哥罗德省[3]和加里宁省交界处的皮罗斯湖上，我曾多次见到一只白色的野鸭。

它躲在一群纯灰色野鸭中间，垂着头安静地浮在水面上，雪白的身影倒映在河水中，被阳光镀上了一层闪亮的光晕，在浑身灰色的同伴中，它像位高傲的公主，既优雅又娴静。

多次观察后，我确定这位“野鸭公主”是一位黑色素

---

①胆蘑：有毒的一种蘑菇，生长在树林里。它的菇帽背面颜色鲜艳，为粉红色或红色。

②鬼蘑：生长于夏季时期的一种有毒蘑菇，颜色和胆蘑相似。

③诺夫哥罗德省：俄罗斯帝国和苏联早期的一个省份，包括今日的诺夫哥罗德州大部、列宁格勒州东部和沃洛格达州西南部。1727 年建省，1927 年 8 月 1 日被纳入列宁格勒州。

缺乏症患者，由于血液里缺乏黑色素染色体，因此它的羽毛乃至皮肤颜色都比同类浅，这种情况会跟随它一辈子。它大概病得很重，所以通体雪白，不像其他野鸭都披着灰白外袍。

和动物打了几十年交道，我从来没有见过得这种病的任何动物，我迫不及待地想把这只野鸭捉回我的实验室。在我的设想中，捉住它并不是一件多么困难的事情，因为它的颜色太显眼了。对于长期生活在沼泽和湖泊上的野鸭来说，灰色是它们的保护色。但不管隔多远，总能一眼发现那团白色。

事实证明我的想法太幼稚了，白野鸭虽然没有保护色，但同伴就是它的天然屏障，它总是安静地待在鸭群正中间，根本无法靠近，也没办法开枪瞄准。我不相信，

白野鸭

难道它能每天24小时全待在队伍里吗？它总要飞离伙伴，去捕食或者晾晒一下翅膀吧？

我要做的，就是耐心等待时机。

终于有一天，我发现白野鸭和其他三四只野鸭一起飞离了水面，朝着我所在的方向飞了过来。机不可失！我迅速抬起猎枪，瞄准它的翅膀，射击！肯定万无一失了吧。

让我大吃一惊的是，就在子弹即将穿透白野鸭的翅膀时，距离它最近的一只灰色野鸭突然扑过来，挡住了子弹。我张开的嘴巴还没闭上，白野鸭和其他野鸭就已经逃走了。

在那个夏天，我多次在那片野鸭集结地见到了它，只是每一次，这位“公主”身边总有几位“灰色骑士”，像贴身保镖一样保护着它。直到它们离开皮罗斯湖，我也没能捕捉到它。

后来，我再也没见到过这只白色的野鸭。

——森林通讯员　维·比安基

我们绿色的朋友——森林

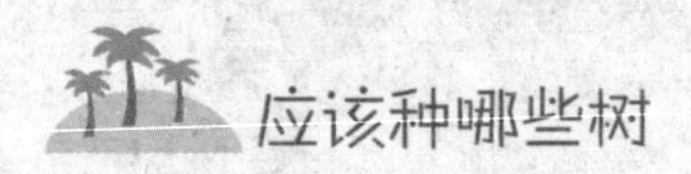

应该种哪些树

植树造林时，要选择最合适的树种，要能很快适应当地的气候和水土条件，有较高的成活率，还要对改善当地环境有益。

鉴于这些标准，我们国家植树造林时，可以考虑以下这些灌木和乔木：桉树、苹果树、梨树、柳树、栎（lì）树[1]、杨树、樗（chū）树[2]、桦树、榆树、槭（qì）树[3]、松树、落叶松、花楸（qiū）树[4]、洋槐、锦鸡儿[5]、蔷薇、醋栗等。

神奇的植树机

人是大自然里最神奇的生物，因为我们不仅能靠双手劳动，更能运用智慧发明和制造出机器，辅助我们完成那些单纯依靠人力无法完成的任务。植树机就是人类智慧的结晶之一。

植树机的使用，帮人们降低了播种和栽种树苗的难度，节省了劳动力，连那些人类抬不动的大树，植树机都

---

①栎树：也称橡树或柞树，栎树的果实橡子是一种坚果，果实为一杯状外壳所保护，被称为壳斗。

②樗树：落叶乔木，喜光，阳性树种，生长较快。树高达20米，树干端直。

③槭树：全世界的槭树植物有199种，分布于亚洲、欧洲、北美洲和非洲北边，多为小乔木，偶尔有灌木或大乔木。它的树姿优美，叶形秀丽。

④花楸树：落叶乔木，喜湿，喜阴，耐寒。它的皮为灰褐色，芽及嫩枝都有白色绒毛。

⑤锦鸡儿：落叶灌木，丛生，枝条细长垂软。它4～5月开花，颜色金黄，所以又叫“金雀花”。

可以轻而易举地搬动并栽种到人类指定的地方。有的植树机，不仅能种树，还能培育土壤，挖掘池塘，甚至充当幼苗的“专职保姆”。

好大的人工湖

在水系不发达的克里木疆区[①]，不像祖国北方遍布着河流、湖泊、池塘，那里只有一条狭窄的河流穿过。每到夏天，雨水少，蒸发量又很大，小河水位就会下降，旱情严重时甚至会露出干涸的河床。

为了保证庄稼、蔬菜和果木能正常“饮水”，当地人修建了一个蓄水量高达500万立方米的水库。有了这个辽阔的人工湖，不仅周围的作物不必再忍受干旱的折磨，人们还可以在里面养鱼虾和水禽，改善自己的生活。

森林里的激烈战争（续四）

森林经历着一年四季的轮回变化，不变的是，在森林里的砍伐地上，白杨、白桦和云杉的战争从未停止。

这第四块砍伐地的历史比之前几块都要久远，战争持

---

①克里木疆区：位于俄罗斯的西南部，气候较干旱，降水量少。

续的时间更长。时光像流水一样淌过，已至壮年的白杨和白桦还像毛头小子一样争强好胜，互不服气。争抢阳光雨露成了它们的生活习惯。

在任何一场比拼中，必有胜负。赢了的树木抢到了更多利于成长的资源，自然会比旁边的树木更加高大些。它们好像完全不懂得何谓“和睦相处”，只要一棵树的高度超过了另一棵，它就会得寸进尺地把自己的枝叶覆盖在邻居上空，直到对方因为缺少阳光而死掉。

不管是白杨，还是白桦，这两种势均力敌的树木从未止戈。只是它们没想到，它们就像相争的鹬蚌，最后得利的，竟然是云杉这位“渔翁”。

在上一块砍伐地里，我们已经看到蜷缩在高大白杨、白桦阴影里的小云杉一直在养精蓄锐、蓄势待发。如今，当头顶上的一棵大树被邻居逼死，它生命中的转机就降临了。

首先，小云杉要适应从头顶缝隙里倾泻而下的阳光。过了适应期，它就会疯狂地生长起来，速度快得让那些高大树木措手不及。它们还没来得及展开枝叶填满缝隙，小云杉就把尖尖的树梢伸到比白杨和白桦还要高的上空去了。

怎么办？白桦和白杨这才发现，那些并不起眼的小云杉原来一直在伺机报仇。

可是，当它们意识到这点的时候，为时已晚。小云杉迅速换掉了全身的叶子，披上了崭新的铠甲——新叶子又尖利又硬实，看上去比白杨和白桦的大叶片可怕多了。树叶“哗哗”作响，一场你死我活的战斗正在酝酿。

果然，砍伐地上的所有树木都加入了厮杀，阔叶松展开枝干，把云杉的针叶都拍打掉，白桦用富有韧性的树干缠上了云杉的树干，就连胆小的白杨也挥舞着手臂，想要折断云杉的枝叶。

云杉当然不会把白杨树的进攻放在眼里，白杨的树枝那么脆弱，稍微用力抽打就会折断，根本不会对自己构成威胁，但白桦展开的“贴身肉搏”就比较让人发愁了。白桦枝能紧贴在云杉身上，抢走它的水分，还能甩动树枝抽打云杉，剥下它的树皮。

在这片硝烟弥漫的土地上，战争还在进行中，没人知道最后的胜利者会是谁。

在这里，我们只能期待下一站的森林记者帮我们找到答案了。

一年一度的园林周

园林周是每年一次的树木盛会。所有园林场都会为这次盛会精心做好准备，备下大量果树树苗，以及装饰用苗木。在不同地方，园林周的时间不同，中部和北方各省选择了 10 月份，南方省市会晚一个月举行。

到时候，不管城市还是乡村，树木都会成为人们眼中绝对的主角。

森林复兴行动开始

为了即将展开的森林复兴行动，我们花费了很长时间来收集各种树木的种子。现在，这些种子已经被播撒在学校的苗圃里了，连同一些移植过来的小树苗共同装扮着这片黑色的土地。相信过不了多久，橡树、枫树[①]、山楂树、白桦、榆树等，就会长成枝繁叶茂的大树。

农庄生活

整个8月，拖拉机和收割机都没有休息过。在人们的驱使下，它们累得直喘粗气，轰隆隆地从黑麦田奔跑到小麦田，然后又去了大麦田、燕麦田。现在，农田里只剩下荞麦挺立着，等待收割。

原本躲在麦田里的田公鸡一家已经搬了很多次家，它们被忙碌的人和机器驱赶着，只好藏在了土豆田里。眼下，土豆也成熟了。挖掘机已经来到了路边，孩子们也生起了篝火，准备把第一颗出土的土豆烤熟吃掉。可怜的田公鸡只好再次悻悻地离开，或许秋播的黑麦田是它们的

①枫树：高大乔木，树高达24米以上，冠幅可达16米。幼树直立生长，随着树龄的增长，树冠逐渐敞开呈圆形。

下一个容身之处，那里的麦苗已经茂密到可以让它们躲过猎人的追捕了。

不用跟随大人去挖土豆的孩子们，举着长长的竿子跑进了森林。虽然浆果已经快要落光了，但成熟的苹果、山梨、李子已经一颗颗、一串串地挂满了树杈。男孩子们挥舞着长竿兴高采烈地打着果子，女孩儿们则伏在潮湿的草地上、粗壮的树墩旁，寻找着美味的蘑菇。

锐眼人的报告

8 月 26 日，在运送干草的路上，我遇到了一只奇怪的猫头鹰。

它像雕塑一样蹲在路上的一堆枯树枝上，瞪着溜圆的眼睛，聚精会神地好像在等什么。难道它在等同伴吗？或者在伺机袭击敌人？好像都不是。因为当时我离它很近，它看上去虽然害怕，但就是不肯离开。

为了弄明白事情的真相，我挥舞着一根树枝赶走了它。我又朝前走了几步，立刻听到几声“唧唧啾啾”的叫声。原来，就在猫头鹰蹲着的树枝下面，藏着一群羽毛刚刚长全的小猫头鹰。大概是猫头鹰妈妈带着它们躲避敌人时，慌不择路，钻进了路上的树枝堆里。

我赶着马车又上路了，走出去没多远，我回头一看，那只大猫头鹰已经飞了回来，正轻声叫着，好像在安抚受惊的孩子们。

农庄新闻

（尼·巴甫洛娃）

原来是虚惊一场

安静的森林边来了一群人，虽然只停留了一会儿，却把森林居民们吓得胆战心惊。

这群人肩上都扛着一捆像树枝的东西。他们把“树枝”卸在空地上，整整齐齐地铺开，看上去像在安放什么新型捕猎武器。

动物们尽量小心翼翼地绕开了那块空地。直到过了两三天，没有任何一只动物被伤害到，它们才安心地自由自在奔跑起来。

其实，那些“树枝”是农民们收割下来的亚麻。人们只是想借用森林里的宽阔空间，还有这里丰富的露水，因为只有把亚麻打湿，才能更容易地把里面的纤维取出来。

杂草被骗了

农民把麦子收走了，剩下光秃秃的麦秆随风摆动，秋天似乎已经露出了小半张侧脸。

现在，正是杂草肆无忌惮扩张领土的时节。趁着没有庄稼和自己争夺养料，杂草派遣了先头部队——种子，去跟干巴巴的麦秆抢夺阵地。它们深深地扎下根来，但又不急于求胜，只是把这里当成根据地，等待明年春季再和田里播种的庄稼决战。

聪明的人们怎么会束手待毙呢。他们早就准备好了杂草的克星，那就是粗耕机。这种机器能够在翻松土壤的同时割断野草的根系。而且，不停地翻动会使土壤里的温度升高，使野草产生春天到了的错觉。既然春天已经来了，那就赶紧发芽吧。

这样一来，野草就真的上当啦。不管它们现在长得多么茂盛，秋风一起，冬雪一飘，它们肯定会全部被冻死，一棵也留不下。等真正的春天到来，庄稼就能安心生长了。

蜻蜓扑了个空

7月中旬之后，从林里的欧石楠[1]开花了。钟形的粉红色小花开满枝头，甜美的花香四处飘散，把养蜂场里的蜜蜂都吸引了过去。它们整日围着欧石楠花飞来飞去，想趁着花期多酿造一些甘甜的蜂蜜。

蜜蜂正忙得团团转，一群蜻蜓却扑了空。蜻蜓本来是想到养蜂场里捉蜜蜂的，只是没料到它们的猎物忙着外出“制造甜蜜”，根本就没在家。要等到过了欧石楠花的

---

①欧石楠：全球大约有700多种欧石楠，当中大部分都产自南非，花色有白色、紫色、桃红色，花蜜香甜。

花期，蜜蜂才会飞回来。这段时间有很长，蜻蜓可没有耐心去等，它们只好失望地飞走了。

打猎去

带上猎狗去打猎

大家还记得那位独自到森林里捕捉猞猁的勇敢猎人吗？对，就是塞索伊奇。8 月的某天，我和他一起到森林里打猎去了。和我们同行的是 3 只猎犬：杰姆、鲍伊和拉达。前两只是我养的西班牙猎犬，塞索伊奇的长毛猎禽犬拉达既高大又强壮，而且很会讨好主人：它时常把前爪搭在主人肩膀上，一边流着口水一边舔他的脸，看上去简直是一副谄媚样。

我羡慕地说："你看拉达多么喜欢和你亲近啊！哪像我的狗，只知道活蹦乱跳地向前闯。"

"可是它实在太淘气了！"塞索伊奇佯装出抱怨的口气，事实上我觉得他一定很高兴听到我的赞美。

三条猎犬在前面跑，我和塞索伊奇跟在后面。不一会儿，拉达就跑到了队伍最前面，带着黑斑的白色身影一会儿就跑到前方很远处了，像一位矫健的侦察兵；不服气的杰姆和鲍伊也拼命跑起来，但没办法，它们的腿本来就很短，早已被像闪电一样快的拉达远远地甩在了后面。

分头行动

我们很快就来到了森林里，距离猎物越来越近了。

我和塞索伊奇一边朝前走一边警惕地环顾四周，倾听周围的动静。杰姆和鲍伊越来越兴奋，东跑西颠，我不得不吹了声口哨，把它们召唤到身边，以防猎物被惊走。拉达就显得成熟多了，从进入林子后，它就放轻了脚步，边走边嗅，像经验丰富的老战士。

很快，“老战士”就发现了敌情。拉达突然停在一片灌木丛旁，鼻子贴近地面，脊背弯得像一张弓，浑身紧绷着，连背上的毛都立了起来。拉达悄悄地把左前脚向前移了一步，它这样做是为了方便随时扑向猎物。

拉达已经进入了备战状态，我们也屏息凝神地盯着那片灌木丛，里面大概藏着某种禽类，很可能就是琴鸡，因为它们最喜欢藏身在矮小又密集的灌木丛里。

杰姆和鲍伊正蹲在我身边，它们也察觉到了敌情，眼睛一眨不眨，伸着舌头呼哧呼哧地喘气，连口水都要滴下来了。

塞索伊奇沉默地等待了一会儿，轻轻拍了拍拉达的背，轻声命令道：“宝贝儿，前进！”

一向听话的拉达却纹丝不动，好像没有听到主人的命令一样。它保持着刚才的姿势和神情，全神贯注地盯着灌木丛，好像猎物随时会从里面走出来一样。塞索伊奇觉得不能再等待了，他一边举起猎枪一边大声重复刚才的命令："拉达！前进！前进！"

拉达似乎有点不情愿，但还是向前挪动了脚步。就在它触碰到第一株灌木的瞬间，几只棕红色的鸟扑棱着翅膀，惊叫着飞向了天空。塞索伊奇没有急着开枪，而是大声命令拉达"前进"。一时间，人喊声、狗吠声、鸟鸣声、拍翅声、奔跑声、树叶的"哗啦"声，响成一片，好像一场激烈的战斗正在进行。

奔跑中的拉达突然又停了下来，吸引它注意力的是另一片灌木丛里传出的"扑扑扑"的声音。

"去，捉住它！"塞索伊奇大声喊着。

这次拉达毫不迟疑地扑了过去。灌木丛里响起激烈的挣扎声。杰姆和鲍伊焦躁地围着灌木丛打转儿，我费了好大劲去安抚它们，以免它们打扰到拉达。

当拉达从灌木丛里钻出来时，嘴里叼着一只棕红色的鸟。它把受伤的猎物放在塞索伊奇脚下，又歪着头蹭了蹭他的裤脚，像在邀功。

但塞索伊奇一点也不高兴，拉达捉到的不是我们想要的琴鸡，而是一只秧鸡。这种鸟总是在草丛里、灌木里来回乱窜，正在追捕猎物的猎犬常常被它们搞出的动静打扰。

那几只琴鸡早已飞走了。我和塞索伊奇商量了一下，决定分头行动，并约好中午在森林里的小湖旁会合。

森林奇景

和塞索伊奇分开行动后，他继续沿着原路朝前走，我带着杰姆和鲍伊走上了旁边一条狭窄的小路。这条路两旁都是些长满绿色树木的小土丘，一时间我竟然觉得自己好像置身于峡谷中。这种感觉太奇妙了。

这时候，虽然太阳已经升得很高，但茂盛的树冠给丛林里的生命遮出了一顶天然的绿色屏障，只有几束阳光有幸穿过树叶间的缝隙，闯进这个安逸的世界里。树叶上、草尖上，滚动着晶莹的露珠，在阳光的照耀下，像闪闪发光的珍珠。杰姆在草丛里奔跑而过，露珠随着草叶的颤动滚落而下，落入黑色的土壤里，消失了。

就连枝杈间的蜘蛛网也被露水浸湿了，负担加重的蛛丝依然顽强地支撑着蜘蛛的家。蜘蛛最喜欢在松树间结网，因为曲曲盘旋的虬枝是最好的结网场所。有些松树的树干甚至都是完全地矗立在道路两旁，像一张舒服的大椅子，我甚至都想坐上去休息一会儿了。

蓝色、紫色、粉色、淡黄色的小花静静开放着，花蕊间偶尔也会托着一两滴露水，有蝴蝶或蜜蜂围着花朵“嘤嘤嗡嗡”地飞舞着，它们小心翼翼地靠近露水，似乎想要品尝这世上最纯净的水。

当我陶醉在这美丽神奇的自然景观里时，杰姆和鲍伊可一会儿都没闲着。它们一会儿蹿进灌木丛里，没两分钟就又钻了出来，杰姆咖啡色的皮毛上还粘着一片树叶；不一会儿，鲍伊又在草地上打起了滚儿，好像并不怕弄脏那件印着黑、白、棕三色花纹的皮袄。

好在杰姆和鲍伊在出生三周后就被割断了尾巴，而且没有再长长，否则它们晃来晃去的尾巴肯定会打到旁边的植物，可能会吓跑猎物，还可能会暴露自己。千万不要以为我虐待它们，这个品种的猎狗都要经历这一关，否则，它们就没办法成为合格的猎狗。

两个伙伴在前面奔跑着，我端着猎枪跟在它们后边。它们随时都可能会把猎物从灌木丛里赶出来，我只要瞄准时机，果断开枪就行了。

意外的收获

沿着那条狭窄的绿色小路，我看到了一条清澈的小溪，溪水旁布满了矮小的灌木。我正在考虑要不要到小溪旁碰碰运气，杰姆突然急速甩了几下尾巴，然后“汪汪汪”大叫着朝岸边飞奔而去。它一定发现了猎物，或许还是个大家伙呢。

我还没跑到岸边，就看到一只个头很大的野鸭从灌木里飞出来，笔直地朝天上飞去。杰姆向上蹿了一下，但并没有碰到它。我迅速站稳，抬起手随手一枪。这只是一个下意识的行为，都没来得及瞄准，子弹出膛的瞬间，我就知道这一枪要打空了。

但是，不可思议的事情发生了。这一枪居然正好打中了那只要逃跑的野鸭。“砰”的一声，野鸭应声而落，掉在了小溪对面。没等我吩咐，杰姆就跳进水里，游到对岸，把战利品叼了回来。杰姆把野鸭放在我脚下，抖动着身上的皮毛，四溅的水珠打在身上非常清凉。

“真是调皮的家伙！”我轻轻抚摸着杰姆的头，没有忘记向它表示感谢，“谢谢你，老伙计。”

那只野鸭看起来已经有些年龄了，而且长得又肥又大，这真是个意外的收获。这多亏了我的猎狗杰姆。

错失良机

从小溪旁折回狭窄的“峡谷小路”，走了没多久，视野就逐渐开阔起来了，前方是一个遍布着草墩子的大沼泽，一簇簇香蒲草掩映在草墩四周。自从捕捉到野鸭后，杰姆和鲍伊越来越兴奋，随时准备捕捉下一只不知会从哪儿跑出来的猎物。这不，它们现在就正围着草墩子跑来跑去。

我的目光追随着它们，我相信，如果这里有隐藏者，一定会被它们揪出来。

过了大概 5 分钟，杰姆和鲍伊什么也没发现。于是它们决定改变策略，采用“跳跃搜索”的方法：它们在草丛里蹿来蹿去，一会儿跳起来，一会儿落下去，我在稍远些的地方，只能看到它们闪来闪去的影子，有时候甚至只能看到它们露在草丛之上的圆耳朵。

我想，如果再没猎物出现，我们就该离开这里，到下一个地方去了。

正在这时，鲍伊经过的一个草墩里传出了“扑”的一声，一只长嘴沙锥从里面飞了出来。它的速度很快，但飞得不高，一直贴着地面迂回前进。我开了一枪，很可惜没有打中它。

鲍伊和杰姆在后面狂吠着奔跑着，始终撵不上它。后来，这只沙锥鸟突然调转方向，朝我飞了过来。它像没看到我一样，停在了离我不远处的一个草墩上休息。它大概急于摆脱身后凶狠的“追兵”，有点儿慌不择路。

真是千载难逢的时机！我端起猎枪，准备射击，但杰姆和鲍伊像两只箭一样冲了过来，又把猎物惊飞了！慌乱中我扣动了扳机，又没有打中！这真让人气恼。

最后我也没有射中那只沙锥。在我几十年的狩猎经历中，从没像今天一样连射两枪都落空了。

就在我为逃走的猎物遗憾时，隐约听到远处传来一声枪响，大概是塞索伊奇又打中了猎物吧。我爬上旁边高高的山坡，向远处望去，果然看到拉达正在西边的空地上狂奔。紧接着，又传来两声枪响，看来塞索伊奇果然就在那里。

我看到他带着拉达跑向空地旁的燕麦田，然后蹲下身。哦，他一定是去捡猎物了。

这让我感到了沉重的压力，我必须赶紧行动起来去追捕猎物，否则，当满载而归的塞索伊奇看到我背包上挂着的唯一一只野鸭，他一定会嘲笑我的。

再度失手

对于带着猎犬的猎人来说，森林空地是一个狩猎的好地方。只要猎人端着上好子弹的猎枪站在空地上，等着猎狗把旁边林子里的鸟儿撵到这边来就行了。于是，我现在正站在这样一块空地里。杰姆和鲍伊正在旁边的树木间跑来跑去。

突然，鲍伊“汪汪汪”叫了起来，它一边朝着空中狂吠一边朝前跑，杰姆紧随其后。

不一会儿，一只浑身漆黑的琴鸡出现在了我的视线中，像一枚出膛的子弹，在空地上空飞速地向前冲刺。这次我换了双筒枪，双管齐发一定能打中它！

可是，狡猾的琴鸡仿佛预测出了子弹飞来的方向，它在空中突然一个急转弯，避开了子弹，转到高大的林木间，消失了。

居然再次失手了！真是让人难以置信，我明明已经瞄准了啊。连续失手的经历让我感到万分沮丧，两只猎犬一左一右跟在我身后，偶尔快跑几步到我前面回过头，似乎在端详我的表情。

我想大概杰姆和鲍伊也感觉到了我的浮躁，它们在用自己的方式安慰和鼓励我。那么，我又有什么理由放弃呢！虽然暂时运气有些差，但总会有转机吧。或许，正有成群的猎物在前面等着我呢。

惊喜连连

我和塞索伊奇约好中午在小湖边碰头，现在，太阳马上就要爬到头顶了，我离湖泊还有半公里的路程。我必须马上出发，但四下环顾，却不见杰姆和鲍伊的身影。凭它们的嗅觉，一定可以找到我，于是我决定自己上路。

刚走到空地边缘，鲍伊就蹿了出来。

“你们这些贪玩的家伙！不打招呼也不听指挥，实在太不像话了！难道你们没看到拉达是怎样帮助塞索伊奇的吗？它总是能帮塞索伊奇找到猎物，哪像你和杰姆总是跑来跑去。以后不许这样了！”我大声斥责着它。鲍伊伏在地上，低着头小声叫着，像在承认错误。

我的火气顿时消了：“好了，我们先出发吧，杰姆会赶上来的。”

到达湖边时，塞索伊奇还没来。我在波光粼粼的湖边休息，鲍伊趴在河边喝水，它旁边是一大丛茂密的芦苇。突然，鲍伊停下喝水的动作，抬起头认真听了一会儿，就转身像一支离弦的箭跳进了水里，冲进了芦苇荡。

芦苇荡里传出“扑棱扑棱”的声音，我知道鲍伊一定发现了猎物。果然，一只野鸭“嗖”地从芦苇荡里飞了出来，吓得嘎嘎直叫。我迅速开枪击中了它，野鸭垂着脖子倒栽进了湖里。

“鲍伊快去！”一声令下，鲍伊迅速游到了野鸭坠落的地方，潜了下去。

对于擅长游泳的西班牙猎犬来说，这个任务实在太简单了。我看着湖面荡起的圈圈波纹，耐心地等待。只要水下没有大家伙和鲍伊争抢猎物，它一定会把野鸭衔上来的。

鲍伊不负所望地叼着野鸭浮出了水面，朝着我游过来。我正聚精会神地看着湖面，身后突然传来熟悉的声音：“不错！枪法真棒！”原来是塞索伊奇。

刚才我又紧张又专注，居然连塞索伊奇和拉达什么时候来到我身边都不知道。

鲍伊不像杰姆那样懂事，它一上岸就放下了野鸭，然后开始抖身上的湖水。

“把猎物送过来！”我命令道。

鲍伊像没听到一样，继续抖着毛皮。我觉得有点儿尴尬，正要发怒，身后传来杰姆的叫声。杰姆朝着鲍伊大叫几声，然后跑过去，把野鸭叼到了我的脚下。鲍伊一脸无所谓的表情，它大概是累了，伏在地上休息起来。

我刚想抚摸杰姆的头表扬它，它却突然转身往回跑。不一会儿，它叼着一只琴鸡回来了！

天哪！它是怎么捉到琴鸡的呢？

我仔细检查了琴鸡的尸体，发现它身上有一个弹孔。我想这可能是之前在空地上逃走的那只，当时它已经被子弹打伤了。在杰姆“失踪”的这段时间里，它正好遇到了这只受伤的琴鸡，经过一番搏斗，杰姆咬死琴鸡，并一路叼着它找到了我们。

现在，我有了3只猎物，不用在塞索伊奇面前感到羞愧了。哈哈，这真得感谢我的好搭档——杰姆和鲍伊。

忠诚的朋友

晚上，我和塞索伊奇带着3只猎狗在森林里搭起了一个小帐篷。

帐篷搭好之后，塞索伊奇从背包里掏出了他今天的收获：2只肥硕的松鸡和2只琴鸡。他把猎物一只挨一只挂在了树枝上。不用担心有小偷打它们的主意，我们有三位勇敢的卫士会整夜守在旁边。

忠诚的朋友

我坐在篝火旁边边喝水边看着他手脚麻利地忙碌着。杰姆、鲍伊和拉达则蹲在旁边看着架在火上的烤野鸭流口水，在漆黑的夜色里，6只眼睛炯炯有神。我偶尔会翻弄一下柴火，它们马上会歪着头打量我的动作，似乎随时等待着我撕下一块烤肉扔给它们。

我确实有这个打算。今天，每只猎犬表现得都很出色，如果没有它们的帮助，说不定我们会空手而归。尤其是杰姆，这只狗已经跟随了我11年。在同类中，杰姆已经算得上是个垂暮的老者了，不知它还能不能度过今年的冬天，明年再陪我一起打猎。

对于每个猎人来说，狗和猎枪一样，都是最忠诚、最可靠的朋友。

——来自我们的专业记者

怎样才能打到更多的野鸭

第二天，天气非常晴朗，温度也十分宜人。大概是快到秋天的缘故，天空湛蓝透明，像是用水洗过的蓝宝石一样，几缕像薄纱一样的云朵自在地飘动着。

我们放慢了脚步，想好好欣赏一下这宜人的景象。后来，塞索伊奇干脆坐在路边抽起了烟卷儿。这可是向他讨教打猎经验的好机会，我赶紧坐在了他身边。

果然，他很快打开了话匣子，讲起这些年打猎的经历，并且毫无保留地把自己总结的野禽习性和生活规律告诉了我。现在，小鸟刚刚离巢，警惕性很高，如果猎人没有充分的经验和技巧，很难顺利捉到它们。譬如想要打野鸭，有些事情就必须了解。

塞索伊奇告诉我，野鸭常常成群结队地活动，尤其是刚会飞的小野鸭，肯定不会离开队伍。野鸭大队白天藏在芦苇荡或者灌木丛里休息，太阳快下山的时候，它们会排成长队，向农田飞去，在那里度过整个晚上。

只要掌握了这个规律，猎人就可以趁着傍晚太阳还没落山，躲在农田旁的灌木丛里，当一群黑压压的野鸭从天边飞来时，猎人只要在灌木后瞄准、开枪，肯定收获满满。第二天早上，猎人依然可以在它们的必经之路上等待，比如背对着流水，站在高大的芦苇丛后，当那群野鸭从农田那边飞回来时，就可以开枪了。

一定要记住装满子弹，因为出现在你瞄准镜里的猎物可是成群结队的。

猎人的好助手

偶尔，琴鸡会从森林里溜达出来，到附近的空地或草地上觅食，但它们不会到远离森林的地方去，这是出于安全考虑：只要一有危险，它们就能拍动翅膀，迅速逃到密林里去了。而且，它们觅食时，也会尽量把自己隐蔽起来。

但是，再机灵再狡猾的琴鸡也逃不过猎犬的追捕。

猎狗会蹑手蹑脚地靠近琴鸡。当琴鸡听到周围沙沙的声响时，敌人已经离它很近了。猎狗眼睛里凶光毕露，死死地盯着瑟瑟发抖的小琴鸡。琴鸡不敢动弹，它在观察敌人的反应，只要一有机会，它就会冲向天空。猎狗也紧绷着身体，没有步步紧逼，它也在选择最合适的时机扑过去咬断琴鸡的喉咙。

猎狗和琴鸡的“拉锯战”还在继续，突然从前方传来了猎人的高呼：“前进！”

听到命令，猎狗一秒钟也没有耽误，它迅速扑了过去，但还是扑了个空。小琴鸡拼命地振动翅膀，向森林飞去。猎狗“汪汪汪”叫着在后面追赶。

猎人端着猎枪，认真瞄准，然后“砰”的一声，子弹飞了出去，在空中划过一道白烟。中枪的琴鸡笔直地从空中坠落到了地上。猎狗也跑到了跟前，它叼起因剧痛而战栗的琴鸡，跑到猎人身边邀功去了。

谁藏在白杨树上

冒着夜色去打猎，这对所有猎人来说都是一个挑战。

晚上，森林里非常安静，即使天上有皎洁明亮的月亮，茂密的树叶也会把月光隔绝在森林上空。在黑暗的环境里打猎，需要勇气，更需要耐心和智慧。

猎人在高大浓密的云杉林里转了一圈，一无所获。这时，前方的白杨树林里传来了“嗒、嗒、嗒”的声音，像是水滴落在岩石上的声音，又像什么东西在有节奏地敲打树干。

猎人放轻脚步，刚刚向前走了几步，敲击声停止了。猎人也停下来，耐心地等着。

很快，“嗒嗒”声又响了起来，而且节奏比之前更快。

猎人已经走到了白杨树林里，但树叶密密匝匝的，根本看不清猎物是什么，在哪里。

“嗒、嗒、嗒……”声音还在持续着。猎人循着声音挪动着脚步，很快就确定了目标在靠西的那棵高大白杨上。猎人不小心踩到了地上一截枯枝，“咔嚓”一声脆响，树上的“嗒嗒”声立刻就消失了。

猎人没有动弹，也没有离开，仍然屏息凝神地盯着头顶的树叶。过了很久，那个不甘寂寞的家伙又弄出动静来啦！猎人隐约看到了一团黑乎乎的影子，他迅速举枪瞄准，一只笨拙的松鸡从树上跌了下来。

原来，松鸡正趁着夜深人静，啄食白杨树叶的叶柄。它大概没有想到，天都这么晚了，居然还会有猎人到树林里来。

猎人捡起松鸡，又擦了擦猎枪，心满意足地离开了。

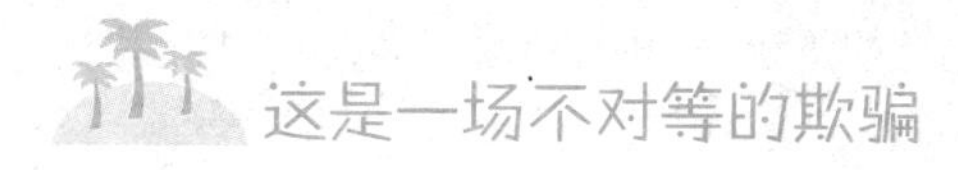

这是一场不对等的欺骗

发生在白杨树林里的，是一场公平的战斗。因为松鸡藏得隐蔽，猎人来得神秘，他们彼此考验着对方的耐性和警惕性，最后，松鸡失败了。

但是，白天在云杉树林里发生的事情，却让人觉得有些不对等。这是一场发生在猎人和琴鸡之间的较量。

猎人在树林里发现了一群小琴鸡，大概有十几只，可能是一群刚刚会飞的小家伙。猎人没来得及开枪，它们就飞到树上藏了起来。猎人瞪大眼睛找了半天，连一根羽毛都没看到。他并没气馁，而是藏在一棵比较矮小的云杉后面，给枪装好子弹，从口袋里掏出了一支短笛。

他要干什么？难道要吹首曲子给琴鸡听吗？真是开玩笑，琴鸡的叫声可比笛音动听百倍呢，怎么会被吸引出来呢。猎人显然有自己的打算，他把笛子凑到嘴边，吹出了一阵阵奇怪的声音，听上去又很熟悉！

这是一场不对等的欺骗

真是狡猾的猎人啊！原来他正在用短笛模仿琴鸡妈妈的叫声。当小琴鸡藏起来之后，只有得到妈妈发出的安全信号，它们才会出来，否则，小琴鸡就会一动不动地躲在树枝上或草丛里。

“琴鸡妈妈”的叫声很快就传到了小琴鸡耳朵里，那声音在对它们说：“孩子们，出来吧！现在安全了！”可怜的小琴鸡就这样上当了。

最开始，只有一只琴鸡从树上飞了下来，它循着声音传来的方向，朝那棵小云杉跑去。还没跑到跟前，只见一只黑洞洞的枪口从树后伸了出来。这次，小琴鸡没来得及逃跑，被猎人一枪击中了。

猎人继续吹响笛子，其余本来已经听到枪声的笨蛋琴鸡居然还是跑了出来，白白送掉了性命。

——来自我们的专业记者

打靶场：第六次竞猜比赛

1. 一条在水中游泳的鱼有多重？

2. 蜘蛛躲在一边，怎么会知道自己的网里捉住小虫子了呢？

3. 什么野兽会飞？

4. 白天，如果小鸟发现猫头鹰，会采取什么行动？

5. 明明不是裁缝，可是整天剪刀不离手；明明不是

鞋匠，可是却随身带猪鬃。（谜语）

6. 什么时候蜘蛛会飞？它是怎么飞的？

7. 哪一种昆虫长大后没有嘴巴？

8. 家燕和雨燕晴天时飞得很高，可是阴天空气潮湿的时候却总是飞得很低，为什么？

9. 如何根据蚂蚁巢的情况来判断天是否快要下雨了？

10. 蜻蜓喜欢吃什么？

11. 哪一种可怕的野兽爱吃树莓？

12. 夏天最好在什么地方观察鸟的爪印？

13. 我们这里最大的啄木鸟是什么颜色的？

14. “鬼烟”是什么东西？

15. 身体横在场上，脑袋摆在桌上，脚爪却还在田里。（谜语）

16. 吃它的头，穿它的皮，丢了它的身体，这到底是什么东西？

17. 一个农人，穿着黄衣，腰束丝带，躺在地上，不能起来，只等人来把它抬。（谜语）

18. 有一个喇叭，不用电，却能学你说话。（谜语）

19. 没有人吓唬它，却一直在发抖？（谜语）

20. 这是什么草，连盲人都知道。（谜语）

21. 什么东西在麦田里生长，却不能放在嘴巴里吃。（谜语）

22. 蹲在那里瞪眼睛，不说话却嘟囔；出生在水里，居住在地上。（谜语）

“火眼金睛”第五次大比拼

1. 看下面这幅图，是四种不同的鸟儿，你能分辨出，它们哪一只是雨燕，哪一只是家燕吗？

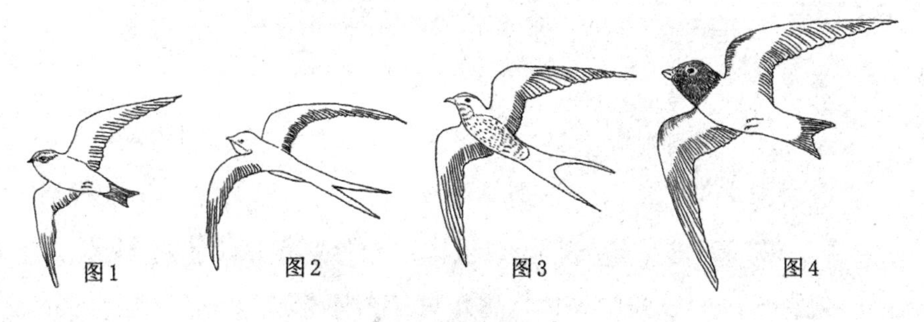

不同的燕子

2. 太阳高照，你坐在旷野之上——田野里、山岗上或者是河边的陡坡上。一些猛禽在你的头顶远远地飞过。它们的身影，不时在你的面前闪现，或者飞快地一闪而过。

如果你的眼睛足够锐利，而且很熟悉这些鸟儿，那么你不用抬头，只需观察它们投下的黑影，就能分辨出它们是哪种猛禽。

如图5，这是一个飞快掠过的、淡淡的身影，窄窄的翅膀像一把镰刀，尾巴长长的，但尾巴尖却很圆，这是只什么鸟？

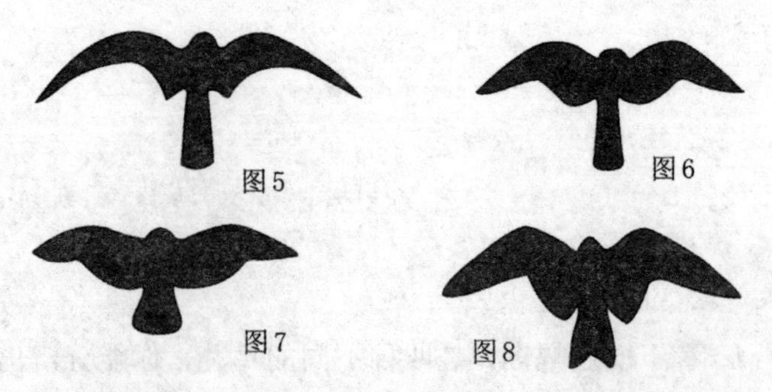
图5 图6 图7 图8

图6，从影子可以看出，这只鸟的个头和图5差不多，只是更宽一些，厚实的翅膀，尾巴很直，这是哪一种鸟？

图7，这个影子更大，翅膀更宽，尾巴尖是圆的，尾巴看起来像把扇子，这是只什么鸟？

图8，这只鸟的影子也很大，翅膀弯得很厉害，尾巴尖有一个凹三角的豁口，这是只什么鸟？

图9，这个影子更大，翅膀呈三角形，尾巴尖好像被剪下去了一点，尾翼两侧呈直角形，这是什么鸟儿在飞？

图10，这个影子非常大，它有着巨大的翅膀，翅膀尖张开，好像五根手指，头和尾巴看上去却显得很小。它到底是什么鸟呢？

图9 图10

告示1：寻找椋鸟

最近，我们一直在寻找椋鸟的踪迹，它们到底去了哪里？

白天，有时还能看见它们在田野里和草场上活动。可是一到夜里，为什么就忽然看不到它们了呢？小椋鸟一飞出鸟巢，就丢下巢飞走了，再也没回来过。有谁发现了它们的踪迹，请通知我们。

《森林报》编辑部

告示2：转达问候

我们是路过这里的北方旅客，从北冰洋沿岸和各个岛屿飞来，那里的许多白熊、鲸、海象、小海豹和格陵兰海豹，都托我们带话，向所有的读者们问好。

同时，我们也向鳄鱼、河马、斑马、非洲狮、鸵鸟、鲨鱼、长颈鹿，转达了读者们的问候。

北方旅客：沙锥、野鸭、鸥鸟

打靶场比赛的答案

第四次竞猜

1. 从 6 月 22 日起。这是一年中白天最长的日子。

2. 鲸鱼。

3. 小老鼠。

4. 住在沙岸上的鸥和沙锥。

5. 后脚。

6. 五根刺：三根长在背上，两根长在肚子底下。我们这儿还有十根刺的棘鱼。

7. 家燕巢的入口向上开，金腰燕巢的入口开在侧面。

8. 如果鸟巢里的蛋被人动过了，鸟就会丢下那个巢。

9. 有。

10. 翠鸟。

11. 因为这些鸟儿会把自己的巢用树上的青苔伪装起来。

12. 并不全是这样，有许多鸣禽（燕雀、金翅雀、篱莺）孵两次小鸟，甚至有的鸟儿（麻雀等）一个夏天孵三次小鸟。

13. 有的。我们这儿的池沼里，生长着一种毛毡苔。如果蚊子、飞蛾和其他昆虫落到它那又圆又黏的叶子上，就会被它逮住吃掉。在河水和湖水中，有一种狸藻。小虾、小虫、小鱼爬进它的囊里去，就会被它捉住。

14. 银色水蜘蛛。

15. 杜鹃。

16. 乌云。

17. 割草：割下草儿，堆起草垛。

18. 麦穗。

19. 青蛙。

20. 影子。

21. 山羊。

22. 回声。

23. 刺猬。

第五次竞猜

1. 小鸟在从蛋壳里孵出以前，嘴巴上面有一小块硬疙瘩，小鸟就用这个东西敲破蛋壳。这个硬疙瘩叫作“雏齿”。在出壳以后，这个“凿壳齿”就脱落了。

2. 没有尾巴的牛。牛吃草的时候，会用尾巴一直撵叮它的虫子。没有尾巴的牛，就没法子撵牛虻和牛蝇了，那时，它不得不常常摇脑袋或者从一个地方转到另一个地方。这样，它就吃得少了。

3. 夏天的时候，到处都有无助的小鸟和小野兽。

4. 鸟类。

5. 许多种昆虫都是这样的，比如蝴蝶：先是卵，而后是青虫，再由青虫变成蛹，由蛹变成蝴蝶。

6. 因为鹅的羽毛上蒙着一层油，因此羽毛不会被水沾湿，水落在鹅背上，就会一滴一滴地流下去。

7. 因为狗没有像马一样的汗腺。因此狗伸出舌头，这样能凉快一点儿。

8. 杜鹃的小鸟。杜鹃把蛋随便生在别的鸟儿窝里，让别的鸟去喂养。

9. 摇头鸟。

10. 小白嘴鸦的嘴巴是黑的，老白嘴鸦的嘴巴是带点儿脏的白色。

11. 棘鱼。

12. 蜜蜂蜇过人以后就会死去。

13. 吃母亲的奶。

14. 向太阳，正对南方。

15. 雷和闪电。

16. 亚麻直到中午之前都开淡蓝色的小花。

17. 红色的蘑菇——牛肝菌。

18. 野蔷薇的浆果。

19. 蝰蛇。

20. 露水。

21. 蚂蚁。

22. 蜗牛。

23. 野蔷薇，玫瑰。

第六次竞猜

1. 它的体重，等于它身体所排去的水的重量。

2. 蜘蛛在旁边躲藏着，一只脚紧紧地抓住一根绷紧的蜘蛛丝，丝的另一头连在蜘蛛网上。虫子一落在网上，网就震动起来，那根细丝也就扯动蜘蛛的脚，它就知道有小虫落网了。

3. 蝙蝠。我们林子里有一种松鼠（鼯鼠），脚趾间有膜，也能滑翔几十米远。

4. 它们成群结队，大声喊叫着向猫头鹰冲过去，一直把它赶跑。

5. 龙虾。

6. 在晴朗的秋日里，风带着小蜘蛛一起飞起，在空中飞行。

7. 蜉蝣。

8. 燕子在飞行的时候，捕食小蝇、蚊子和其他飞虫。在晴朗的日子里，空气干燥，这些虫儿飞得高。而在潮湿的天气，空气是重的，水分充足，这些虫儿就不能向上飞了。

9. 感觉到有雨了，蚂蚁就藏进蚂蚁洞里去，把所有的洞口都堵上。

10. 各种飞虫，如苍蝇、蜉蝣。

11. 熊。

12. 在脏泥和淤泥上，或在河岸、湖岸、池岸边。各种各样的鸟儿飞集到这里来，它们都会留下清晰的脚印。

13. 黑色的，带着红色的“帽子”。

14. 马勃菌（俗名“兔芋”）的芽孢。成熟的马勃菌，只要轻轻一受力，就会破裂，爆出一阵尘雾，所以被称为“鬼烟”——芽孢。

15. 麦子：场上的是麦秸，桌子上是麦粉做的面包，田里的是麦根。

16. 大麻。大麻皮可以搓成绳子用，秆儿扔掉。脑袋就是大麻子，可以榨油。

17. 麦秸。

18. 回声。

19. 山杨。

20. 荨麻。

21. 矢车菊。

22. 青蛙。

“火眼金睛”大比拼的答案及解释

第三次大比拼

1. 图1是啄木鸟的洞。洞下面的地上有一大堆木屑，好像刚锯出来的。那是啄木鸟用嘴巴凿树洞，给自己做巢的时候掉出来的。树干非常干净，哪儿也没弄脏。啄木鸟是很爱干净的鸟儿，它把自己的小宝宝也拾掇得很整齐、很干净。

图 2 是椋鸟在这个树洞里孵出了雏鸟。树下没有新木屑。树干上沾满了熟石灰似的鸟屎。

2. 图 3 是鼹鼠洞。穴居在地下的居民——鼹鼠，常常在夏天爬到地面上，把泥土弄得蓬蓬松松，做一个小土堆，自己就躲在那里面。

3. 图 4 是灰沙燕的巢，它们在砂崖壁上挖了洞做巢。有许多人以为这是雨燕洞，但是要知道，雨燕是从来不在这样的洞里做巢的。

4. 图 5 是松鼠窠。它是用树枝做的，圆圆的，里面铺着青苔，有些青苔露在外面。你可以立刻就知道，这肯定不是鸟窠。

5. 图 6 是獾挖的洞，可是住在洞里的是狐狸。一望而知，这个洞是种熟练的挖土兽挖的：出入口有好几个，没有一个是坍塌的。但由现在在洞口乱丢的家鸡和琴鸡的羽毛和骨头、啃完了肉的兔子脊梁骨可知，这显然是不爱清洁的肉食兽吃剩下的东西。不用说，这一定是狐狸干的。

图 7 是獾挖的洞，现在它还住在里头。獾是非常爱清洁的野兽。在它居住的地方，你找不出一点儿吃剩的东西。它的食物是软体动物、青蛙和嫩植物根等。

第四次大比拼

图 1 小鹡鸰鸟。

图 2 琴鸡妈妈。

图 3 小野鸭。

图 4 小琴鸡。

图 5 红脚隼爸爸。

图 6 小燕雀。

图 7 燕雀爸爸。

图 8 小红脚隼。

图 9 野鸭爸爸。

图 10 鹡鸰妈妈。

请你对对看，你把雏鸟和它们的爸爸妈妈排列得对不对？应该这样排列：

图 4	图 2	琴鸡妈妈
野鸭爸爸	图 9	图 3
燕雀爸爸	图 7	图 6
红脚隼爸爸	图 5	图 8
图 1	图 10	鹡鸰妈妈

如果你排列对了，跟上面的次序一样，那么每一只丢失的小鸟，都将有它的爸爸在左边、妈妈在右边。

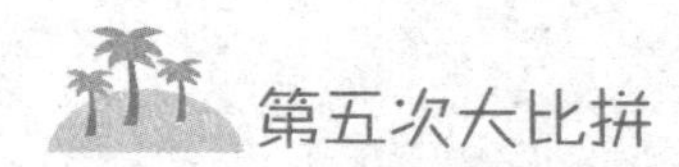

第五次大比拼

1. 图1图2是灰沙燕和雨燕。雨燕是我们这儿的燕子中最大的一种，它有很长很长的翅膀，像镰刀一样。

图3是金腰燕。

图4是家燕，它的尾巴像两根小发辫似的。

2. 图5是正在飞的红隼的影子。

图6是正在飞的老鹰的影子。

图7是正在飞的鹞鹰的影子。

图8是正在飞的黑鸢的影子。

图9是正在飞的猫头鹰的影子。

图10是正在飞的雕的影子。

森林报·秋

〔苏〕维塔里·瓦连季诺维奇·比安基◎著

胡乃波◎编译

华龄出版社
HUALING PRESS

序言 PREFACE

书籍是人类文明传承的重要载体，古今中外人们所撰写的图书可谓汗牛充栋。其中有一个很大的门类是专门写给孩子的，我们称之为童书。童书细分起来又有很多种，但笼统地可以概括为两类：一类是科普，一类是文学。苏联作家维塔里·瓦连季诺维奇·比安基所著的《森林报》作为童书的代表可谓独树一帜，它兼具科普与文学两大功能，既是一本自然界的百科全书，也是一部世界儿童文学史上的名著。

维·比安基出生于1894年，他父亲是当时俄国一位著名的自然科学家，在科学院动物博物馆工作。比安基的家就在动物博物馆对面，他小时候经常去那里玩，看那些被罩在玻璃中的动物标本。

后来，比安基长成了一个少年，于是他父

亲出去打猎就经常带上他，并且告诉他所遇到的每一株小草、每一只飞禽走兽的名字，教他根据飞行时的模样来识别鸟儿，根据地上的脚印来识别野兽。更重要的是，他父亲还教会了他如何记录下对大自然全部的观察印象。每到夏天，比安基就会跟着家人到郊外、乡村或者海边去住。在那里，他们钓鱼、捕鸟，在森林里散步，喂野兔、刺猬、松鼠、鹿等。这些都给比安基打下了很好的观察大自然和描写大自然的基础。

在家庭的熏陶下，比安基自幼就喜欢大自然，到 27 岁那年，已经积累了一大摞日记，他决心要通过自己的努力，让这些雄浑壮丽的自然景象和那些奇妙的动植物，活在自己的书中。1923 年，比安基成为彼得堡学龄前教育师范学院儿童作家组的成员，开始在杂志上发表作品。在他的有生之年，总共发表了 300 多部童话、故事、小说，而《森林报》则是他的代表作。

《森林报》是一本开阔视野的读物，书中有草长莺飞，有四季轮回，其中那些关于花木鸟兽的瑰丽传说更是让人沉醉：狐狸施计抢走了獾的洞穴；松鼠为存储过冬的粮食，把蘑菇晾在树枝上；丛林中的白桦、白杨和云杉为争夺地盘展开大战……那些丛林里、田野中，既有温馨感人的互助，也有惊心动魄的交锋。当然，受时代局限，当时被津津乐道的狩猎等行为，部分已经不再符合当下的环保理念了。

今天，我们很多生活在城市里的中国孩子，每天都被钢筋混凝土包围着，生活环境只有家和学校，很少有机会走进原野、走入森林，全身心地投入大自然之中，感受地球的美好。但是，让孩子们充满对自然的热爱，也是教育工作的一项重要课题，因为我们就生活在这个自然界当中。

了解自然界中飞禽走兽、昆虫游鱼的生活和习性，亲近大自然，看四季的变化、草木的盛衰，除了能够增长孩子们的知识，扩大他们的视野，更重要的是能激起他们内心的真趣，丰富他们的心灵和情感。然而，我们总是太忙碌，根本无暇带孩子们出去走一走。那么，我们是不是应该送给他们一些什么，来弥补我们的过错呢？或许对父母来说，帮助孩子们感受自然，最简便、直接的方法莫过于为他们选择一本优秀的自然读物了。维·比安基的这本《森林报》便是不错的选择。

我国很早就引进、翻译了《森林报》，至今已有多个版本。客观地说，这些版本各有特色，但也有些不足之处。因此，我们力图打造一套更完美、也更适合于中国孩子阅读的《森林报》。在这部《森林报》精选集里，我们选录了一部分最有代表性和针对性的内容，为孩子们绘出了精美插图，希望小读者们能更直观、更有效地汲取书中营养，从而更加热爱大自然赋予我们的一切。

目录 CONTENTS

第七期　候鸟离乡月（秋季第一个月）

森林里拍来第六封电报 / 015

候鸟飞往过冬的地方 / 020

森林里的激烈战争（结束篇）/ 026

农庄生活 / 027

农庄新闻 / 031

第八期　冬季储存月（秋季第二个月）

一年——分十二个月谱写的太阳诗篇 / 058

林中大事记 / 066

候鸟飞往过冬的地方（结束篇）/ 075

农庄生活 / 083

农庄新闻 / 083

城市新闻 / 087

打猎去 / 090

第九期 冬客光临月（秋季第三个月）

第七期　候鸟离乡月

（秋季第一个月）

一年——分十二个月谱写的太阳诗篇

当春天到来时，探头探脑的嫩草传出了第一个春的讯号。秋天则恰恰相反，它把第一抹秋色染在空中：天更蓝了，云更淡了，风更凉了，候鸟挥动着翅膀要暂别了，从各色染缸里爬出来的树叶在空中伸着懒腰……

8 月的日历已经翻过了最后一页，凉爽的 9 月来了，金色的秋天近了。秋风是位魔术大师，但凡被它的双手抚过的地方，都神奇地变了颜色。

你瞧，无垠的草地披上了白纱。那些像雪花一样的白色粉末是秋霜，它最爱乘着夜色而来，在深夜凝结，在黎明前坠落，覆盖在广阔的草地上，传来降温的讯息。

你瞧，高大的树木穿上了花衣。那些高高挂在枝头的叶子，有的变成了黄色，有的变成了红色，有的正由黄变红，有的成了深沉的褐色。各种颜色的树叶把整座森林打扮得色彩斑斓，只是色调有点冷。肥硕的叶片在慢慢消瘦，变得干瘪而虚弱。这时候的叶子连轻微的晃动也承受不住，似乎任何一点外力都会使它们凋落。

你瞧，广袤的农田裹上了金斗篷。秋风袭来，农田随风一抖，就把金灿灿的斗篷披上了身。饱满的米粒、成熟的高粱、咧着嘴大笑的玉米，像镶嵌在斗篷上的金珍珠、红宝石，传递着丰收的喜悦。

秋风所到之处，候鸟争相告别。就像 2 月一样，鸟儿们要开始大迁徙，不过这次和上次刚好相反，它们要到南方去。雨燕、家燕，还有其他只在我们这里度夏的候鸟，都一群群地离开，到那些温暖遥远的南方国度去了。

动物们纷纷换上厚衣，储存粮食，加固巢穴，为过冬做准备。有的动物甚至在第一阵秋风吹来时，就把自己裹得暖暖和和，藏了起来，或许要到明年春天，才能再见到它们。也有不怕冷的动物，比如兔妈妈踩着夏天的尾巴，产下了一窝小兔子。这些在落叶时节诞生的小家伙，被人们亲昵地称为“落叶兔”。

不甘心退出的夏天挣扎着喷发出最后一股热火，但被称为“秋老虎”的燥热天气根本持续不了几天。很快，凉意卷土重来，秋的味道更浓了。

秋风还是森林的信使，它把候鸟南去的消息第一时间传递到了我们的编辑部。

森林里拍来第四封电报

（来自我们的森林记者）

温和的阳光、慈祥的森林都在熟睡，这时，候鸟们就沐浴着清冷的月光，踏着深沉的夜色，匆匆上路了，它们甚至没有去和森林里的朋友道别。因为这个时候，它们的敌人——游隼、老鹰和其他猛禽多半也沉浸在梦乡中。候鸟之所以选择半夜出发，正是为了避开凶猛的敌人。

野鸭、潜鸭、大雁，还有鹬（yù）[①]，正成群结队地飞过蔚蓝的大海，穿过茂密的树林，越过巍峨的高山。为了早日

①鹬：也是一种鸟，羽毛茶褐色，嘴、脚都很长，上体通常杂黑褐色，尾和体侧具有横斑。它常在水边或田野中捕吃小鱼、贝类等。

抵达温暖而湿润的南方，全部候鸟努力地拍动着翅膀，途中偶尔休息一会儿，在河岸边、海滩上、沼泽里印上一些十字形或圆点状的脚印，然后又重新上路了。

在它们离开的地方，树叶变黄了、飘红了，兔妈妈生下了今年的最后一窝宝宝。所有的生命，都用自己的方式，在努力地生活着。

离别之歌即将响起

鸟儿们纷纷离开，整座森林显得既安静又寂寞。现在，连椋（liáng）鸟也来道别了。

椋鸟的巢在一棵高大的白桦树上，秋风已经摘掉了最后一片树叶，只留下一个鸟巢孤零零地挂在光秃秃的树干上。此时此刻，鸟巢的主人——椋鸟夫妻正绕着它飞来飞去。明天或者后天，它们就要离开这里，和伙伴们一起到温暖的地方过冬了。

离别之歌

虽然，明年春天它们还会回来，但一想到要离开半年时间，难免会有些不舍。毕竟，这个温暖的小家是它们精心营造的，连孩子都是在这里出生、长大的，这里有它们太多美好的回忆。

雌椋鸟飞进巢里，左右环顾，雄椋鸟则蹲在树枝上，警惕地打量着周围。后来，它们又飞到空中，绕着鸟巢唱完一曲动听的歌谣，就结伴飞走了。

再见了，温馨的家园！

再见了，美丽的椋鸟！

这是一个清新透明的早晨

9月15日不过是凉爽秋季中极为普通的一天，但这个早晨呈现出的种种清新景色，却让人印象深刻。

推开家门，一股清新而亲切的凉风就扑面而来，这时的风是凉爽的，不燥不寒，还送来了青草和树叶的味道。花园里的草叶上，晶莹澄亮的露珠迎着清晨的第一缕阳光瑟瑟抖动，像一颗颗闪着光的珍珠。纯净透明的露珠，映出了野菊花的倒影。这是今年的最后一批野菊花了，白色的花瓣已经不再鲜嫩，有点枯萎了。

在这个安静的早上，树枝间却异常热闹，刚刚起床的叶子们纷纷梳洗打扮，穿上新衣。黄色的桦叶，红色的枫叶，褐色的杨树叶，把树木装扮得缤纷多姿，五彩斑斓。

蜘蛛是花园里的常客。天气虽然转凉，但它们还是在树枝上、草丛里拉起一张张大网，并没有要离开的迹象。蜘蛛趴在大网的正中间，旁边银色的蛛丝上除了粘着细小的草茎、叶柄，还缀满亮闪闪的水珠。我们都知道蜘蛛是一种既勤劳又有耐心的昆虫，它们总是不厌其烦地修补蛛网。其实，蜘蛛还特别聪明。

有一只蜘蛛挂在网上一动不动，看上去像被冻僵了似的。我用手指轻轻碰触了一下，谁知道它并没有急着逃走，而是“吧嗒”掉在了地上。刚接触到地面，那只“死尸”就活了过来，它拔腿就跑，很快就钻到了旁边的草丛里，不见了。

用装死来躲避危险，真是个聪明的家伙。我想，等危险过去，它应该会重新回到这里吧。否则，它还得重新织一张网，那多麻烦呀！

在这个早晨，第二只闯入我视野的昆虫，是一只灰蛾（é）[1]。和之前看到的清新美丽的景色相比，这只灰蛾有点儿煞风景。即使在昆虫最活跃的夏天，这样毛茸茸、胖嘟嘟、肉乎乎的丑蛾子也很难讨人喜欢。

现在我看到的这只，简直是丑到了极致。它蔫头蔫脑地挂在一株湿漉漉的蒲公英上，头上血肉模糊，像被什么东西啄伤了。那株蒲公英也失去了夏日的光彩，绒毛黏糊糊地团在一起。这幅景象让人看起来实在很不舒服。

我轻轻地把蒲公英拔下来，然后举着它和那只灰蛾来到了阳光下。我相信温暖的阳光能够治愈它们，否则，它们一定会在那又湿又冷的背阴处冻死。果然，在阳光的抚慰下，灰蛾的翅膀渐渐舒展开来，身上的绒毛也干燥了。同样，蒲

这是一个清新透明的早晨

①灰蛾：一种昆虫，与蝴蝶相似，身体肥大，翅膀为灰白色。它常在夜间活动。

公英也抖动着毛茸茸的小伞，似乎有随时把种子放飞的打算。

一阵风吹来，蒲公英的孩子们出发了，那只受伤的灰蛾也艰难地飞走了。

这一幕让我感到非常欣慰，我正全神贯注地看着灰蛾远去的影子，一个黑乎乎的家伙突然从我脚下蹿出来，吓得我险些大喊起来。原来是只琴鸡，它本来正躲在角落的灌木里叽里咕噜地唱着早安曲，突然被我打扰到，于是就扑棱着翅膀飞上了天空。

9月的天空又高又蓝，成群结队地鸟儿正从头顶飞过，声声啼鸣都是在说："再见吧！亲爱的森林，亲爱的朋友，我们明年再见！"

——森林通讯员　维利卡

林中大事记

当第一棵青草开始打蔫儿，候鸟拍动翅膀踏上南下之旅时，秧鸡也开始了它们的徒步之旅。

多数鸟儿的迁徙都是靠着翅膀完成，以天空为通道，以白云为坐骑，以星辰为航灯。但有不少"另类"的候鸟选择走水路，比如矶凫（fú）[①]和绵凫[②]。

①矶凫：学名红头潜鸭，体圆，头大，很少鸣叫，是深水鸟类，善于收拢翅膀潜水。它主要以水生植物和鱼虾贝壳类为食。

②绵凫：水鸭的一种，羽毛主要呈白色，头圆脚短，一般生活在河川、湖泊、池塘和沼泽地。

比起飒飒的秋风，矶凫和绵凫显然更喜欢清凉的海水。这一路上，它们很少展开翅膀，大多数时间都在游泳，偶尔还会用力一蹬脚蹼（pǔ），一头扎进深水去捕鱼。矶凫和绵凫的游泳技术非常高超，游得再快的鱼儿也逃不过它们的追捕。

就这样，矶凫和绵凫游过小河，游过江流，又游过大海，继续朝着目的地前进。

最后一批浆果长在哪里

红色的蔓越橘[①]成熟了，像一颗颗小草莓，躺在沼泽地里的青苔上。

但让人纳闷的是，我们只能看到鲜艳的果实，却看不清蔓越橘的秧苗。难道这些果实是凭空长出来的吗？走近后才看清楚，原来果实长在矮藤上。但秧苗不知被什么弄倒了，藤枝只能挨着地面延伸生长，连茎上的细小绒毛都贴着地面，只有几片叶子努力朝天空伸展着。

这是今年的最后一批浆果，它们给灰暗、单调的沼泽增添了不少活力。

要上路了

入秋后，几乎每天都会有一队鸟儿踏上行程。要上路了，鸟儿恋恋不舍地告别了久居的家园。

鸟儿飞走的顺序正好和春天归来时相反，最先离开的，

---

①蔓越橘：产于北美高寒湿地，是一种生长在矮藤上、小而圆、表皮富于弹性的鲜红果子，也有人称它为小红莓。

明年也会最晚回来。它们扑棱着色彩斑斓的翅膀，打扮得花枝招展的，然后才上路。对这里最留恋的燕雀、百灵、鸥鸟等总是最晚才出发，而且明年春天它们还会第一批飞回来。

途中，年轻的鸟儿得打头阵，那些身强力壮又吃苦耐劳的，需要跟在后面维持整个队伍的稳定。春天归来时，归心似箭的鸟儿很少休息，而现在，它们不慌不忙地飞着，飞累了就停留一会儿。你看，它们是多么舍不得离开啊。

鸟儿也不得不休息，因为旅途实在太遥远。近一些的过冬圣地是南方的法国、意大利；远一些的要向东经乌拉尔[①]、西伯利亚[②]，最后抵达印度；更远些的，则要飞到北美洲。要飞过数千公里的路程，不休息怎么行呢？

犁角兽之间的激烈搏斗

如果你见过雄麋（mí）鹿[③]之间的搏斗，就容易理解人们为什么把它们叫作“犁（lí）角兽[④]”了。

麋鹿虽然是食草动物，但它们体形庞大，四蹄宽阔，算得上是丛林里的庞然大物。尤其是雄麋鹿，还长着一对又长又硬、又宽又大的犄角，威风极了。

---

①乌拉尔：指俄罗斯乌拉尔山脉中、南段及其附近一带地区，多山地、丘陵，冬寒夏暖。

②西伯利亚：俄罗斯境内北亚地区的一片广阔地带，西起乌拉尔山脉，东迄太平洋，北临北冰洋，西南抵哈萨克斯坦中北部山地，南与中国、蒙古和朝鲜等国为邻。

③麋鹿：又叫“四不像”，善于游泳，再加上宽大的四蹄，非常适合在泥泞的树林沼泽地带寻觅食物。

④犁角兽：即公麋鹿，因为它们的犄角又宽又大，像犁似的。

一般来说，麋鹿温顺且合群，但每到求偶季节，雄麋鹿就会变得很暴躁，常常发出奇怪的叫声，一遇到同性麋鹿，就很容易爆发战争。

森林里响起了低沉的吼叫，没错，那便是两只雄麋鹿相遇了。

它们都低着头抬着眼睛打量对方，用坚硬的蹄子刨着地，尘土很快就扬了起来。巨大的犄角随着摆动的头不停摇晃，那是它们随时会出鞘的锐利武器。沉不住气的那只雄麋鹿先冲了过去，试图用犄角把对手掀翻在地，但对方也伸过犄角和它抵在了一起，“吱吱嘎嘎”的声音不断传来，好像四只犄角马上就要折断了。

只把犄角钩在一起还不够，它们还努力把头歪向一侧，想把身子靠过去挤倒对方。偶尔，它们会分开喘息，但时间不长又会抵着犄角抗衡起来。直到其中一只被打败，这场战斗才会结束。

犁角兽之间的搏斗

战败的雄麋鹿，运气好些的能够及时逃走；运气差点的，可能被折断了犄角，扭伤了脖子；运气再差些的，会被胜利者的蹄子踏破肚皮。而胜利的那只，则显然非常高兴，要知道，在不远处，正有一只雌麋鹿在等待最后的英雄。

闷雷一样的吼叫声再次响起，那是雄麋鹿在庆祝自己的胜利呢。

帮手在哪里

那些不能走动的植物，每到繁殖的时节，总会需要一两个帮手。有些植物的帮手，是可以到处旅行的人或动物。

比如，常见的狗尾巴草[①]，它们会把三角形的黑色果实钩挂到人的裤脚或者动物的皮毛上；挂在人衣服或动物皮毛上的菱形种子，可能是牛蒡（bàng）[②]的孩子；那些又小又圆带着钩刺的，大概是猪殃（yāng）殃[③]，也就是锯锯草的种子。最后，这些种子会被旅行者丢到地上，等到温度和水土适宜的时候，它们就能生根发芽了。

风是植物们最好的伙伴。它总是及时到来，帮植物把各种各样的种子带到不同的地方。

草丛里，不管是香蒲还是山柳菊，都在热切地期盼着风的到来。香蒲早就给自己的种子穿上了褐色的外衣，它努力踮起脚尖，使自己站得比沼泽里其他草都更高一些，好像这样就能吸引风的注意；而山柳菊呢，也把孩子们打扮成了一个个毛茸茸的圆球，只要风一来，它们就能御风而去；还有

---

①狗尾巴草：形似狗尾，夏季开花，常见于田间或林间，生命力很顽强。

②牛蒡：二年生草本植物，高1～2米，花淡紫色，花期6～7月，果期7～8月。

③猪殃殃：又名锯锯草、活血草，嫩苗可做菜，据说猪吃了会得病，故名猪殃殃。

一种草，早早地把灰色的种子探出了花盘。

就连槭（qì）树[1]这种高大的植物，也要仰仗风的帮忙，否则，即使那些包着种子的翅果裂开了，种子也无法远行。

——尼·巴甫洛娃

森林里拍来第五封电报

（来自我们的森林记者）

在上一封电报里，我们提到过：在海湾沿岸的沙滩或者沼泽淤泥地里，偶尔会出现一些脚印，有的是十字形的，有的是一个个小圆点。

经过我们暗中观察，这其实是滨鹬（bīn yù）[2]留下的。

在迁徙途中，滨鹬最喜欢在这些地方过夜。这些地方像旅途中温暖的驿站，滨鹬可以停下来休息，还能在柔软的沙滩或者淤泥里找到可口的小虫子。滨鹬的腿很长，一点儿不用担心会陷进淤泥里。它们的嘴巴细长而尖硬，简直就像为了从淤泥坑里捉虫子而专门定做的长筷子。第二天早上，它们就会继续上路，只在淤泥上留下了脚印。

当候鸟飞走后，我们并不能确定它们将去向哪里。为此，我们做了一个实验：在一只鹬的脚上套上一个铝质的圆环，环上刻上我们的地址：莫斯科，请通知鸟类研究会，A－241195。

---

①槭树：大多数为小乔木，偶尔有灌木或大乔木，枝条横展，树姿优美，弱阳性树种，是风景林中表现秋色的重要中层树木。

②滨鹬：也叫牛鹬、牛眼鹬，体长约20厘米，冬天羽毛上体灰色，下体白色，喜欢结群而居。

这只被放飞的鸟应该会找到它的队伍，随它们迁徙到温暖的地方过冬，如果有人捉住了它，就会通知我们，让我们知道它到底在世界上的哪个角落过冬。

森林里的叶子已经全部变色了，天气越来越凉，那只鹳现在飞到了哪里呢？

城市新闻

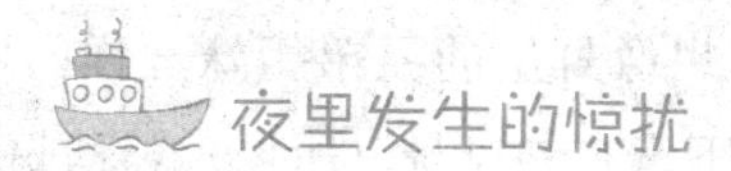

夜里发生的惊扰

候鸟南迁的季节，不仅森林里、天空上每天吵吵嚷嚷的，就连农场甚至城郊的人家都不得安宁。每天晚上，熟睡的人们总要被院子里家禽的叫嚷声吵醒好几次。鸡鸭“叽叽嘎嘎”地叫着，白鹅也在栅栏里使劲儿扑棱着翅膀，院子里乱作一团，怎么睡得着呢？

最初，人们认为可能是黄鼬（yòu）[①]或狐狸从墙洞或者缝隙里钻了进来，这些狡猾的家伙常常趁着夜深人静时干些坏勾当。但仔细检查后，却发现一切正常，那些吵闹的家禽也安静了下来，于是，人们又回到屋里，继续睡觉去了。

然而，当人们刚刚重新进入梦乡，院子里又闹了起来，甚至能听见公鸡焦躁拍打翅膀的声音。主人只好又起床披衣，到外面一看，还是没有什么奇怪的事情。

当第三次被混乱的声响吵醒，人们不禁纳闷：到底是什

---

①黄鼬：俗名黄鼠狼，因为它周身棕黄或橙黄，所以动物学上称它为黄鼬。它体型细长，四肢短，颈长，头小，可以钻很狭窄的缝隙，为小型的食肉动物。

么东西在兴风作浪？满腹疑惑的人再也睡不着觉了，他们打开窗户，静静地躲在窗后，打算一有动静就立刻冲出去。

过了很久，头顶天空隐约传来“咯咯、嘎嘎”的叫声，院子里也随之乱了起来。人们抬起头，只能看到一群模糊的影子正在深沉的夜色中移动。原来是准备南迁的候鸟在作怪啊。

每天晚上，都会有几支候鸟组成的队伍踏上行程。当它们从养着家禽的农场上空飞过时，那自由舒展的翅膀、矫健敏捷的身姿，似乎唤醒了在家禽们心中久久沉睡的对天空的向往。家禽们也想像野生的兄弟姐妹一样，拍动翅膀，冲上云霄，去见识一下远方的风景。所以，鸡鸭鹅都伸长脖子“咕咕咴咴”地叫着，扑棱着，以此表达内心的渴望。

但是，候鸟的叫声渐渐远去了，它们的身影也消失在了朦胧的月光里，那些翅膀早就变得软弱无力的家禽们终于折腾累了，重新陷入梦境中。大概只有在梦里，它们才能展开翅膀，和白云玩耍，和阳光嬉闹。

鸽子被突袭了

列宁格勒（今圣彼得堡）的伊萨基耶甫斯基广场[1]是欣赏鸽子的好地方。那里有成群结队的鸽子，或者在空中飞翔，摆出各种队形；或者在地上散步，它们甚至敢停留在游人手上啄食。这些鸽子连人都不怕，却非常怕一种凶猛的飞禽——游隼（sǔn）[2]。

---

①伊萨基耶甫斯基广场：位于列宁格勒（今圣彼得堡）市中心。

②游隼：别名花梨鹰，体型比较大的隼类，体长为 38 ～ 50 厘米，飞行迅速，主要捕食野鸭、乌鸦等。

游隼是一种体型庞大、嘴尖爪利的猛禽，它们常常埋伏在广场旁边的教堂屋顶或钟楼上。那些建筑很高，便于它们观察敌情。

这天，游人就亲眼看到了这一幕——鸽子被突袭的精彩画面。

一只巨大的游隼刚看见有鸽群飞上天空，便迅速冲进鸽群，嘶鸣着把队伍冲散。惊慌失措的鸽子慌不择路，有的甚至直接撞到了游隼身边。游隼抓住时机，一下子就把那只蠢鸽子逮住了。随着鸽子的一声惨叫，染了鲜血的鸽毛在空中飘散开来。

当其他鸽子逃到安全的地方后，游隼也慢慢悠悠地飞回巢里，享用美食去了。

森林里拍来第六封电报

（来自我们的森林记者）

天气一天比一天冷了，瑟瑟发抖的树叶拼命地攀着树干，想在枝头多停留一天。但是，一群急着寻食的鸟儿从树枝间穿梭而过，它们只是轻轻擦碰到了树干，叶子就像密集的雨点一样，噼里啪啦地落到了地上。

不管是苍蝇、蝴蝶，还是别的昆虫、甲虫，都被逼人的寒气困在家里，不敢出门。这可苦了那些以它们为食的鸟儿，只好饿着肚子。相比较而言，鸫（dōng）鸟[1]真幸运，熟透的山梨一颗颗挂在那里，这是鸫鸟最爱吃的食物。

①鸫鸟：嘴巴短，善于鸣叫，喜欢在地面取食，以各种昆虫幼虫、蚂蚁为食，冬季也吃植物种子及浆果。

森林变得光秃秃的，更利于寒风的穿行。寒风嘶吼着、呼号着，把整座森林拉扯进了凋零的秋天。

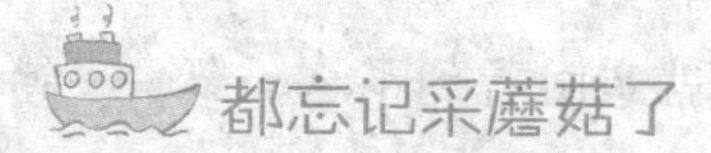

都忘记采蘑菇了

天气虽然有点冷，但非常晴朗，我和几个同学决定到树林里采蘑菇。

蘑菇藏在背阴湿润的树墩旁、灌木丛里，需要耐心寻找。我刚蹲在一个树墩旁，就看见一条被晒得干瘪的死蛇。由于毫无心理准备，我差点喊起来。在树墩旁还有一个小洞，有“咝咝啦啦”的声音隐约传来，吓得我赶紧离开了，生怕会蹿出一条毒蛇。

大概是因为我的动作太剧烈，连藏在灌木里的短脖子榛（zhēn）鸡[①]都跑了出来。

采蘑菇是件考验耐心的事情，我觉得很无聊，宁愿在树林里闲逛。我一会儿循着鸟鸣声寻找鸟儿的踪迹，一会儿又到沼泽地旁拨弄渐渐萎去的芦苇。在那里，我还看见了之前只在图画书上见过的鹤，它们正排着队散步呢。

最后，同学们的篮子里都装满了蘑菇，只有我的篮子是空的。但我并不沮丧，因为这一天里我见到了很多有意思的事情。就在回家的路上，我还看到了一只灰色的兔子蹦跳着消失在了草丛里，还有排成一队的大雁在空中长鸣着飞过，这比蹲在地上采蘑菇可有趣多了。

---

①榛鸡：俗称“飞龙”，常在林中觅食，食性很杂，以绿叶、种子、浆果为食物，在繁殖期还吃些昆虫。

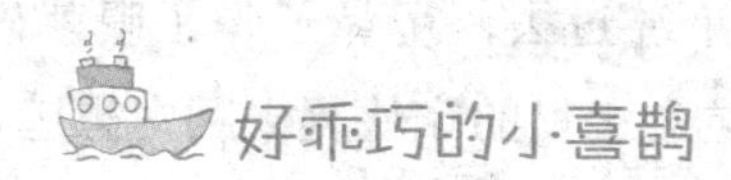

好乖巧的小喜鹊

“魔法师”是我那只喜鹊的名字，它是春天时我从一群孩子手里买来的。当时他们刚捣毁了喜鹊巢，正在捉弄惊慌失措的小喜鹊。半年多过去了，现在这个小家伙蹲在我的肩头上，要和我一起出去打水。

小喜鹊非常机灵，只要听到有人呼唤“魔法师”，它就会迅速做出反应。它一点也不怕我，总是在我的手里吃东西、喝水，甚至敢在我的眼皮底下抢东西吃。厨房桌子的抽屉里放着很多食物，只要忘了关抽屉，喜鹊肯定会飞进去，看到什么吃什么，如果你要强行把它带走，它就会“叽叽喳喳”地表达它的不满，有时还要赖似的不肯离开。

虽然“魔法师”有点贪吃，但也是一个好助手。当我喝茶时，它会抓些糖块和甜面包送到我的跟前。不仅如此，它甚至还能拔草呢。

在胡萝卜地里，我正在拔草，“魔法师”在地垄上歪着头看我。后来，它竟然啄起草茎来，不过，它没有辨别杂草和胡萝卜的能力，有时也会把嫩绿的胡萝卜茎啄断。

这个小家伙，根本不知道自己帮了倒忙，还叼着一截绿茎向我邀功呢。

——森林通讯员　薇拉·米赫耶娃

巧遇小山鼠

我们一群人正围着牲畜栏旁边的土豆，按照大小分堆。突然，牲畜栏里传来了沙沙声，好像有什么动物在用肚皮磨蹭泥土。狗第一个冲过去，用鼻子嗅了嗅就确定了位置，然后开始在地上刨坑。土里的家伙爬来爬去想逃走，但“汪汪”的狗叫声让它不敢轻举妄动。

后来，狗刨了一个很大的坑。“沙沙”声的制造者也露出了真面目，原来是只山鼠。它的个头不大，毛发以蓝色为主，夹杂着些黄色、白色、黑色的杂毛。被狗拖出来的山鼠又惊又怒，挣扎中一口咬住了狗的鼻子。狗痛哼一声，一下子就把山鼠甩出去了。

那个机灵的家伙，抓住机会，迅速钻进杂物堆里，逃走了。

洋口蘑长出来了

秋天，是洋口蘑成熟的季节。这种蘑菇菌肉肥厚、味道鲜美，但是，很多人常把毒蕈（xùn）[1]错认为洋口蘑。所以，与其冒险购买集市上的洋口蘑，不如自己到森林里采吧。

森林里的植物渐渐凋零，到处散发出颓废、衰败的气息。只有洋口蘑争先恐后地从潮湿的土地里钻出来，树墩旁、苔地上、树干上，到处都是。

刚出土的洋口蘑戴着一顶无檐的小帽子，过不了几天，这个帽子就会渐渐变大，下面细长的白色菌柄也会更加粗实。菌盖顶上镶嵌着细小的淡褐色鳞片，像极富个性的装饰品。

小洋口蘑菌盖下的蕈褶是白色的，成熟后就会变成淡黄色。有时候，小洋口蘑的菌盖上还会出现一层薄薄的白色粉末。千万不要以为这是爱美的小洋口蘑在涂脂抹粉，那是从

---

①毒蕈：一种生长在树林里或者草地上的大型菌类，尤其指蘑菇类，也称毒菌、毒蘑菇。

其他更高大些的洋口蘑菌盖上撒下来的孢子，有了它们，洋口蘑才能源源不断地从土里钻出来。

采摘洋口蘑时，一定不要误采了同样长在树墩上的毒蕈。要记住，毒蕈的蕈帽颜色更加鲜艳，是粉红色或黄色的，上面没有褐色鳞片，下面的帽褶是淡绿色或黄色的，而且，它的孢子[①]可不像洋口蘑那样是白色，而是一种更加暗淡的颜色。

——尼·巴甫洛娃

夏天，为了避免被火球一样的太阳灼伤，很多动物选择缩在洞穴里。现在，它们不得不又藏起来，躲避严酷的秋风。

苍蝇、蚊子、甲虫等小昆虫们纷纷钻进墙壁的裂缝里，或者厚厚的树皮下。当然，深深的地洞也是御寒的好地方。你看，蚂蚁连大门都堵上了呢。这样，一点冷风也钻不进来了，它们就能放心地睡觉了。

青蛙从岸边跳进池塘，钻进了淤泥里，淤泥的热量会让它们暖和一些；蝾螈（róng yuán）则恰恰相反，整个夏天它们都生活在池塘里，现在反而爬到岸上去了，对它们来说，树林里腐烂的树墩是最好的藏身之所。和蝾螈争抢地盘的，还有蜥蜴和蛇，它们或者钻进树墩里，或者盘在树根下，总之，覆盖着层层落叶或厚厚青苔的地方，最受它们的欢迎。

和寒冷相比，更让动物们难以忍受的，是饥饿。

寒冷的天气逼迫动物们必须充分燃烧体内的脂肪，才能

---

①孢子：细菌、原生动物、真菌和植物等产生的一种有繁殖或休眠作用的生殖细胞，能直接发育成新个体。

获得足够的热量。但是，天气越来越冷，食物越来越少，该怎么办呢？动物想到的唯一办法，就是睡觉，只有睡着了才能减少热量消耗，才能忘掉饥饿。

逮不到昆虫的蝙蝠睡着了，它们倒挂在树洞、石洞里，翅膀缩成一团，紧紧包裹着小小的身体；缺少食物的青蛙、蟾蜍也睡着了，它们在烂泥里睡得正香；刺猬也睡着了，杂草堆里偶尔还会传来它们轻轻的呼噜声……

候鸟飞往过冬的地方

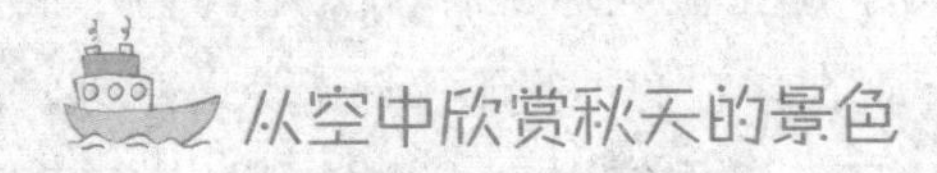

从空中欣赏秋天的景色

在距离地面 30 千米的高空，是最适合眺望我们这片美丽国土的地方。虽然没有翅膀，但我们可以借助热气球飞到天上去。如果天气晴朗，就能避免白云的干扰，看到更远处的风景。虽然我们无法一眼望到边疆的土地，但视野的辽阔、祖国的伟大还是很让人感到震撼。

高空俯瞰，让人印象深刻的，除了巍峨的高山、广袤的原野、茂密的森林，还有那些正在穿越这些壮观景象的鸟儿。与天地相比，鸟儿无疑是弱小的，但它们却勇敢地挥动着翅膀，完成一次又一次长途甚至环球的迁徙。

除了麻雀、山雀、啄木鸟、鸽子等少数不畏冷的小鸟留在了家乡，大猫头鹰、鹞鹰（yào yīng）虽然不怕冷，但因为缺少食物也不得不离开。候鸟从夏末就开始准备搬家了，今天雨燕走了，明天野鸭离开了，后天大雁也上路了……这场工程巨大的迁徙一直会持续到河水上冻。

每天，长长的迁徙队伍会从草原、丛林、高山、大海的上空飞过。从高高的空中望下去，就像给大地裹上了一条长围巾，还是一条正在移动的围巾。

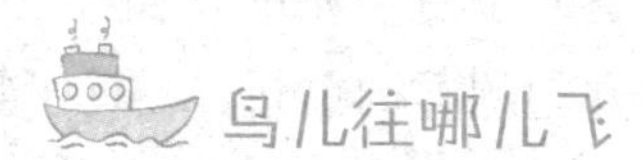

鸟儿往哪儿飞

秋天，鸟儿迁徙大多是为了从寒冷的地方飞到温暖的地方过冬。虽然多数都是从北向南——毕竟南方更暖和一些，但不是所有鸟儿都会一头扎向南国，有些鸟儿会根据自己的实际情况做出不同选择。

比如，有些鸟儿会从西向东飞，有些鸟儿则从东往西飞。更夸张的是，还有些鸟儿，竟然朝更北的方向飞去了，难道它们长着特殊的防寒羽毛吗？

关于这些奇怪的现象，我们的专业记者会通过无线电广播给我们一一解读。

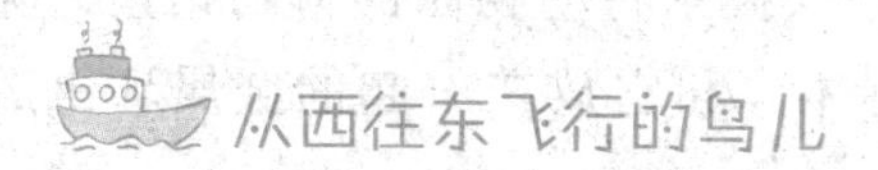

从西往东飞行的鸟儿

在从西往东飞的鸟群中，有一种鸟儿格外显眼，那就是漂亮的金丝雀[①]。这是一种红色的朱雀，鲜艳的颜色、妩媚的身姿、婉转的叫声都特别吸引人注意。

金丝雀的迁徙从 8 月底开始，它们白天休息，夜晚飞行，即使这样小心翼翼，还是不能完全躲开猛禽的袭击。随时都可能有一只鹞鹰或老鹰冲进鸟阵，捉走其中倒霉的队员。

---

①金丝雀：体长 12 ～ 14 厘米，体型比麻雀细瘦但比麻雀细长。野生金丝雀主要吃植物种子，夏季也吃昆虫。

沿着波罗的海的海边、列宁格勒州和诺夫哥罗德[①]，金丝雀们一路向东，飞飞停停。有时候快速地通过某个区域，有时候则停留在树梢上愉快地唱歌，有时候还会降落到草地上，捕捉一些来不及躲避的小虫子充饥。

它们向着太阳升起的方向前进。飞过了宽广的伏尔加河，飞过了乌拉尔的高大山岭，飞到了西伯利亚西部的巴拉巴草原[②]。到了这里，金丝雀要格外警惕了。因为草原上到处都是高大的白桦树，雀鹰[③]、燕隼[④]、灰背隼[⑤]等猛禽可能就藏在树上，随时会飞出来搞一场血腥的屠杀。

到了西伯利亚，金丝雀距离目的地更近了，只要飞过连绵的阿尔泰山脉，飞过干燥的蒙古沙漠，就能抵达炎热的印度。即便旅途再艰难，它们也会抵达这个越冬圣地。

“Φ-197357”号铝环的旅程

在澳大利亚彼尔特动物园的博物馆里，陈列着一只北极燕鸥[⑥]的标本，和它放在一起的金属环上，刻着“Φ－

①诺夫哥罗德：俄罗斯最古老的城市之一，位于俄罗斯西北部。

②巴拉巴草原：又名巴拉宾斯克草原，是俄罗斯在西西伯利亚平原的重要粮食产地，位置在鄂毕河与额尔齐斯河之间。

③雀鹰：小型猛禽，体长30～41厘米，栖息于针叶林和阔叶林等地带，主要以小鸟、昆虫和鼠类为食。

④燕隼：俗称青条子、蚂蚱鹰等，体型比游隼小，上体深蓝褐色，下体白色。它栖息于接近林地的开阔原野，捕食小鸟和大型昆虫。

⑤灰背隼：一种小型蓝灰色的隼，喜欢单独活动于开阔的草原、农田地带，主要以昆虫和鼠类等小型动物为食。

⑥北极燕鸥：一种腰身纤细的鸥，在北极出生，瘦小如燕，小巧玲珑，却矫健有力。

197357”的印记。

这个印记是 1955 年 7 月 5 日刻上去的。当时，在北极圈外白海①边的坎达拉克沙②禁猎区，一位俄罗斯科学家把这只铝环戴在了北极燕鸥雏鸟的脚上。当月月底，刚刚学会飞翔的雏鸟就和大部队一起旅行去了。

这支队伍首先要经过白海海域，继而向西南飞，再向西沿着科拉半岛③北岸前进，然后还要转向朝南飞，经过挪威、英国、葡萄牙，沿着非洲海岸抵达好望角④。当然，这还不是它们的目的地，它们得绕过好望角到南极去。

大概过了 10 个多月，谁都没有想到，这只北极燕鸥竟然出现在了大洋洲西岸附近。一位澳大利亚科学家发现并捉住了它，并且通过它脚上的金属环联系到了俄罗斯这边的研究者。

从出发地到被捕的地方，仅直线距离就是 24000 千米，更不要提它在途中绕了多少弯子。这么看来，鸟儿真是世界上最有毅力的生命之一。

从东往西飞行的鸟儿

奥涅加湖⑤上空，大片大片的云朵正向西移动。可是，明

---

①白海：即北冰洋的巴伦支海伸入欧洲的俄罗斯部分几乎被陆地围住的水域，深入俄罗斯西北部内陆，是北冰洋的边缘海。

②坎达拉克沙：俄罗斯西北部摩尔曼斯克州的一个城镇，位于北极圈之内，濒临白海坎达拉克沙湾。

③科拉半岛：在俄罗斯西北端，北临巴伦支海，东、南临白海，西以科拉河、伊曼德拉湖及尼瓦河为界。

④好望角：位于大西洋和印度洋的汇合处，即非洲南非共和国南部。

⑤奥涅加湖：位于俄罗斯西北部，大部分位于卡累利阿共和国境内，南部在列宁格勒州和沃洛格达州境内。

明一点风也没有，连挂在枝头的树叶都纹丝不动，云为什么会飘走呢？

仔细一看，原来是遮天蔽日的野鸭群和鸥群。秋天来了，叶子落了，它们该搬家了。针尾鸭群和蓝鸥群已经在空中排好队列，向着西方行进。它们从奥涅加湖启程，要经过列宁格勒（今圣彼得堡）、芬兰湾、拉脱维亚、波罗的海、北海，再沿北海海岸抵达不列颠岛。等到这漫长的旅程终于告一段落，野鸭和鸥鸟会停下来，在那里度过整个冬天。

这一路向西的旅途中，最让野鸭和鸥鸟感到困扰的是如影随形的敌人——游隼。从出发地开始，游隼就尾随鸟群，它们始终和鸟群保持着一定距离，一起行动、一起休息，简直就像这支队伍的编外人员。大多数时间，游隼会跟在鸟群后面飞翔，或蹲在树木、岩石上看野鸭、鸥群和阳光起舞，与海浪嬉戏。

从东往西飞行的鸟儿

不过，一旦游隼肚子饿了，它们就会凶相毕露。游隼掠过灰蒙蒙、冷冰冰的海水，沐浴着昏黄冷漠的落日霞光，像一支支射向鸟群的利箭。一时间，大海上空到处都是惊慌失措的身影，痛苦与绝望的嘶鸣声和海水的呜咽、海风的咆哮混在一起，尽显凄凉。最后，那些动作慢的鸟儿成了游隼的晚餐。

面对这些可怕且难缠的敌人，野鸭和鸥鸟毫无办法。这些恶魔会一直跟着候鸟飞到不列颠岛，之后，它们或者留下过冬，或者尾随其他鸟群转而朝南飞，经过法国、意大利，飞过地中海，去往炎热而神秘的非洲。

往北，往北，飞向长夜漫漫的地区

冬天，为了抵御寒冷，人们都会穿上厚厚的鸭绒大衣。那些又轻又暖的鸭绒其实是多毛绵鸭的绒毛。有了这天然的御寒外套，难怪多毛绵鸭对寒冷毫无畏惧，和其他迁徙的鸟儿背道而驰，一直朝着北方飞呢。

多毛绵鸭生活在白海的坎达拉克沙禁猎区。白海是北冰洋的边缘海，当温度渐渐降低，这里会被厚厚的冰层覆盖。缺少食物的多毛绵鸭会飞到相距不远的奥涅斯湾，那里的苔原上长着艾蒿（ài hāo）[①]，岩石和水藻里还藏着美味的海螺。多毛绵鸭有时候还会飞到北冰洋，甚至会一直朝北飞往极夜地区。反正它们穿着世界上最暖和的鸭绒大衣，一点也不怕刺骨的寒气。

只要有足够的食物，多毛绵鸭对温度一点也不挑剔。更何况，在辽阔的北冰洋上，还有格陵兰海豹、白鲸这些大家伙陪它们玩耍，还有神秘的极光，连续几个月不消失的月亮、星星，都是多毛绵鸭的玩具。

---

①艾蒿：也称艾草，多年生草本植物，有浓烈的香气，分布于亚洲及欧洲地区。

最初，禁猎区的人们并不了解多毛绵鸭的生活习性。他们对这种鸟儿到底会去哪里过冬，迁徙路线是怎样的，以及能否返回禁猎区的巢穴等问题毫不知情。后来，研究者给它们戴上了刻着标记的金属脚环，才渐渐地解开了这些谜团。

森林里的激烈战争（结束篇）

森林砍伐地上的激烈战争持续了一年又一年，终于，接近了尾声。

100 年前，我们脚下的这块土地上本来只生长着年老而茂盛的云杉树。但是，当伐木工人把它们砍倒以后，这块失去领主的土地就成了云杉、白杨、白桦、野草及各种生命的战场，它们一批批倒下，又一批批站起来，循环往复。

如今，旷日持久的战争终于结束了，100 年的时间不过是一个循环，一切都回到了最初的模样！云杉林立，在它们脚下，躺满其他树木的尸体。

云杉的寿命远远长于白桦和白杨，所以，当云杉长成壮年，进入生命高潮的时候，那些高大的阔叶树早就垂垂老矣。云杉铆足了劲儿向高处蹿去，很快就超过了白杨树和白桦树。它们撑开了绿色的大伞，这是云杉的生命之伞，也是其他树种的死亡之伞。

渐渐地，喜光的阔叶树们因为没有充足的日照而枯萎、死去了，它们狼狈地臣服在云杉脚下，被蛀（zhù）虫、木蛀蛾[①]、地衣和苔藓啃噬，并最终腐烂，成了胜利者的养料。

---

①木蛀蛾：一种害虫，身体肥大，常在林间等幽暗地方出没。

有了它们的奉献，云杉一刻不停地向着高处生长，尽情伸展枝丫。终于，这块土地成了一座常年不见阳光的堡垒。鸟儿飞走了，野兽离开了，连昆虫都鲜来造访，因为这阴暗的地方连一株新鲜嫩绿的植物都活不下来，昆虫可不愿意去啃咬硬邦邦的云杉树枝。

空气仿佛停止了流动，只能听见云杉拼命生长的声音。到了冬天，连这点声音都没有了。所有生命都停止了生长，也停止了战斗，它们安然入睡，静静等待着春天的到来。

然而，云杉也并非最后的胜利者。在它们脚下，敌人的尸体还没有完全腐败时，伐木人就已经拎着沉甸甸的斧头，带着轰轰作响的电锯来了。高大坚硬的云杉是优质的木材，人们已经决定把这里作为今年的伐木场。

当然，在这块土地上，明年春天肯定会爆发新的战争，但云杉不可能参战了。为了改变云杉独霸一方的局势，人们会把新的树种移植到这里，到时候，死气沉沉的氛围应该会得到改善。

鸟儿会回来，野兽也会回来，蝶飞蜂舞，鸟语虫鸣，才是一座充满活力的森林。

农庄生活

快乐而忙碌的暑假已经结束，孩子们纷纷背起书包上学去了，农田里只能看到大人的身影。

庄稼收割得差不多了，菜园里的土豆、卷心菜已经被运回家，只有谷地和斜坡上，还铺着一大片一大片的亚麻。得经过足够的风吹、日晒和雨淋，亚麻皮才能轻松地被搓下来，到那时候，人们就会把它们收集到一起，捆成捆儿，送到打谷场。

秋播的庄稼长势不错，绿油油的，完全不需要人们多费心思。唯一让人烦恼的，是那成群的灰山鹑（chún）[1]。它们时常跑到秋麦田里去搞破坏，猎人只好提着枪随时围着麦田溜达。

不用去田里的人也没闲着，他们要把新粮磨成面粉，用来做馅饼和面包；还要把运回家的土豆埋进干燥的沙坑，整个冬天，人们都离不开它，必须将之妥善储藏。偶尔，也会有人把吃不完的土豆送到车站，再运到城里去卖。

总之，勤劳的人们一直忙碌着，不得空闲。

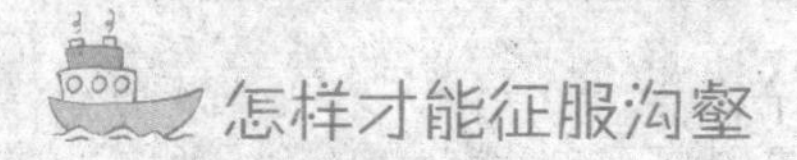

怎样才能征服沟壑

农田里出现了一些沟壑（hè），而且面积越来越大，威胁着庄稼的生长。

春天，人们在一起商量出了解决办法，那就是在沟壑边缘种满树木，让有力的树根紧紧抓住土壤，制止沟壑的蔓延。确定解决方案后，人们很快就行动起来，修建了一个大型的苗圃，栽满根系庞大的白杨、槐树，还有能延伸很大面积的藤蔓（téng wàn）[2]灌木。

现在，树苗已经全部成活，而沟壑的威胁正在一天天加剧。农场里的大人和孩子们一起，正把苗圃里的树苗移植到

①灰山鹑：全长约300毫米，身体羽毛为灰褐色，以植物性食物为食。它主要栖息在河边或湖边的树丛、山地田野以及农村附近。

②藤蔓：根生于土壤中的一种易弯或柔软的木本或草本攀缘植物。

沟壑两旁，巩固沟壑的边缘和斜坡。

当这些树木一天天长大，树冠会遮起一片片绿荫，更重要的是，沟壑的斜坡将被树根固定，再也无法向四周扩展。

快来采摘种子

9月，不管是灌木还是乔木，都纷纷结出了果实和种子。苹果树、野梨树、西伯利亚苹果树、欧洲板栗树、榛（zhēn）树①、雪球花树、红接骨木树②、皂荚（zào jiá）树③、狭叶胡颓子树④、沙棘（shā jí）树⑤、丁香树、野蔷薇（qiáng wēi）的种子都已经成熟，到了采集时期。

人们纷纷带着工具走到森林中，尽量多地采集种子，然后带回家，晒干储存起来。采集种子也要掌握“火候”，比如有些树木的种子刚一成熟就应该采摘下来，比如尖叶槭树、橡树和西伯利亚落叶松⑥的种子，最好在短时间内采集完毕。

---

①榛树：落叶灌木或小乔木，花黄褐色，果实叫榛子，果皮坚硬，果仁可食，花期为3～4月，11月结果。

②接骨木树：落叶灌木或小乔木，高4～8米，喜光，耐寒，耐旱，根系发达。

③皂荚树：又名皂角树，落叶乔木，树高可达30米，生于路旁、沟旁等，可做药材。

④胡颓子树：又名幽谷巨人，常绿灌木，果熟时味甜可食，根、叶、果实均供药用。

⑤沙棘树：一种落叶灌木，耐旱，抗风沙。

⑥西伯利亚落叶松：又名红松，落叶乔木，分布在海拔1200～2600米的山坡上。它为阳性树，树型美观大方，生长迅速，适应性强，喜酸性土壤，耐寒冷。

还有的树木，可以等到种子在枝头被晒干后再摘下来，这样直接储存即可。

这些种子会被种在苗圃里，培育成健康的树苗，然后被移植到沟壑边、沙漠里、河堤上，来绿化我们的世界。

这是我们的好点子

植树造林真的是一件利国利民的好事。你看，把树木栽在池塘周围，可以洒下一片绿荫，防止太阳把池水晒干；把树木栽在河岸上，可以加固堤岸，防止泥沙流失到水里；把树木栽在学校的体育场上，既能绿化土地，还能减少风沙对学生们的侵扰。

春天是适宜植树种草的季节，我们甚至专门设立了“植树节”。那些在这个日子被栽种下去的树苗，如今已经长成茁壮的青年，保护着一方水土。

但是，还有些人无意中对树木构成了伤害。比如在农庄里，一到冬天，总会下几场大雪。厚厚的积雪覆盖了农田、村庄里的道路。为了路人的安全，人们只好砍伐许多小云杉，把树干做成标杆，树立在道路两旁指示方向。

这种方法虽然有效，但未免太浪费木材了。我们完全可以在路边直接栽种小云杉，这样，既能指示方向，防止路人迷路，又能绿化道路，减少风沙，还能减少对植被的破坏。这个方法简直一举三得，一劳永逸，那么，不妨把它列入明年植树节的重点关注计划吧。

——森林通讯员　万尼亚·札米亚青

农庄新闻

（尼·巴甫洛娃）

原来，挑选母鸡也有诀窍。昨天，养鸡场里的专家为人们展示了如何挑选最爱下蛋的母鸡。

母鸡们都被赶到了墙角，缩成一堆。专家上前先打量了一阵儿，然后从一直“咯咯嗒嗒”乱叫着的鸡群里抓出一只。这只鸡嘴巴很长，鸡冠颜色很浅，身子瘦小，而且两只眼睛像蒙着一层雾气，一点儿神采也没有。专家双手紧紧握着鸡的腹部，把它举过头顶，展示给人们看：“像这种看上去就非常萎靡的母鸡，肯定不会好好下蛋的。”

然后，他把这只鸡放下，又从鸡群里选出了另一只。这只鸡明显比刚才那只活泼很多，它的鸡冠为鲜红色，像顶着一朵大红花，两只墨染一样的黑眼睛滴溜溜地转动，闪着灵动的光芒，而且这只母鸡不像其他伙伴那样脏兮兮的，它的羽毛被梳理得整齐而干净。

当专家把它从鸡群中捉出来后，它不安地来回转着头，嘴里发出轻微的“咯咯”声，好像在请求专家把它放回地上。专家说：“像这样又精神又活泼的母鸡，才是产蛋的高手啊。”

星期天，小学生们来到菜园，帮助农民收割成熟的蔬菜。

在成堆的甜菜、冬油菜、芜菁（wú jīng）[1]和香芹菜中，他们惊讶地发现原来芜菁的块头那么大，竟然比个子最大的男孩儿瓦吉克·别特罗夫的头还要大一些，难怪这种作物又被称为“大头菜”。

等到农民伯伯把胡萝卜挖出来，他们惊讶得连嘴都合不上了。天哪，世界上竟然有这么大的胡萝卜！它的高度达到了葛娜·拉里诺娃的膝盖，上半截甚至达到了一个手掌的宽度。这么大的胡萝卜，大概能够用来当武器攻打敌人了吧。孩子们笑嘻嘻地议论着，他们深信这种大胡萝卜可以当作手榴弹投掷到敌方阵营，而且在古代，它还可以作为大棒，把敌人打晕。

当然，也有人给兴高采烈的孩子们浇冷水，外号“头太小”的小别特罗夫扫兴地说：“醒醒吧！古代人根本种不出这么大的胡萝卜！”

无论如何，在这个星期天里，孩子们见到了从未见过的大块头，他们感到非常高兴。

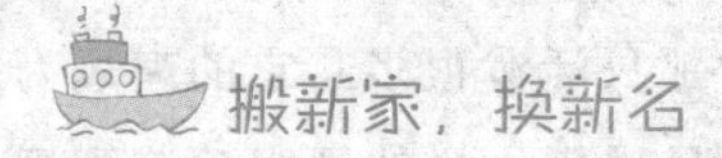

搬新家，换新名

春天，鲤鱼妈妈在一个小池塘里产下了 70 万粒鱼卵。这个池塘里没有其他鱼类，也鲜有爱吃鱼子的坏家伙过来游荡，所以鱼卵都顺利孵化，变成了小鱼苗。小鱼苗悠游自在地生长在温度适宜、食物丰富的池塘里，不到两周就长大了很多，以至池塘里显得非常拥挤。

于是，一部分小鱼经过漫长的跋涉，把家搬到了另一个大池塘，并在那里继续生长。夏末时分，这些小鱼苗已经和

---

①芜菁：又叫大头芥，外形酷似萝卜，供食用，肉质柔嫩、致密，供炒食或腌渍等。

妈妈长得差不多了，只是个头小一些，它们已经可以被称为“鲤鱼”了。

如今，秋天到了，池水温度越来越低。小鲤鱼们不得不再次搬家，它们得找一个温暖的池塘，并在那里度过寒冷的冬天。

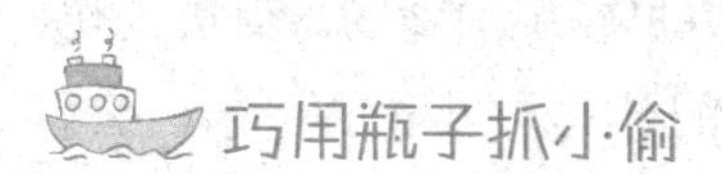

巧用瓶子抓小偷

勤劳的蜜蜂酿造了很多蜂蜜，香甜的味道能传出很远，因此把贪婪的黄蜂吸引过来了。它们小心翼翼地靠近蜂房，想把里面的蜂蜜偷走。

但是，它们的计划被突发状况打断了。在养蜂场上，摆放着一排玻璃瓶子，它们反射着耀眼的太阳光。看上去这似乎有什么圈套，但源源不断飘出的蜂蜜味让黄蜂连口水都要滴下来了。瓶子没有盖好，也没有养蜂员或者凶猛的蜜蜂把守，和去蜂房偷蜜相比，在这里下手更容易成功吧？

黄蜂绕着瓶子飞了几圈，没发现什么不妥。于是，它们谨慎地落在了瓶口，尝到了好甜的味道。迫不及待的黄蜂钻进了瓶子，然后就再也没能飞出来——它们被蜂蜜水粘住了，越挣扎陷得越深，终于被淹死了。

——尼·巴甫洛娃

打猎去

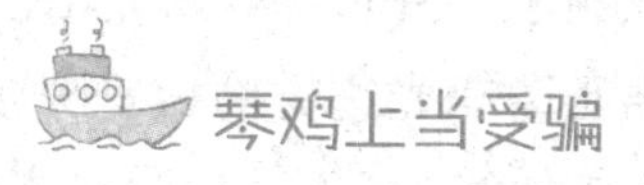

琴鸡上当受骗

在秋天的树丛里，只剩下了少量浆果。饥饿的琴鸡们很快聚拢到一起，不管是黑色的雄琴鸡，还是棕黄色的雌琴鸡，纷纷围着可怜的浆果啄食起来。它们边吃边叫，简直吵死了。

吃饱肚子的琴鸡落在地上，用脚爪或坚硬的嘴巴刨开地面的杂草，捡了一些细沙和碎石子吞进了肚子里。千万不要以为它们这样做是被饿懵了，其实，这些坚硬的东西能帮助它们磨碎嗉囊和胃里较硬的食物，促进消化。

突然，吵嚷的琴鸡群安静了下来。它们转动着灵活的脖子，左顾右盼，还互相对视几眼，它们都听到附近不知什么地方传来了“沙沙”的脚步声。

快走！所有琴鸡下意识地拍动翅膀，眨眼间就飞到了空中。

原来是一只长着尖耳朵的北极犬跑过来了。猎犬扑了个空，只能不满地仰头朝着琴鸡们大叫，“汪汪汪，汪汪汪”。然后，琴鸡们放松了警惕，蹲在树上，反正那个笨家伙也不会爬树。

琴鸡和猎犬陷入了拉锯战，猎狗不肯离开，琴鸡们也不肯从树上下来，它们互相瞪着对方，谁都不肯退让。缺乏耐心而且饿着肚子的琴鸡很快烦躁起来，它们还急着回去吃浆果呢。

“砰！”枪声响了。一只肥大的琴鸡应声而落，重重地摔在了杂草丛里，猎犬扑过去，叼起死琴鸡，得意扬扬地跑走了，大概是去向它那藏得很隐蔽的主人邀功去了。

余下的琴鸡早就飞上了高空，劫后余生的它们忐忑不安，不知道到底落在哪里才会安全。

后来，它们来到了一片白桦树林，并且见到了同伴——三只黑色的雄琴鸡正蹲在光秃秃的白桦树干上。看来这里非常安全，否则它们怎么会一动不动地蹲在这里呢？

琴鸡群纷纷落下来，好奇地打量着三位新伙伴。它们长得可真漂亮，漆黑的羽毛，鲜红的眉毛，乌亮的眼睛，连翅膀上的白斑都擦洗得很干净，和脏兮兮的自己相比，简直就是族群中的贵族。新来的琴鸡“咕咕哝哝”地叫着，像在和三位伙伴打招呼。但贵族们高傲地蹲在枝头，理都不理。

“砰、砰！”连续两声枪响，琴鸡们迅速飞离枝头，但是，还是有两只倒霉的琴鸡被射中，痛苦地跌下去了。其他琴鸡狼狈地逃走了，只留下那三只骄傲的家伙，仍然一动不动地蹲在枝头。

不一会儿，呛人的火药味散去了，这里好像什么都没发生过。

又有路过的琴鸡群落到白桦树上，像刚离开的那群一样，好奇地打量着三位伙伴。它们继续保持着高傲的作风，毫不理睬。

“砰、砰、砰！”枪声再次响起。一切像刚才一样，受伤的琴鸡掉在地上，受到惊吓的同伴飞走，那三只奇怪的家伙还在那里。

一天之内，这样的场景不知道出现了多少次。那三只琴鸡始终没有离开白桦树，甚至连羽毛也没抖动一下。

到了傍晚，一位猎人从不远处的大树后走了过来，他肩膀上、背后，挂着很多只死琴鸡。那可是他这一天来的收获。猎人把猎物堆在树下，把枪背到背上，慢慢地向树上爬去。那三只琴鸡居然还是一动不动，眼睛都不眨一下。它们竟然连猎人也不害怕！

最后，猎人爬上树，把三只琴鸡“拿”了下来。确实是“拿”下来的！

原来，那是三只人工制作的假琴鸡，除了嘴巴和尾巴是真的，其他部分都是由黑绒布和竹竿儿、塑料做成的，连那乌黑发亮的眼睛都只是黑色的玻璃球而已。它们不过是猎人用来诱惑琴鸡的诱饵罢了。

明天，猎人会带着它们到另一片林子里去。到了那里，肯定还会有愚蠢的琴鸡继续上当。

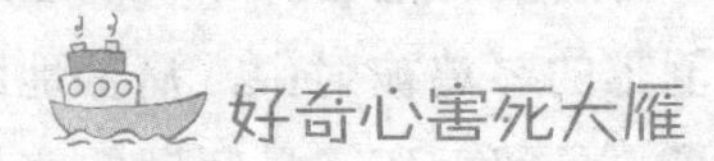

好奇心害死大雁

琴鸡会上当，是因为对“同伴”的盲目信任；大雁会中圈套，完全是好奇心作祟。

人们都知道大雁做事特别谨慎。当雁群飞累了，会选择人迹罕至的僻静处栖息，或者是在那些有天然屏障、敌人无法靠近的场所休息。如远离河岸的沙滩，猎人们走不过去也爬不上去，隔得太远也无法瞄准，只能眼睁睁看着干着急。

为了保险起见，大雁还会安排哨兵放哨。被委以重任的是经验丰富、反应敏捷的老雁，当其他同伴把头缩在翅膀下睡着后，机警的战士还睁大眼睛四处张望。一旦有情况，哨兵会第一时间拉响警报，大雁们就会飞上高空避险。

好奇心害死大雁

这天，一只大雁正在站岗。河岸上的一只小狗吸引了它的注意力。那只狗没有靠近雁群，而是在岸边蹦来蹦去，它一会儿向前一会儿向后，时而蹿得很高，时而匍匐在地。

它到底在干什么呀？

大雁伸长脖子，歪着头看了半天也瞧不出端倪，它的好奇心彻底被勾了起来。最后，这只大雁竟然离开哨位，跳进水里，朝着河岸游了过去。还有两三只被吵醒的大雁也跟在它后面，随着激荡的水流，摇摇摆摆地“探险”去了。

直到靠近岸边，它们才发现原来小狗在追逐食物。一些美味的面包团儿从河岸的一块石头后面不断地被抛出来。小狗跳跃着去接那些快坠地的面包，有些掉在了地上，它只好俯下身子去吃。

小狗正快乐地摇着尾巴，石头后面却突然安静了下来，没有面包团儿被丢出来了。

情况不妙！意识到危险的大雁正要飞起来，一支黑洞洞的枪口已经从石头后伸了出来。“砰、砰、砰！”枪管儿冒着黑烟，那几只好奇的大雁已经浮在水面上一动不动了，殷红的血迹渐渐渗到了河水里。

这匹马儿居然有六条腿

疲惫而饥饿的雁群在天空中盘旋着，它们发现了一块收割完的麦田，散落着一些麦穗。观察了很久，确定这块田地上只有几匹性情温和的马，雁群才落了下来。

多数大雁开始吃食，还有几只负责警卫。它们像忠诚的卫士，一边巡逻，一边警惕地查看四周。那些马在不远处悠闲地嚼着干草和麦秆，没有打扰雁群。

过了一会儿，有一匹马一边吃食，一边朝着雁群溜达过来。警卫们立刻提高了警惕等级，但是，它们也知道马是一种食草动物，不会伤害鸟类，所以它们并没有发出鸣叫。

这匹马越走越近了，大雁警卫这才发现了奇怪的事情：这匹马竟然长着六条腿！更奇怪的是，其中两条腿还穿着衣服！这肯定是个陷阱。一只大雁警卫立刻飞了起来，其他几只也跟着“咕咕咕”地叫着，向其他伙伴发出了警报。

大雁飞到上空，立刻明白了是怎么回事。原来，一个提着枪的猎人正蹲在那匹马后面，以马作为掩护，弯着腰在靠近雁群。大雁立刻发出了凄厉的叫声，整个雁群迅速扑棱着翅膀飞了起来，地上扬起了一层尘埃。

猎人赶紧站直身体，端起枪朝空中射击。可惜，雁群早就已经飞走了。

谁敢来挑战

每天晚上，森林里都会传来麋鹿的嘶吼，意思只有它的同类明白：“来吧，挑战我吧！谁有勇气，就来和我决斗吧！”

经不住激将的雄麋鹿从洞穴里钻了出来，向着声音传来的方向飞奔而去。

这只雄麋鹿是麋鹿家族中的勇士。它长着宽阔的犄角，伟岸的身躯，足足有 400 多千克重，身长接近 2 米。这个庞然大物不仅跑得很快，而且冲撞的力量也特别大，谁要是被它撞一下或踩一脚，肯定连性命都保不住了。难怪它所经之处，那些弱小的兔子、狐狸都吓得钻进了草地里、灌木丛，就连本来栖息在树上的鸟儿都被惊飞了。

森林深处的家伙一直没有停止挑衅：“胆小鬼们！谁敢

出来和我决斗！你们这群胆小鬼……”

雄麋鹿更加生气了，它气势汹汹地向前冲去，眼睛瞪出了红血丝，犄角上的13个分叉仿佛随时都会刺穿敌人的身体。它一路寻找着声音的主人，最后来到了森林里的空地上。

挑衅的声音还在继续，但雄麋鹿左顾右盼也没有找到敌人。它正在纳闷，突然听见身后的灌木丛里有“沙沙”的摩擦声响起，身材庞大的雄麋鹿还没转过身，沉闷的枪声就响起来了。

霎时，树木上、草丛里熟睡的动物都被惊醒了，森林里一阵喧闹。

直到雄麋鹿重重地倒在地上，躲在灌木丛里的“敌人”才走了出来。哪里是什么来挑战的麋鹿啊，那分明是一个手持猎枪的猎人。而那“嚯嚯嚯”的嘶吼声，正是从他拿着的喇叭里传出来的。

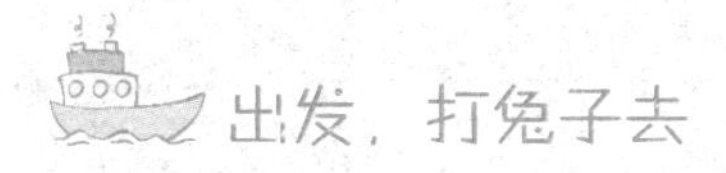

出发，打兔子去

车站挤满了熙熙攘攘的人群，还有很多猎狗蹲在人们脚下。人们在相互寒暄，狗也没闲着，不管是紫色的长毛狗，还是淡黄色的粗毛猎犬，或者黑色带黄斑的斑点狗，都大声叫着，像在聊天一样。

原来，又到了狩猎的时间，报纸上已经发布公告，狩猎爱好者可以自由地捕兔了。

禁猎解除的第一天，人们就带着猎犬出发了。这次随他们上路的伙伴，不是夏天带的那种善于捕捉飞禽的品种，而是有丰富猎兽经验的特种狗，它们会根据动物留下的痕迹来确定追捕方向，并一路跟踪到猎物的藏身之所，把它们赶出来后一边追击一边大叫，配合主人完成狩猎。

这些狗的体形比较庞大，而且相对凶猛，不是所有人都有能力和条件饲养。所以，很多人背着猎枪独自上路了。我和其他几个同伴，都是没有猎狗的可怜人。但我们还是很兴奋，因为我们此行是要去农场找猎人塞索伊奇，他会带我们一起到森林里打兔子。

一走进车厢，我们的队伍立刻引起了别人的注意。这是因为，在我们同行的 12 个人中，有一个足足 150 千克重的胖子。这位朋友并非猎人，但为了多消耗脂肪，医生建议他增加运动，于是他才决定跟我们一起去打猎。

现在，他正费力地穿过车厢之间的窄门，像被卡住了一样，难怪其他乘客都微笑着在小声交谈。那场面确实太滑稽了。

围猎前的准备工作

晚上，稀朗的星光镶嵌在深沉的暮色里，我们终于抵达了森林车站。刚从车上下来，就看见塞索伊奇微笑着在旁边等候。那天，塞索伊奇带我们到他家休息。

第二天一大早，塞索伊奇就带我们上路了。到了森林边上，我们看到那儿早就站着一群人。原来他们是塞索伊奇从村里请来帮忙的。过会儿围猎开始，他们将负责站在森林边缘呐喊，不但能给我们助威加油，更重要的是喊声能把猎物从草丛里、灌木中驱赶出来。

作为枪手，我们 12 个人将通过抽签，按照塞索伊奇指定的签号位置隐藏在森林里。我抽到了 6 号签，胖子先生是 7 号，他站在距离我 60 步左右远的地方，而我正站在一片赤杨和白杨树的对面，杨树中间还夹杂着一些掉了叶子的白桦树。

这些树木高大茂密，在我面前形成了一堵厚厚的墙。再过一会儿，兔子、琴鸡、松鸡或者其他动物就会穿“墙”而过，惊慌失措地跑到我跟前。到那时我只要镇定地瞄准、开枪就可以了。

为我们指定好了藏身之所，塞索伊奇也没忘记向我们交代一些围猎的规则，比如不许猎杀禁猎的动物；要听到他的信号再开枪；要沿着狙击线开枪，而且当呐喊人的声音很近时，要停止开枪，这是为了避免误伤队友。

塞索伊奇的表情非常严肃，每次谈到捕猎的事情，他总是异常认真，毕竟这是一件危险的事情。叮嘱完注意事项，塞索伊奇没有立刻离开，而是盯着那位胖先生看了很久，然后告诉他不必钻到灌木丛深处去，只要和灌木并排站着就可以了。而且，他还调侃地说胖先生的两条粗腿简直像树桩子一样，好在对方并没有生气，而是按照他的吩咐调整着自己的位置和站姿。

一切安排妥当之后，塞索伊奇骑上马去布置森林外的事务了，只剩下我们安静而焦急地等待围猎开始。

我们这群人织起了一张密不透风的大网，只要猎物撞进来，就一定逃不掉！

闲腿捉兔子

“呜——呜——”经过漫长的等待，终于传来了清晰的号角声，悠长而响亮。这是塞索伊奇发出的信号，说明在森林外负责呐喊的队伍正朝我们所在的位置推进。

呐喊声还没传过来，7号位置上的胖子先生已经举起了双筒枪。他端着枪，聚精会神地平视着前方。那把枪实在不轻，他这么早就举起来，难道不累吗？

在12个枪手围成的狙击线上，传来了第一声枪响，最右边的枪手首先开枪了。紧接着，左边也响了两声。然后，枪声响作一片。

胖子也开枪了，他在打琴鸡，可是没有任何动物朝我跑来。不过，胖子今天实在运气不佳，他连开几枪，只是把琴鸡吓得飞高了些，没有任何收获。

随着呐喊声逐渐靠近，我隐约听到了木棍敲打树干和草丛的声音，还有“叮叮当当、咚咚锵锵”的锣鼓声。有这么大动静助阵，肯定会有更多猎物跑出来。

果然，一只白色毛皮上裹着灰色绒毛的兔子蹿出来了。它本来是朝我跑来，大概被我的枪口吓到了，转身跑向旁边的胖子。

“快开枪！”我喊了起来。

但是，胖子好像有些紧张，没有打中。更夸张的是，慌不择路的兔子跑到他跟前，居然想从他粗壮的两腿间钻过去。胖子慌里慌张地丢了枪，两腿一夹……

天哪！世界上居然有人想用腿捉兔子！

用腿捉兔子

“哈哈哈哈哈！”这一幕实在太有趣了，我甚至忘记自己的任务，捂着肚子大笑起来，笑得眼泪都流出来了。

他当然没有成功，兔子逃脱了，他也脚下不稳，摔倒在地。

“喂，伙计，没摔伤吧？”我强忍住笑意问道。

他不好意思地抬起手，手里还攥着一撮白毛：“让它跑掉了！我本来可以动作更快一点的！”

就在这会儿工夫，眼看又有两只白兔跑出来，但谁也不敢开枪，因为它们正沿着狙击线逃跑，盲目开枪可能会误伤队友。

后来，呐喊的队友渐渐地聚拢到了我们身边，听我讲到刚才胖子用腿捉兔子的事情，大家都笑得前仰后合。

神枪手

在森林里忙活了很久，收获实在不小：满满一大车猎物。

在塞索伊奇的催促下，我们开始启程前往下一个目的地——田野。塞索伊奇说那里也是围猎的好场所。才走了没多远，胖子就走不动了，他累得气喘吁吁，最后只好爬上了装猎物的车，引来了猎人们的一顿嘲笑。

车在狭窄的林间道路上前进着，到了一个拐角处，一只黑色的雄松鸡突然出现在我们上空。猎人纷纷举起了猎枪，枪声接连响起，那只松鸡却像随身携带着“子弹探测仪”一样，前后左右地飞翔着，绕开了所有子弹。

眼看松鸡就要逃走了，一直旁观的胖子突然举起了枪。

“砰！”这是射击的声音。

“啪！”这是松鸡坠地的声音。

不偏不倚，那只松鸡正好落在了车上，胖子用小树干一

样粗壮的胳膊拎起了自己的猎物，露出了得意的笑容。

所有猎人都愣住了，谁能想到那个笨拙的家伙突然就变成了神枪手呢。

这一幕彻底折服了所有人，猎人们不仅不再嘲笑他，甚至还忘记了他刚才是怎样夸张地用腿捕捉兔子。

——来自我们的专业记者

天南地北：各地无线电呼叫

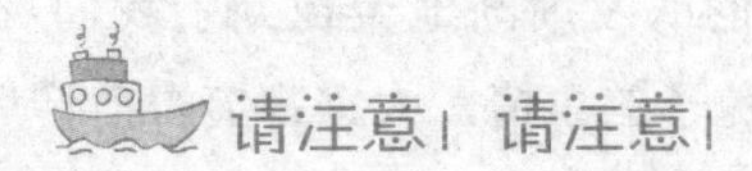

请注意，请注意！今天是 9 月 22 日秋分日，这里是位于列宁格勒（今圣彼得堡）的《森林报》编辑部。

按照之前的约定，今天我们将重开无线电广播。请世界各地的苔原、高山、沙漠、草原、森林、海洋，在听到我们的呼叫后，为听众们描绘一下你们那里的秋天各有怎样的风光。

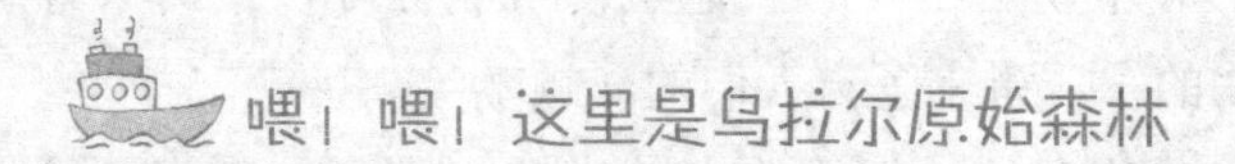

舞台大幕已经拉开，乌拉尔原始森林的秋风魔术师正在表演魔术。只见它衣袖轻拂，白桦、白杨和花楸（qiū）树[①]的叶子就纷纷变成了黄色、红色；又见它大手一挥，落叶松硬挺的绿色针叶就变成了柔软而温和的金黄色。

---

①花楸树：落叶乔木，喜湿，喜阴，耐寒，皮灰褐色，芽及嫩枝都有白色绒毛。

这个神奇的地方吸引着远方的来客。从北方、苔原飞来的野鸭、大雁和其他鸣禽迁徙时正好经过这里，它们落在森林里休息、觅食，整顿因疲惫而略显懒散的队伍，顺便欣赏每个小时都在变化的秋景。到了半夜，鸟群又悄悄出发了。

刚送走它们，森林里又迎来了一群灰雀、松雀、朱顶雀[①]和角百灵[②]。它们不是路人，而是新来的居民。它们要在这座辽阔而深邃的原始森林里度过整个冬天。

草丛里、树枝上，乌黑的松鸡、笨拙的琴鸡，这些本地居民一直在欢唱，用歌声表达着对新邻居的欢迎。星鸦，这种长着斑点的乌鸦可不像琴鸡那样悠闲，它们忙着把榛子藏在树根下，等肚子饿的时候再吃。

野兽们也没闲着，它们都在为即将到来的冬天做准备。

长尾鼠、短尾野鼠和水老鼠，把偷来的、捡来的、抢来的各种食物都搬进了自己的仓库；松鼠把蘑菇挂在树干上晾晒，因为干蘑菇更容易储存；金花鼠[③]拖着细长的尾巴，把葵花籽和坚果藏进了洞穴里的储物间；雄壮的黑熊没急着觅食，因为它觉得装修房子是最重要的事情，它看中了云杉树的树皮，那是做褥子的好材料，难怪它一整天都绕着云杉树打转儿呢。

看到这些勤劳的动物忙着储存过冬的粮食，人们当然也不甘落后。土豆已经挖完了，只要再把菜园里的甘蓝收回家，

---

①朱顶雀：又名朱顶，常见于溪边、农田、果园中，可供观赏。

②角百灵：一种小型鸣禽，中等体型的深色百灵，身长15～17厘米。它栖息于干旱山地、荒漠、草地或岩石上，以昆虫和草籽为食。

③金花鼠：背部有五条纵条花纹的小型松鼠，身长约15厘米，尾长约12厘米。它主要以植物为食。

储存到地窖里，农活就基本完毕了。劳累的人们还是不肯闲着，他们打算结伴到原始森林里采摘些坚果，还要在灌木丛里采些酸甜可口的野果，带回家给孩子们吃。

9 月的乌拉尔森林里，有晴朗的日光、和煦的微风，细长的蛛丝正在林木下闪闪发亮，三色堇①的香味缭绕在所有生命的周围。真是一个让人无比惬意的季节！

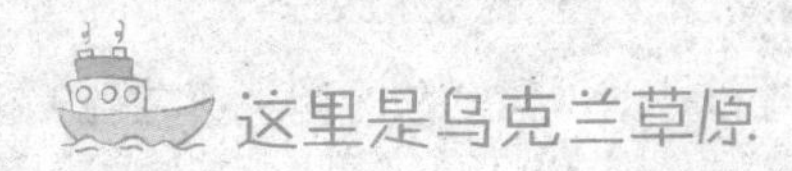

这里是乌克兰草原

我们这里是乌克兰②草原。

在 9 月的乌克兰草原上，最引人注意的是在草原上奔跑、跳跃的风滚草③。

风滚草是草原、戈壁里最常见的植物。当旱季来临时，风滚草会把根从土里收起来，和长长的茎叶一起，团成圆滚滚的球。热风吹起，这些草球就会滚动着，越过山包，碾过碎石，飞过树墩，除非被勾挂住，否则它们就会一直奔跑下去。但凡秋季到过乌克兰草原的人，大多都见过这种像轮子一样滚来滚去的植物。在滚动过程中，藏在草球里的种子会撒落在地上，这是风滚草繁殖后代的方式。

等到肆虐的热风停下来，干旱已经给农民带来了困扰。幸好农田旁边的森林带已经渐渐长大，而且伏尔加河 - 顿河

①三色堇：常见的一种野花，通常每花有紫、白、黄三色，花期 4 ~ 7 月，果期 5 ~ 8 月。

②乌克兰：位于欧洲东部，总面积为 603700 平方千米，是欧洲除俄罗斯面积最大的国家。

③风滚草：又叫滚草，是戈壁一种常见的植物，当干旱来临的时候，会从土里将根收起来，团成一团随风四处滚动。

列宁运河[1]的灌溉渠很快就打通了，这多少能缓解风沙和干旱对农作物造成的威胁。

和庄稼相比，果树并没有受到热风的太大影响。城市里的市场上，小山一样的苹果堆、西瓜堆、香瓜堆馋得人直流口水。

像乌拉尔原始森林一样，这里也承担着迎来送往的接待工作。路过的鸟儿偶尔停留，原有居民在沼泽地、草原湖上空飞来飞去，随时准备启程。草原上还有很多肥大的兔子，它们不仅吸引了猎人，还把狐狸和狼也引来了。

猎人们扛着枪，带着猎犬，时而打鸟，时而捕兔。偶尔他还可能遇到一头凶狼，让狩猎的过程充满惊险和挑战。

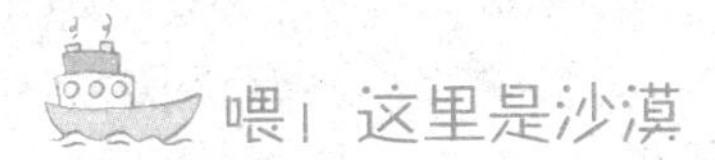

喂！这里是沙漠

现在我们这里的生活可谓多姿多彩。被太阳晒得直冒烟的酷夏终于过去了，雨点滴滴答答地落下来，沙漠里的生命迎来了入秋后的第一场狂欢。

雨水把弥漫的沙尘带回了地面，空气变得清新而凉爽，罕见的沙漠植物好像变得更绿了些，扬起了整个夏天都垂着的脸庞。

瞧，蜘蛛、蚂蚁、甲虫，都从阴暗的地下爬出来呼吸新鲜空气了。连睡了很久的金花鼠也被秋精灵叫醒，拖着长长的尾巴探出洞口，伸着爪子揉了揉惺忪的睡眼。不好，前方有一条凶残的蟒蛇正虎视眈眈，金花鼠“哧溜”一下又钻回

①伏尔加河－顿河列宁运河：在俄罗斯欧洲部分东南部，连接伏尔加河和顿河。

了洞里。

我们在沙漠里继续前行，感觉好像回到了春天，绿色的植物、蓬勃的生命，让这里不再像夏天那样一片死寂。鸟儿在天上飞来飞去，沙漠猫①、羚羊、草原狐②撒欢儿似的奔跑着。

等到那延续几千千米的巨大防护林工程最终完成，这片沙漠将会变成美好的生命绿洲。

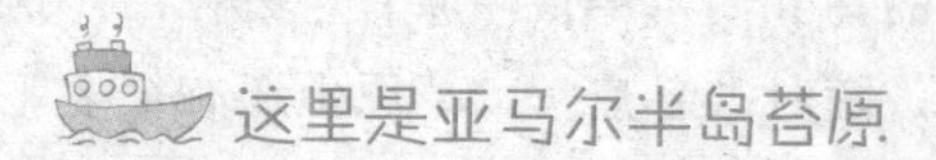

这里是亚马尔半岛苔原

夏天，我们亚马尔半岛③苔原这里是一个热闹的集市。大雁、乌鸦、野鸭、鸥鸟，还有各种小巧玲珑的鸣禽就是顾客，它们“叽叽喳喳、吱吱啾啾、咿咿呀呀”地讨价还价，好不热闹。秋风一吹，天气转凉，不管是买主还是卖主，都拍拍翅膀飞走了。苔原上变得寂静而荒凉，偶尔传来野兽的搏斗声或低吼声，让人不寒而栗。

苔原的秋天来得比较早，从 8 月末气温就在下降，以至于夏天裸露出来的地面又被冰层封冻起来了。

渔船不再航行到这里，偶尔有路过的轮船因浮冰搁浅，不得不向破冰船求救。船员们都很着急，想赶在天黑前脱险，可是，这里的白天越来越短暂，漫长而寒冷的黑夜很快就要降临，他们必须在船上度过这个寒冷的夜晚了。

---

①沙漠猫：头部很宽，耳大而尖，体毛呈沙黄色，身上有淡暗色的条纹。它生活在非洲和亚洲的沙漠中。

②草原狐：一种小型的棕黄色狐狸，有黑色、浅灰色或黄褐色的皮毛。它为杂食动物，进食草和水果，以及小型哺乳动物、腐肉和昆虫。

③亚马尔半岛：位于俄罗斯西西伯利亚平原西北部。

喂！喂！这里是山峰，是世界的屋脊

在我们这里，连绵不绝的帕米尔[①]山脉中，很多山峰高耸入云。在塔吉克语里，“帕米尔”是世界屋脊的意思，真是名副其实。

正所谓“一山有四季”，当山脚下绿荫片片、夏意隆隆，探入云端的山顶上却正在飘雪。眼下，秋天的第一片叶子已经飘落，山顶上厚厚的冰雪早把野山羊的食物全覆盖上了。饥饿的野山羊只好向着海拔低处搬家，紧随其后的，是同样找不到食物的绵羊。

在高山草原区，动物们的生活也很艰难。否则，那些常住居民——土拨鼠，就不会藏起来了。前段时间，土拨鼠每天的工作就是吃和睡，养出了一身肥膘，现在正好用来抵御秋冬的饥饿和寒冷。虽然冷空气还没有发起总进攻，但胆怯的土拨鼠已经钻进洞里，把洞口都堵上了。

山间峡谷的谷底可是个好地方。那里地势低，空间封闭，冷空气闯不进去，所以比较温暖；食物也多，难怪连夏天都不常见的角百灵、草地鹀（wú）[②]、红背鸲（qú）[③]和山鹟[④]都飞来了。

---

①帕米尔：即帕米尔高原，位于中亚东南部、中国的西端，地跨塔吉克斯坦、中国和阿富汗。

②草地鹀：灰白色的鹀，常栖息于高山草甸、沙漠地带。

③红背鸲：鸟类的一种，身体小，尾巴长，嘴短而尖，羽毛美丽。

④山鹟：鸟类的一种，嘴细长而侧扁，翅膀长，善于飞翔，叫声很好听。

山上在下雪，山下在下雨。幸好喜光的棉花已经绽放，水果和胡桃也都成熟了，否则，连绵的秋雨一定会影响农民的收成。

一场秋雨一场凉，随着气温一天天降低，帕米尔山脉的冬天终于快到了。

这里是太平洋

现在，我们正航行在辽阔的太平洋上，大家最感兴趣的鲸鱼正从我们身边游过。

到目前为止，我们见过的最大的一头鲸有 21 米长。遗憾的是，无法确定它是一头露脊鲸[①]还是长须鲸[②]，只知道它重达 55 吨，单一颗心脏就重达 148 千克，抵得上两个健壮水手的体重了。

如果你还是想象不出它到底有多大，不妨设想：如果它张开嘴，一位老船夫可以划着木船到它的嘴里去；如果把鲸鱼放在天平一端，那么，另一端至少得站上 1000 个人，才能使天平保持平衡。

当然，这头鲸鱼还算不上世界之最。蓝鲸比它大得多，我所知道的最大的蓝鲸有 100 多吨重，长度超过了 33 米。

真是一组惊人的数据，难怪人们视鲸鱼为世界上最惊人的野兽。鲸鱼不仅个头巨大，而且力大无穷，捕鲸人轻易不敢用带绳索的标叉去捕捉它们，因受伤而发狂的它们可能会

---

①露脊鲸：体表光滑无毛，可长达 18 米，身体大部分呈黑色，在它们的头部有特殊的硬皮。

②长须鲸：身体较细长，背部为黑褐色，是大型鲸鱼中的游泳冠军。

拖着整艘船到处游走，甚至可能把轮船拖到深海里去。

除了鲸鱼，这里还有很多有趣的动物。比如，途经白令海峡①时，我们看到了很多海狗；还有带着孩子的大海獭②在岛屿附近玩耍。这些海洋动物都极其珍贵而稀少。很久之前，不知道爱惜动物的人们为了抢夺它们的毛皮，把它们捕杀殆尽。即便现在政府给予了有力的保护，它们的存留数量仍然不多。

由于政府也制定了保护鲸鱼的相关政策，鲸鱼才能得到更好的繁衍。现在，鲸鱼又要离开这里，到热带温水区生孩子去了。明年，鲸鱼妈妈就会带着幼鲸回到这里。

好了，来自世界各地的无线电广播马上就要结束了。我们将在大约 3 个月后的冬至日再次发出呼叫，请记好，12 月 21 日，不见不散。

这里是太平洋

①白令海峡：位于亚洲最东点的迭日涅夫角和美洲大陆最西点的威尔士王子角之间，西经 169° 0′，北纬 65° 30′，约 85 千米宽，深度在 30 ～ 50 米之间。

②海獭：一种生活在海洋里的哺乳动物，体型不大，头脚较小，全身长有厚而密的毛，尾部有一条占体长四分之一以上的尾巴。

打靶场：第七次竞猜比赛

1. 按照森林历，秋天是从哪一天开始的？

2. 秋天落叶的时候，什么动物还生宝宝？

3. 秋天，哪些树木的叶子会变红？

4. 秋天，是不是所有的候鸟都要离开我们向南飞？

5. 为什么人们都把老麋鹿叫作“犁角兽”？

6. 什么鸟儿在春天咕噜咕噜这样叫：“我要买件大褂，我要卖件皮袄”，而秋天却相反：“我要卖件大褂，我要买件皮袄”？

7. 下面画着两种不同的鸟儿印在烂泥地上的脚印。其中一种鸟儿是住在树上的，而另一种是住在地上的。根据脚印，你能分辨出这两种鸟儿分别住在哪里吗？

两种鸟的脚印

8. 如果乌鸦在某片森林的上空呱呱大叫，并且不停地盘旋，这说明了什么？

9. 为什么好的猎人无论什么时候都不开枪伤害雌琴鸡和雌松鸡？

10. 秋天，蝴蝶都藏到哪里去了？

11. 当太阳落山以后，猎人要去侦察野鸭，他的脸应该朝哪个方向？

12. 人们什么时候会骂鸟儿："飞到海边去找死吗？"

13. 扔到田地里，今年这样放进去，明年变个样儿钻出来。（谜语）

14. 小马步行去海外，雪白的肚子黑貂背。（谜语）

15. 坐着的时候是绿色的，飞着的时候是黄色的，落下的时候是黑色的。（谜语）

16. 细长的身子，往下直坠，落在草里，就此不起。（谜语）

17. 长着獠牙，一身灰皮，专去田里转悠，寻找小牛和小孩子。（谜语）

18. 小偷身穿灰衣服，到田里地里寻食物。（谜语）

19. 开阔的松树林子，站着一个小老头，头戴一顶棕色帽子。（谜语）

20. 长着皮的时候，一点儿用处也没有；去了皮的时候，大家都抢着要。（谜语）

21. 自己不要，也不许野鸭偷。（谜语）

"火眼金睛"第六次大比拼

如图 1：这是村子里的池塘，这里并没有养家鸭。那么当夜里人们睡觉的时候，有没有野鸭来过这里呢？你又是怎么知道的呢？

图 1：池塘

如图 2：树林里有两棵白杨，都被动物啃过了，但啃得不一样。你能看得出来是什么动物啃的吗？

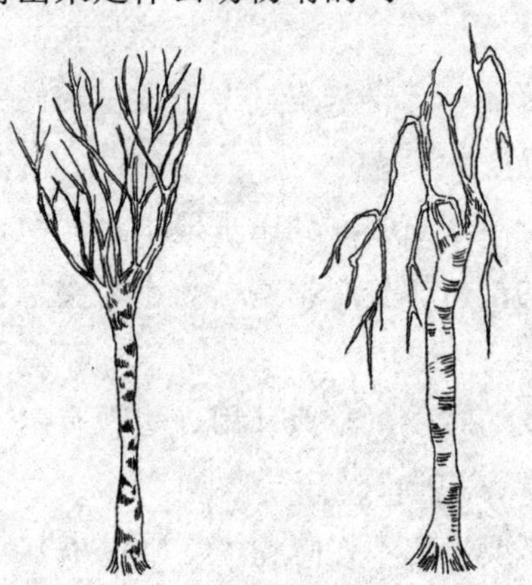

图 2：两棵白杨

如图 3：林中道路的水洼边，曾有动物在这里散步，并留下了一些小十字、小点点。你知道它是谁吗？

图 3：动物脚印

如图 4：这里有一只动物吃掉了一只刺猬，从肚子开始吃起，最后竟然把整只刺猬都吃了，只剩下一张皮。这是什么动物干的呢？

图 4：刺猬

告示 1：请来收养这些流浪的小兔子

现在，森林里有好多流浪的小兔子，非常需要你的爱心收养。这些小兔子的腿又短又软，跑也跑不快，你用手就可以捉到它们。把它们抱回家后，你要给它们喂新鲜的卷心菜或其他蔬菜，还要喂一些牛奶，因为它们实在是太小啦。

可以提前告诉你一点，你喂养的这些小兔子，会给你的生活增添不少乐趣。因为呀，小兔子可是著名的“鼓手”。白天，它们会很乖很安静地待在你给它们准备的小木箱里；一到晚上，就到了它们的表演时间啦——它们会用爪子像敲鼓似的敲打箱壁，发出的声音准能把你吵醒，这样你的夜晚就不会寂寞啦。

告示 2：快来造个小棚子吧

秋天，是候鸟大迁徙的季节。这时，你不妨到河岸上、湖岸上或海岸上建造一个小棚子，并静静地坐在里边，在早晨或傍晚的时候，你会发现很多意外的惊喜：野鸭会从水里爬出来，在岸边嬉戏玩耍，它们离你很近，近到你可以清楚地看到它们身上的每一根羽毛；潜鸟时而钻出水面，时而在水里游来游去；鹭鸶有时还会飞过来，落在你的小棚子旁边，这时你就可以近距离欣赏它们的美丽身姿啦。如果你这一天运气足够好的话，你还可以看到一些夏季罕见的鸟儿在小棚子附近玩耍呢。

第八期　冬季储存月

（秋季第二个月）

一年——分十二个月谱写的太阳诗篇

有人把秋天的天气分成了七种，包括播种天、毁坏天、泥泞天、怒号天、落叶天、倾盆天，还有现在这种扫叶天。

9月，呼啸而过的风吹过，撕扯着树上的最后几片叶子。每棵光秃秃的树下都铺着厚厚的落叶。10月的扫叶风一来，干枯的叶子就被卷到空中，打着旋儿和天空做最后的告别。

这的确是个告别的季节。树叶和母亲告别，烈日和天空告别，鸟儿和森林告别。在这里度过整个夏天的灰乌鸦，也马上要飞走了，它们弱小的身躯被像冰冷的刀子一样的秋风吹打着，这是最后一批要迁徙的鸟儿。还好，在它们走后，原来生活在更北方的灰乌鸦会迁徙到这里过冬，森林才不会显得太寂寞。

帮森林换装是秋天的第一项任务，圆满完成后，它就开始下一步行动：给空气和水降温。当进入10月，气温下降得非常明显，河水也越来越凉。

每天晚上，冷空气都会给植物覆上一层薄冰，到了早晨，阳光还没穿透云层，草丛里的脆弱生命被冻得瑟瑟发抖；池塘里的荷花早就停止了生长，把根扎进水下的泥土里，花茎也缩了起来。

动物们的日子也不好过。水里，鱼儿游到水下不会结冰的深坑里，蝾螈则准备上岸去寻找温暖的地方过冬。陆地上，但凡暖和一些的地方都已经被占领了：蛇盘成一团躲在土坑里，蛤蟆（há ma）钻进了烂泥巴，蜥蜴躲在被树皮覆盖着的树根里。即便这样，如果藏身之处封闭的不够严密，它们还是随时可能会被冻僵。至于蜘蛛、蜈蚣、蚂蚁之类的小昆虫，早就不知躲到哪里去了。

有些稍微耐寒的动物还没有藏起来，它们还要再准备些越冬的食物，或者在住宅休憩一下，或者换上一身更暖和的毛皮……总之，对于即将到来的寒冷，所有动物都如临大敌。

这能有什么办法呢？四季循环是自然的规律，生活在这个规律辖制下的森林居民们，必须小心应对。

做好准备，迎接寒冬

冷空气还没有完全攻占森林，土地没有上冻，河水也没结冰，但也不能掉以轻心，因为它随时都会集结力量发动总攻。到时候，温暖的空气将节节败退，万物凋零的寒冬会降临人间。

冬天食物匮乏、气候寒冷，这对多数动物来说都是一道难关。无力克服这些困难的动物选择了逃避，比如候鸟，它们一定会赶在冬天到来前离开森林，到温暖的地方过冬；还有些动物留了下来，比如短尾野鼠，畏惧寒冷的它们没有坐以待毙，每天都在为即将和严冬展开的斗争储备粮草。

做好准备，迎接寒冬

为了方便偷粮食，野鼠在农场里的禾草垛或粮食堆下建造了隐蔽的地下迷宫。迷宫里有多条交叉相连的过道，把作为卧室和储物间的小地洞连接起来，而且每一条过道都有一个洞口。每天晚上，野鼠都会从迷宫里钻出来，把地上的麦粒、谷粒偷运回家，储存起来。

到了冬天最冷的时候，野鼠就能踏踏实实地在家睡大觉了。

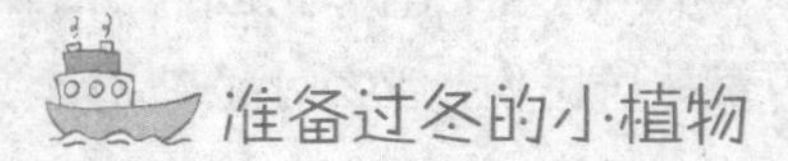

准备过冬的小植物

到了秋天，植物生长会变得缓慢，甚至会停止生长，处于休眠的状态，尤其是很多一年生的草本植物。虽然它们在寒风的摧残下会凋残甚至枯萎，但并没有死亡。

在被落叶和冰雪覆盖的泥土下，这些植物会平安度过冬天。当春的讯号一到，它们就会挣扎着从土里钻出来。比如芥（jiè）菜①、野芝麻、犁头菜②，还有母草③和三色堇（jǐn），都会在深秋时节隐匿起来。等到第二年春暖花开时，农民用铁锹（qiāo）或犁头翻动土壤，它们就会争先恐后地发芽。

还有一些植物，在冬季到来前会把种子播撒出去，让孩子们替自己延续生命。

看看植物们都做了哪些准备

天气再寒冷也阻挡不了植物们的爱美之心。山梨树、桃

---

①芥菜：蔬菜名，茎叶脆嫩，口味清香。

②犁头菜：一种中草药，中文名紫花地丁，3～4月开花，花色为白、黄、紫。

③母草：别名四方草、气痛草等，一年生草本植物，可做药用。

叶卫矛[1]、椵（jiǎ）树[2]和梣（chén）树[3]不畏严寒，纷纷把漂亮的果实挂了出来。

山梨树上高高悬挂着一串串颜色鲜艳、肥硕饱满的果子，像在炫耀自己的高产；桃叶卫矛也不甘示弱，从入秋开始就把粉红色的果实挂在枝头，像挂着美丽的花束，只等时机成熟，果实就能开裂迸射出橘红色的种子；椵树的果实是黄褐色的球形坚果，果实附近长着像舌头一样的棕红色萼（è）片[4]，就像给坚果安上了一对翅膀；至于梣树的果实，像扁平的豆荚，密密麻麻地挂在枝杈上。

把这些漂亮果实挂出来的目的可不仅仅是为了炫耀，更是为了在合适的时机把种子播撒出去，繁衍后代，这也是树木们应对寒冬的方式。

还有些植物，果实虽然还不成熟，但也做好了充分的越冬准备。比如赤杨[5]，它的黑色球状果实还没熟透，但已经长出了柔荑（tí）花序，等到明年春天，花序就能长出花蕾，赤杨就能重新绽放生机。白桦树过冬的方法和赤杨相似。

榛树为了确保万无一失，已经做好了双重准备：它们的果实已经成熟落地，同时还长出了红灰色的对称花序。

---

①桃叶卫矛：又名丝绵木，小乔木，高达6米，夏季开放淡黄绿色小花，是园林绿地的优美观赏树种。

②椵树：落叶乔木，花期6～7月，果实呈黄褐色的球形坚果。

③梣树：也叫白蜡树，落叶乔木，木材坚韧，枝条可编筐，主要分布于温带和亚热带地区。

④萼片：花的最外一环，能保护花蕾的内部。

⑤赤杨：别名水冬瓜，落叶乔木，高达20米，喜光，耐水湿，生长快。

为了应对恶魔一样严酷的寒冷，植物们不得不绞尽心思，严阵以待。

——尼·巴甫洛娃

水鼠的越冬城堡

秋天一到，短耳水鼠不得不离开靠近小河的家。它在这间地下室里度过了整个夏天。这里有直通小河的秘密通道，既方便又安全，只是保暖措施不太到位。为了安全过冬，水鼠在距离小河更远些的草场下建了一座舒适、暖和的地下城堡。

水鼠的新房子很隐蔽，藏在一个草墩的下面。这也便于它把柔软干燥的枯草拖到洞里去，铺在卧室里，形成舒适的地毯。

以卧室为中心，水鼠挖掘了很多狭长的过道，有的过道通向城堡出口，那些隐蔽的洞口遍布草场的每个角落；还有的过道连接着储物间，里面存放着水鼠费心收集的越冬粮食，有豌豆、蚕豆、葱头，还有马铃薯，它们被整整齐齐、分门别类地摆放在储物间里。

松鼠的天然干燥室

松鼠撑着毛茸茸的大尾巴，像打着一把遮阳伞。它在树枝上跳来跳去，不是在锻炼身体或游戏，而是忙着晒蘑菇呢。趁着现在日照充足，松鼠把采来的油蕈和白桦蕈挂在松枝上。松树是松鼠的天然干燥室，在这里把蘑菇晒干后，它就会把干蘑菇运到巢里储存起来。到了冬天，大雪封山，草地和松林都被积雪覆盖时，松鼠就能把干蘑菇从巢里掏出来，美美地享用几天。

为此，松鼠专门修了一个圆圆的储物巢，除了蘑菇，里面还放着各种坚果和球果。

储藏室居然也有生命

姬（jī）蜂[1]的身材特别好，又细又长，还爱穿以黑、红、黄三色为主的束腰紧身衣，特别凸显腰肢的纤细。姬蜂的触角向上微卷，眼睛锐利有神，便于侦察敌情、搜寻猎物，尾部长着一根又尖又长的尾针，这是它用来防御和制敌的武器。

当其他昆虫忙着储存粮食、修建巢穴时，姬蜂却悠闲地在森林里飞来飞去，看上去一点也不着急。其实，它正忙着为孩子寻找住处呢。

终于，姬蜂看到一条又大又肥的虫子，那是蝴蝶的幼虫，马上就该吐丝结茧了。姬蜂悄悄地靠近它，又迅速地扑过去把锐利的尾针刺入虫子的身体。虫子痛得来回翻滚，从树枝上掉进了草丛里。但是，很快草丛里就没了动静，原来它已经被蜂毒麻醉了。

姬蜂飞过去，在昏迷的虫子身上钻了一个洞，把卵产在洞里，飞走了。

过不了多久，虫子清醒了过来，但它对姬蜂给自己做的“手术”毫不知情，像以前一样，饿了就吃树叶，渴了就喝露水，直到结好虫茧，化身为蛹。可惜，结茧之后，它的生命也就要终结了，它的茧成了姬蜂幼虫的房子，就连身体也

①姬蜂：有重要经济意义的一类昆虫，腹部细长而弯曲，像黄蜂，区别在于触角较长，节较多。它的分布范围很广，寄生在许多害虫上，总的来说是益虫。

成了幼虫的食物。

从虫卵中孵化出来以后，姬蜂的幼虫会一直待在安全而暖和的虫茧里，以肥大鲜美的虫蛹为食。直到第二年春天，它才冲破束缚，破茧而出，振动双翅离开这个本属于蝴蝶的家，留下一个空空荡荡且干瘪、残破的虫茧。

原来它们自己就是储藏室

有的动物，不必像田鼠、松鼠似的挖地洞、筑树巢来储备食物，因为它们生来就有一间巨大的储藏室，整整一个冬天的食物都能全部放进去。

像狗熊、獾和蝙蝠，都是幸运儿。每到秋天，别的动物累得筋疲力尽，忙得脚不沾地，而且看到食物后，还舍不得立刻吃掉，得搬到家里储存起来，以备不时之需。这些动物却一点也不用委屈自己，看到美味的东西就可以立刻塞进嘴里。

有人说它们又馋又懒，这可真是错怪它们了。其实，狗熊等动物之所以拼命吃东西，是为了储存脂肪。厚厚的脂肪层就是它们赖以过冬的粮食。冬天食物匮乏，当它们觉得肚子饿了，脂肪会从肠壁渗透到血液中，以此来支撑自己度过冬天。而且，厚厚的脂肪还像一件暖和的大衣，帮它们抵御寒冷的空气。

也就是说，其实这些动物本身就是它们自己的储藏室呀。

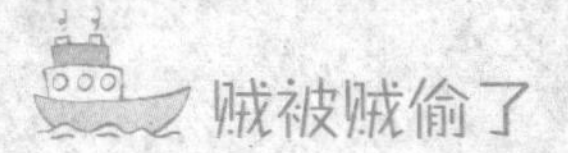

贼被贼偷了

在大森林里，长耳猫头鹰的名声一直不好，因为它除了捕捉老鼠，偶尔也偷袭野兔或鸟雀，有时还会盗窃其他动物的食物。难怪大家总是远离它，不愿意与它为伴。

白天，长耳猫头鹰会在树洞里休息，晚上才出来活动。它有一双又圆又亮的夜视眼，隔着朦胧的夜色也能看清楚远方的动静。另外，它的翅膀宽阔有力，一旦发现有小老鼠或者小兔子藏在草丛、灌木里，它就会飞速俯冲下去，用钩子一样的尖嘴巴啄过去，趁猎物惊慌失措无力反抗之时，就用有力的爪子提着它们，带回自己的树洞。

猫头鹰的捕食能力非常强，几乎很少饿肚子，甚至捕到的猎物有时都吃不完。但自私的它绝对不会拿出去和邻居分享，而是把猎物存放在树洞里，打算到了冬天再吃。

但是，让它万万没想到的是，它的猎物竟然被伶鼬（líng yòu）[①]偷走了！

已经连续好几天，猫头鹰每次打猎回来，总觉得储物室里的猎物好像变少了，但是糊涂的它也记不清楚自己到底储存了多少野味。直到食物变得越来越少，已经快能看到树洞的底部了。长耳猫头鹰仔细地查看了四周，也没发现小偷的踪迹。

这天，它一回到巢里，就惊讶地发现洞里最后一只老鼠的尸体竟然也不见了。但是，树洞里蜷缩着一只小兽，它背部朝上，看不清面貌，浑身抖动，像是受到了惊吓。猫头鹰怒气冲冲地一头扎过去，想要捉它问罪。哪知那家伙竟然异常敏捷地从猫头鹰的爪子下逃脱，顺着树洞里的一条裂缝逃走了，更让人气愤的是，它嘴里还叼着猫头鹰捉回来的老鼠。

---

①伶鼬：又叫银鼠、白鼠，主要以鼠类为食，对人类有益，也吃小鸟、蛙类及昆虫等。

贼被贼偷了

这下猫头鹰可看清楚了，原来盗贼是一只长着灰色毛皮的伶鼬。伶鼬行动敏捷，而且比较凶猛，经常打劫比它弱小的动物，就连猫头鹰也轻易不敢招惹它。

长耳猫头鹰有苦难言，只好自认倒霉，又飞走捕猎去了。

林中大事记

是夏天回来了吗

当太阳从冷空气手中夺回制空权，天气一下子就暖和起来了，恍惚间好像回到了春末夏初时节。

蝴蝶在黄色的蒲公英和樱花草之间翩翩起舞，转动着它那婀娜的身姿，像美丽的精灵；蚊虫和小飞蛾也听到了太阳的召唤，不知道从哪里钻了出来，在阳光下舒展着透明的翅膀，好像要把翅膀上潮湿的霉气晒走，又像是正在跳一支欢快的探戈。

给它们伴奏的，是鹪鹩（jiāo liáo）[1]和柳莺[2]，它们时而在空中盘旋，时而在枝头停歇；嘴里不停地唱着歌谣，声音有时嘹亮有时婉约，节奏有时欢快有时舒缓。

在蝴蝶的炫舞和鸟儿的鸣叫声中，太阳越爬越高，整片森林都笼罩着柔和温馨的气氛。

不过，千万不要被这临时的夏天蒙蔽。或许第二天一早，凛冽的风又会刮起来，冰冷的像钢刀一样瞬间划破动物们关于春夏的一切幻想。

受惊的青蛙和小鱼

天气晴朗的日子，趁着阳光融化了池塘表面的冰层，人们决定清理池塘底部的淤泥。被挖上来的淤泥带着池塘的潮气，摊放在岸边的空地上。太阳渐渐爬到了正南方，热辣辣的阳光照射在乌黑肮脏的湿泥上，很快，一团迷蒙蒙的水汽就飞腾到了空中。

随着水蒸气的升起，淤泥突然一团一团络绎不绝地溅了起来。只不过，它们跳得不高，很快就又“啪啪啪”地摔在了地上。难道阳光把泥巴变成了鲜活的生命吗？

当然不可能。事实上，每一团蹦跳的泥巴里都裹着一个生命，或者是小鱼，或者是小虾，还有可能是一只小青蛙。原来，从池水变凉那天起，鱼虾和青蛙就藏到池底温暖的淤

①鹪鹩：一类小型、短胖、十分活跃的鸟，翅膀短而圆，尾巴短而翘，主要分布在热带地区。

②柳莺：俗称柳串儿或槐串儿，外型比麻雀小，背上的羽毛以橄榄绿色或褐色为主，下体淡白，声音细尖清脆。

泥里冬眠去了，淤泥比池水暖和一些，它们睡得非常舒服。只不过，清理池塘的人们搅扰了它们的美梦，把它们和淤泥一起甩在了地面上。

现在，它们都被阳光叫醒了。青蛙的情况还好一些，但鱼虾离开水只有死路一条。难怪它们一直在挣扎呢。经过多次努力和尝试，有些裹着泥巴被子的鱼虾终于找到了诀窍，它们从地上跳起来，斜着弹向空中，然后“吧嗒”一下，刚好落在了水里；还有一些没有回到水里的鱼虾，干死在了陆地上。

青蛙没有急着回池塘，它们对这次被打扰非常不满，决定搬家。顺着这条路穿过一个打麦场，就有一个更大更深的池塘，那里比这边更安全，也更安静。于是，组织纪律严明的青蛙们排成一队，顶着温暖的阳光，浩浩荡荡地朝着大池塘蹦去了。

但是，秋天的阳光就像夏天的冰雹一样，只是暂时的，很快就会消失。一团乌云从远处的天空滚动过来，把太阳严严实实地挡在了后面，没给阳光留下一条缝隙。随即气温骤降，冷空气仿佛被人从天上倾倒下来一样，瞬间就把暖空气挤走，占据了所有空间，包括青蛙们周围。

青蛙们早就把身上的污泥抖落干净了。现在，它们赤身裸体地在寒风呼啸的路上蹦跳着。很快，青蛙的腿被冻僵了，它们不得不停下来，任凭风刀雪剑在身体上划过。

在它们前方不远处，就是那个大池塘，可惜，现在它们的血液已经被冻结了。这群青蛙被冻死在了距离温暖避风港只有几米远的地方。

担惊受怕的小兔子

一只兔子正躲在灌木丛下面，四只爪子紧紧地扒着地面，想尽量伏得更低一点。

这个季节，森林里的植物色彩斑斓，像一支凌乱的万花筒，墨绿的叶子挂在树上，黄色、褐色、红色的落叶堆了一地。但兔子的毛皮越来越白，从草地上跑过时，格外显眼。今天，当它正要穿过一片灌木林时，突然听到了“沙沙沙”的响声，它立刻停下来，身子紧贴在原地，一动不敢动。

不知道是老鹰拍打翅膀的声音，还是狐狸踩碎落叶的声音，或者是猎人正在朝这里走来？小兔子吓得瑟瑟发抖，但竭力克制着不让自己发出声音，生怕把危险的敌人吸引过来。

这一刻，兔子无比期待冬天的到来，只要大雪落下，整片大地都会变成白茫茫的一片。到那时候，它就可以自由地奔跑而不用担心被敌人发现了。

回到眼下，那一直发出“沙沙”动静的家伙到底什么时候离开呀？

胸脯火红的小鸟

几个月之前，整座森林还在夏日骄阳的笼罩下。某天我去森林里散步，捡回了一只漂亮的小鸟，它的胸脯上长着一团红色的羽毛，像一簇火焰，又像烈日的光芒。

当时，我正经过一片草地，脚下草丛里突然传出了“啾啾”的微弱声响，草叶也跟着上下起伏。我蹲下身子，拨开草丛，看到一只被青草绊住爪子的小鸟正在剧烈挣扎。它披

着灰色的绒毛，用求助的眼神望着我，我的心一下子就软了。

后来，我把它救了出来，带回家给它疗伤，还喂了它一些食物和水。这只红胸脯小鸟很快适应了新环境，“啁啁啾啾”地唱起了欢快的歌。

在我给它专门制作的笼子里，它舒舒服服地度过了夏天。我还准备找个适合的时机把它放回森林里，可惜，它没有等到这一天。

一天，我出门时没有关好笼子，它被家里的猫吃掉了。当我回到家时，只看到笼子里染血的绒毛，就像它胸前那簇羽毛一样红，我又自责又难过，不禁流下了眼泪。

直到现在，我还经常想起那只可爱的小鸟。

——森林通讯员　奥斯达宁

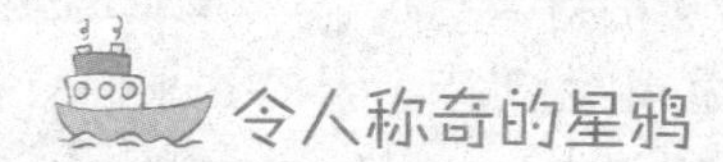

令人称奇的星鸦

星鸦[①]的个头比普通的灰乌鸦小，羽毛上绣着大小不一的斑点，就像点缀在夜空里的点点星光。这种鸟有一种让人目瞪口呆的绝技：不管松子被藏在多么隐蔽的地方，星鸦都能准确无误地找出来，就像身上安装了“松子探测仪”。

在冬天到来前，星鸦会像其他鸟儿一样，把松子藏到树洞里或者树根下。但是，当大雪封山，白雪覆盖了整座森林时，它们却很少把自己藏的干粮挖出来，而是从一座森林飞到另一座森林，从一片草原飞向另一片草原，到处寻找其他同类贮藏的松子。

---

①星鸦：鸟类的一种，身体羽毛大都呈咖啡褐色，具有白斑。它栖息于松林，以松子为食。

它们不厌其烦地检查了森林里所有的树洞，只要里面藏着松子，就一定能找出来，就连那些被其他星鸦藏在灌木丛下或树根缝隙里的松子，它们也不会放过。更神奇的是，当冬雪覆盖了大地，星鸦还是能轻易找到松子的储藏地，只要它们用爪子拨开灌木或地面上的雪，就能看到埋在下面的美味。

事实上，树林里的每一棵树长得都差不多。那么，星鸦到底是怎么准确定位松子的所在地的呢？这暂时还是一个未解之谜，需要我们通过试验来寻找答案。

我捉住了一只可爱的松鼠

夏秋季是松鼠最忙碌的时候，它要不停地储存食物，一刻也不能偷懒，否则，到了冬天只能饿肚子。

有一次，我在一棵云杉树下看到一只松鼠，它正用尾巴做挂钩，倒挂在高大的树枝上采摘云杉的球状果实。我在旁边观察了很久，直到它把果实摘下来拖进洞里，我才在树上做好记号离开了。

第二天，我们几个人一起找到了那棵云杉树，把它砍倒后，从树洞里掏出了那只松鼠，还有很多球果。捕捉松鼠的过程中，一个同伴的手指还被它咬伤了，松鼠的牙齿真尖利啊。

后来，我们把松鼠和它的粮食带回家，把它养在了笼子里，喂它云杉球果吃。其实，松鼠最爱吃的食物是胡桃和榛子。每次得到这些坚果，我都会留给它吃。

——森林通讯员　斯米尔诺夫

我的鸭鸭小伙伴们

夏天，我们家发生了一件很稀奇的事情：火鸡[1]妈妈花了四个星期的时间孵出了几个宝宝，其中除了小火鸡，竟然还有三只小鸭子。

其实，母火鸡开始孵蛋时，我妈妈就把三只鸭蛋放在了它身下，直到小鸭子孵化出来，母火鸡好像也没有发现，它像对待小火鸡一样照顾着小鸭子。最初，火鸡妈妈看到小鸭子们“掉”进了水里，急得大叫起来，后来看到它们游得稳稳当当的，才放心地带着不会游泳的小火鸡觅食去了。

从冰凉的池水里爬上岸，小鸭子好像冻坏了，一边瑟瑟发抖，一边小声地叫唤，看上去非常可怜。我把它们带回了屋子里，用干手帕擦干了它们潮湿的绒毛。感受到温暖的小鸭子不再“嘎嘎”乱叫，乖巧地缩在我脚下，可爱极了。

我的鸭鸭小伙伴们

①火鸡：又名七面鸟或吐绶鸡，是一种原产于北美洲的家禽，体型比一般鸡大，可达10千克以上。

后来，这三只小鸭子就住进了我的房间。

天气晴朗时，我会把它们放到院子里，或者带它们到池塘边游泳。每次出门都要经过一个高高的台阶，小家伙们爬不上去，就会抬着头大叫，我只好把它们拎起来；天气比较冷的日子，它们就会留在房间或院子里，有时候甚至会爬上床钻到我的被子里。

夏天过去以后，我的假期就结束了，我必须回城里上学。妈妈写信告诉我，自从我走后，小鸭子们经常悲伤地啼叫，大概是想念我了。我又感动又难过，真想早点回到家里看望它们。

——森林通讯员　薇拉·米赫耶娃

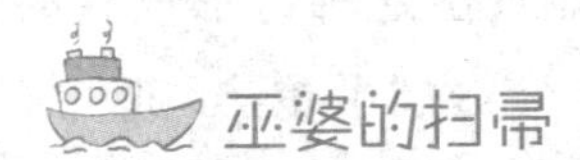

巫婆的扫帚

太阳敛起光芒，躲在厚厚的云层背后，天地间霎时像被一块灰蒙蒙的幕布笼罩了起来。天阴沉沉的，茂密的森林里更是黑压压一片。在一棵已经落光叶子的白桦树上，横七竖八地挂满了黑色的扫帚，似乎随时都会有骑着扫帚的巫婆或女妖从树丛间飞过。整座森林就像一座黑暗城堡，鸟儿惊疑不定地从树尖掠过，发出一两声急促的鸣叫。

如果仔细查看，就会发现那些“扫帚”不过是白桦树的树枝，它们歪歪斜斜地长在树上，有点畸形，形状恰好和扫帚有些接近。其实，这是因为白桦树生了疾病。

罪魁祸首是一种又轻又小的扁虱（shī）[①]，或者说是菌类。

---

①扁虱：身体很小，不容易看见，头顶有倒钩，会牢牢钩住动物的皮肤，然后使劲往里钻，不但吸食动物的血，还会分泌毒素，造成疾病危害。

它们出生在榛子树上，会随风到处游走，落在哪里就在哪里安家。它们以树枝胚（pēi）芽[①]里的汁液为食，为了吮吸到新鲜的汁液，它们只好钻到胚芽里面去。这些胚芽会慢慢地抽出细嫩的枝杈，但扁虱对它们毫无兴趣，依然留在胚芽里面。时间久了，胚芽被咬伤，又感染了扁虱的分泌物，就会生病。

胚芽生病后的症状比较奇怪，它没有打蔫儿、枯萎，反而生长得更快了，就像被女巫洒上了魔法药水一样，快速地抽枝，树枝上又长侧枝。扁虱繁殖的幼虫很快会爬到侧枝上，钻进侧枝的胚芽里，就像恶性循环一样，侧枝又生侧枝。最后，本来应该只长一根树枝的地方，长出了一把“大扫帚”。

不仅白桦树，连云杉、冷杉、松树、赤杨、千金榆、槭树等树木上，都可能长出这种奇形怪状的树枝，就像有巫婆或女巫在这片森林上空施展了魔法，把它们变幻了样子似的。

充满生命的绿色纪念碑

植树造林的活动既能让人享受到劳动的快乐，还能营造出大片树林来绿化环境，保护水土，何乐而不为呢？尤其是孩子们，更应该积极参加这样的活动。事实上，在植树这件事上，孩子丝毫没有落后于大人，他们充分发挥着儿童的想象力和创造力，提出了很多有趣的设想。

他们正忙着在花园和菜园里修建一些“活篱笆”。这些篱笆是由小树苗或者灌木丛组成的，环绕在花卉或蔬果的周围。当它们枝繁叶茂时，就能把知更鸟、黄莺、鹡鸰（jí

①胚芽：植物胚的组成部分之一，它突破种子的皮后发育成叶和茎。

líng）[①]等善于捕虫的益鸟吸引过来，这些鸟是天然的植物卫士，能够保护花卉和蔬菜免受害虫的侵犯，而且，这些小篱笆还能为鸟儿们提供隐秘的栖息地，使它们免受猛禽的追捕。

为此，孩子们去克里木[②]带回了列娃树的种子。这种灌木有很强的杀伤力，如果有人或其他动物试图从其枝叶间的缝隙穿过，它们就会像刺猬一样竖起尖锐的硬刺，扎在身上使其产生被荨麻（qián má）[③]缠着的灼烧感。

春天，孩子们就把树种种下去了，现在它们已经长成了茂密的篱笆，孩子们不得不在上面挂一个写着“请勿触摸”的牌子，以免有人因此受伤。但目前还没有鸟儿驻扎进来，不知孩子们的设想能否顺利地变成现实。

在植树的过程中，孩子们不仅充分调动着自己的思维，还锻炼了动手能力，他们必须非常谨慎，才能避免伤害小树苗脆弱的根脉，还要学会自己挖坑、移植、浇水、施肥，总之，这是一件累并快乐着的事情。他们种下的每一棵小树，都成了自己记忆深处难忘的回忆，是一座绿色的生命丰碑。

候鸟飞往过冬的地方（结束篇）

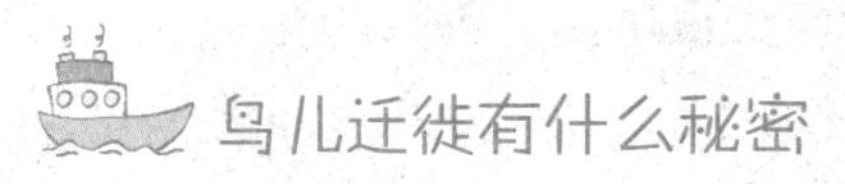

鸟儿迁徙有什么秘密

关于鸟儿的迁徙，还有很多谜团等待人们去解开。

---

①鹡鸰：一种嘴细，尾、翅都很长的小鸟，吃昆虫和小鱼等。

②克里木：位于俄罗斯的西南部，部分地区气候较干旱，降水量少。

③荨麻：别名咬人草、蝎子草，一种多年生草本植物，生命旺盛，生长迅速。它的茎、叶生细毛，皮肤接触时会引起刺痛。

同样是为了过冬，鸟儿们为什么没有飞往同一个地方，而是朝着东南西北各自选择自己的航向。它们是根据什么做出了判断？

每年，雨燕都会在固定的日期离开，即使当时森林里还有很多食物，天气也不是特别冷，它还是毫不迟疑地上路了；还有些鸟儿，却总是等到大雪封山，实在找不到食物的时候，才会离开。它们如何确定迁徙时间呢？

还有，鸟儿们似乎天生就知道迁徙的路线。一只在莫斯科附近出生的小鸟，从春到秋可能从来没有远离过自己居住的森林，但等深秋一到，它就清楚地知道自己应该朝印度还是朝非洲飞去，它天生就明白哪里才有温暖的天气和充足的食物。

甚至，还有的鸟儿即使环球旅行也不会迷路。一只游隼能够从我们这里飞到西伯利亚，再飞到澳大利亚过冬，第二年，它还能原路返回，甚至找到自己以前修建的鸟巢。

难道这些鸟儿身上安装了卫星定位装置吗？它们究竟是怎么知道自己该飞向哪里，又该沿着什么路线飞翔呢？

我们迫切地想要解开这些谜团。

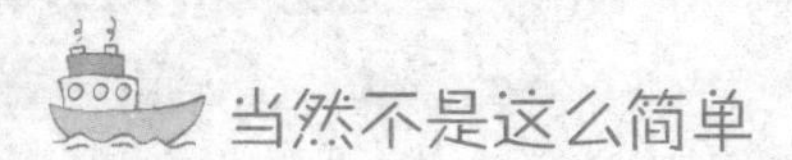

当然不是这么简单

很多人觉得候鸟迁徙是为了找个气候温暖、食物充足的地方，事实证明并非完全如此。

生活在西伯利亚的游隼每年都会飞到澳大利亚过冬。它们沿着印度河一路南下，途中会经过很多适合过冬的国家，不仅能满足它们对温度、食物的需求，还有美丽的热带风光和很多鸟类朋友，但游隼只在那里短暂休息，并不会过冬。

它们费尽辛苦，越过高山、越过海洋，飞过大半个地球，到了远在南半球的澳大利亚才会停下来定居。

还有在我们这里度过春夏的朱雀，经过很多温暖的国家，最后会飞到印度，似乎只有印度才是唯一适合过冬的地方。

所以，促使候鸟迁徙的原因比我们想象的更加复杂，甚至可以追溯到远古时代。

在遥远的时期，突然降临的冰川气候以排山倒海之势袭击了地球的大部分土地。冰川所到之处，几乎所有生命都死亡殆（dài）尽。唯有长着翅膀的鸟儿，挥动着宽阔有力的双翼，逃到远方保住了性命。

那些出发早、飞得快的鸟儿，占领了最靠近河水的地盘，它们本来停在那里休息，后来发现近水处有丰富的食物，于是就在那里定居了；下一批鸟儿，停留在距离河岸稍远些的地方；再下一批到达的鸟儿，只能再远一些。就这样，幸免于难的鸟儿一批一批地飞到了远离冰川的土地上，占领了一方土地。

当冰川退去，故乡的土地又裸露在阳光的照耀下，鸟儿们纷纷飞了回来。距离故乡近的，最早回来；远些的，晚些抵达；再远些的，最后才回来。

冰川灾难数次卷土重来，鸟儿们一次次背井离乡，又一次次重返故里。数千年间反复历练，最终形成了这样的习惯：天气转凉仿佛冰川即将来袭的前兆，这时鸟儿们便迫不及待地离开故乡，到远方去了；等到第二年天气暖和起来，它们还会飞回来。这个在冰川时期不得已而为之的逃命行动，逐渐成了整个族群的习惯。

虽然这只是猜测，但还是能够寻到能证明其可靠性的蛛丝马迹：多数候鸟都生活在冰川曾经侵袭过的地方，而在那

些逃过冰川劫难的土地上，几乎没有会随着气候大规模迁徙的鸟类。

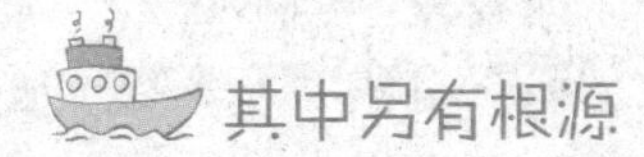

其中另有根源

即使到了寒冷的冬天，在城市、森林和田野里，仍然有鸟儿矫健的身姿掠过天空，比如麻雀、寒鸦[1]、鸽子、野鸡，会一直留在自己生活的地方，被称为“留鸟”。还有一些留鸟，虽然不会大规模、远距离地迁徙，但也经常搬家，有的只是飞到了相邻的另一座森林，有的则飞到了另一座城市，都没有离开很远，比如云雀、灰雀、黄雀等。

白嘴鸦和椋鸟一直朝南，飞到了更远些的乌克兰，并在那里度过了冬天。当然，不是所有迁徙的鸟类都会朝南方迁徙，有些鸟儿会向着东、西方温暖的地方飞去，还有些鸟儿会飞到更寒冷的北方过冬。比如，坎达拉克沙禁猎区的绵鸭，它们会到更靠北但有墨西哥暖流流经的区域，那里的海水永远不会结冰，而且还有充足的食物。

等到天气渐暖、冰河开冻的时候，鸟儿们就会陆续回归。

但是，并非所有按时迁徙的鸟儿都是候鸟，比如会飞到印度过冬的朱雀，还有到非洲过冬的黄鸟，都不能算作候鸟。因为它们的迁徙习惯不是由于冰川侵袭和消退养成的，也不完全是气候使然，而是另有根源。

朱雀和黄鸟的外形都非常漂亮。雌朱雀的头部和胸部装饰着鲜艳的羽毛，黄鸟的浑身更是黄澄澄的金色，像是身着

---

①寒鸦：也称慈鸟，体型略小的黑色及灰色鸦，长约37厘米。它的嘴小且短，主要栖息在林地、沼泽地等地。

高贵的华服。其实，它们都不是本地鸟，而是来自远方的贵宾。

朱雀是印度鸟，黄鸟是非洲鸟。虽然在我们国家，稀少的朱雀和黄鸟很讨人喜欢，但在它们的故乡，到处都是和它们一样漂亮的同类。同类太多，栖息地和食物就略显不足了。

为了繁衍后代，一些鸟儿不得不离开故乡，飞到稍远些的地方筑巢搭窝，哺育后代，有时它们越飞越远，甚至来到了距离故乡甚远的北方国度。等到孩子渐渐长大，它们就会随着父母飞回故里。第二年，到了繁殖年龄的年轻鸟儿们，又向北飞去。如此飞来飞去往返数年，再遥远再艰难的路途也不能阻止它们，因此朱雀和黄鸟都养成了定时迁徙的习惯。

从地中海到遥远的欧洲，黄色的娇小身影不时地在空中闪过；在起伏的阿尔泰山脉和辽阔的西伯利亚平原上，朱雀也拍打着翅膀，朝着乌拉尔飞去。

除了为繁衍而迁徙的猜测，还有人认为鸟儿的迁徙是为了不断扩大自己的地盘，比如故乡在印度的朱雀，它们一路向西，眼看就要占领波罗的海海岸了。

通过以上的这些猜测，人们得以了解有关鸟儿们的迁徙问题。但关于它们的迁徙之谜，还有很多地方需要人们进一步深入研究。

小杜鹃的简史

在泽列诺高尔斯克[①]的一座花园里有棵老云杉树，树上的鸟巢是红胸鸲[②]夫妇的家。

---

①泽列诺高尔斯克：位于列宁格勒（今圣彼得堡）附近。

②红胸鸲：又叫知更鸟、知更雀，身体长约14厘米，长着红色的胸羽，黑色的脑袋，明亮的眼睛。

这天，花园管理员看到一只杜鹃落在鸟巢旁，不停地朝里窥探。他担心这只杜鹃会搞破坏，就用气枪击落了它。管理员捡起杜鹃的尸体，在它黑色的左翅上发现了一个明显的白色斑点。管理员这才意识到，这只杜鹃原来是红胸鸲夫妇的养子啊。

这是怎么回事呢?

原来，去年的一天，雌红胸鸲精心照料了很久的鸟蛋里终于孵出了一个小家伙——一只杜鹃。没人知道它是怎么来到这个巢里的，也没人知道红胸鸲的孩子到哪里去了。

这只小杜鹃可是个“大胃王”，它吃得多，长得快，很快个头就超过了它的养父母。红胸鸲夫妇整天飞进飞出不知多少次，才能勉强喂饱这个大块头。即便如此，小杜鹃还是不时张开红黄色的嘴巴，哑着嗓子大叫不止，好像没吃饱一样。

正是它的叫声吸引了花园管理员。他被这明显不属于红胸鸲的鸣叫声吸引过来，把手伸进巢里掏出来一看，竟然是一只左边翅膀上长着白斑点的小杜鹃。管理员本来想把这懒惰的寄生鸟带走，但红胸鸲夫妇扑棱着翅膀围着他盘旋，急得不停大叫。他只好把小杜鹃又放了回去。

后来，小杜鹃学会了飞翔，但还是心安理得地享受着养父母的照顾。又过了一段时间，天气转凉，花园里的树木都落光了叶子，红胸鸲夫妇要到高加索地区过冬，但小杜鹃没有跟它们一起去。森林里的成年杜鹃早在 1 个月前就飞到南非去了，现在，小杜鹃要沿着它们飞走的路线去寻找它的亲生父母了。

今年，杜鹃又飞回了故乡，昔日的小杜鹃已经长大了。

它可能想回来看望一下养父母，但倒霉的是，它被那位称职的花园管理员给打死了。

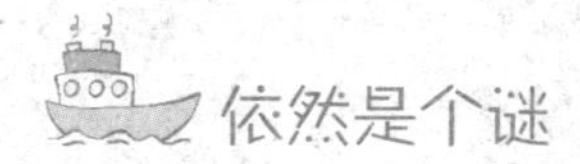

依然是个谜

关于鸟儿迁徙的问题，接下来我们将要面对新的谜团：那只被红胸鸲养大的杜鹃是怎么独自翻山越岭、跋山涉水，并最终到达祖祖辈辈的冬季栖息地南非的呢？显然，它的养父母不可能把路线告诉它，而熟知路线的成年杜鹃比它早1个月就出发了。从泽列诺高尔斯克到南非，数千公里的距离，还要穿越赤道，从未远行的杜鹃是怎么正确辨认出路线的呢？

以前，人们都认为迁徙的候鸟之所以飞翔千里都不迷路，是因为每个鸟群中总有一两只年长的鸟儿，它曾经跟随祖辈、父辈去过那些温暖的国度，所以现在才能带领后人上路。但是，仅靠杜鹃的经历就已经可以粉碎这样的猜测；更何况，有些鸟群中，常常是年轻的鸟儿带路，还有些迁徙队伍完全是由当年刚孵化出来的年轻鸟儿组成的；再者，像杜鹃这种个性孤僻的鸟儿，大多都会自己上路，不会结队而行。

看来，鸟儿们大概天生就知道自己冬天该到哪里去过冬，该沿着怎样的路线飞行。即使它们从来没有到那里去过，也没有任何有经验的长辈为它们带路，也能准确无误地抵达目的地。并且，在第二年春暖花开的时候，它们还能及时飞回来欣赏第一朵绽放的鲜花，甚至能像那只小杜鹃一样，找到昔日居住的鸟巢。

这些神奇的事情，它们到底是怎样办到的呢？答案暂且还没有人能说得清楚。年轻的《森林报》读者们，如果你们对此有些兴趣，一定要仔细观察，认真思考，并且通过千千万万的试验，才有可能揭开这些谜团。

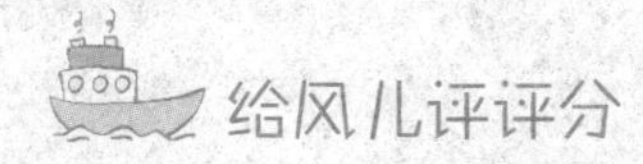

给风儿评评分

它穿梭于任何时间任何角落，有时候轻轻地来，有时候轰鸣着去，这就是无处不在的风。风可以分为好几种，有和风、暖风、寒风，而且这些风的脾气各不相同，有的温柔和气，有的暴躁蛮横。不妨再来给它们打一下分数，看看它们究竟各有多大的威力。

分数	名称	速度	威力
7	强风	13～15 米 / 秒 47～54 千米 / 小时	行人迎风走路会感觉吃力，树冠被吹歪，巨浪产生泡沫
8	超强风	16～18 米 / 秒 57～64 千米 / 小时	树枝和小树被折断，连密集的栅栏都可能被损毁
9	烈风	19～21 米 / 秒 68～75 千米 / 小时	建筑物上的砖瓦被吹落，行驶在海上的渔船被掀翻
10	狂风	22～25 米 / 秒 79～90 千米 / 小时	粗壮的树木被连根拔出
11	暴风	26～29 米 / 秒 94～104 千米 / 小时 （和信鸽的速度一样）	带来更大的破坏
12	飓风	＞30 米 / 秒 （和游隼的速度一样）	带来巨大的破坏

农庄生活

最近，时常能在农场的谷仓或晾晒场附近看到一群灰山鹑。它们蹑手蹑脚地在人们的住所附近走来走去，时而停下来，歪着头侧耳倾听，似乎在观察敌情，一旦有什么风吹草动，它们就会以迅雷不及掩耳的速度飞到旁边高大的树上去。

即使受到惊吓，灰山鹑也不会马上远离农场，因为现在田野里到处是光秃秃的，它们可不想回到那里去饿肚子。因为食物匮乏，就连胆小的鸟儿都变得勇敢起来了呢。

农庄新闻

（尼·巴甫洛娃）

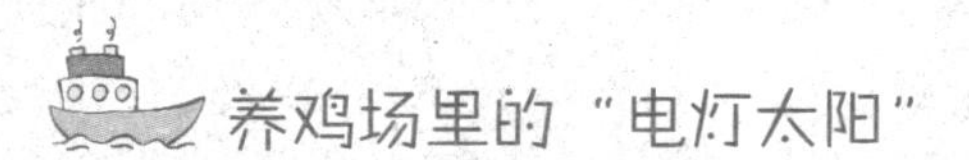

养鸡场里的“电灯太阳”

随着冬天步步紧逼，白昼的时间一天比一天短。24 小时中的大半时间，太阳都躲在阴沉的暮色之后。即使在太阳当空的白天，阳光也可能被埋在黑压压的乌云之下。缺少日光照射的家禽，整日恹恹欲睡，无精打采。

家禽只有多吃食、多运动才能健康成长。为此，人们在养鸡场里安装了很多电灯，用来代替日光，延长白昼的时间。在灯光的照射下，鸡群喧闹而沸腾着，它们纷纷扑到炉灰或者沙堆里洗澡，在食槽前津津有味地啄着食物。

“电灯太阳”对家禽果然非常有效，几天以后，不管公鸡母鸡都变得毛色鲜亮、精神抖擞了。

美味又营养

用高级干草制作成的干草末是非常好的饲料调味品。对于那些食草动物来说，能够享用点儿干草末，是一件非常快乐的事情。比如那些老母鸡，如果每天都能吃些干草末，一定能比吃其他饲料的母鸡多产几枚蛋；还有，那些以干草末为食的猪崽也能迅速长大。

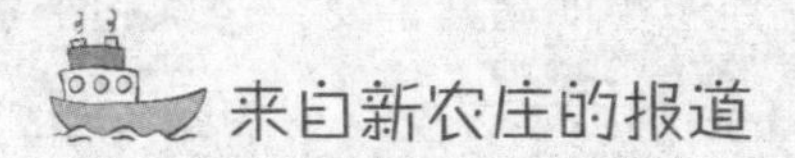

来自新农庄的报道

苹果树的叶子早就落光了，只剩下光秃秃的枝干，还有树干上生长着的一簇簇暗绿色的苔藓。一到冬天，马上就要过年了，为了让苹果树也有新气象，我们给它们穿上了一套崭新的防护服。

在穿新衣之前，我们先得给苹果树洗个澡：除掉树干上的苔藓，因为那里面可能藏着害虫和病菌，只有把它们彻底除掉，才能保证苹果树的健康和安全。然后，我们开始给苹果树着装：把白色的石灰涂在树干和靠近地面的树枝上，这样既能避免虫害，又能帮它们遮挡阳光，还能帮它们抵御冷风，真是一举三得啊。

现在，整片苹果树都披上了白色的外衣，看上去又整齐又漂亮！

来自新农庄的报道

最受老人欢迎的蘑菇

阿库丽娜是一位年近百岁的老婆婆。这天，当《森林报》的记者到她家中访问时，刚好遇到她拎着满满一袋洋蘑[1]从森林里回来。

她告诉我们，因为她的年纪太大，眼睛有点花了，根本无法把那些分散在森林角落里的蘑菇一个个找出来。但是，她还是在采蘑菇的过程中发现了一些诀窍：比如洋蘑喜欢分布在树墩附近，而且只要你找到其中一个，就能在它附近找到上百个洋蘑。

看来，洋蘑是最适合老年人采集的蘑菇之一。

---

①洋蘑：又称洋蘑菇、二孢蘑菇，中等大小，菌盖宽5～10厘米。它的颜色为白色，光滑，略干渐变黄色。

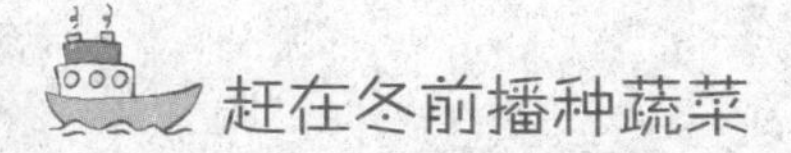

赶在冬前播种蔬菜

由于缺少阳光的照射，泥土都变得冰冷而僵硬。蔬菜工作队来松了松土，把莴苣（wō jù）[1]、葱、胡萝卜和香芹菜的种子撒在了泥土里，他们非常清楚，这些种子今年肯定不会发芽了。但是，到了明年春天，只要冰雪一消融，它们很快就会钻出来，发芽、抽枝、长叶、成熟，人们很快就能吃到新鲜的蔬菜。

现在，所有种子都盖着“土壤被子”呼呼大睡，它们可不愿意把自己暴露在严酷的寒冷里，而是耐心等待着春天的到来。

——尼·巴甫洛娃

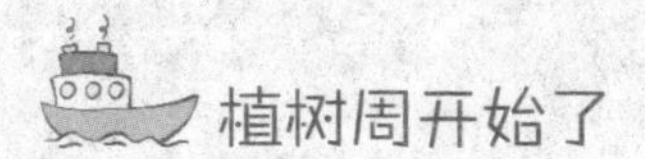

植树周开始了

植树周马上就要开始了，人们在苗圃里培育出了上百万棵苹果树、梨树和其他果树。现在，大家正忙着把它们从温室里移植出来，准备栽种到院子旁边的空地上。

这些在舒适环境里长大的树苗，马上就要接受风雨的挑战了。

---

①莴苣：蔬菜类，肉质嫩，茎可生食、凉拌、炒食、干制或腌渍。

城市新闻

动物园里的新鲜事

天气越来越冷了，为了保暖，饲养员给动物们搬了家，把它们从露天的笼舍搬到了室内，并且架起了火炉。热烘烘的火炉把冷冰冰的深秋都烤热了，室内就像春天一样温暖。

不论是飞禽，还是走兽，都惬意地生活在饲养员给它们安排的地方，绝对不会为了所谓的“自由”，跑到冰天雪地里去挨冷受冻。

奇怪的小飞机

一个人站在城市广场上，一直抬着头盯着天上看。因为他伫立的时间实在太久，以至于旁边的人实在忍不住问他：“喂，你到底在看什么呢？”

“难道你没有看到吗？天上有些奇怪的东西一直在飞来飞去。”他回答说。

于是，对方也抬起了头：“是啊！像是很多架飞机，但它们实在太小了！”

“对。”看到还有其他人也对此感兴趣，他非常高兴。但是他很快又说出了自己的困惑：“为什么我听不到螺旋桨的声音呢？”

“不错，我们不仅听不到螺旋桨和发动机的声音，而且这些飞机一直在上空盘旋。它们到底要做什么呢？”

“它们看起来好像根本没有螺旋桨。”这个人依然在螺旋桨的问题上纠结不休。

现在，站在广场上仰着头观察天空的人变成了两个，直到有第三个人参与进来，他们的讨论才有了新的进展。

“你们不要乱说了！那明明是大雕！”第三个人大声地说。

“雕？”两个人异口同声地表达了自己的惊讶。

“您在开玩笑吗？”最初发现那些“小飞机”的人难以置信地问道，“雕怎么会飞到城市里来呢？”

“那是金雕[①]。现在正是它们迁徙的季节，大概它们只是路过这里吧。”第三个人说完以后，就溜溜达达地离开了，只剩下那两人依然抬头望着天空。

看来那些一直盘旋的小飞机确实是在兜圈子的金雕，如果仔细观察，还能看出它们偶尔会拍打翅膀。

快去看野鸭

近几个星期，在涅瓦河[②]的桥上，以及彼得罗巴甫洛夫斯克[③]要塞附近的一些地方，来了一群特殊的客人：有繁杂的羽毛，但长着小棒一样尾巴的长尾鸭；有翅膀上点缀着白色斑

---

①金雕：北半球上一种广为人知的猛禽，以其突出的外观和敏捷有力的飞行而著名。它全长 76 ～ 102 厘米，身体羽毛主要为栗褐色，头顶羽毛较深，呈金褐色。

②涅瓦河：俄罗斯联邦西北部重要河流，源出拉多加湖，自东向西流，流经俄罗斯圣彼得堡，注入波罗的海芬兰湾。

③彼得罗巴甫洛夫斯克：俄罗斯远东区城市，堪察加州首府，在堪察加半岛东南部阿瓦琴湾北岸。

点的弯嘴斑脸海番鸭[1]；有浑身漆黑简直像从烟囱里钻出来一样的鸥海番鸭[2]；还有穿着黑白相间衣服的鹊鸭[3]。

各种各样、五颜六色的野鸭多数时间都闲适地在桥上散步，偶尔还飞到海里，潜进水里捕食。它们非常勇敢，既不怕一步步靠近的人，也不怕大海上汹涌的波涛和庞大的轮船。

但是，这些胆子很大的野鸭不会长时间在这里停留，它们是天生的旅行家，等到拉多加湖[4]冰冷的海水流到涅瓦河，它们就会挥挥翅膀，跟我们告别了。不过，等到明年春天，当它们重返故乡时，会经过我们这里，并在此短暂停留。

鳗鱼踏上了死亡之旅

秋天的到来，不仅催熟了庄稼、催落了树叶、催走了候鸟，还催凉了河水。

当涅瓦河里的水一天比一天凉得刺骨，鳗（mán）鱼[5]不得不踏上征程。与候鸟不同的是，它们走上的，是一条不归路。

---

①斑脸海番鸭：身长51～58厘米，嘴巴弯弯的，翅膀上有白色斑点。它极其善于游泳和潜水，以海里的小动物（蛤等）和少量植物等为食。

②鸥海番鸭：身体颜色乌黑，主要通过潜水觅食，食物以水生昆虫、甲壳类等动物性食物为主，也吃少量植物性食物。

③鹊鸭：善于潜水，一次能在水下潜泳30秒左右，飞行快而有力。它活动于湖泊、水库、池塘中，以鱼、虾、软体动物和水生昆虫为食，也采食水生植物。

④拉多加湖：位于列宁格勒州边境的卡累利阿共和国和俄罗斯西北部，靠近芬兰边境。

⑤鳗鱼：别名白鳗、河鳗等，属于鱼类，似蛇，但无鳞，主要生长于热带及温带地区水域。

在这里生活了一辈子的鳗鱼，要趁河水未结冰之前离开，经芬兰湾、波罗的海、北海，一直游到一望无垠的大西洋。到达那里之后，它们没有忙着去占领安全且食物丰富的水下领地，而是潜入水温在7℃左右的深海，并产下难以计数的鱼卵。然后，完成繁衍使命的鳗鱼会悄无声息地死去。

不久之后，在温暖海水的轻抚之下，鱼卵会孵化成无数条小鳗鱼。它们一出生，就会沿着母亲游过的路线，朝着涅瓦河游去。这将是一次无比漫长的旅程，或许要经过数百乃至上千个日夜，它们才能抵达目的地，并在那里长成成熟的鳗鱼。

打猎去

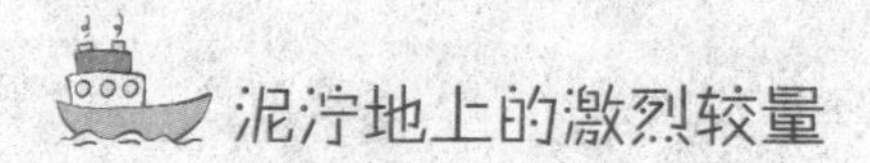

泥泞地上的激烈较量

沐浴着清晨的第一缕阳光，呼吸着清新微凉的空气，猎人扛起枪，顺着还染有湿漉漉霜花的杂草地，到树林里打猎去了。老练结实的老猎狗多贝华依和高大魁梧的年轻猎狗札利华依，一左一右地跟在猎人身后。

这两条猎狗都是夹杂着棕黄色斑点的黑毛猎犬，既忠诚又敏捷，是猎人的好助手。尤其多贝华依，它跟随主人很多年了，狩猎经验非常丰富。

两条狗渐渐跑到了前面，像是在为猎人带路，顺便把横七竖八的枝杈向两侧分开。猎人跟在它们后面，小心翼翼地走着，并且尽量放轻了脚步，生怕把藏在灌木丛里的猎物惊走。一直走到被灌木丛掩映起来的小路旁，猎狗突然慢下了脚步。

多贝华依贴近地面，仔细地嗅着地上湿润的泥土，好像泥土里裹着猎物的味道。猎人检查了一下手里的猎枪，便聚精会神地盯着两条猎狗。

老猎狗多贝华依似乎已经判断出了猎物所在的位置。它迅速抬起头来，朝着斜前方大叫起来，一边叫一边朝着那边的灌木丛奔跑起来；札利华依紧随其后，也发出了响亮的叫声。

只见一只兔子“嗖”地从灌木里蹿出来，顺着泥泞的小路逃跑了。两条猎狗像闪电一样冲过去，紧紧跟在兔子后面，一会儿就跑没影了。

猎人只能根据它们奔跑起来和树枝的碰撞声以及周围灌木丛的起伏来判断它们究竟在哪里，不过他并不担心，以多贝华依的经验，再加上札利华依的勇猛，这只兔子肯定逃不掉了。而且，兔子逃跑时很爱兜圈子，它虽然暂时逃离了猎

泥泞地上的激烈较量

人的视线，但在猎狗毫不放松的追撵下，一定还会跑回来。

果然，不久之后，猎狗的“汪汪”声逐渐近了，兔子棕灰色的脊背在草丛里不断起伏地出现。猎人正打算瞄准，察觉到危险的兔子又蹿回了树林。猎人只好暂时作罢，等待更好的时机。

但是，令人意外的是，喧闹的犬吠声突然停止了。猎人立刻提高了警惕，一定发生了新的情况，他屏住呼吸，认真听着远处的动静。

“汪汪汪！”老猎狗的叫声又响了起来，动静比刚才任何时候都要大，连札利华依也发出了比平时更凶狠的叫声。猎人从它们异常的声音里得知，它们一定发现了新的猎物，而且是一只比兔子更难捕捉的猎物。他果断朝着猎狗狂吠的方向，端起了枪。

前方传来了激烈的奔跑声，甚至都能听到猎狗喘气的声音了！一只红色的狐狸就这样突然出现在了猎人视线里，它一边奔跑一边左右甩动着蓬松的尾巴。猎人毫不迟疑地扣动扳机，“砰”的一声，狐狸被射中了！巨大的惯性把它抛到了半空里，又重重地摔在地上，殷红的鲜血染红了狐狸胸部的白色绒毛。

两只猎狗已经跑到了狐狸落下的地方，它们张开大嘴，露出尖锐的牙齿，想要把猎物叼起来。猎人赶紧快走几步，走上前去，从猎狗嘴里夺回了狐狸的尸体。那火红的狐狸皮是上好的毛皮，可不能被猎狗给撕破了。

在这一番较量中，兔子早就逃得无影无踪了，但猎人还是非常高兴。这只狐狸，可真是意外的收获啊！

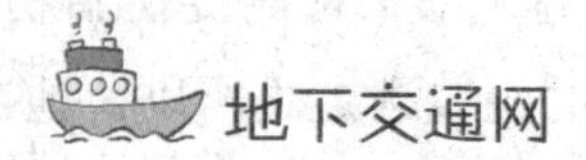

地下交通网

在猎人塞索伊奇的指引下，我们来到了距离村庄不远的森林，去参观獾修建的“地下交通站”。

这个獾洞非常有名，而且时间相当久远了，它是在一代又一代獾的共同努力下挖通的。里面有若干洞穴，是獾的卧室或者储藏室，它们还挖了很多条错综复杂的通道把这些小穴连接起来。

整个洞就像一座宽敞的地下城堡，堡主獾是动物中少见的非常爱干净甚至有点洁癖的。它对居住环境要求很高，从来不会把吃剩的食物或垃圾堆放在洞口或周围。

但是，我们在山冈上的一些洞口附近发现了正在辛勤工作的甲虫，有埋葬虫、推粪虫、食尸虫。甲虫们正忙着把洞口的食物残渣运回自己家里，里面有它们极爱吃的山鸡骨头、松鸡骨头，甚至还有类似兔子脊椎骨的残渣。我们知道，獾是不会捕捉兔子或鸡的。

那么，让人困惑的问题就出现了：到底是谁捕食了兔子和野鸡，并且把食物残骸堆放在獾的家门口呢？

火攻失败了

事实上，在这座庞大的地下宫殿里，除了住着獾一家，还住着一窝狐狸。虽然我们不知道獾为何能够容忍像狐狸这样邋遢的邻居住在它的房子里，但这是一个不争的事实。

塞索伊奇带我们来这就是要想办法把狐狸和獾引出洞来。

之前，塞索伊奇已经仔细研究过这座复杂的地下城堡。

不管我们挖多少深洞，都不可能捉住猎物，狡猾的狐狸和獾肯定会从某个隐蔽的洞口逃走。所以，他决定火攻。

我们一行三人已经明确分了工，我和塞索伊奇是枪手，另一个小伙子则负责“烧锅炉”。到达獾洞后，我和塞索伊奇堵住了猎物的出口，只留下三个洞口，一个在山冈下面，两个在山冈上面；与此同时，“锅炉工”找来了很多干枯易燃的云杉枝和杜松枝。火攻马上要开始了。

我和塞索伊奇爬上小山冈，分别藏在一个未被堵塞的洞口旁边。“锅炉工”把树枝塞进山冈下面的洞口里，引火点燃，并且朝着洞里的方向使劲儿扇风。

很快，烟雾就从上面的洞口冒了出来，并且越来越浓，滚滚的浓烟四处飘散，我和塞索伊奇都忍不住要咳嗽了。但是，一想到马上就会有猎物从冒烟的地方钻出来，我们必须聚精会神地盯着那里，眼睛都不敢眨一下。

按照我们的预测，狐狸和獾对烟雾的忍耐力应该很弱，当它们感觉到呼吸困难时，一定会逃离洞穴，但几乎所有的洞口都被堵住了，它们只能从我们守着的两个洞口逃命。所以，我们只要准备好子弹和猎枪，静静地守候就行了。

但是，我们好像低估了它们。因为时间已经过去很久了，我和塞索伊奇甚至都因浓烟感觉不适，也没有任何猎物出现在我们的视野里。“锅炉工”还在尽职尽责地朝洞里塞树枝，火苗蹿了起来，在林风的吹拂下摇曳、跳跃。

我的眼泪都被呛出来了，还是一无所获。直到树枝燃尽，烟雾渐渐消散，还是没有野兽出来。

“难道它们趁着咱们擦眼泪、眨眼的工夫逃跑了吗？”我有些沮丧。

火攻失败了

“不会是这样的。”塞索伊奇低头沉思着。

“是不是都被浓烟熏死了？”“锅炉工”看起来也有点焦躁。

塞索伊奇耸了耸肩，他好像也找不出一个合情合理的答案。

直到走在回家的路上，塞索伊奇恍然大悟一般：“我们谁也不知道獾究竟把洞挖了多深！因为烟雾是向上飘的，它们会不会钻到了地下更深的地方？”

或许塞索伊奇的猜测是正确的，但无论如何，这次我们只能空手而归了。

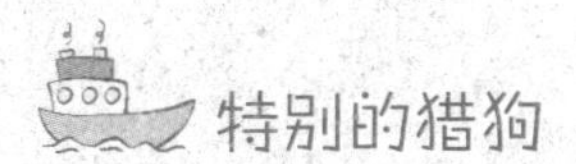

特别的猎狗

火攻失败的经历让塞索伊奇格外沮丧，但他没有打消捕捉獾和狐狸的念头。一听到我说凶猛的腊肠犬[①]或许能钻到深

①腊肠犬：一种短腿、长身的腊犬，追踪猎物时具有惊人的耐性及体力。它嗅觉敏锐，体型类似小型犬，能自如入洞驱赶兔子、狐狸等猎物。

洞里去，他立刻兴奋起来，希望我能找到这样一条猎狗，帮助他完成捕捉獾的心愿。

为此，我联系了很多朋友，终于从一位熟悉的猎人手里借到了一条腊肠犬。

这条小狗又瘦又矮，身子细长得就像一根腊肠，而且它的腿歪歪扭扭，好像不太方便的样子。不过别看它长得貌不惊人，其实很厉害呢。这种小个子猎犬的嘴巴又窄又长，一旦咬住猎物，不管对方挣扎得多么激烈，它都不会松口；而且腊肠犬擅长钻洞，它脚力强健，能像貂（diāo）鼠[①]一样用弯曲的脚爪来扒开泥土。用腊肠犬去捕捉藏在洞里的猎物，实在是再合适不过了。

但塞索伊奇从来没有见识过这种狗的本事，也难怪他一看到这条狗就感觉自己受到了捉弄："你在开玩笑吗？这样一条小狗怎么可能捉到狐狸？说不定它会被狐狸咬伤呢！"

他伸出手想去抚摸小狗，结果腊肠犬龇牙咧嘴地朝着塞索伊奇大叫起来，非常凶猛，似乎打算随时扑上去咬他一口。这副凶悍的样子让塞索伊奇吃了一惊，他若有所思地说："看来这小家伙还挺厉害的，那么，现在我们就去狩猎场检验一下它的本领吧！"

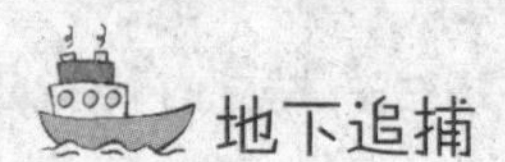

地下追捕

一抵达獾洞附近，腊肠犬就嗅到了猎物的气味。它格外

---

①貂鼠：一种特产于亚洲北部的貂属动物，身长约40厘米，四肢短健。它通过嗅觉和听觉猎取小型猎物，包括鼠类、小鸟和鱼类，有时也吃浆果和松果。

地兴奋，眼神里流露出战斗的信号，还不停地摇着尾巴。距离洞口越来越近，小狗开始拼命朝前跑，连紧紧勒着它脖子的皮带都阻挡不了它。腊肠犬的力气很大，我觉得我的手被它拖得都快要脱臼了。

当我一解开皮带，腊肠犬便迫不及待地钻进了漆黑深邃的洞里。

我和塞索伊奇都觉得在它的追赶下，猎物可能会从洞里蹿出来。所以我们赶紧爬到山冈上，循着狗叫声传来的方向一路追过去。腊肠犬的叫声原本非常洪亮，但被厚厚的土层隔着，倒显得有些闷闷的。叫声忽近忽远、时有时无，大概是因为它正在洞里钻来钻去，想从错综复杂的洞穴里找到藏匿的猎物。

忽然，异常激烈的犬吠声穿透脚下的土层，仿佛连洞壁都颤动起来了。我确信这应该是它遇到猎物后发出的信号。我和塞索伊奇都握紧了手里的猎枪，非常不安。或许腊肠犬已经和一只凶猛的獾或狡猾的狐狸厮打起来了，但是我们只能在外面听着，一点忙也帮不上。

腊肠犬的叫声渐渐嘶哑，最后消失了。獾洞仿佛成了一座地下死城，一点声响也没了。

我慌了神，难道小狗不敌对手，被它们咬伤或者咬死了吗？一想到这种可能，我的心立刻揪成了一团。我实在太大意了！我本应该拿上铁锹跟着腊肠犬进到洞里去，这样或许还能在它遇到猎物时帮上忙。而现在，一旦当它遇到多只猎物，它如何以一敌多，安全脱险呢？更何况獾和狐狸都十分熟悉这座地下宫殿的构造，腊肠犬却是一个不熟悉地形的入侵者。

天哪！如果腊肠犬被咬伤甚至被咬死了，我该怎么向它

的主人交代？那位猎人朋友那样喜欢这条狗，而我却没能保护好它。

悔意瞬间攻占了我所有的意识。直到又有低沉而微弱的狗叫声传来，但是，我还没有从刚才的担忧情绪中解脱出来，声音就又消失了。

我和塞索伊奇又在山洞前站了很久，周围安静得仿佛能听到土壤被冻僵的声音。

“它可能遇到了比较厉害的老獾子或者老狐狸。”塞索伊奇安抚性地拍了拍我的肩膀，征求我的意见，“我们现在怎么办？是回去，还是继续等着？”

我难过又自责，但又毫无办法。我们刚准备离开，洞里突然传出“沙沙”的摩擦声，声音越来越大，越来越近。我们站在腊肠犬钻进去的洞口前，悄悄地端起猎枪，不知道会从里面钻出什么东西。

当一截尖尖的黑色尾巴从洞里露出来时，我几乎兴奋地大叫起来。那只腊肠犬竟然毫发无伤地出来了，而且，它还拖着一只浑身染着鲜血、沾满泥土的老獾！

腊肠犬紧紧咬着已经死掉的猎物的脖子，好像害怕它会活过来一样。我松了一口气，蹲下身去轻轻抚摸它的脊背。它得意地摇晃起尾巴，好像在说：“瞧！我厉害吧！”

——来自我们的专业记者

打靶场：第八次竞猜比赛

1. 兔子什么时候跑得更快一些，是上山还是下山的时候？

2. 树木落叶的时候，我们可以从中发现鸟儿的什么生命秘密？

3. 森林里的动物谁会把蘑菇晾到树枝上？

4. 哪种野兽夏天住在水里，冬天住在地上？

5. 鸟儿是否也需要储备冬天的食物？

6. 蚂蚁怎么准备过冬？

7. 鸟儿的骨头里面有什么？

8. 秋天，猎人最好穿什么样的衣服？

9. 夏天还是秋天鸟儿受伤更重些？

10. 看一看下面的这幅图，这个可怕的脑袋是谁的？

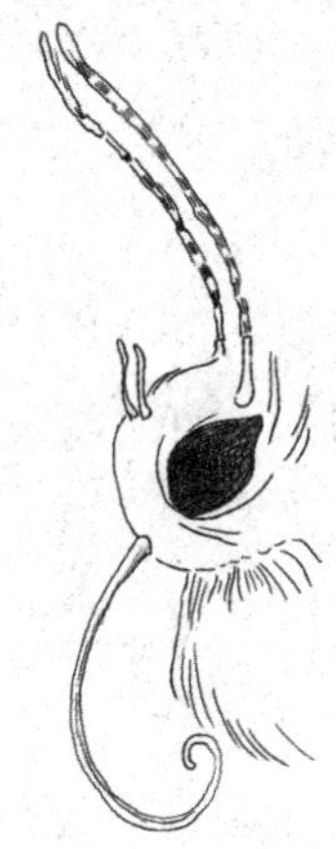

11. 蜘蛛是昆虫吗？

12. 冬天的时候，青蛙会躲到哪里去？

13. 下面画的是三种鸟儿的脚：一种住在树上，一种住在地上，一种住在水上。哪一种脚属于哪一种鸟呢？

鸟爪

14. 哪一种野兽的脚掌是向外的？

15. 下图这是猫头鹰的脑袋，你能看出它的耳朵藏在哪里吗？

猫头鹰

16. 轻飘飘往水里掉，自己不沉，水也混。（谜语）

17. 走啊，走啊，总是走不到；捞呀，捞呀，总是捞不完。（谜语）

18. 有一种草，疯狂长高，一年就超过了院墙。（谜语）

19. 跑呀跑呀跑不到，飞呀飞呀飞不到。（谜语）

20. 乌鸦 3 岁后会怎样？（谜语）

21. 在池塘里洗澡，可是身上还是干的。（谜语）

22. 穿它的身体，扔掉它的骨头，吃掉它的头。（谜语）

23. 不是国王，头上却戴着王冠；不是骑士，脚上却有踢马刺；每天早上早早起床，也不让别人睡懒觉。（谜语）

24. 长着尾巴，但不是野兽；长着羽毛，却不是鸟。（谜语）

“火眼金睛”第七次大比拼

如图 1：

图 1

1. 什么动物在这里动过云杉球果，还把它们扔到了地上？

2. 什么动物在树墩上吃完了球果，只剩下了核儿？

3. 什么动物在森林里的榛子上凿了个小洞，把榛子的仁儿全给吃了？

4. 什么动物把蘑菇搬到树上，还挂在树枝上？

如图 2：在这棵老白桦树上，有些一模一样的小洞，分布在树干上。这是什么动物干的？它为什么要这么做？

图 2

如图 3：什么动物给牛蒡花进行了加工？

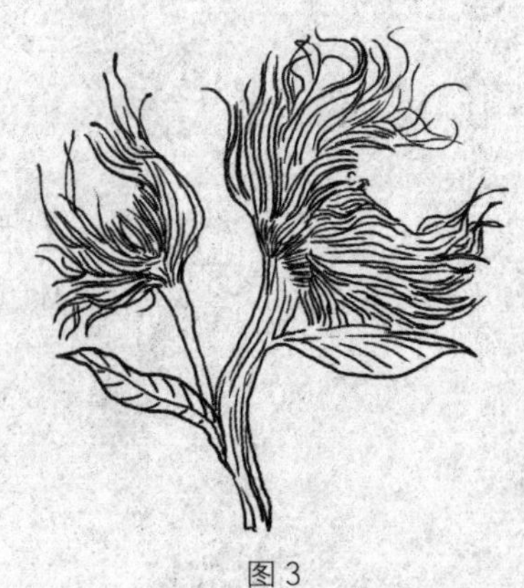

图 3

如图 4：在幽暗的森林里，什么动物用大脚爪把云杉树皮撕了下来？它为何要这么做？

图 4

告示 1：请勿打扰

冬天即将到来，我们也要开始冬眠啦。

现在，我们已经准备好了过冬的住所，里面暖暖的，非常舒服，可以让我们安然睡到明年春天。

我们就不去打扰你们啦，也希望你们不要来打扰我们，就让我们安心地睡觉吧！

——熊、獾、蝙蝠

告示2：快来寻找田鼠洞

在这一期的《森林报》里，我们已经提到很多次，田鼠这些可恶的家伙偷走了我们很多的粮食，它们简直就是不劳而获的强盗——它们直接把粮食从我们的田里搬到了自己的储藏室！这真是太让人气愤了。

现在，我们要想把这些小强盗偷走的粮食找回来，就要学会寻找和挖掘它们的洞穴，我们的粮食就藏在里面呢。大家快和我们一起来寻找田鼠洞吧！

第九期　冬客光临月

（秋季第三个月）

一年——分十二个月谱写的太阳诗篇

11月的冷风拂过荒原上的枯草、森林里的秃树，簌簌的战栗声不绝于耳，奏响了秋天的尾声，冬天的序曲。

秋姑娘已经给森林换上了枯黄的外衣，又给江河穿上了透明的冰铠甲，现在，她只剩下最后一个任务：给大地披上雪白的棉袄。一旦完成这个任务，她就会把手里的季节接力棒交给冬精灵，把整片天地推入寒冷但纯净的冰雪世界。

寒意肆虐，冷空气所到之处，几乎所有生命都停止了生长。

森林变得死气沉沉，花草树木都毫无生机可言。即使偶尔有雨点洒下，植物们也不会像在夏天淋雨时那样仰着头去追逐雨水的滋润，而是被冰冷的雨水浇得湿漉漉的，愈发沉默，尽是一副垂头丧气的模样。

江河、池塘、沼泽也失去了生气，它们像是披上了沉重的枷锁，完全没有力气挣扎出一丝一毫的涟漪。冰层虽然不厚，但也足以把水下的生命封冻在另一个黑暗而无声的世界里。宽阔的水面上，只有硬邦邦的冰块和满目颓色。

田野盖上了一层雪被，被冰雪覆盖起来的麦子、谷粒、草芽，全部都陷入了漫长的休眠。它们尽力把自己陷入更深的土壤里，因为那里才有充足的热量和养料，否则，它们可能会被冻死，再也无法在明年春天破土而出，这片田地就会成为种子的坟墓。

当然，与残酷冷峻的冬天相比，最后的秋景偶尔也会呈现出美好的瞬间。

就像现在，阳光冲破了寒冷的束缚，温柔慈祥地触摸着万物的脸庞。它们纷纷抬起头，露出了灿烂的微笑；还有几棵被寒风忽略了的蒲公英，赶紧趁着这难得的温暖绽放，黄色的细小花瓣里尽是蓬勃的生命力；树木虽然还在沉睡中，但也下意识地吸收并储蓄着阳光。要知道，在接下来的3个月里，它们将要面临更加恶劣的气候。

但是，这难得一现的温暖怎么阻挡得了冬天的脚步呢？瞧，冬之巫婆已经骑着扫帚走在路上了，那飞扬的雪花，大概就是它用扫帚扫下来的云朵碎片吧。

林中大事记

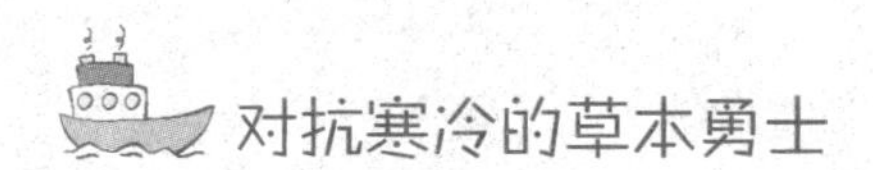

对抗寒冷的草本勇士

当粗壮的树木都陷入沉睡时，一些一年生的草本植物却还在与寒冷战斗。这些弱小的植物只有一年生命，深秋时节已至，它们却依然靠着顽强的意志绽放出最后的灿烂。

给花园篱笆镶上了一圈粉红色花边的，是矮小的蓝堇[①]。椭圆形的细小叶片，纤细的花茎，娇嫩的花瓣，看似柔弱的蓝堇是深秋时节的勇士，不畏寒冷地盛开着。

和蓝堇并肩作战的是生命力极其顽强的雀稗（bài）[②]。这种野草，遍布在湿地上、稻田里、田埂上、谷场上。一簇簇

①蓝堇：一年生草本，高5～35厘米，全株无毛，呈灰蓝绿色，花期5～6月，果期6～7月，它生长在田边、路边草地上。

②雀稗：湿地上常见的野草，多年生、簇生草本，高30～100厘米，叶子扁平或内卷。

密集的细长草叶里，藏着粉红色的娇小花朵。虽然它们分布很广，且长势旺盛，但茎叶太过纤细，又生长在人们活动的区域，所以常常被人不小心踩在脚下。

在田垄（lǒng）上焕发出勃勃生机的是荨麻。夏天，这种讨厌的植物总是扎伤除草人的手指，带来灼烧般的疼痛。但是，当万木凋零、满目颓败时，这些蓬勃的生命总会带给人几分惊喜。

我并不了解为什么这些小小的生命会迸发出如此强大的力量，成了深秋时节的亮丽景观。虽然这些坚强的植物活不到明年春天，但它们为枯燥的深秋增添的色彩，足以让人铭记在心。

——尼·巴甫洛娃

森林里从来都不是一片死寂的

光秃秃的树木被凛冽的寒风剧烈摇晃着。狂风无休止的呼啸声、树枝吱吱嘎嘎的断裂声、枯草簌簌沙沙的颤抖声，奏响了让人战栗的深秋交响曲。如果你仔细倾听，还能听到鸟儿不安的叫声。

鸟儿不是已经离开森林飞到远方过冬去了吗？

的确，怕冷的候鸟早在数天前就启程了，但也有不畏寒冷的留鸟留在了自己的家园。还有一些鸟儿正朝着这里飞来呢。虽然多数鸟儿会选择到意大利、埃及甚至印度等更靠南更温暖的地方过冬，但对于更北地区的鸟儿，我们这里的气候已经可以满足它们的需要。所以，它们正成群结队迎着寒风朝森林飞来呢。

寒风的肆虐很快带来了连锁反应，大片大片的雪花飞舞起来了，但是它们并没有在地上形成厚厚的雪层，而是一落下就融化了。森林里到处都湿漉漉的，林间小路也变得泥泞不堪。

一只獾气呼呼地哼唧着走在泥泞的路上，看上去好像心情很差。这个时候，它本来应该在干燥温暖的沙土洞里睡觉，怎么跑到地面上来了呢？是不是那些正在丛林里打架的噪鸦①惊醒了它？

两只噪鸦在被雪水打湿的树丛里扑棱着翅膀，正打得不可开交，凄厉的叫声不时惊飞灌木丛里的小鸟。突然，其中一只"哇哇"大叫着掠过了树顶，原来它发现远处的空地上躺着一只小兽的尸体，在美味的腐肉吸引下，它也顾不上在这地方拼出输赢了。

雪越下越紧，黑褐色的大地渐渐披上了银装。周围渐渐安静下来，雪花落地的声音变得异常清晰，偶尔还会传来野兽从雪地上跑过的沙沙声。

这座森林，永远不会陷入彻底的死寂，总有大大小小的声音，在传递着生命存在的信号。

会飞的花儿

天空中堆积着大片灰色云朵，一团团一簇簇，像发霉的棉花。本来缩在棉花团里睡觉的太阳揉了揉惺忪的睡眼，终于爬起来了，但还是一副没睡醒的恹恹样子，传染得空气都随着它打了个哈欠。空气一打哈欠，霎时一阵冷风就吹了起来。

①噪鸦：乌鸦的一种，体型小，身体羽毛松软，呈灰色和棕色。噪鸦栖于森林，单独、成对或成小群活动。

随着风势渐大，赤杨林和沼泽地的上空都飘起了大朵大朵的“花”，红、白、黑、绿、黄，五颜六色直让人看得眼花缭乱。这些花儿迎风而起，并努力地舒展着花瓣，看上去惬意而自在。空中还隐约传来芦笛的悦耳声音，有了音乐为伴，花儿们舞动得更带劲了。

风渐渐地停了，花儿们纷纷落回地面。有的挂在乌黑的赤杨树枝上，有的落在沼泽地的杂草丛里，还有的给银灰色的白桦树干抹上了鲜艳的颜色。芦笛声依然未歇，像是很多支芦笛一起被吹响了，听上去就像有人在用芦笛聊天似的。

在这寒冷的季节，怎么会有这么多美丽的花朵呢？其实，那些在树丛间飞来飞去，并发出愉快鸣叫的，是一群群飞鸟啊！

来自北方的贵客

给深秋的天空染上色彩的鸟儿，有一部分是来自北方的贵客。它们的故乡在更靠近北极圈的地方，比我们这里寒冷得多。

现在家乡已经成了冰天雪地，它们只好一路南飞，直到来到我们这里，才停止了飞翔。虽然森林里的温度已经不能满足本地鸟雀的要求，但这些小鸣禽的耐寒性明显更强。

正在啄食山梨和浆果的，是头上顶着皇冠状羽毛的太平鸟[①]，它们浑身都是烟灰色的羽毛，唯独翅膀上有几根红色羽毛，像贴着鲜艳的红纸条似的；还有一些鸟儿把红纸条贴在

①太平鸟：中等大小鸟类，体长约19厘米，全身基本上呈葡萄灰褐色，头部呈栗褐色。它的体态优美、鸣声清柔，是冬季园林内的观赏鸟类。

了胸前，那就是胖嘟嘟、同样爱吃浆果的小灰雀，它们常常跟太平鸟争抢食物。

朱顶雀在光秃秃的赤杨树和白桦树上跳来跳去，寻找赤杨子和白桦子，一看名字便能知道它的红纸条贴在额头上；松树和云杉也迎来了客人，是爱吃松子和云杉子的交嘴鸟①，雌交嘴鸟的翅膀是绿色的，雄交嘴鸟的翅膀是红色的，当它们一起停歇在高大的松树枝上时，颜色搭配真让人赏心悦目。

这些北方来的客人，会在这里度过整个冬天，用歌声驱散冬日的寂寥。

东方也来了客人

那些在空中飞舞的白色花朵，是从东方飞来的小山雀。它们的故乡在天寒地冻的西伯利亚，风刀霜剑的摧残让它们实在无法忍受那里，于是它们穿过乌拉尔山脉的重峦叠嶂，历尽艰辛，飞到了我们这座相对温暖的森林里。

虽然一路劳顿，但出于对新环境的好奇，小山雀没有忙着休息，而是在森林里跳来跳去，时而用细长的脚爪钩着柔韧的柳树枝荡来荡去，时而钻进茂密的灌木丛里，寻找被落叶和积雪覆盖起来的食物。一声声婉转而清亮的鸣叫划破寂静的天空，那是它们在表达自己对新家的喜爱之情，也是在召唤更多的朋友一起来玩耍。

①交嘴鸟：因上下嘴呈交叉状而得名，其主要栖息于欧洲、亚洲和北美洲北部的针叶林带，以松柏的种子、野果、嫩芽、昆虫和草籽等为食。

最后一次飞翔

飞舞的雪花马上要把 11 月送走，迎来凛冽的 12 月了。在秋季的最后几天，雪几乎没有停歇，一层又一层地覆盖在被冻僵的黑色泥土上面。虽然阳光偶尔也会穿透厚厚的黑色云层，但是积雪没有一点要融化的迹象。多数动物都在窝里躲避风雪，打算等太阳赶走了乌云之后，再出来活动。

有一种黑色蚊虫却没有躲藏起来。它们在灌木丛里、林间路上、杂草丛中，“嘤嘤嗡嗡”地飞来飞去，时而打着旋儿，随着晶莹的雪花一起舞蹈；时而在空中划出一个弧形，像在和徐徐飘落的雪花做游戏。看上去那么弱小的昆虫，怎么能抵抗住这么寒冷的天气呢？

中午，太阳懒洋洋地钻出来了，森林里稍微暖和了些。动物们显然还是不愿意出来挨冻，外面罕见它们的踪迹。可是，那些小小的黑色蚊虫活动得更频繁了。它们身上还沾着冰凉的雪水，薄薄的膜状翅膀都变得湿漉漉的，还有一些黑色的像苍蝇一样，但身体略小的昆虫也来凑热闹了。太阳抚摸着地面的积雪，像是为了追逐温暖的阳光，它们也贴着地面慢慢地飞着。

到了傍晚，那些数不清的蚊蝇一下子就消失不见了，第二天也没有再出现。我想，或许昨天就是它们生命中的最后一天吧。在最后的时光里，它们选择了自由的飞翔。

——森林通讯员　维利卡

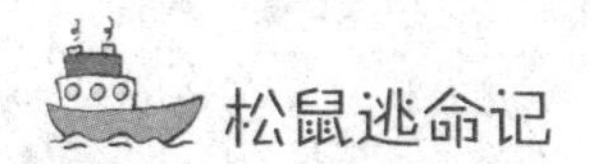

松鼠逃命记

在北方原本有一大片茂密的松树林，由于灾荒松树长势很差，甚至都没结几颗松果。饥饿的松鼠只好举家搬迁，来到了我们这片森林里。

这天，一只松鼠在树枝上荡来荡去，它一会儿蹲在松树上用两只前爪梳理身上的毛，一会儿又跳到旁边的树上摘下松果，捧到嘴边津津有味地吃着。突然，一阵风吹过，松鼠赶紧用后爪抓紧树枝保持平衡，却忘记了前爪捧着的松果。于是，圆滚滚的球果一下子就滑出去，掉在了地上干枯的树枝堆里。

松鼠眨了眨黑漆漆的眼睛，仔细观察了松果周围的情况，然后才谨慎地从树干上溜到了地面。但它并没有马上靠近松果，而是蹲在旁边谨慎地打量了一会儿。确定没有危险后，才终于决定去把松果捡起来，它向前一蹿一蹿地跳动着，非常灵巧。就在距离松果很近的地方，松鼠突然止住了脚步。就在松果落地旁的灌木丛里，露出了一双闪着凶光的眼睛，隐约还能看到黑黝黝的油亮皮毛。

那是一只凶猛的貂①！

意识到危险的松鼠顾不得捡松果，转身就蹿上了离自己最近的松树。看到猎物要逃，貂也不再隐藏自己的行迹了，它像闪电一样弹射出来，跟在松鼠后面爬到树上去了。

---

①貂：哺乳动物的一种，身体细长，四肢短，耳朵呈三角形，听觉敏锐。

松鼠逃命记

一场激烈的树上追逐战开始了。

松鼠晃动着它蓬松的大尾巴，努力保持身体平衡，从一棵树跳跃到另一棵树上，像一位敏捷的跳远运动员，不管两个枝杈之间的距离有多远，它都能安全着陆。貂也是爬树的高手，它总是把身体弯成一张弓，后足发力，瞬间就像离弦的箭一样射到了另一根树杈上。

松鼠拼命逃跑，貂步步紧逼，眼看就要被追上了。

此时此刻，松鼠已经爬上了树梢，并且这棵树简直像森林里的一座孤岛，它的来路也已经被貂堵住了。无计可施的松鼠只好先跳到地上，再朝另一棵树上逃去。

可惜，一落到地上，貂爬行极快的优势就显出来了。松鼠还没跳出多远，貂已经追了上来。只听见一声痛苦而短促的尖叫，松鼠就丧命在貂尖锐的牙齿下了。

本来想去捡食物的松鼠，就这样倒霉地成了貂的美食。

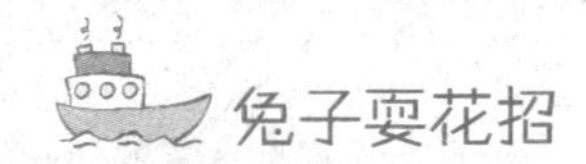

兔子耍花招

夜深人静，悄悄降临人间的大雪不声不响地给大地裹上了白色的纱衣，连果园里的小苹果树都蒙上了一层雪花，像甜甜的砂糖。

趁人们正沉浸在甜美的梦乡中，一只披着棕色外套的灰兔钻过篱笆，到果园里偷吃苹果树皮来了。虽然树皮有点硬，但细细咀嚼，灰兔还是尝出了香甜的味道，它啃啊嚼啊，竟然连时间都忽略了。当第三遍鸡鸣声响起，果农家里的狗也叫了起来，灰兔这才恍然惊醒般意识到天都亮了。

灰兔必须在人们起床前溜走，否则会非常危险。但是，它一从篱笆里钻出来就傻眼了——眼前只有白茫茫的一片！在这银装素裹的世界里，一只穿着棕色外衣的兔子实在太显眼了！

更糟糕的是，雪已经停了，地上的积雪厚而平整，没有一点其他动物跑过的痕迹。如果灰兔现在逃回森林，必然会在雪地上留下脚印，招来猎人的追踪；如果躲在果园里，肯定会被果农的狗发现，随之陷入险境。

怎么办呢？灰兔从来没有像现在这样羡慕长着雪白皮毛的白兔，还有长着有力双翼的鸟儿！

最终，它还是决定趁着未被发现赶紧逃走，但聪明的灰兔想出了解决的办法。它一越过篱笆，就朝着田野里跑去，之后再跑向森林，身后留下了一串椭圆的脚印。到了森林边缘的灌木丛旁，它没有马上躲进去休息，而是绕着灌木丛跑了一圈，之后又小心翼翼地踩着自己来时的脚印回到了田野，在田野里的某处，兔子拐了一个弯，尽量放轻脚步，朝另一个方向跑去了。

当灰兔精心设计好圈套时，整座村庄已经渐渐苏醒了。果农整晚都在担心积雪会压断小树苗的枝丫，于是他起床后的第一件事就是去果园巡视。

这一看真把他气坏了，两棵茁壮的苹果树树皮被啃掉了，裸露在寒冷的空气中，似乎在瑟瑟发抖。从周围的脚印，他判断出行凶者是兔子，他气愤地抓起猎枪，顺着兔子的脚印追了过去。

他顺利地循着脚印来到了森林边缘，凌乱的脚印让他感到很头疼。当他围着灌木丛转了一圈后，居然一无所获！兔子到哪里去了？既然它没有藏在灌木丛里，周围又没有朝向他处的脚印，难道它插上翅膀飞走了？

仔细观察后，果农发现那些从田野里延伸过来的一长串脚印中，有一些踩得格外深。再认真一看，那脚印竟然是双重的！原来是这么回事！

拆穿了灰兔圈套的果农顺着来时的路回到了田野，但是，线索又断了。那些双重脚印只延伸到田野中间，并没有回到篱笆墙外。

“真是只狡猾的兔子。”果农一边小声嘀咕一边寻找新的线索。很快他就找到了那些指向森林南部、浅到不易发现的脚印。“哈哈哈！”果农大声笑了起来。他把子弹装好，持着猎枪，又沿着兔子的脚印朝前走去。

这串脚印的消失处，有一丛茂密的灌木。猎人小心翼翼地靠近。

突然，一只灰兔从一堆枯枝里蹿了出来，慌里慌张地跑向远处逃命去了。果农果断开枪，遗憾的是他的枪法实在太差了。兔子闪进森林里，很快就不见了。

想到森林深处可能还有其他凶猛的野兽，果农只好遗憾地空手回家了。

看来，仅有敏锐的观察力远远不够，还要练出好的枪法才行啊。

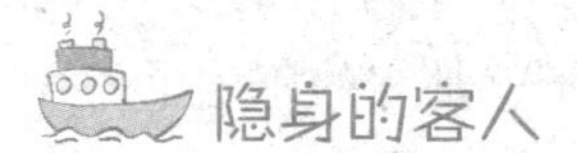

隐身的客人

从北极苔原飞来的雪鸮[①]打算在我们这里安家了。它的故乡现在到处是厚厚的冰层，因为天气异常寒冷，它喜欢捕捉的小野兽也钻到洞里不出来了，饥寒交迫的雪鸮只好搬家。

这位远来的客人一进入我们的森林，小个头的飞鸟、老鼠、松鼠和野兔立刻提高了警惕。要知道，雪鸮是一种非常厉害的鸟，除了力气小一点，它的个头和雕鸮差不多，而且它比雕鸮更加可怕。深沉的暮色为雪鸮披上了夜行衣，它可以悄无声息地捕捉在夜间活动的小动物们；到了白天，在被大雪覆盖的森林里，天生的洁白羽毛是最好的隐形衣，在地上奔跑的灰兔往往还没察觉到危险，就被它捉走了。

啄木鸟的觅食车间

我家菜园后面有一片小树林，其中大部分是白杨和白桦，还有一棵高大的云杉树是它们的邻居。秋风扫落了它们的叶子，连树干也被风吹出了厚厚的褶皱，这像年轮一样，是它

---

①雪鸮：鸱鸮科的一种大型猫头鹰，头圆而小，面盘不显著，没有耳羽簇。

们逐渐苍老的证明。

天气太冷了，连昆虫都藏匿起来了，“森林医生”啄木鸟也因此丢了工作。饥饿的啄木鸟落在了云杉树上，那里还挂着几个小小的球果。啄木鸟先用细长的镊子——它的嘴巴，把球果啄下来，然后固定在手术台——树干上的裂缝里，接着开始做解剖手术：打开球果的硬壳，把里面的云杉籽吸出来。这些小小的种子就是它的午餐了。

在云杉树这个大车间里，啄木鸟重复着上述动作。到天黑时，树上的球果已经所剩无几了。

——森林通讯员　勒·库波列尔

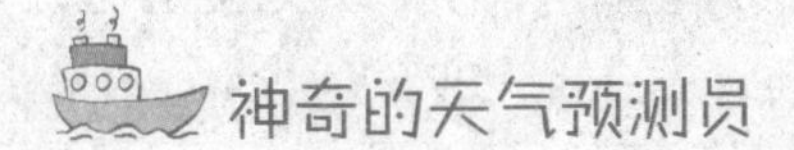

神奇的天气预测员

有经验的老猎人大多发现了这样一件趣事儿：一般来说，熊会选择在地势较低的地方搭窝冬眠，比如云杉树林或者沼泽地，这些地方可以尽量避开寒风的袭击；但如果当年冬天较为暖和，熊就会提前在高处选好冬眠场所，比如小山丘上。

虽然猎人不知道熊是怎样提前预知当年气温的，但揣测出了它为何会根据温度选择住所。试想：如果当年冬天气温偏高，在太阳高照的日子，积雪就会融化，融水会由高向低顺势而流。居住在低处的熊一直处于沉睡状态，对于刚刚流下来的冰水往往察觉不到，一旦它感到寒冷了，雪水已经在它身下结成了冰，把它的绒毛都冻得僵硬了。无法继续睡觉的熊只能爬起来活动一下身体，促进血液循环。这些动作必然导致它消耗大量的脂肪，然后它就会感觉到肚子饿。可是，被冰雪封冻着的森林里，哪里那么容易找到食物呢？

所以，为了避免出现被冻醒、饿肚子的悲惨状况，熊会谨慎选择冬眠的地方。如果当年气温较高，它就会住在高处的洞穴里，这样就不会被雪水泡醒了。

严格的伐木计划

在锯子被发明出来，也就是18世纪之前，伐木工人的工具只有沉重的斧头。那时候也没有任何大型机器的辅助，伐木工完全靠着一副好身体和无穷的力量来完成伐木，当然，他们还需要有坚强的意志。否则，怎么能迎着刺骨的寒风和冰雪，只穿一件单薄的衬衣在森林里伐木呢？为了节省下山的时间，他们甚至会在森林里搭个简陋的窝棚来过夜，没有温暖的火炉，没有厚厚的棉被，盖上一件外套，劳累了一天的工人就能进入梦乡。

冬天，他们一刻不停地忙着伐木。到了温暖的春天，也闲不下来。河里的冰雪已经融化了，伐木工要抓住时机把木材运出去。没有大型货船，没有重型卡车，他们只能借助自然的力量——流水。靠着人抬肩扛，工人们把圆木运到河边，推到水里，流水就会把这些木材带到目的地。在木材止步的地方，很快就会修建起一座新城市。

后来，人们陆续发明了很多先进的机器，这才帮助伐木工人卸下了肩上的重担。现在，他们的工作变得轻松多了，不需要自己费多大力气，只要指挥好那些言听计从的机器助手就行了。

斧头基本已经被淘汰了。专门用来伐木的履带拖拉机不仅能爬上崎岖的山路，还能穿过人都难以通行的密林，来到采伐场里。它轻轻松松地就能把高大的树木放倒，简直像在割麦子一样。这些被连根拔起的树木会被整齐地码放在空地上，等待需要木材的人来将它们拉走。

木材被砍倒了，地面也被铲平了。一辆汽车顺着新开辟出来的宽阔山路开进森林里，车上载着一台移动发电站。有了它，人们就能使用电锯锯掉树上的尖锐棱角和多余的枝杈。电锯的锯齿像一排尖锐的牙齿，只要一会儿工夫，一棵上百岁的大树就被拦腰截断。

巨型的运树牵引机也开进来了。它用巨大的钢铁手臂把被削去树枝的木材抓到车上，顺着对它而言有些狭窄的山路离开森林，到铁路车站去了。到了那里，会有一辆拖着很多节敞篷车厢的列车，将把这些木材运送到有木材加工场的地方。在那里，木材会被人们切割打磨成圆木、木板和木浆。

最后，一辆辆长途汽车开进加工厂，把这些上好的木材运送到全国各地。

以上就是在现代技术支撑下的伐木流程。从中可见，现

严格的伐木计划

在伐木工人的工作轻松多了。但是，随着木材需求量的增大和森林面积的减少，他们又多了一项任务，就是要严格遵守国家的伐木规定，有计划地采伐，并及时在空地上补种树苗。

森林的生长期十分漫长，这是连现代技术都改变不了的自然规律。滥砍滥伐只会造成对森林资源的严重破坏，延缓森林的生长周期。有节制、有计划地砍伐，才能合理、高效地利用森林资源。

农庄生活

秋天本来就是丰收的季节，今年农场的收成比往年都好。在许多地方，10000 平方米土地产量达到 1500 千克，有些甚至超过了 2000 千克，这和职工们的辛勤劳动是分不开的。为了表彰这些兢兢业业奋斗在生产一线的农场职工，政府专门为他们设立了“劳动英雄”的奖项。能获得这个勋章，对于每个农民来说都是莫大的荣耀。

秋收完成之后，农活就减少了，不过勤劳的职工们一刻也没闲着。男人们翻晒干草，把饲料运到养畜场里，妇女们则把饲料分别投入猪圈、牛栏，同时打扫农场、整理农具。终于不用再去农田干活的猎人，一大早就带着猎狗到森林里打猎去了。其实，猎人根本不用走那么远的路到森林去，因为农舍附近就有很多灰山鹑。

距离农舍越来越近的小鸟吸引了孩子们的注意，他们在空地上安置了很多粘鸟网，就等着笨拙的家伙们自投罗网啦。

农庄新闻

（尼·巴甫洛娃）

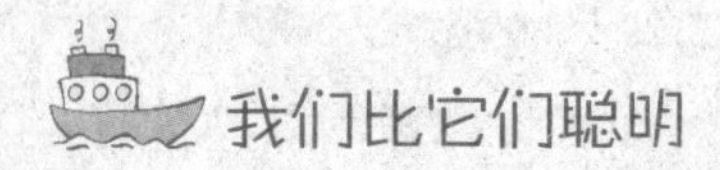

我们比它们聪明

在缺少食物的冬天，连果园里的小树苗都成了兔子和老鼠眼里的美食。兔子时常钻过篱笆间的缝隙，围着幼嫩的树苗啃咬树皮；老鼠就更狡猾了，它们不敢光明正大地爬到地面上，只在厚厚的雪层下面匍匐前进，一直爬到树苗的根部，就可以放肆地咬噬树根了。

为了保护幼苗，聪明的人们想出了各种办法：用稻草和云杉树枝给小树苗裹上了严密的防护服，即使兔子爬过来，也无从下口；把树苗旁边的积雪用力压实，老鼠就不能轻易靠近树苗了，而且，出于对寒冷和阳光畏惧，老鼠轻易不会钻到地面上来。

细丝上吊着的家

苹果树枝上，横七竖八地挂着几根像蛛丝一样的细线，连成了一张疏松的大网。坐镇网中央的，不是蜘蛛，而是苹果粉蝶[①]的幼虫。天气太冷了，它们可不喜欢暴露在冷空下饱受摧残，于是用干枯的苹果树叶子搭了一座小房子。

---

①苹果粉蝶：蝴蝶的一种，翅膀白色，有黑色斑点，也有黄色或橙色。苹果粉蝶的幼虫吃蔬菜、果树的嫩芽，是农业害虫。

别看这座房子只有一张纸的厚度，而且里面没有任何供暖设备，但对于那些小虫子来说，已经足以避寒了。只要不被果农或鸟儿发现，它们就能安全度过冬天。等到来年春暖花开，粉蝶幼虫就会爬出房门，啃食苹果树的嫩芽和花蕊。

所以，果农门只要一看见这种吊在细丝上的树叶小房子，就会把它们摘下来踩扁。

一批黑棕色的狐狸

农场空地上聚集着一群人，正围着几个笼子议论纷纷。路过的人很快被吸引过去，连小孩子都扯着妈妈的手去看热闹了。

原来，笼子里关着几只棕黑色的狐狸。显然，狐狸并不习惯被人围观，眼睛里流露出惧怕的神情，还一个劲儿朝着笼子的角落畏缩，团成了一个毛茸茸的棕色圆球。狐狸的毛皮光滑油亮，像一匹黑色的锦缎，摸起来一定特别舒服。

其中个头最大的狐狸胆子稍微大一些，黑漆漆的眼睛非常有神。它不仅没有后退，还大大方方地打了个哈欠。一个小孩子立刻拽着自己脖子上的白围巾尖声叫了起来：“哎呀，千万别把它当成围巾围在脖子上，它会咬人的。”

围观的人群里立刻爆发出了一阵哄笑。

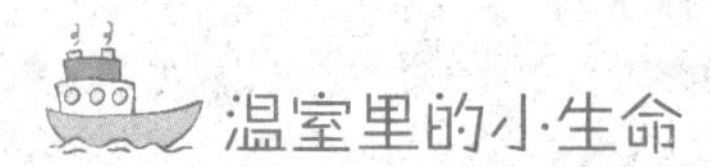

温室里的小生命

吃过早饭，大家纷纷赶到农场仓库里，开始分拣小葱和小芹菜的根。年长的生产队长安排好任务后，也蹲在地上开始干活。

他年幼的小孙女也跟来了，站在爷爷旁边不解地问：“爷爷，你们为什么要把这些菜根挑出来啊？要扔掉还是要用来喂牲畜？”

爷爷“哈哈”笑了起来：“明天我们就会把这些被挑选出来的小东西栽到温室里去，不久之后，咱们就能收获新鲜的大葱和芹菜了！”

“天气这么冷，它们会被冻死的！”小孙女噘着嘴巴，很不高兴。

“放心吧孩子。别看现在已经是深秋了，但温室里住着一位魔法精灵，只要它肯施法，里面就会变得像春天一样暖和。”生产队长摸着胡子，笑眯眯地解释着。

不需要盖厚被子

在曙光农场里，生产队长费多谢奇正在树莓丛边忙碌，一个叫米克的男孩凑到了他跟前，好奇地问道：“爷爷，天气这么冷，难道不应该给树莓盖上被子吗？”

队长抬起头，十分感兴趣地问道：“哦？怎样才能给它们盖上被子呢？”

“就像保护苹果树那样，给它们的枝干捆上干草或藤蔓吧！”

“不必这么麻烦。等到冬天自然会下雪，它们就能盖上雪被子了。”费多谢奇笑着说。

“您不是在开玩笑吧！”米克非常吃惊，“得下多大的雪才能把这些比我个子还高的树莓盖上呢？”

“呵呵，聪明的孩子，你不妨想一想，难道你冬天盖的被子比你站着的时候还要厚吗？”

“可是我是躺在床上的啊。这些树莓也能躺在地上吗?”

“当然。你看，我现在的工作就是要让这些树莓躺在地上。”费多谢奇一边回答一边示范：他先把树莓压弯，再用柔韧的绳子把树莓绑在地上。

米克兴奋地叫了起来：“它们真的躺下来了！”

费多谢奇笑着说：“等冬天一下雪，它们就能在雪层下面平安度过寒冷的冬天了。”

可爱的小助手们

农场里，每天都有一群勤快的孩子来帮忙。虽然他们现在的任务是读书，但还是非常乐意来做一些自己能力之内的农活。

男孩子们不怕肮脏的泥土，正在菜窖里挑选适合来年播种的土豆；细心的女孩儿们则被安排去挑选春耕用的麦种了。除了在仓库里劳动，孩子们还可以在马厩、铁厂、牛栏、猪圈和养兔场里找到自己力所能及的农活。

这些可爱的小助手，真是帮农场的职工们解决了好多问题。

城市新闻

群鸦大聚会

结冰的涅瓦河像一条银色的缎带，在下午 4 点昏黄阳光

的照射下闪闪发亮。每到这时，总有一群来自华西里岛[1]区的乌鸦和寒鸦停留在冰封的河面上，像有人不小心在缎带上洒了漆黑的墨点。

这些“墨点”还在不停移动，那是鸟儿们正一边散步一边讨论。到了晚上，它们得分批飞回华西里岛的花园休息，每一群鸟都有它们自己固定的位置。现在，趁着集体聚会的时间，它们正“喳喳喳”地讨论如何划分地盘呢。

厉害的侦察兵

在冬天的果园里，有一支专业的侦察队，专门负责侦察并消灭藏匿在树皮缝隙里的害虫。

队长是著名的“森林医生”——啄木鸟。它穿着彩衣，戴着红帽，顺着树干不停向上跳动，时而停下来，用听诊器一样的嘴巴在树皮上左敲敲、右敲敲，为树木检查身体。一旦发现果树上有什么异样，它就会把坚硬的嘴巴戳到树皮里，把在里面作恶的坏家伙拖出来。

侦察队的队员是各种各样的山雀，它们是带着高高的尖顶帽的凤头山雀[2]，穿着浅黑色外衣的莫斯科山雀，嘴巴尖得像锥子一样的旋木雀[3]，还有被称为“蓝大胆”、穿着天蓝色制服的普通䴓（shī）[4]。它们总是和队长一起行动，捍卫着果

---

①华西里岛：位于列宁格勒，即现在的圣彼得堡。

②凤头山雀：山雀的一种，生活于欧亚大陆及非洲北部。

③旋木雀：体型略小，嘴巴细长且往下弯。它擅长攀树，在树干上捕捉昆虫，在裂开的树皮缝隙中筑巢。

④䴓：典型森林鸟类，体型似山雀，嘴细长而直，约1.5厘米，体长约13厘米。它主要啄食树上的昆虫和植物种子。

树的健康和安全。

不过，侦察兵山雀们不像啄木鸟一样有听诊器，它们只好一寸一寸地在树干上观察敌情。山雀们也各有分工，旋木雀负责靠近地面的树干，普通鳾头朝下从上往下搜寻敌人，青山雀[①]则围着树枝打转儿。不管是藏在树皮下，还是躲在树枝里的昆虫和它们的幼虫，都逃不出侦察兵们敏锐的眼睛。

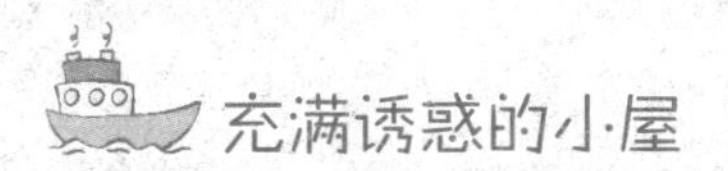

充满诱惑的小屋

恶劣的气候和食物的短缺，迫使胆小的鸣禽不得不战战兢兢地主动接近人类。

有些人偶尔会在地上撒一些谷粒、麦粒或其他粮食，引诱饥饿的鸟儿过来啄食；还有人会在下雪的日子打开房门，邀请那些被雪花打湿翅膀却无处躲藏的小鸟到屋子里做客。当然，他们其中一部分完全出于善心，还有些人则是为了趁机捕捉鸣禽。这时候捕捉到的鸟儿不像夏天那样刚烈，不会以绝食来抗议。

在冬天，对鸟儿来说，人类温暖的居所充满了诱惑。

打猎去

进入 11 月，野兽们已经脱掉薄薄的夏装，换上了暖和的棉大衣。对猎人来说，这正是适合去捕捉这些长着柔软厚实

①青山雀：山雀的一种，羽毛颜色漂亮，观赏性强，生活于欧亚大陆及非洲北部。

毛皮的野兽的时候。

打灰鼠去

别看灰鼠这种小家伙毫不起眼，却是猎人们眼中极为重要的猎物之一。一方面因为灰鼠偷盗粮食，破坏庄稼，是理应被消灭的坏蛋；另一方面灰鼠的尾巴和毛皮都是非常好的服装材料，那些用淡蓝色灰鼠皮做成的大衣和披肩既暖和又轻便，用鼠尾做成的衣领、帽子和耳套也深受人们欢迎。所以，猎人都极爱捕捉灰鼠。

这不，刚刚下过雪，一群人就乘着滑雪板到雪地里捕鼠去了。

他们三个一群两个一伙，互相协助，有的用枪打，有的设置捕鼠夹和陷阱。还有个别猎人喜欢单独行动，往往会在某个灰鼠聚集区停留几天，甚至几个星期，专心致志地捕鼠。

冬天是捕捉灰鼠最好的季节，因为一到春天，天气暖和之后，灰鼠又厚又密的毛发就会脱落，其毛皮的使用价值就大大降低了，直到深秋，它们才会重新长出浓密的淡蓝色毛皮。所以，猎人们会抓紧时间，赶在灰鼠脱毛之前捉住它们。

北极犬

有了北极犬的帮忙，猎人们的狩猎就变得容易了。

这种北方特有的猎狗，眼睛敏锐，身手矫捷。不管是藏在原始森林还是低矮灌木里的猎物，它都能及时地发现且穷追不舍，直到和主人一起逮住猎物才肯罢休；假如猎人遭到凶猛野兽的攻击，忠诚的北极犬还会拼命保护主人的安全。

夏天，北极犬不仅能够找到猎物的巢穴，还会蹿进动物的藏身之所，大叫着把它们从隐蔽的地方驱赶到猎人跟前。

到了秋冬季节，即使积雪覆盖了整座森林，到处都是静悄悄的，它们依然能够准确地把鸣禽和野兽找出来。当惊飞的松鸡和琴鸡蹲在枝头时，北极犬会在树下抬头汪汪大叫，分散它们的注意力，这样猎人就能用枪轻松地把它们击落了。有时候，有些猎物掉进了冰冷的河水中，北极犬会毫不犹豫地跳下去，把猎物捞起来，叼到主人脚下。

北极犬

有些小野兽藏得非常隐蔽，像灰鼠、黑貂等会爬到树上去，其他猎狗根本发现不了它们的踪迹，北极犬却能轻易找到。面对那些大型的野兽，例如猞猁（shē lì）[①]和熊，北极犬也会勇敢地扑上去，与它们周旋搏斗，为主人争取时间来装

①猞猁：体型似猫而远大于猫，生活在森林灌丛地带、密林及山岩上，喜欢独居。

弹药、瞄准射击，即使它们根本不是凶猛野兽的对手，也绝对不会轻易松口。

这种既勇敢、敏捷，又忠诚的猎狗，真是猎人的好助手。

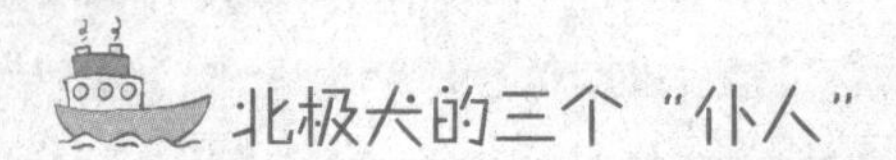

北极犬的三个“仆人”

捕捉灰鼠并不是一件容易的事情。因为灰鼠不仅跑得快，还会爬树，一旦它逃到高处，无计可施的猎人只能眼睁睁地看它溜走。而且，行走在地上的猎人，轻易发现不了藏身于高树上的灰鼠。

但是，藏得再隐蔽的灰鼠也会被北极犬准确无误地揪出来。北极犬既没有翅膀，也不会爬树，它到底是怎么发现藏在高处的灰鼠的呢？

与其他猎狗相比，北极犬除了和同类一样，拥有敏锐的嗅觉，它的视觉和听觉也极为强大。嗅觉、视觉、听觉，像北极犬的三个仆人，忠诚地服务于北极犬的狩猎事业。

即使栖身于树上，冷风还是会把灰鼠的气味吹下来，北极犬灵敏的鼻子马上就能嗅到；灰鼠不可能一直在树上一动不动，只要它制造出一点动静，哪怕只是毛皮摩擦树枝的声音，也能被北极犬竖起来的耳朵捕捉到；当它循着味道和声音传来的方向仔细侦察时，明亮的眼睛就能发现藏在枯枝间的灰蓝色小兽了。

确定了灰鼠的藏匿（nì）之处，北极犬不会立刻朝那里扑过去，也不会用爪子抓挠树干，那样只会把猎物吓走。北极犬会“汪汪”叫着提醒主人，眼睛一眨不眨地盯着猎物，除非主人把它带走，否则它就会一直守在那棵树下。

如何打灰鼠

当北极犬发现灰鼠的同时，灰鼠也警觉地发现了危险在靠近。但是它只能躲在树上瑟瑟发抖，不敢轻易采取行动，看来它并不知道北极犬是不会爬树的。在两者对峙时，听到犬吠赶来的猎人会轻手轻脚地靠近灰鼠所在的大树，抬起头，眯着眼睛瞄准灰鼠的头部。

“砰”的一声枪响之后，灰鼠应声落地。猎人会及时跑过去捡起猎物，否则，兴奋的北极犬可能会咬坏灰鼠的毛皮。之所以要瞄准灰鼠头部，一方面是为了尽量保持灰鼠毛皮的完整，另一方面是因为灰鼠生命力非常顽强，即使受了伤也可能会忍着疼痛逃到密林深处，这样的话，恐怕连北极犬也无法找到它。

此外，猎人们还会在两棵树之间安装捕鼠夹，上面拴着灰鼠爱吃的干蘑菇或鱼片，一旦经不住诱惑的灰鼠咬了诱饵，诱饵中的细线就会扯动鼠夹上方的木板。这样，灰鼠就会被掉落的木板压在下面，无法脱身了。

带上斧头和铁棍去打猎

除了藏在树上的灰鼠，那些躲在洞里的凶猛小兽也躲不开侦察兵北极犬的敏锐目光。不管是鸡貂[①]、白鼬[②]、伶鼬，

①鸡貂：一种害羞的动物，它们经常在夜间活动，人们很少能够见到它们。鸡貂为杂食性动物，视力很差，但嗅觉非常灵敏，捕猎的时候主要依靠鼻子。

②白鼬：又名扫雪、扫雪鼬，是鼠类天敌，体长 251 ～ 315 毫米，体型细长，尾巴和耳朵都很短。

还是水貉（hé）[1]、水獭（tǎ）[2]，都是猎人们极爱的猎物。它们有的躲在地洞里，有的躲在乱石堆下，还有的躲在树根下面。当它们意识到敌人在靠近时，会一动不动地躲在洞穴里，不会轻易跑到外面去。

所以，当北极犬找到猎物以后，剩下的任务得靠猎人了，猎人得想办法把它们从洞里赶出来，才能开枪射击。

通常，猎人会把探针、铁棍或其他细长的工具伸到洞里去，四处搅动，或者用斧头劈开僵硬的泥土和粗壮的树根。如果还是无效，猎人只好点燃干树枝，把小兽从洞里熏出来。只要小兽一钻出洞来，就跑不掉了，即使猎人的子弹落了空，北极犬也会紧追不舍，直到扑上去把它咬死才肯罢休。

猎貂记

貂是一种行动敏捷的小兽，既能在地上快速奔跑，又能像灰鼠一样爬树，还能像松鼠一样，从这棵树跳到那棵树上去。所以，那些在树上筑巢的鸟儿和住在树洞里的松鼠都非常忌惮这个凶狠的家伙。

在森林里猎貂，对猎人来说是极其严峻的考验。一方面的原因前面已经提到，另一方面是因为貂非常狡猾，它们到处跑来跑去，没有固定的住所。如果没有猎狗的帮助，猎人很难发现其踪迹。

---

①水貉：中等体型，外型似狐，但较肥胖，体长 50 ～ 65 厘米，出没于河谷、山边和田野间。

②水獭：身体呈流线型，头部宽而略扁，喜欢栖息在湖泊、河湾、沼泽等地。

一些有经验的老猎人能够通过貂留在雪地上的脚印来判断其奔跑的方向，还能从被貂碰断的小树枝、碰掉的球果等蛛丝马迹寻觅它的影踪，但是，要找到它并把它捉住，还是一件难度非常大的事情。就连素来被大家称赞的猎人塞索伊奇，花了两天一夜的时间，也没能找到那只貂，最后只好沮丧地空手而归。

那天，塞索伊奇没有带着猎狗，独自到了森林里。很快，他就被雪地上的鲜血、羽毛、碎骨吸引住了。观察了一会儿，他得出结论：一只貂在这里饱餐了一顿，刚离开不久。

猎貂记

虽然塞索伊奇也知道独自追捕貂成功的概率很小，但这极具挑战性的事让他非常兴奋。于是，他蹬着滑雪板，沿着貂留下的琐碎痕迹一路追了过去。他时快时慢，一会儿沿着明显的脚印快速滑行，一会儿又不得不停下来寻找突然中断的线索。就这样，他用了一整天的时间也没有找到目标，直到夜幕降临，他不得不停下来休息。

在篝火边熬过了一个漫长的冬夜。第二天一早，塞索伊奇就又上路了。他沿着昨天发现的路线，一直来到一棵干枯的云杉树下。这棵树上有一个树洞，洞口还沾着几根貂的毛发。

终于找到它了！

如果貂昨天晚上在这里过夜，那么它现在肯定还没睡醒。塞索伊奇努力克制着内心的兴奋，准备好猎枪，又从地上捡起一根树枝，轻轻地敲了敲洞口下面的树干。只要它从洞口跑出来，神枪手塞索伊奇一定不会让它跑掉。

但是，几分钟过去了，树洞里毫无动静。

塞索伊奇又使劲儿敲打了几下，还是没有貂跳出洞口。他继续敲打，甚至用脚踹了几下树干，依然一无所获。难道貂不在这里吗？那洞口为什么会有貂毛呢？

塞索伊奇仔细检查了一遍，不由得傻眼了。原来这棵云杉之所以干枯，是因为树干已经被完全掏空了。在树洞底部靠近地面的地方，竟然还有一个出口。当猎人拼命敲打树干的时候，貂早从那里逃走了，雪地上还留着它浅浅的爪印。

塞索伊奇又气愤又无奈，不服输的他决定沿着新的线索继续追捕。

天黑时，他来到另一棵树下，树上也有一个树洞。几根折断的树枝垂向地面，地上有挣扎、打斗的痕迹，应该是一只倒霉的松鼠刚刚被貂吃掉了。

那只貂吃饱之后，又到哪里去了呢？塞索伊奇很想继续自己的追寻之路，但他现在又累又饿，身上的干粮也吃完了。凛冽的寒风吹了起来，好像马上要下大雪了，他只好懊恼地离开了森林。

后来，一位经验丰富的老猎人告诉塞索伊奇，貂吃完松鼠之后，如果刚好赶上天黑，它会钻到松鼠的洞穴里美美睡上一觉。也就是说，塞索伊奇用了两天一夜追赶的貂，可能就藏身于他看到的那个树洞里。可惜，他当时并没有仔细查看。

对于这段经历，塞索伊奇一直耿耿于怀。如果再给他一次机会，他一定会想尽办法把那只狡猾的家伙捕回来。

——来自我们的专业记者

打靶场：第九次竞猜比赛

1. 虾在什么地方过冬？

2. 冬天，鸟儿最怕什么，是寒冷还是饥饿？

3. 什么是“啄木鸟的觅食车间”？

4. 在我们这儿，什么夜强盗只在冬天出现？

5. 什么是“兔子的侧跳”？

6. 秋天和冬天，乌鸦分别会在哪里睡觉？

7. 最后一批鸥和野鸭什么时候离开我们？

8. 秋天和冬天，啄木鸟和什么鸟结成一伙？

9. 猎人所说的“拖迹”是什么意思？

10. 白天和晚上，猫的眼睛一样吗？

11. 猎人说的“双重迹”是什么意思？

12. 猎人所说的“雪上兽迹”是什么意思？

13. 冬天里，哪种野兽除了尾巴尖，浑身都是白色的？

14. 如图，一幅是食草兽的头骨，一幅是食肉兽的头骨，你能根据牙齿来区分它们吗？

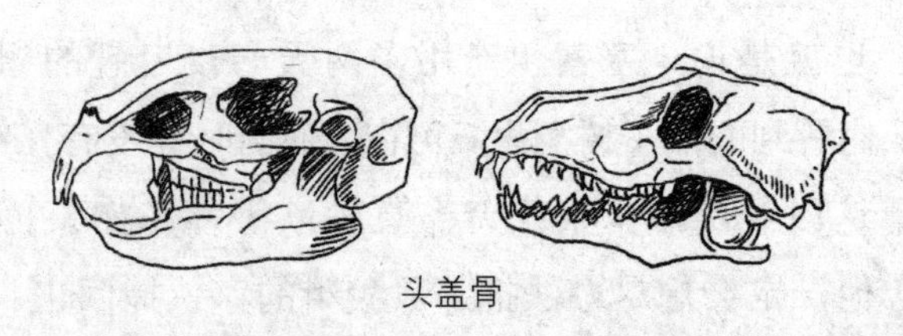
头盖骨

15. 没有手，没有脚，不请自来，钻进小屋。（谜语）

16. 一种东西躺在地上，两盏灯儿放亮光，四种东西分开放。（谜语）

17. 在水里出生却怕水。（谜语）

18. 比灰黑，比雪白，比房高，比草低。（谜语）

19. 一个小伙，背着钢壳，身上沉重，心里快活。（谜语）

20. 一个高堆堆，院子当中垛，前面有叉子，后面拖着扫把。（谜语）

21. 天上看不见，却在地上走；一点儿也不痛，可是老哼哼。（谜语）

22. 翠绿绿的细长房子，没有门也没有窗，房子里的小人儿，住得满当当。（谜语）

23. 长呀长，长大了，爬呀爬，爬出来，放在手掌上，滚来滚去，咬在嘴里咔吧咔吧响。（谜语）

“火眼金睛”第八次大比拼

图 1：这是什么动物的脚印？

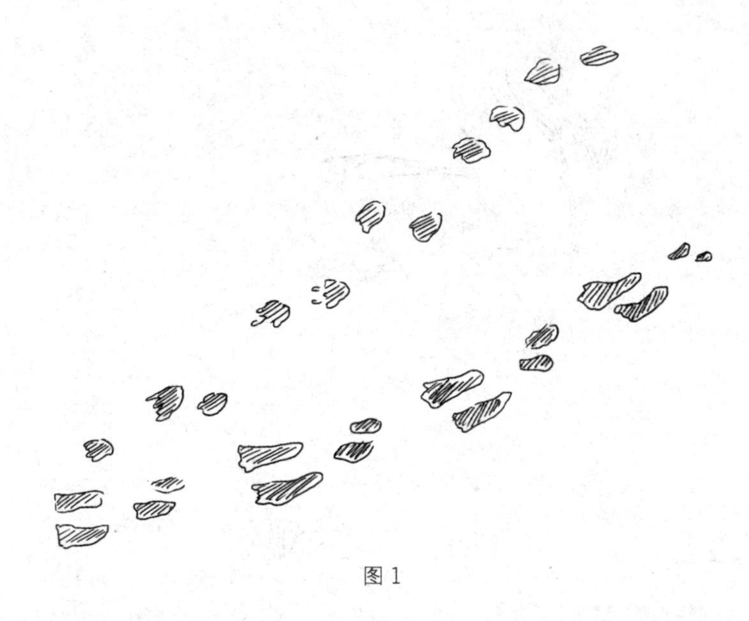

图 1

图 2：这个屋顶上，有个动物老在同一个地方转圈，这是什么动物？它为什么要这么做？

图 2

图 3：雪地里的这些小圆洞是什么？谁曾经在这里过夜呢？谁的脚印和羽毛留在了这里？

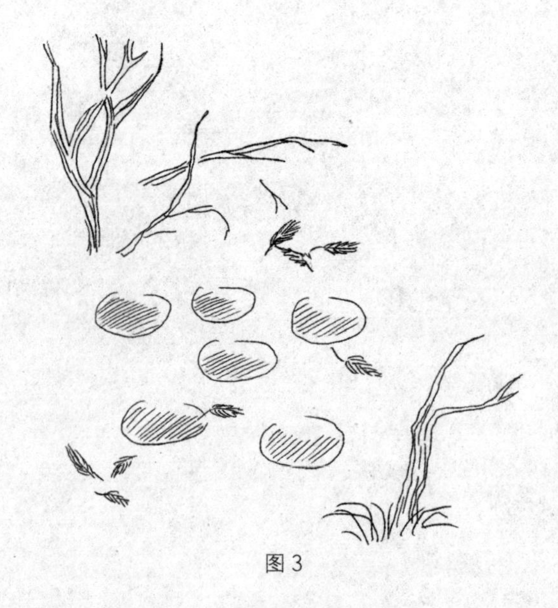

图 3

图 4：这里发生了什么事？怎么会有这么多脚印？树枝上挂的犄角是谁的？

图 4

告示 1：忍饥挨冻的鸟儿需要你的帮助

天气变得越来越冷，鸟儿们要想找到充饥的食物可真难啊。有些鸟儿为了躲避风雪，都来投靠人类了，晚上就在人家的屋檐下或门洞里过夜，真是可怜极了。

现在，这些正在忍饥挨冻的鸟儿们非常需要你的帮助。你可以自己动手，建造一些暖和的小房子，比如椋鸟房、小棚子等，帮助它们躲避致命的寒冷天气。你还可以在你准备的小房子里铺上一些绒毛、羽毛、破布等，这样，鸟儿们就可以拥有温暖的羽毛垫子和被子啦！

告示 2：快来给鸟儿开办免费食堂

秋风瑟瑟，树林里的食物越来越少了；鸟儿们为了充饥，每天都在树林里辛苦地穿梭着。为了让鸟儿们少受一些苦，请快来给它们开办一个免费食堂吧。

你可以用绳子把一小块木板吊在窗外，在木板上撒下你给鸟儿们准备的食物，比如面包屑、煮熟的蛋屑、蟑螂、小米、燕麦等。

你还可以把这些食物装在瓶子里，在瓶子下面再放置一块小木板，这样一来，上面的食物一被鸟儿吃完，瓶子里的食物就会自动倒出来。或者，你可以在院子里放置一张小桌子，食物放在上面，在上面再搭一个小盖子，防止雪落到小桌子上，这样对鸟儿来说就更好啦。

打靶场比赛的答案

第七次竞猜

1. 从 9 月 21 日起。

2. 雌兔。所以最后出生的那批小兔被称作“落叶兔”。

3. 山梨树、白杨树和槭树。

4. 并不是所有的候鸟都会向南飞走。某些候鸟也会选择其他路线，如飞向北方，飞向极夜地区。

5. 因为老麋鹿的角又宽又大，很像一架木犁，所以叫作“犁角兽”。

6. 黑琴鸡（雄琴鸡），这几句话模仿了它们的歌声。黑琴鸡在春秋两季就是这么叫的。

7. 生活在地上的鸟要适应走路的情形，因此它们的脚趾走起路来会张得大大的。这种鸟走路时双脚交替向前走，因此脚印会形成一条线。至于生活在树上的鸟，脚则要适应抓紧树枝，所以脚趾靠得很紧。这种鸟在地上的时候不是走路，而是蹦跳，因此它们留下的脚印也就印成两行。

8. 说明这里有动物尸体或受伤的动物。

9. 因为鸟妈妈明年将在这个地方孵出一窝雏鸟来。如果这个时候打死了鸟妈妈，野禽就要被迫搬走了。

10. 它们大多数在第一次寒流来袭时就死掉了，剩下一小部分会钻到树木、栅栏或木屋的缝隙里，还有的会钻进树皮里，在那儿度过冬天。

11. 脸朝西方太阳落山的方向，这样在晚霞中能清楚地看到野鸭从天空中飞过。

12. 当它没被猎人打中的时候。

13. 秋播谷物：今年播种，明年收获。

14. 金腰燕。

15. 树叶。

16. 雨。

17. 狼。

18. 麻雀。

19. 白蘑菇。

20. 夏天的桑悬钩子、秋天的榛子都是这样的。

21. 稻草人。

第八次竞猜

1. 上山快。兔子的前腿短，后腿长而有力，因此上山跑得非常轻快。从很陡的山上往下跑的时候，就可能会栽跟头。

2. 等树叶落光的时候，就可以很清楚地发现夏天藏在茂密枝叶里的鸟巢。

3. 松鼠。它把蘑菇拖到树上，穿在细细的树枝上。冬天没有东西吃的时候，就靠这些蘑菇来充饥。

4. 水老鼠。

5. 这种鸟很少，但也有。比如，猫头鹰会把死老鼠藏在树洞里，松鸦会把橡果、坚果藏到树洞里。

6. 蚂蚁会把蚁巢所有的洞口都堵上，然后挤成一团过冬。

7. 空气。

8. 黄色的或者褐色的。

9. 夏天。因为秋天它长着一层厚厚的脂肪，变得特别胖，羽毛也比春夏的时候更加浓密，脂肪层和厚羽毛可以保护它免受霰弹的攻击。

10. 这个可怕的脑袋是透过放大镜看到的蝴蝶的样子。

11. 昆虫有六只脚，蜘蛛有八只脚。因此，蜘蛛不是昆虫种。

12. 躲到水里去，躲到石头下、坑里，钻进淤泥里或者藏在青苔下面，有的甚至会钻到地窖里去藏身。

13. 每一种鸟的脚都非常适应它们的生活环境。生活在地上的鸟，常常在地上走，因此，脚趾直直并且大大地张开着，脚踝骨长得很高。生活在树上的鸟儿经常站在树枝上，因此它的脚趾弯曲着，靠得很拢，因为这样可以攀紧树枝，并且为了重心稳定，脚会长得很短。水禽的脚则要适应水中的生活，因此要长得像支小桨那样能够划水，因此水禽的脚趾之间长有相连的肉蹼。

14. 田鼠的脚。因为它的脚要适应挖土，就像鱼的鳍要适应游泳一样。

15. 猫头鹰竖起的“耳朵”，其实只不过是羽毛。真正的耳朵藏在这些羽毛下面。

16. 从树上掉落的叶子。

17. 河。河水上的泡沫。

18. 葎草。

19. 地平线。

20. 过第四年。

21. 鸭子、鹅。

22. 亚麻。

23. 公鸡。

24. 鱼。

第九次竞猜

1. 在河边或湖边的洞里。

2. 鸟儿最怕饥饿，例如野鸭、天鹅、鸥。如果它们能找到可以充饥的东西，就会留在这里过冬，也就是说，有些地方的水在没有被冰冻以前，它们不会飞走。

3. 啄木鸟把球果塞进大树或树墩的缝隙里，固定好球果，再用嘴巴对球果进行加工。在“啄木鸟的觅食车间”树下的地面上，经常会堆起一大堆被啄木鸟啄剩的球果壳。

4. 北方的白猫头鹰。

5. 兔子从一行脚印中间跳向旁边。

6. 从黄昏开始，在果园里、丛林里和树上就聚集着一大群鸟儿。

7. 当最后一批湖泊、水塘和河流冰封的时候。

8. 秋天和整个冬天，啄木鸟会和成群的山雀、旋木雀、鳾鸟组成一个专业的团队。

9. 野兽从雪里拔出爪子的时候，会从小雪坑里带出非常少量的雪，在雪上留下了爪印。这种爪印被称作“拖迹”。

10. 不一样。白天，在阳光的照射下，猫的瞳孔很小；夜里没有光线，它的瞳孔就会变得很大。

11. 这些脚印是兔子来回跑了两趟留下来的。

12. 兔子在雪地上留下的脚印。

13. 貂。

14. 左图是食草兽的头骨，右图是食肉兽的头骨。食肉兽长着特别突出的犬齿，用来撕扯生肉等食物；而食草兽的犬齿只是用来把植物扯下来咬断，因此并不突出，但它的门牙却很有力。

15. 风。

16. 狗睡觉。眼睛放光，脚伸开。

17. 盐。

18. 喜鹊。

19. 猎人背着猎物，带着枪。

20. 公牛。

21. 猪。

22. 黄瓜。

23. 榛子。

“火眼金睛”大比拼的答案及解释

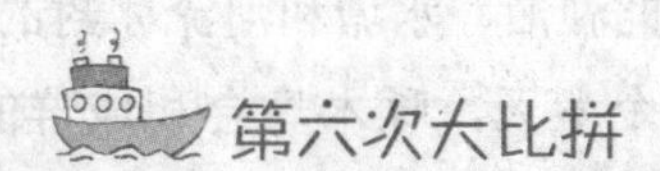

图 1：野鸭到过这个池塘。沾着露水的蒲草和浮萍那儿有野鸭聚集时留下的痕迹，这条痕迹就是野鸭在蒲草间走来走去或在水里游来游去时留下的。

图 2：离地面近的白杨树皮，是被兔子啃掉的。兔子够不到树上高的地方去啃。另一棵白杨树是被个儿很高的麋鹿啃。麋鹿会把细嫩的树枝咬断了再吃。

图 3：勾嘴鹬，其中小十字是爪印。那些小点点是勾嘴鹬跑到林中的道路上，沿着水洼的烂泥岸边找食物时留下的。

图 4：是狐狸干的。狐狸捉住刺猬后，把它弄死，然后从没有刺的肚子吃起，全部吃光，只留下刺猬的整个外皮。

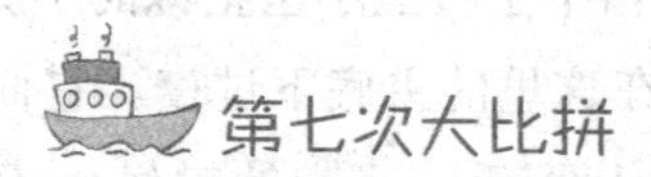

第七次大比拼

图 1：

1. 这是交嘴鸟干的。它们用爪子抓住树枝，啄下球果，从球果里啄下一些云杉子，然后就把球果扔掉了。

2. 是松鼠在下面的地上，松鼠把交嘴鸟扔掉的没吃完的球果拾起来，跳到树墩上，把它吃完，然后只剩下球果的核儿。

3. 林鼷鼠。它吃榛子的时候，会在榛子壳上啃个小洞，通过这个小洞把榛子仁吃光。而松鼠在吃榛子的时候，会把榛子连皮一起吃光。

4. 松鼠。它把蘑菇晾在了树上，晾干了就储藏起来，这样到冬天没有东西吃的时候，它可以用储存的食物充饥。

图 2：这是啄木鸟干的。它像医生给病人听诊那样，把树里的害虫幼虫敲出来。它会围着树干跳着移动，在树干上敲着，于是它坚硬的尖嘴就在树干上凿出一圈小洞。

图 3：是金翅雀。它非常喜欢牛蒡的头状花。

图 4：是熊。它用大脚爪把云杉的树皮一条条剥下来，拖到自己的洞里去做褥子，好为冬天舒服地睡大觉做准备。

第八次大比拼

图 1：这是狗追白兔的脚印。前面是兔子在雪地上一跳一跳留下的脚印。后面狗的脚印又偏又斜，是在追赶着它。

图 2：灰猫头鹰夜里曾待在这个屋顶上。它在这里等候着经过的老鼠，它在上面待了很久，灰脑袋向四周转个不停，它徘徊着，于是，留下了一些小星星似的小脚印。

图 3：黑琴鸡在这里的雪底下过夜。它们在自己的雪卧室里留下了痕迹和几片羽毛；飞走的时候，还留下了一个个小圆洞。

图 4：这里什么事儿也没发生。只有一只麋鹿曾在这里停留过一会儿。它到换角的时候了。因此，它待在一个地方不安地转来转去，用犄角在树上拼命磨。后来，它终于将一个犄角磨断，卡在树枝上了。不过，不用替它担心，在春天来之前，麋鹿还会生出新角来。

森林报·冬

[苏]维塔里·瓦连季诺维奇·比安基◎著
胡乃波◎编译

华龄出版社
HUALING PRESS

序言 PREFACE

书籍是人类文明传承的重要载体，古今中外人们所撰写的图书可谓汗牛充栋，其中有一个很大的门类是专门写给孩子的，我们称之为童书。童书细分起来又有很多种，但笼统地可以概括为两类：一类是科普，一类是文学。苏联作家维塔里·瓦连季诺维奇·比安基所著的《森林报》作为一本童书可谓独树一帜，它兼具科普与文学两大功能，既是一本自然界的百科全书，也是一部世界儿童文学史上的名著。

维·比安基出生于1894年，他父亲是当时俄国一位著名的自然科学家，在科学院动物博物馆工作。比安基的家就在动物博物馆对面，他小时候经常去那里玩，看那些被罩在玻璃中的动物标本。

后来，比安基长成了一个少年，于是他父亲出去打猎就经常带上他，并且告诉他一路上所遇到的每一株小草、每一只飞禽走兽的名字，教他根据飞行时的模样来识别鸟儿的种类，根据脚印来识别不同的野兽。更重要的是，他父亲还教会了他如何记录下对大自然全部的观察印象。每到夏天，比安基就会跟着家人到郊外、乡村或者海边去住。在那里，他们钓鱼、捕鸟，在森林里散步，喂野兔、刺猬、松鼠、鹿等。这些都给比安基打下了很好的观察大自然和描写大自然的基础。

在家庭的熏陶下，比安基自幼就喜欢大自然，到27岁那年，已经积累了一大摞日记，他决心要通过自己的努力，让这些雄浑壮丽的自然景象和那些奇妙的动植物，活在自己的书中。1923年，比安基成为彼得堡学龄前教育师范学院儿童作家组的成员，开始在杂志上发表作品。在他有生之年，他总共发表了300多部童话、故事、小说，而《森林报》就是他的代表作。

《森林报》是一本开阔儿童视野的读物，书中有草长莺飞，有四季轮回，其中那些关于花木鸟兽的瑰丽传说更是让人沉醉：狐狸施计抢走了獾的洞穴；松鼠为存储过冬的粮食，把蘑菇晾在树枝上；丛林中的白桦、白杨和云杉为争夺地盘展开大战……那些丛林、田野中，既有温馨感人的互助，也有惊心动魄的交锋。当然，受时代局限，当时被津津乐道的狩猎等行为，部分已经不再符合现下的环保理念了。

今天，我们很多生活在城市里的中国孩子，每天都被钢筋混凝土包围着，生活环境只有家和学校，恐怕很少有机会走进原野、走入森林，全身心地投入大自然之中，感受地球的美好。但是，让孩子们充满对自然的热爱，也是教育工作的一项重要课题，因为我们就生活在这个自然界当中。

了解自然界中飞禽走兽、昆虫游鱼的生活习性，亲近大自然，看四季的变化、草木的盛衰，除了能够增长孩子的知识，扩大他们的视野，更重要的是能激发他们内心的真趣，丰富他们的心灵和情感。然而，我们总是太忙碌，根本无暇带孩子们出去走一走。那么，我们是不是应该送给他们一些什么，来弥补我们的过错呢？或许对父母来说，帮助孩子们感受自然，最简便、直接的方法莫过于为他们选择一本优秀的自然读物了，维·比安基的这本《森林报》

便是不错的选择。

我国很早就引进、翻译了《森林报》，至今已有多个版本。客观地说，这些版本各有特色，但总有些不足之处。因此，我们力图打造一套更完美，也更适合中国孩子阅读的《森林报》。在这部《森林报》精选集里，我们选录了一部分最有代表性和针对性的内容，并为孩子们绘出精美插图，希望小读者们能更直观、更有效地汲取书中营养，从而更加热爱大自然界赋予我们的一切。

目录 CONTENTS

第十期　雪径初现月（冬季第一个月）

第十一期　忍饥挨饿月（冬季第二个月）

第十二期　残冬盼春月（冬季第三个月）

城市新闻 / 119

打猎去 / 127

第十期　雪径初现月

（冬季第一个月）

一年——分十二个月谱写的太阳诗篇

秋的余韵已然消逝，冬的绝唱刚刚奏响。

一到12月，冬天就迫不及待地带着装修队闯入我们的家园。呼啸而过的寒风，把光秃秃的树木摇得吱嘎作响，这是开工的号角。装修工们有条不紊地忙碌起来：给大地铺上厚厚的雪毯，给树木挂上成串的银花，给江河封上密实的冰板。

虽然是一派银装素裹（guǒ）的风光，但在冬季的森林里，气氛终归还是萧瑟而悲凉的。

寿命短暂的昆虫，在第一片雪花落下前产下虫卵，安详地逝去；一年生的草本植物走完生命旅程，把身体埋入雪下，最终将自己和肥沃的土壤融为一体。

寒冷的冬天，似乎成了最冷酷无情的杀手，夺走无数的生命，并将它们的尸体掩埋起来。然而，在这残酷的季节里，依然有顽强的生命蛰伏在土壤中，比如植物的种子、昆虫的虫卵，都在热切期盼明年春天第一缕阳光的到来。还有很多多年生的动物和植物，它们也以自己的方式来保存生命，等待阳光来亲吻它们的额头。

距离12月23日冬至越来越近，到了那一天，白昼最短黑夜漫漫，但只要跨过这个门槛，阴消阳长，日照时间将越来越长。虽然春天非常遥远，但希望已经迫近了，不是吗？

冬季里的雪书

寂静的夜里，雪花“簌簌”的飘落声格外清晰，偶尔传来“咔嚓”一声脆响，那肯定是树木的枯枝被积雪压弯了腰。

早晨推开房门，嚯，好大的一场雪！房屋、树木、河流，都盖上了厚厚的雪被，眼睛能看到的地方，尽是粉妆玉砌的美景。平整的空地成了一张巨大的白纸，等待诗人、画家前来抒情致意，勾勒描摹。

在森林边缘的洁白纸张上，歪歪斜斜、横七竖八地点缀着很多奇怪的图形，有大有小、有圆有方、有整有散，这是神奇的森林密码。感兴趣的人一定要抓紧时间研读，否则，只要大雪再次落下，这页密码就会被翻过去了。

各有各的读法

巨大的森林密码簿上有多种多样的笔迹，肯定出自不同的森林居民。其中有动物故意留给同伴的讯号，也有不小心暴露给敌人的线索。如果想窥探所有的秘密，必须睁大双眼，仔细阅读。

但是，有一种动物不用眼睛就能读出其中端倪。它们只要把鼻子凑过去一闻，就知道兔子朝哪个方向逃走了，还知道这里刚刚有一头狼走过去了。用鼻子读书，这是猎狗特有的阅读方法，其他动物很难学会，因为它们没有那么“博学”的鼻子。

谁用什么写字

动物们的书写工具各种各样，有的用爪子，有的用蹄子，有的用尾巴，有的用翅膀，还有的会直接躺在地上打滚儿，就像在用身体写字。不同的书写工具，往往会写出不同的字体。

鸟儿们常用的字体是爪字和尾巴字，偶尔也会写出浅而大的翅膀字。野兽最常用的也是爪字，不过有的写的是四爪字，有的却是五爪字，此外，野兽们的尾巴、肚皮、鼻子都可能在雪地上蹭出痕迹，留下一些特殊的字符。

各有各的笔迹

雪地上一串冒号，从灌木丛下延伸出来，在原地兜了一个圈子，继而蔓延到远处去了。冒号两点之间的距离很近，每两个冒号之间的距离也是相等的。

熟知动物笔迹的森林记者一眼就能认出，这是刚刚有一只老鼠跑过去了。老鼠走路蹑手蹑脚的，留下的痕迹比较浅。虽然脚印模糊，但只要熟悉了老鼠的奔跑习惯，就比较容易辨认。老鼠出洞后，习惯先兜圈跑一跑，然后才会朝目的地前进，所以，在这个灌木丛下面，应该有一个很深的鼠洞。

松鼠的笔迹也不难辨认。它们习惯前爪着地，后爪后蹬，跳跃前进，每次都能跳出去很远。所以，如果看到雪地上有并排的小圆点，圆点后面不远处有手掌一样的爪印，而且前浅后深，不要怀疑，那就是松鼠留下的痕迹。顺着这些印记，就能知道在雪地上玩够了的松鼠爬到哪棵树上去了。

鸟类之中，喜鹊的笔迹最容易分辨。喜鹊有四个脚趾，三个朝前，一个朝后，其中向前的三个脚趾落在雪地上，会留下清晰的十字形状，朝后的脚趾则会勾出小小的破折号；偶尔，它尾巴上的长羽毛也会扫过地面，为它的图画作业再添上一笔。

那些对森林居民十分熟悉的人，能够从动物留下的各种笔迹中了解发生在大森林里的悲欢故事。但是，有些狡猾的动物会恶作剧似的留下不规则的符号，让人们去猜测。如果你对它们不够了解，可能永远猜不出它们想表达什么。

区分不同的笔迹

有些动物的脚印比较相像，如果忽略了大小差异，狗、狐狸和狼的脚印就不容易区分开。但是，有经验的猎人还是能找到一些细微的不同。

狼的脚掌和大狗的脚掌大小差不多，但是前者的脚印比较狭窄，因为狼脚掌的两侧是向里生长的。狼的脚爪和掌心处还有几个凸出来的小肉垫，踩在地上后会留下比较深的印记。再者，狼奔跑时的步伐比较大，所以它前后脚印的间距比狗的脚印间距稍微大一点。

狐狸的脚印比狼的脚印小一些，大小更接近小型猎犬的脚印。但是，狗即使把脚爪缩起来，脚趾之间还是有些距离，踏在雪地上时，留下的脚印也能清晰看出脚趾的形状；而狐狸的脚趾能够紧紧地缩成一团，这样的肉团踩在地上，会留下又深又圆的小雪坑。

掌握了以上特点，就不会把这三种动物的脚印混淆了。而且，狼和狐狸都是非常狡猾的动物，为了躲避猎人的追踪，它们会故意跑来跑去，把自己的脚印搞得乱糟糟的，毫无规律可循，但忠诚老实的狗却不会这样做。

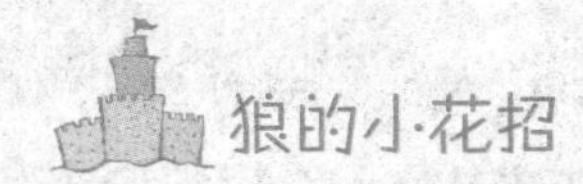

狼的小花招

为了掩饰行踪，狼在雪地上奔跑时总会耍些花样来混淆视听。它虽然在“耍花样”，但是不会踩出花里胡哨的脚印。事实上，狼留在雪地上的脚印大多像一条笔直的线。

狼是天生的数学家，不管慢慢行走还是快速奔跑，它总能准确地把后脚踩进前脚脚印里，丝毫不差。这很容易使人产生错觉，以为走过去的是一只两足动物。

更有趣的是，假如狼举家出动去觅食或散步，它们会整齐地排成一队，行动机敏的母狼走在前面，之后是脚步略有些蹒跚的老公狼，队伍最后是还没长大的狼崽子们。

走在后面的狼会沿着前面同伴开辟的道路，踩在它们留下的脚印上，绝对不会踩踏旁边平整的雪地。不管这支队伍有多少位成员，它们都会规规矩矩地前进，不会随意破坏秩序。

假如粗心的猎人看到那一串笔直的脚印，可能会以为只有一头狼跑过去了，只要再稍微细心点，就能发现这些脚印特别深，凹陷处的雪甚至已经被踩实了。

这时猎人一定要提高警惕，千万别被狼的花样蒙蔽。否则，在准备不足的情况下追赶一群狼，会是一件非常危险的事情。

树木如何过冬

果园里的小树苗早被果农裹上了厚厚的稻草冬衣，但森林里的树木依然裸露在寒冷的空气中。虽然老树经历了很多个冬天的考验，比较抗冻，但是幼嫩的小树苗该怎么度过寒冬呢？

它们必须想出御寒的良策，否则，可能就无法见到来年春天的阳光了。尤其是未长成的小树，特别容易从里到外结冰，表面看上去它们依然挺立在树丛中，可是等到其他树木都发芽抽枝了，它们还是干枯地伫立在原地，其实，这些小树苗早被冻死了。

所以，一些聪明的小树从夏季开始就为过冬做着准备。夏天，充足的阳光照耀在森林里，小树苗积极生长，储蓄热量。一入秋，它们就会抖落浑身的叶子，避免热量的消耗。

等到凛冽（lǐn liè）的北风刮起来，小树苗会停止一切生长活动，不吸收营养，也不抽枝长叶，更不会繁殖后代。这样，它们每天只需要燃烧一点热量来抵御寒冷。而且，地上厚厚的落叶已经到了腐烂的时候，这个过程会释放出大量热能，保护树根。

仅有这些还是不够，它们的天然铠（kǎi）甲——树干和树皮之间的木栓（shuān）组织①是保暖效果最佳的防护服。木栓夹层是没有生命的，而且既不透气也不透水，这样就能把树干内部与外界隔离起来，冷空气进不去，内部热量出不来。随着树龄的增长，木栓组织会越来越厚，这就不难理解为什么老树比小树的抗寒能力更强了。

此外，在寒冷来袭之前，树液里的淀粉会转化成糖类，进而和树液里的盐类产生化学作用，形成一道密不透风的化学防线，把寒冷统统隔绝在树皮以外。

以上都是树木为自己过冬所做的准备，有了这样充分的准备，树木当然就不用畏惧严酷的冬天啦。

---

①木栓组织：一种无生命的夹层，是由木栓形成层向外侧形成的组织。有些树木的木栓组织特别发达，所以可以用来制作软木塞或保温材料。

雪下的植物乐园

北方的冬季，目之所及尽是萧瑟凄凉的景象。天是灰蒙蒙的，风是冷飕飕的，地是光秃秃的，连空气中都弥漫着草木枯萎和死亡的味道。这个时节，太阳成了天空的稀客，即使它偶尔从云团后面溜达出来，也只能带来有限的温暖。

但是，在厚厚的雪层下面，却有一个充满欢声笑语的植物乐园。

我是在一个偶然的机会闯进了植物们隐蔽的联欢会会场。那天正午，天气比较好，阳光比往日都暖和一些，我穿着滑雪板在被积雪覆盖的牧场上行走，不小心踢开了一块雪层，一片绿色的叶子立刻探出了头。我心里一动，马上返回家里拿来扫帚，把那一片积雪都扫干净了。

当一簇簇嫩绿的叶子闯入我的视线时，我竟然惊呼起来了！在这样寒冷的天气里，那么柔软的小生命竟然能顽强地活了下来，并且活得生机勃勃、绿意盎然，真是让人由衷地感到敬佩。

在积雪的压迫下，嫩绿的叶片紧紧贴着地面，不像春夏时那么舒展，却也展现出了一股别有味道的韧性。其中，有一棵毛茛（gèn）[①]上面还挂着湿漉漉的花瓣和未开苞的

---

①毛茛：一种多年生草本植物，有伸展的白色柔毛，生长在田野、路边、沟边、山坡杂草丛中。

花蕾，明年春天，它相信一定会绽放出美丽的花朵吧。

我在这片小小的植物乐园里流连了很久，发现了至少 5 种还在开花的植物，保持着绿意的植物就更多了，大概有 30 多种。离开之前，我给那片难得的绿地重新盖上了雪被，希望它们都能平安度过冬天，为明年春天添加一抹绿意。

——尼·巴甫洛娃

林中大事记

雪地是最佳的森林情报站，正是通过观察鸟兽们留在上面的各种爪痕、脚印，森林通讯员们才发现了下面这些有趣的新闻。

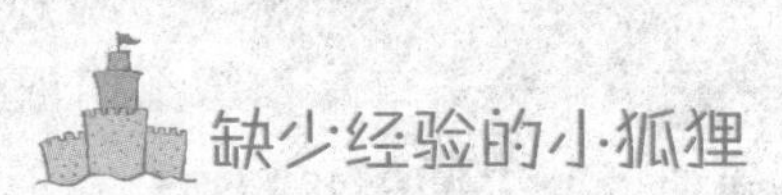

一只饥饿的小狐狸在森林里逛了很久，也没找到猎物。它又冷又饿，一边哼唧着抱怨，一边继续朝前走。

到达一片空地时，小狐狸突然停下了脚步。在前方不远的地方，有一串小小的脚印一直延伸到灌木丛才消失。

“一定是老鼠留下的！”小狐狸没来得及仔细侦察就朝灌木丛走了过去，它小心翼翼地放轻脚步，生怕把猎物吓跑。

果然，灌木丛里有一只穿着灰色毛皮大衣的小兽，它的一小段尾巴露在树丛外面，蠕动的身体微微发颤。敏捷的狐狸扑过去一把摁住猎物，张嘴就咬。谁知它刚接触到“老鼠”的皮肤，立刻就觉得不对劲儿了，因为味道实在太恶心了！

缺少经验的小狐狸

小狐狸险些呕吐起来，它赶紧松开爪子，“呸呸呸”地吐了几口口水。趁这个时机，猎物从灌木丛里钻出来，迅速地逃走了。

这下狐狸看清楚了，原来是一只鼩鼱（qú jīng）啊！这种小兽和老鼠大小差不多，长相也有几分相似，但它们以昆虫为食。另外，鼩鼱身上的味道类似麝（shè）香，吃到嘴里会让人感觉到一股恶臭，所以，一般有点儿经验的野兽轻易不会招惹鼩鼱，更别提用嘴去咬它们了。

这只缺少经验的小狐狸只好自认倒霉，眼睁睁地看着鼩鼱逃走，然后垂头丧气地吃了几口白雪，想用雪水除净嘴里的臭味。

令人害怕的脚印

在一棵大树下面，森林通讯员发现了一串令人害怕的脚印。

从大小和形状可以推测，这是一只和狐狸大小差不多的野兽留下的，它一定长着尖而锐利的爪子，否则地上的爪痕不可能那么深、那么长。这些脚印通向距离大树不远处的一个洞穴里，洞口散落着很多黑色带白尖儿的兽毛。通讯员捡起一根，用力扯一下，发现这些毛又直又硬，而且还有些韧劲儿。

这些发现让通讯员们悬着的心落了地，看来并不是什么可怕的动物，只是一只獾（huān）而已。大概因为这几天比较暖和，使得藏在洞里的獾误以为春天来了，才跑出来散了散步。

雪下安家的小鸟

厚厚的雪层下面，不仅是植物的乐园，还是雷鸟①的天堂。

---

①雷鸟：生活在寒冷地区，体长约40厘米，冬季羽毛白色，和雪地相一致，春夏羽毛变成有横斑的灰或褐色。它善于行走，飞行迅速，也能在雪地上快速奔跑，但不能远飞。

雷鸟的秘密，是被一只兔子发现的。这只兔子在沼泽里的草墩（dūn）之间跳来跳去，结果一不小心掉进了两个草墩间的雪坑里。

雪坑很深，兔子快速下坠，就要被雪掩埋起来了。兔子拼命挣扎，突然，它感觉脚底好像有什么动物也一直在扑腾，似乎有坚硬的羽毛扫到了它的腿上。兔子更害怕了，使尽全力，终于从积雪里抽身而出。

就在兔子脱离雪坑的刹那，一群雷鸟从它身旁的积雪里冲了出来，卷着地上的雪向空中飞去。纷纷扬扬的雪花落下来，好像又下起了大雪。这吓得兔子撒腿就跑，不一会儿便逃出了沼泽地。

其实，雷鸟平时就睡在雪底下，饿了就钻到地面，挖掘雪下的蔓越橘吃。雪下又暖和又安全，对它们来讲真是个不错的避寒圣地。

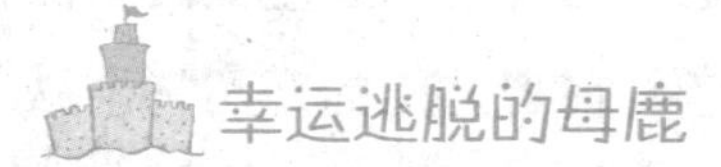

幸运逃脱的母鹿

森林深处的雪地上，遍布着凌乱不堪的脚印，其中有又小又窄的兽蹄印，像是一头鹿踩过留下的，还有又大又深的兽爪印，应该是狼的杰作。经验丰富的通讯员们用语言还原了鹿与狼的生死搏斗。

最初，鹿的脚印清晰而沉稳，这时它只是在森林里悠闲地散步，并未意识到危险的存在，偶尔它会从雪下的枯草丛里衔下几片干叶子嚼一嚼。

此时此刻，藏在灌木丛后面正虎视眈眈的狼，已经馋得直流口水了。

鹿一点点朝着灌木靠近，狼渐渐伏低身子，只待时机合适就扑过去咬断鹿的喉咙。

可能是狼碰到了干枯的树枝，察觉到异样的鹿迅速转身，朝相反的方向奔跑而去。狼从灌木丛里蹿了出来，紧随其后。

所以，在灌木丛旁边，我们可以看到这样的痕迹：在距离灌木丛很近的地方，鹿的脚印戛然而止，并朝着相反的方向延伸过去，脚印之间距离很大，而且痕迹混乱，可见鹿逃跑时非常慌张，步伐也很大；灌木丛里面，有狼匍匐（pú fú）的痕迹，还有几根树枝被折断了，大概是因为狼蹿出来时动作太激烈才碰断的。

之后，鹿一直拼命加速朝前奔跑，狼毫不迟疑地紧追不舍。所以，这个过程中一直是鹿的脚印在前，狼的脚印在后，而且后者与前者之间的距离逐渐减小，大概是狼的步伐越来越大，快要追赶上疲惫的鹿了。

到了一棵倒下的大树旁，两种脚印几乎要融为一体了。它们一前一后从这棵树上跳了过去。从这里开始，我们能清晰地看到鹿逃跑时留下的紧凑脚印，狼的脚印却不那么明显了，而且，还出现了一种形状类似人类，但面积明显大出很多的奇怪脚印，地上还散落着几根棕色的毛发。

这里到底发生了什么呢？通讯员们仔细察看了一会

儿，才得出了结论：狼在这里遇到了比它更凶猛的动物——熊。

幸运逃脱的母鹿

我们都知道鹿是一个跳远高手，它能轻而易举地跃过横在地的树干，并稳稳地落在距树干很远的地方，这对狼来说真是个难题，它奋力一跳，不仅没能扑倒猎物，反而落在了距离树干很近的地方。恰好树干旁边有一个洞穴，狼脚步不稳，一只后腿就陷了进去。

在这个洞穴里面，住着一只正在冬眠的黑熊。它睡得正香，突然从天而降的一只脚踩在了它的头上，惊慌失措的黑熊以为猎人来了，猛地从雪里钻出来，把平整的雪地撞击得乱糟糟的，好像被投射了一枚炸弹一样。熊一刻也不敢停留，慌慌张张地逃走了。

那只误踩中黑熊的狼惊魂未定，它还以为自己会丧命在熊掌之下。捡回一条命的狼也顾不上再去追鹿，急忙把自己的后腿从雪坑里拔出来，沿着来时的路线跑掉了。

至于那头侥幸逃生的鹿，早就跑到一个隐蔽的地方藏起来了。

茫茫雪海

冬天，频繁光临森林的客人除了寒风，就是大雪。当然，更多时候，它们会结伴而行。凛冽的寒风一吹，纷纷扬扬的雪花就从天而降了，不一会儿，整片大地就会变成一片宽阔的雪海，和其他海洋不同，这个大海里的海水不是液态，而是固态的。

大雪不停地落下来，积雪越来越厚，甚至能没过人的膝盖。深深的雪海底部非常暖和，温度比地表高多了。而且，雪花把地面的树丛、草地全覆盖起来了，饥寒交迫的榛（zhēn）鸡[1]、黑琴鸡和松鸡，只好连头带脚地钻到海底，这样既能避开寒风的侵蚀，又能减少热量的消耗。

有的动物钻到了海底，但有的动物却从海底钻了出来，那就是伶鼬（líng yòu）和白鼬。平常日子，地面光秃秃的没有食物，冻土层硬邦邦的难以挖掘，它们只好整日躲在洞里。但现在，可是它们捕食的好时机。

食肉的伶鼬会在雪地上跑来跑去，寻找榛鸡、琴鸡和

①榛鸡：俗称“飞龙”，常在林中觅食，食性很杂，以绿叶、种子、浆果为食物，在繁殖期还吃些昆虫。

松鸡的踪迹。当发现洁白的雪地上露出了一支黑色或褐色的羽毛，伶鼬会蹑手蹑脚地钻到雪下，匍匐（pú fú）着朝露出羽毛的地方靠近，最后一个猛子扎过去，咬断猎物的喉咙，再把食物拖到地面上，饱餐一顿。

一些穴居的老鼠也把家从幽暗的地洞里搬到地面，不过，是被积雪覆盖的地面。当气温达到零下20℃时，躲在雪海底部的老鼠也不会感到寒冷。有一对短尾巴田鼠甚至在这样的天气里生下了一窝幼鼠，这些没长毛的小家伙闭着眼睛，缩在用细草和绒毛编织成的摇篮里，睡得很香。尽管雪海之外的北风呼啸而过，也没能把它们从美梦中惊醒。

一个晴朗的中午

这是一个晴朗的冬季中午，在被大雪覆盖的广阔原野和森林里，到处寂寥无声，偶尔传来积雪压弯树枝的清脆声音，像一枚石子投入平静的湖面，惊飞的鸟雀就是湖面上泛开的微微波纹，它们发出清脆婉转的鸣叫，声音直达云霄，唤醒了藏在云团后面的太阳。

如果说，清凉的雨水是炎炎酷暑给大自然的最好慰藉，那么，明媚灿烂的阳光就是冬日馈赠给森林居民的贴心礼物。

此时此刻，森林里的植物、动物，都沐浴在温暖美好的阳光下。树木的叶子虽然大多已经落光，但枝干依然挺拔，许多小巧的鸟巢挂在上面，像一栋栋精致的别墅，别墅里面还有舒适的大床，是用干燥的苔藓和松软的绒毛做成的。阳光穿过枝干之间的缝隙，星星点点地投射在鸟巢上，给这些别墅安上了明晃晃的金灯。

还有些阳光散落到了地上，它用温暖的手抚摸着冰冷的地面，僵硬的泥土似乎都变得活泼了。

在一棵云杉树下的洞里，一只冬眠的狗熊也被突如其来的暖意唤醒了，它睁开惺忪的睡眼，把头探出洞口，似乎在确认冬天是不是真的过去了。洞口就像熊的窗户，懒惰的它不到万不得已，实在不愿意从洞里爬出来，所以，它经常透过这个窗户打量外面的世界。

视线所及之处，到处都是皑（ái）皑白雪，狗熊伸了个懒腰，稍微挪动了一下沉重的身体，继而躺下去，重新进入了梦乡。

从狗熊的呼噜声中就能知道，冬天还没过去，春天还很遥远。

农庄生活

“吱吱嘎嘎”，森林里响起了悠长而沙哑的拉锯声，像一曲颇有韵味的长调。

冬天，停止生长的植物们陷入了沉睡。树木的血液也停止了流动，其中一些多年经风沐雨的树木早已成了栋梁，变得结实而干燥。这是伐木的好时机。

整个冬天，伐木工人把大多数时间都投入到工作里。他们挥舞着斧头，拉扯着钢锯，驾驶着机器，在偌大的森林里进进出出，忙里忙外。砍倒树木之后，伐木工还在被积雪覆盖的山路上浇上冷水，经过两三个寒冷的夜晚，路面就会变成溜冰场。工人们沿着光滑的地面，把圆木滚动到河边或山下，等待专门的人员把木材运走。

森林里到处响起劳动的号角。农场里的职工也没闲着，必须为来年春耕提前做好准备，这不，他们正忙着选种育苗呢。

猎人们不停地在森林、田野和农场之间穿梭。每次经过打谷场时，他们都会看到成群的灰山鹑正在雪地上刨食。这些鸟儿又冷又饿，瘦弱不堪，捕捉起来相当容易。但是，法律规定，冬天禁止捕捉虚弱的山鹑。跃跃欲试的猎人也只好作罢。偶尔，也会有善良的猎人用云杉枝搭起棚子，撒上燕麦和大麦，免得找不到食物的山鹑被活活饿死。

当然，猎人之所以这样做，也是为了避免山鹑因饥寒而大量死亡。要知道，到了第二年夏天，每对山鹑夫妇至少能生下 20 个孩子。等到禁令解除，猎人就能放心捕猎了。

农庄新闻

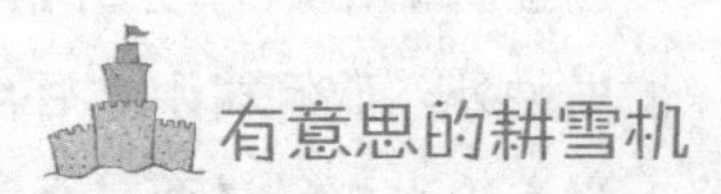

有意思的耕雪机

我的老同学米沙是闪光农场的拖拉机手。昨天，趁着雪后放晴，我到他家中拜访，结果他刚好不在家。

米沙的妻子告诉我：“他到田里耕地去了。”

“你一定在跟我开玩笑吧！”我吃了一惊，“冬天根本不是耕地的时候啊。”

她笑了笑：“但是，米沙现在确实在耕地呢。”

看她一脸认真的样子，我决定亲自到农田里一看究竟。趟着田野小路上厚厚的积雪，我找到了正驾驶着拖拉机忙忙碌碌的米沙。

“老同学，你怎么会选择现在耕地呢？”我站在地埂（gěng）边朝他喊起来，声音很大，否则，我的声音一定会被拖拉机的轰隆声盖过去。

米沙一看到我就赶紧把车停了下来，他从驾驶位上跳下来，走到我身边。一阵寒暄之后，米沙指着拖拉机后面拖着的长木箱说：“你看，我要用这个长木箱把积雪推聚到一起，用它们砌一堵坚固的雪墙。”

这下我明白了，原来米沙不是在耕地，而是在耕雪。他要用雪墙阻挡肆虐的风，不让它们卷走地面的积雪，这样，那些春天才播种的谷物就能在积雪的覆盖下踏实睡觉了。

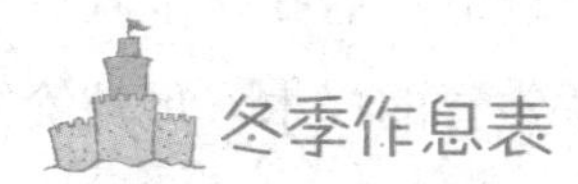

冬季作息表

昨天，我在农场里遇到了可爱的 4 岁女孩玛莎，她问了我一个问题："原来小牛和小马也有作息表。我和妈妈在外面散步的时候，它们也在牧场里散步；我回家的时候，它们也跟着畜牧员叔叔回家了。明天，我和同学们要去幼儿园了，它们是不是也会去呢？"

看着一脸严肃的玛莎，我哈哈笑了起来，孩子们的思维真是有趣。虽然我不知道牛马会不会去幼儿园，但它们确实如玛莎所说，严格按照冬季的作息表生活，按时睡觉，按时吃饭，按时散步，每一项活动都有固定的时间安排。

"绿腰带"

每年春天，铁路职工都会沿着铁路线种上树苗。今年也不例外，他们沿着绵延千里的铁路线种上了 10 万多棵云杉、洋槐（huái）[①]和白杨，还有大约 3000 棵果树。

现在，小树苗已经长成了挺拔的大树，它们成排成列地站在铁轨两旁，像强壮而刚毅的战士，为铁路抵挡着风

---

①洋槐：一种落叶乔木、观赏植物，高达 25 米，花期 4~5 月，是低山造林的优良树种，较耐干旱。

雪的袭击。从高空俯瞰，这些树木就像一条长长的腰带，其中不乏一些四季常青的树木，更是给大雪过后银白的大地抹上了盎（àng）然的绿意。

城市新闻

中午，明媚的阳光洒满大地，但事实上，室外的温度已经降到0℃左右了。冬天的太阳像个爱说谎的孩子，只带来了温暖的表象，却改变不了寒冷的现实。不过，还是有些天真的小家伙被哄骗出来了。

花园和公园的雪地上有许多黑褐色的小昆虫，它们时而缓慢爬行，时而停下来晒晒太阳。这些虫子个头很小，用肉眼根本看不清它们的长相，只能模糊辨认出它们的嘴巴比较长，头上还有两根纤细的触角。

这是苍蝇的幼虫，不过它们和成熟的同类一点也不像，甚至连翅膀都没有。平时，苍蝇幼虫就藏在安静、暖和的角落里休息，比如落叶或苔藓下面，或者冰缝和雪层之下，只有阳光灿烂的日子，它们才会光着脚爬到雪地上伸展一下身体。

来自国外的报道

候鸟已经离开很久了，想到它们必须完成的漫长旅程，我们非常担心。幸好这时我们《森林报》收到了一些国外的消息，我们才得以知道候鸟们的近况。

现在，百灵鸟已经抵达了温暖的埃及；椋鸟生活在欧洲的部分国家，如法国南部、意大利和英国；至于有着美妙歌喉的歌鸲（qú）①，它们已经在非洲中部亮开了嗓门。

乔迁之后，候鸟们既不筑巢也不孵蛋，每天只是忙着寻找食物和暂时的栖息地，一副只是把新居当成暂时驿站的样子。是啊，只有我们脚下的这片土地，才是它们的故乡。我们热切期盼着春天的到来，候鸟们的回归。

相聚在埃及

假如全世界的鸟儿都聚集在一个地方，将会出现怎样的胜景？

冬天的尼罗河②畔，就出现了这样有趣的一幕：大大小小、花花绿绿的水鸟栖息在有无数支流的尼罗河畔，一

---

①歌鸲：身体大小和麻雀相似，叫声很好听，因为大多情况下在月夜鸣叫，所以又叫夜莺。

②尼罗河：世界上最长的河流，流经非洲东部与北部。

会儿扎进温暖的河水里捕捉鱼虾，一会儿又在淤泥遍地的河滩上晾晒翅膀，一会儿又飞到岸边高大的树木上唱起歌谣，真是热闹非凡。

如果说金字塔是埃及的文明象征，那么，尼罗河就是埃及的生命之源。河流两岸，到处是辽阔的牧场和肥沃的农田。湖泊和沼泽像一颗颗闪亮的明珠，镶嵌在广阔的土地上，沿海地区弯弯曲曲的海湾，使这个国家的海岸线显得更加婀娜多姿。这些温暖的水域，都能为水禽提供充足的食物和舒适的住所。

难怪一到冬天，埃及就成了鸟的乐园，好像世界各地的飞禽都来凑热闹了。其中，有长着长长细腿的红鹤，有嘴巴下面长着硕大肉袋的鹈鹕（tí hú）[①]，有迈着大步踱（duó）来踱去的鹬（yù），有忙着捕鱼捉虾的灰鸭和水鸭，有凶猛的白尾金雕[②]，还有来自遥远非洲的非洲鸟雕[③]。

有这么多鸟儿聚集在一起，猎人当然不会放过这绝佳的时机。他们靠近时，鸟儿们并未发觉，还在悠闲地嬉戏玩闹。直到枪声响起，那个倒霉的家伙滴着鲜血一头栽到

---

①鹈鹕：一种水鸟，身长150厘米，全身长有密而短的羽毛，羽毛为桃红色或浅灰褐色。它生性凶猛，是捕鱼能手。

②金雕：北半球上一种广为人知的猛禽，以其突出的外观和敏捷有力的飞行而著名。它全长76~102厘米，身体羽毛主要为栗褐色，头顶羽毛较深，呈金褐色。

③乌雕：别名花雕、小花皂雕，体型比金雕小，全长63～70厘米。它栖息在草原及湿地附近的林地，多在飞翔中或伏于地面捕食，取食鱼、蛙、鼠等动物，也食金龟子、蝗虫。

地上，其余鸟儿才惊飞四散，像一大片黑云冲上高空，“呀呀”“喳喳”的声音响彻云霄。

国内的鸟类乐园

在我们国家，也有像埃及尼罗河畔一样的禽鸟乐园，那就是位于里海东南岸的阿塞拜疆共和国[1]境内的塔雷斯基[2]禁猎区。很多不需要到南方或其他温暖地方过冬的鸟类，会纷纷飞到这里来避寒。

在这个乐园般的禁猎区里，像埃及一样，有温暖的海洋，有近海的浅海湾，有面积广阔的淡水湖和咸水湖，还有一望无际的草原和郁郁葱葱的灌木林。即使到了冬

国内的鸟类乐园

①阿塞拜疆共和国：位于亚洲西部外高加索的东南部，东临里海，南邻伊朗，北靠俄罗斯，西接格鲁吉亚和亚美尼亚。

②塔雷斯基：位于阿塞拜疆共和国境内，在林柯拉尼亚附近。

天，这里也不会像其他地方那样被狂风和暴雪摧残得满目凋零，仍然能够给鸟儿们提供温暖、舒适的住所和美味的食物。

所以，有些红鹤和鹈鹕不会千里迢迢飞到埃及，而是选择在这里过冬，还有野鸭、大雁、鹬和其他猛禽，也会从各地飞到这里来。

还有非常重要的一点，政府为了使禽鸟顺利繁衍生息，特意将这里设置成了禁猎区。鸟儿可以在这里安心过冬，不用担心会有猎人来偷袭。

惊动非洲南部的大事

夏天，我国一位鸟类研究人员捉到一只白鹳（guàn）[①]。他在白鹳脚上套了一个金属环，刻有“莫斯科，鸟类学研究委员会，A组第195号”的字样，之后，又把这只白鹳放归自然了。

白鹳

半年过去以后，这位研究员终于收到了和白鹳有关的消息，它飞到非洲南部去了。当地居民捉住了这只鸟，并从金属环上的字迹得知它来自遥远的莫斯科。一只禽鸟竟

①白鹳：大型鸟类，羽毛以白色为主，常在草地、农田和浅水湿地觅食。

然能飞过这么远的路程，这让他们非常惊讶，以至于当地报社把这件事当作奇闻刊登了出来。

为了跟踪了解鸟类的生活习性，各国科学研究者都会使用给鸟戴上脚环的方法，脚环上会留有研究机构的名称或联系方式，每只鸟都有一个专门的号码。研究者们会自觉地互通消息，互相协作，以帮助对方获取更多的有效信息，完成实验。

打猎去

带着小红旗去打狼

村庄附近出现了几头凶猛而狡猾的狼，常常趁夜深人静闯进村庄，伤害禽畜。村子里一个猎人也没有，无奈的村民只好到城里求助。

几天之后，一群士兵驾驶着两辆载货雪橇来到了村子里。别看他们不是专职的猎人，却个个都是枪法奇准的狩猎高手。雪橇车上放着高高隆起的卷轴，卷轴上缠着绳子，每隔一段距离就系着一面红色的旗子，这可是他们捕狼不可缺少的工具。

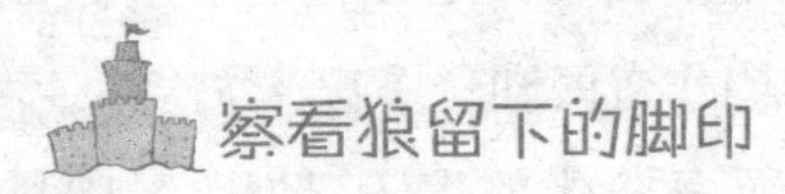

察看狼留下的脚印

到达村庄之后，士兵们做的第一件事就是向村民了解情况，包括狼从什么时候开始偷袭村庄，以及它们是从哪里来的。

之后，士兵们又到案发现场仔细侦察了一番。他们沿着凶手留下的脚印一路搜索，踩着厚厚的积雪，从村庄走到田野里，又沿着田埂一路来到了树林边缘。这群狼非常狡猾，它们像受过训练的战士一样，排成一队前进，后面的狼都踩在领头狼留下的脚印上，这样，脚印在雪地上形成了一条笔直的线。如果观察得不够仔细，可能有人会认为只有一头狼跑过去了。

幸好士兵们有着丰富的经验和强大的侦察能力，他们很快就确定了这群狼有 5 个成员，并且从脚印的宽窄和步距的大小判断出走在最前面的是一头母狼。

士兵们很快兵分两路，分别乘坐雪橇围着树林转了一圈，并没有发现狼群离开的脚印，也就是说，那群恶狼依然在树林里。

开始包围

两队士兵迅速出发，准备围猎狼群。到了这时候，他们携带的卷轴和旗子终于派上了用场。两组人朝着相反的方向，分别沿着树林边缘绕行，一边走一边把缠满绳子的卷轴放开，又把松开的绳子系在了沿途的树干和灌木上。系在绳子上的红色旗子舒展开来，迎着寒风飒飒作响。旗子与地面的距离不大，只有0.35米。

各自绕行半圈后，两队士兵顺利会和。现在，整座森林都被绑着红旗的绳子包围起来了。至于这个看上去一点也不牢固的包围圈能发挥什么作用，围观的村民不得而知。

准备工作就绪，士兵们和村民们一起回到村庄里休息。明天天亮之后，他们与狼群的战斗就要打响了。现在，空气中似乎已经飘来了硝烟的味道。

夜幕下的危险

夜晚很快就来临了，暮色越来越浓，一轮皎洁的明月爬上树梢，如水一般的月光挥洒下来，整座森林都被笼罩上了薄薄的银光。

为了第二天的围猎，人们早早去休息了。半夜，一阵凄厉的狼嚎声从远处传来，村庄里的家禽、家畜都被惊醒了，发出了恐惧的叫声。几个村民赶紧起床披衣，到院子里查看情况。结果，一位士兵正站在外面，向他们保证今晚狼群不会进村，并让他们放心睡觉。虽然村民将信将疑，但还是听从了士兵们的建议。

与此同时，树林里饥饿的狼群正打算像前几天一样，到村子里逮一只肥羊饱餐一顿。

它们排好了队，母狼在前，公狼在中间，3 头小狼在后面。排在后面的每一头狼，都会尽量踩在前者留下的脚印上。沐浴着清冷的月光，这支笔直的队伍一点一点地朝森林边缘靠近。

肚子好饿啊！“咕噜咕噜”的声音不时从队伍里传出来，母狼加快了脚步，后面 4 头狼也紧随其后。

马上就要走出森林，狼群似乎已经能闻到牛羊的肉香。

突然，母狼停下来，发出了一声沉闷的低吼，公狼和小狼也立刻止住脚步。原来，母狼嗅到了一股不同寻常的味道，像是人类使用的布料上特有的酸涩味道。几只狼都谨慎地打量四周，瞪大的眼睛在夜色里闪烁着绿莹莹的光芒。

停在原地观察了一会儿，母狼终于发现了问题所在：在森林边缘的树木上，有很多模糊的影子一直在晃动，似乎是些布片，也可能是披着衣服的人正埋伏在那儿！

母狼迅速向公狼和小狼发出指令，转身沿着来时的脚印回到了森林深处。它们并没有就此放弃，而是想朝另一个方向走出森林。但是，到了森林边缘，它们遭遇了同样的情况——有一些模糊的影子不断晃动，似乎是潜伏的猎人正等着它们自投罗网。

东奔西突地转了一圈，母狼确信它们已经被包围了。但是，在没有弄清楚外面的人到底想干什么之前，它们也不敢盲目突围，只能静静等待。

对于狼来说，这真是一个难熬的夜晚，它们又冷又饿，还得睁大眼睛提高警惕。对于一步步迫近的危险，它们只能背水一战。

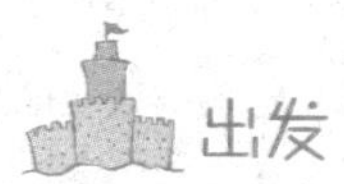

出发

几声清脆而嘹亮的鸡鸣声响过，东方的天空泛起了鱼肚白。天空还是有些灰蒙蒙的，太阳还没有起床，但村子里的捕狼大队已经集合完毕，整装待发。

这支队伍又分成了两组，其中一组都是村民，他们的任务是手持木棒守候在森林外沿，听到信号之后就边走边喊地朝林子深处前进，同时还要不停地用棍棒敲打树干；另一组由士兵们组成，这队专业人员都携带着枪支，他们需要做的是先把靠近村庄这侧的红旗包围圈拆除，然后分散在灌木丛后，站成长蛇阵，形成一个真正有威力的包围圈。

为了隐蔽，所有人都换上了灰色的衣服，这种颜色和冬季树木的颜色比较接近，不容易被猎物发现。

围攻

几头提心吊胆的狼一夜未睡，天蒙蒙亮的时候，它们才开始打盹儿。

刚闭上眼睛休息了一会儿，一阵热烈的喧哗声就钻进了母狼的耳朵。敏捷的母狼像是从地上弹起来的，凑到公狼和小狼跟前低吼着把它们唤醒，然后朝着与村庄相反的方向跑去，公狼和小狼紧紧跟在它后面。

在极度的恐惧驱赶下，5 头狼夹紧尾巴，竖着毛发，连眼睛里都喷着火光。它们动作很快，马上就要逃出森林了，但是前方树木上却挂着一簇簇燃烧的火苗。其实，那只是士兵昨天系上去的红旗而已。对红色和火光极为敏感的狼发出了绝望的嚎叫，转身又往回跑。

这时候，村民们正敲打着木棒向前挺进。呐喊声、敲击声、摩挲声、脚步声响成一片，甚至盖过了狼的吼叫。母狼只好带领它们跑向另外一边，但是，那边也有鲜艳的火焰正在迎风燃烧。

它们像昨晚一样左右突围，又屡屡被迫折回。呐喊声越来越近了，母狼突然发现前方没有火苗了，它们欣喜若狂，加快了逃命的脚步。

“砰砰砰！”震耳欲聋的枪声络绎响起，一道道火光从灌木丛后喷射出来，刺鼻的火药味瞬间就溢（yì）满了整片树林。士兵们已经端着枪耐心等了很久，大展身手的时间终于到了！

最后，公狼和小狼先后中枪，倒在血泊里发出了凄惨而痛苦的哀嚎。母狼眼冒凶光，冒着密集的子弹拼死冲出了包围圈，不知逃到哪里去了。

虽然捕狼队伍没能把狼群彻底剿灭，但是后来村子里的禽畜再也没有受到狼的骚扰。

打猎狐狸

我们曾经提过，经验丰富的猎人只要看到雪地上的脚印，就能推测出这是什么动物留下的，还能沿着足迹找到猎物的藏身之所。猎人塞索伊奇就拥有这种神奇的能力。

雪地上有一串密集的脚印，沿着田垄（lǒng）延伸到灌木丛里去了。塞索伊奇蹲在地上仔细观察，判断出这是一只狐狸留下的印记。他还单膝跪地，把手指伸进脚印的凹陷处比画了一下，似乎想根据脚印的深浅衡量出狐狸的体重和身长。

后来，塞索伊奇蹬上滑雪板，顺着脚印钻进灌木丛里了。过了一会儿，他从灌木丛的另一端钻出来，那里又出现了新的脚印，并最终消失在一片树林的边缘。

塞索伊奇绕着树林滑行了一圈，没有发现其他脚印。他确定狐狸进入树林没再出来之后，就赶紧返回村庄寻找猎狐的帮手去了。

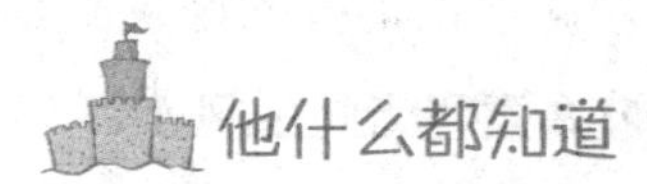

他什么都知道

塞索伊奇一回到村里，就直奔猎人谢尔盖家，但是他刚好不在家。大概是因为塞索伊奇的名气盖过了谢尔盖，谢尔盖的母亲表现得十分冷漠。她没有请塞索伊奇进屋，倚靠在门口对他说："谢尔盖不在家，不要问我他到哪里去了，我也不知道。"

塞索伊奇对老人表现出来的态度并不介意，反而笑着说："没关系，我知道他在哪儿。"说完，他就离开谢尔盖的家，转身去了不远处猎人安德烈的家里。

果然，安德烈和谢尔盖都在屋里呢。一见到塞索伊奇，两个人都显得有点不安，说话也支支吾吾的，好像在刻意隐瞒什么事情。他俩身后的地上，放着一个巨大的卷轴，卷轴上缠着绳子，还有很多小旗系在上面。塞索伊奇一看便知他俩正商量着要去树林里捕猎。

看到塞索伊奇的目光落在了地上，谢尔盖欲盖弥彰地挪动了一下身体，想把卷轴藏起来。

这时，塞索伊奇毫不客气地道破了他们的心思："好了，两位老伙计，不用再遮掩了！你们不就是想到树林里去捉那只偷鹅的狐狸吗？我知道它藏在哪里，不如咱们合作，一起去吧。"

"你怎么知道！"谢尔盖一点也没有掩饰自己的惊讶，因为他半小时之前才听说一只狐狸潜入星火农场，偷走了一只鹅，所以他才急急忙忙找到好友安德烈，想和他一起去猎狐，免得又被塞索伊奇抢了风头。

让他们没想到的是，塞索伊奇竟然已经知道了这件事，而且，他明显已经去现场侦察过了，甚至查出了狐狸的去向。他真是个无所不知的神奇猎人！

寻找合伙人

塞索伊奇并没有直接回答谢尔盖的问题，在他看来，自己如何知道这个消息一点也不重要，关键是尽快找到帮手，一起去捕捉狐狸，以免它趁机逃走。

为了说服他们，塞索伊奇先说出了这件事最具诱惑力的一点："赶紧和我一起去树林吧！这是一只年龄很大的公狐狸，身子很长，还胖乎乎的，这样的狐狸一定有一身厚而光滑的毛皮，拿到列宁格勒（今圣彼得堡）毛皮收购站，一定能卖个好价钱！"

安德烈纳闷地问："你怎么知道是一只胖胖的公狐狸？难道你已经见过它了？"

"不，我还没有机会见到它。不过，我在星火农场通往树林的雪地上发现了它的脚印，那些脚印圆圆的，面积很大，痕迹特别清楚，由此可以知道它的体重不轻，否则脚印底部的凹坑不会那么深。再者，小狐狸的脚印比较杂乱，这只狐狸的后脚印全部准确地踩在前脚印上，整整齐齐，一步也没有踏错。所以，这肯定是一只镇定而狡猾的老狐狸。"

此时，谢尔盖和安德烈被塞索伊奇的耐心和细致彻底折服了，但还是没有立刻做出决定。

焦急的塞索伊奇只好继续说道："在路上我发现了一个灌木丛，里面有一摊血迹，还有散落的鹅毛和骨头，看来这只老狐狸已经吃饱肚子了。之后它去了不远处的树林里休息，趁着它还没离开，赶紧出发吧，晚了就要损失一张上好的狐狸皮了。听说隔壁农场的猎人，用一张狐狸皮换回了不少钱呢。”

说完这些，塞索伊奇不再说话，只是沉默地等待他们的决定。如果他们再下不了决心，塞索伊奇就打算去找别的帮手了。

安德烈和谢尔盖走到旁边，小声商量了一会儿。然后，安德烈说：“好吧，既然你诚心要和我们合作，那我们就一起去吧。其实，我们俩已经做好了准备，你看，我们连绳索和旗子都准备好了！其实，我们本来可以赶在你来之前出发的。”

塞索伊奇大度地说：“能一起合作，是件愉快的事情。我们赶紧出发吧，否则，我担心那只狐狸休息好了就会离开树林，它很可能只是从咱们这里路过。”

于是，3 个猎人取了猎枪和灰色罩衫，又从村里找了 5 个年轻人帮忙，一行 8 个人，朝着树林出发了。

侦察

到了狐狸藏身的树林外面，3 个猎人先把灰罩衫套在了大衣外面。狐狸是一种非常狡猾的动物，稍微有一点风吹草动就会惊动到它。所以，他们想让自己衣服的颜色尽量和周围环境融为一体，这样会更隐蔽一些。

随后，塞索伊奇给那5个来帮忙的小伙子安排位置，安德烈和谢尔盖分别带着一个卷轴围着树林绕圈，同时要把旗子绑在树干上。

塞索伊奇叮嘱道："狐狸的嗅觉非常灵敏，视力也很好，一定要格外谨慎，别惊动它。像这种老狐狸，如果一次捉不到，第二次就更困难了。而且，谢尔盖和安德烈，你们捆旗子时注意观察一下有没有从树林里向外走的脚印，如果它已经离开了，我们就不要在这里浪费时间了。"

当塞索伊奇把赶围人安排好以后，安德烈和谢尔盖这两位猎人也刚好回到了入口。谢尔盖和安德烈都表示并没有看到狐狸走出树林的脚印，塞索伊奇这才放心地舒了一口气。

既然狐狸还藏在树林里，那么，马上开始猎狐行动吧！

侦察、围猎

粗心大意的疏忽

这片树林只留下了一条150来步宽的通道，其余地方都插上了旗子。安德烈和谢尔盖作为枪手守在通道两侧，准备随时射击被赶围人驱赶出来的猎物。

塞索伊奇和其他5个人一起，绕着树林边缘站成了一条半圆形的弧线，他在弧线的中央，以便指挥大家何时散开，何时聚拢。以塞索伊奇的枪声为信号，6个人开始朝前推进，一边大声呐喊，一边不时地用木棒敲打树干和地面。

这使原本寂静无声的树林里瞬间喧闹起来，有几只鸟儿惊叫着冲上了天空，还有一些胆小的兔子、野鼠之类的小兽惊慌失措地在树林里乱窜。塞索伊奇确信，那只狡猾的狐狸只能朝枪手埋伏的地方逃命，因为其他方向都有赶围人，树林边缘还挂着火焰一样的旗子。

他在心里默默地计算时间，总觉得狐狸应该已经跑到他们设下的圈套里了。可是，怎么还是没有听到枪声呢？

内心焦灼地等了很久，赶围人已经走到树林中央了，还是没有枪声响起。塞索伊奇快走几步赶到了通道口。看到他走过来，藏在树后的谢尔盖和安德烈也探出头来。

“怎么回事？狐狸一直没有出现吗？”塞索伊奇压低了声音问。

两个猎人同时摇了摇头，没有出声。直到其他赶围人也聚拢到这个狭窄的通道，还是没有看见狐狸的影子。

“这怎么可能？”塞索伊奇终于沉不住气了，大声地喊道。

没有人能回答他的问题，大家你看看我，我看看你，谁也没有主意。

“我要再去检查一下，这么严密的防线怎么可能让它逃脱呢？”塞索伊奇一边嘟囔一边走开了。

不一会儿，他气冲冲地跑了回来，一看到谢尔盖就大声喊了起来：“你跟我过来看看，居然还说没有看到狐狸走出树林的脚印！”

众人都尾随他来到了森林东侧，只见地上有一长串脚印，通向远处空旷的田野。

“这明明是兔子的脚印啊！”谢尔盖委屈地说。

“你再仔细看看！”塞索伊奇简直快要无法克制自己的愤怒了。

所有人都蹲下来，开始研究那串脚印。果然，在兔子脚印里面，还有另一种脚印，从兔子后脚印里可以更清楚地辨认出来，因为那种野兽的脚印更短，也更圆一些。

谢尔盖挠了挠头，尴尬地说：“不好意思，都怪我观察得不够仔细。我不知道这只狐狸如此狡猾，居然会踩着兔子的脚印离开树林。耽误了大家的时间，实在抱歉。”

虽然塞索伊奇很生气，但也不好意思再发脾气。面对这个粗心大意的猎人，他感到万分无奈。

柳暗花明

过了一会儿，还是塞索伊奇打破了猎狐队伍的沉默。他指挥大家把旗子留在原地，队伍沿着双重脚印继续缉捕“逃犯”。

狡猾的狐狸沿着兔子的脚印不断前进，一直到了灌木丛附近，它才开始自己开辟新路。不过，狐狸没有轻易暴露自己的行踪，它围着灌木丛绕了好几圈，以至于周围到处都是它的脚印，歪歪斜斜、横七竖八，一会儿朝东一会儿朝西。循着这样的脚印一路追踪，猎人们简直快要转晕了。再加上天气逐渐转阴，猎人们又冷又累，很多人都想就此放弃了。

幸好塞索伊奇在另一片树林前面发现了线索：“再往前走，5 公里以内都是光秃秃的田野，根本没有可以藏身的地方。我敢保证，狐狸一定躲进了这片树林里。”他一边说一边开始给大家布置任务：“现在，请安德烈带领 3 个人从树林左侧包抄过去，谢尔盖带领其余 2 个人从右侧包抄。15 分钟之后，请你们同时一边呼喊一边敲击树干，朝树林中央推进。一定要提高警惕，受惊的狐狸可能会从你们身边跑过去。”

“那你做什么呢？”安德烈问道。

塞索伊奇指了指树林中间的空地：“我到那里去守着，因为那只狡猾的狐狸也可能会被你们赶到林子中央。”

大家立刻行动起来，朝着自己的位置跑去。

来到树林中间的空地后，塞索伊奇发现了一棵枯死的云杉，倒下时恰好靠在了另一棵高大云杉的树干上。“如果我顺着枯死的树干爬到另一棵树上去，在那么高的地方，是不是就能俯瞰整座树林的全貌？”他在内心思量起来。

不过他还是放弃了这个念头，因为一来，可能他还没有爬到树上，狐狸已经溜走了，二来即使狐狸真的跑到了这里，在树上开枪未必能够射中。所以，最终塞索伊奇只是选择藏身在一棵小白桦树的后面，上好子弹，端着猎枪，静静地等待其他队友把狐狸驱赶过来。

按照约定的时间，杂乱的呼喊声和敲击声陆续传来。

塞索伊奇眼睛一眨不眨地环视四周，他相信那只狐狸就在不远的地方。

突然，一只棕红色的小兽从两棵树之间一闪而过。塞索伊奇正要开枪，却发现那只小兽居然蹿到毫无遮掩的空地上，停下了。竟然是只兔子！

猎人不由得松了口气，幸好没有开枪！

惊慌的兔子在空地上停留了一会儿，周围的喧闹声越来越大，它只好又向树林之外逃走了。

“希望其他人千万不要把它当成狐狸而盲目开枪。”塞索伊奇暗暗地祈祷着。

顾此失彼

塞索伊奇正在担心，左侧突然传来了一声枪响，看来安德烈已经发现了情况。凭安德烈的枪法，一定能够击中狐狸。

但是，没过几秒，“砰”的一声，从谢尔盖所在的方向也传来了枪声。

塞索伊奇的心立刻提到了嗓子眼，狐狸不可能在这么短的时间内出现在两个方向，一定又出了什么差错。他实在不希望一天的心血就这样白费了。

不一会儿，谢尔盖先带着他的两个队友来到了空地上，他两手空空，并没有像塞索伊奇盼望的那样，拎着狐狸的尸体。

“没有打中吗？”塞索伊奇的脸色非常严肃。

“嗯。”谢尔盖沮丧地低着头，“差一点就能打中，但是它跑到灌木丛后面去了。”

“谁说没有打中！在这里！”安德烈愉快的声音从背后传来。

塞索伊奇和谢尔盖同时兴奋地转过头去，等他们看清了安德烈手里的猎物，心情立刻又跌落到了谷底。安德烈手里拎着一只兔子，高兴得手舞足蹈，说道：“这只兔子跑得真快！幸好我的枪法很准！”

面对这样不靠谱的合伙人，塞索伊奇简直不知道该说什么好了。

谢尔盖似乎对安德烈的表现也非常不满，他问道：“喂，你还记得咱们的目的是什么吗？”

“当然是来捉狐狸了。”安德烈显然还没有意识到自己的问题，漫不经心地回答说。

“那你手里为什么拎着只兔子呢？”塞索伊奇忍不住抱怨。

“我根本没有看到狐狸的影子，只有这只倒霉的兔子撞上了我的枪口。”安德烈一边解释一遍把头转向谢尔盖，说，“狐狸是不是朝你那边跑去了？你不是开枪了吗？”

谢尔盖的脸一下子就红透了，他低声说：“其实我也没看到狐狸，我打的也是兔子……”

塞索伊奇无奈地耸了耸肩：“算了吧，咱们还是趁天还未黑赶紧回家吧，我想可能狐狸已经被乌鸦叼到天上去了。”

一个大胆的想法

回家的路上，大家都非常沉默，所有人的心情都像逐渐阴郁下来的天气一样。

塞索伊奇走在队伍最后面，一边走一边思考到底是哪里出了差错。突然，他脑海中闪过一个念头，于是便让谢尔盖和安德烈先带领其他人回去，塞索伊奇独自返回空地上。

天还没有完全黑下来，勉强还能辨认出雪地上的痕迹。他能清楚地看到狐狸和兔子进入空地的脚印，也能辨认出兔子离开的脚印，但是，根本找不到狐狸离去的脚印。塞索伊奇蹲下身来，仔细察看，确定了两点：第一，狐狸并没有踩着兔子的脚印离开；第二，狐狸也没有踩着自己进入空地时的脚印离开。

这就意味着，那只狐狸凭空消失了！可是，这怎么可能呢？

塞索伊奇更加相信之前冒出来的想法：狐狸在雪地上钻了一个洞，藏了起来。

他本来想在这片空地上好好搜寻一番，但是眼看天越来越黑，独自一个人留在这片树林十分危险，而且今天又没有月光，塞索伊奇根本无法在黑暗里找到那只狐狸。

他只好沮丧地先回家去，准备明天再来。

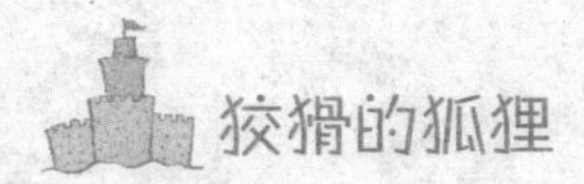

狡猾的狐狸

第二天，塞索伊奇早早地就来到了那片空地。他整晚都没有睡好，一直在反复琢磨消失的狐狸究竟到哪里去了。

空地上果然出现了新的狐狸脚印，而且脚印是朝外的。看来，这只狐狸昨天确实藏在空地上，但是现在已经离开了。塞索伊奇非常想知道它的洞到底在哪里，便沿着脚印开始寻找。

最后，脚印消失在了那棵倾倒的云杉树旁。塞索伊奇在树下找了很久，也没有看到狐狸洞。再细细观察了一会儿，他不禁愣住了。原来，狐狸没有钻到地下去，而是上了天！歪斜的云杉树干上，有一行清晰的狐狸脚印一直朝上，消失在了茂密的云杉针叶里。

恐怕谁也不会想到，那只狐狸竟然爬到树上去了！狐狸虽然不会爬树，但这棵树是倾斜的，为它提供了便利，也救了它一命。

昨天，当塞索伊奇在这块空地上等待猎物自投罗网时，狐狸其实就在他头顶的树上。

想到这里，猎人郁闷极了，他只好自我安慰：虽然没捕到狐狸，但可以吸取经验，下次再猎狐时，不妨抬头朝树上看看。

——来自我们的专业记者

天南地北：各地无线电呼叫

一年一度的冬至日[1]终于到来了。在 12 月 22 日这昼

①冬至日：在每年的 12 月 21、22 或 23 日，这一天太阳经过冬至点，北半球白天最短，夜间最长。

最短夜最长的一天，位于列宁格勒的《森林报》编辑部将再次为您开启无线电广播。

请各地——苔原、草原、森林、沙漠、山峰、海洋，像往常一样通报你们的情况，以便让我们亲爱的读者有机会乘着声音环游世界。

与夏至时出现的极昼现象刚好相反，此时此刻，我们这儿冰雪覆盖，太阳已经沉到海底冬眠去了，它将和所有冬眠的动物一起，在明年春天到来之时重新归来。

没有了阳光的温柔关照，整片群岛成了一座阴冷、黑暗、寂寞的城堡。

现在，这里冷得要命！呼啸的寒风一刻不停地刮着，随之而来的是纷纷扬扬的大雪。雪花落在地上，绝对不会融化，而是一层叠着一层，成了厚厚的雪墙，把当地人家的房门堵了个严严实实。

有时候，大雪连续下很多天，科研人员没有办法推开房门，可能就会被困在房子里好几天。即便环境如此恶劣，勇敢的科学家和探险队员还是一年比一年深入北冰洋北部，想更多了解这个神奇的世界。

---

①北冰洋：世界上最小最浅和最冷的大洋，位于亚洲、欧洲和北美洲之间，在地球的最北端。

这里是北冰洋极北群岛

这座群岛有多神奇呢？即使没有太阳，依然有足够的光为动物们照明。

皎洁的明月是这里的固定照明师，当它忙不过来时，世界顶级的灯光师——极光，也会赶来帮忙，这位有着百变造型、数身华衣的灯光师挥舞着飞扬炫动、变幻莫测的光束，把这个白色的冰雪世界装扮成了世界上最璀璨（cuǐ càn）的舞台。

美丽如斯，神奇如斯。不仅人类对这个神秘之地充满向往，连动物们也忍着饥寒，流连忘返。此时母北极熊已经钻到冰窟窿里冬眠去了，公北极熊却没跟它们一起去，依旧在冰面上溜溜达达，偶尔会偷袭钻出冰洞透气的海豹。

海豹大多数时间都生活在冰面之下的海水中。为了透气，它们趁冰层未冻实已经凿好了通气孔，即使再被冰层覆盖住，海豹也会及时清理，使它整个冬天都保持通畅。而且，这个孔还是水下与陆地之间的门槛，只有跨过这里，海豹才能爬到冰面上懒洋洋地舒展一下身体。这个时候，海豹们精神比较放松，最容易遭到北极熊的偷袭。

穿着雪白毛皮大衣的北极狐[①]也不会冬眠，因为这里有充足的食物供它过冬。譬（pì）如藏在雪下睡大觉的苔原雷鸟，就是它们最爱的美食之一，还有在雪地里以挖草茎为生的短尾巴旅鼠[②]，也是北极狐最爱捕食的对象。

这儿是顿巴斯[③]草原

我们这儿迎来了很多游客，有从北方飞来的白嘴乌鸦，也有从苔原地区飞来的雪鹀（wú）[④]、角百灵[⑤]，还有从其

---

①北极狐：也叫白狐、蓝狐，被人们誉为雪地精灵，体型较小而肥胖，嘴短，耳短小，略呈圆形，腿短。它冬季全身体毛为白色，仅鼻尖为黑色；夏季体毛为灰黑色，腹面颜色较浅。

②旅鼠：一种极普通、可爱的哺乳类小动物，常年居住在北极，体形椭圆，四肢短小，比普通老鼠小一些，最大可长到15厘米，尾巴粗短，耳朵很小。

③顿巴斯：“顿涅茨煤田”的简称，乌克兰最大的煤炭基地，在顿河下游西侧。

④雪鹀：俗名雪雀、路边雀，体大而矮圆的黑白色鹀，主要栖息在草地、开阔林地等。

⑤角百灵：一种小型鸣禽和中等体型的深色百灵，栖息于干旱山地、荒漠、草地或岩石上。

他寒冷地带飞来的各种野鸭。它们有的在城市、小镇上逗留，有的飞到了偏僻的山林里，还有的就在乡间田野上择木而栖。从现在开始到明年春暖花开，鸟儿们打算就在这里安家了。

虽然这里覆盖着一层薄雪，但实际上顿巴斯草原的气温并不算很低，而且寒冷的日子也不会持续太久。轻飘飘的小雪不过是给草原增添了一些情趣，很快就会融化，不会长期堆积在地上形成冰层，连河流都没有结冰，难怪会把那么多远方客人吸引到这里。

虽然农田没什么农活，但草原居民们每天都非常忙碌。在我们踩着的土地下，有无数幽深而黑暗的矿井，人们挥洒着汗水，操纵着各种机器挖掘煤炭，再用电力升降机把挖出来的煤送到地面。地下矿井星罗棋布，地上交通线纵横交错，一辆辆载满煤炭的汽车、火车奔驰在路上，把这些黑黝（yǒu）黝的热量之源送到了全国各地的工厂、人家。

喂！喂！这儿是新西伯利亚大森林

在新西伯利亚[①]大森林里，熊已经藏在隐蔽的洞里开始了漫长的冬眠。

---

①新西伯利亚：位于西西伯利亚平原东南部，是俄罗斯的城市，建城于1893年。

惧怕这种凶悍动物的猎人可以放心地到森林里狩猎了。这里有披着厚厚毛皮的猞猁（shē lì）[1]、头顶锐利犄角的麋（mí）鹿、竖着棕黄色毛发的鸡貂（diāo）[2]、裹着洁白大衣的白鼬（yòu）[3]、穿着淡蓝色小袄的灰鼠，还有因寒冷变得十分笨拙的松鸡和榛（zhēn）鸡……

猎人们踏上滑雪板，带着尖耳蓬尾的北极犬，赶着装满狩猎工具和生活用品的雪橇（qiāo），成群结队地来到了森林里。他们至少会在这里住上一个月，其中一些人甚至会在这里度过整个冬季。这么好的狩猎机会，当然要抓住了！

白天，他们四处寻找猎物，用猎枪、兽夹、陷阱或捕网捕捉鸟兽。北极犬会一直跟在主人身旁，帮助他们寻找和驱赶猎物，遇到凶猛野兽时，它们还会拼命保护主人的安全。

到了晚上，森林里气温变得非常低，一些危险的夜行动物也开始出来活动。猎人们结伴住在临时搭建的小木屋或者帐篷里，北极犬睡在门口，耳朵贴地，只要有一点风

---

①猞猁：属于猫科，体型似猫而远大于猫，生活在森林灌丛地带、密林及山岩上，喜欢独居。

②鸡貂：一种害羞的动物，它们经常是在夜间活动，人们很少能够见到它们。它们为杂食性动物，视力很差，但嗅觉非常灵敏，捕猎的时候主要依靠鼻子。

③白鼬：又叫扫雪、扫雪鼬，是鼠类天敌，体长251~315毫米，体形细长，尾巴和耳朵都很短。

吹草动，警觉的猎犬就会睁开眼睛环视四周，确定没有危险了才会继续休息，否则，它就会“汪汪汪”大叫着向猎人报警。

喂！这里是卡拉库姆沙漠[1]

在太阳的烘烤下，夏天的沙漠变成了死海，只有到处翻滚的飞沙走石。秋天一到，一些沉睡的植物反而会被凉爽的秋风唤醒，沙漠里倒显现出了一些活力。但是，冬季接踵（zhǒng）而至，它用肆虐的寒风和狂暴的飞雪摧毁了沙漠里难得的盎然绿意。

现在，卡拉库姆沙漠25里，就住着这样一位冬之恶魔。

这个大魔王脾气非常暴躁，怒吼一声会卷起狂风，一跺脚就能掀起沙石。偶尔，天空会飘洒一些雪花帮它消火降温。虽然积雪把浑黄的沙子绑在了地上，却也把土地冻得硬邦邦的，使得蜥蜴、蛇类、鼠类更难觅食，只好潜入沙石里进入冬眠状态。

这些雪花不会存留太久，只要太阳爬上天空，照射在这片毫无遮挡的土地上，积雪就会融化。紧接着，猖（chāng）狂的寒风又会卷着沙子在空旷的原野里横行霸道。

无奈的人们只好想方设法在沙漠里栽种树木，开凿水

①卡拉库姆沙漠：中亚地区的大沙漠，世界第四大沙漠，位于里海东岸的土库曼斯坦境内，阿姆河以西。

渠，想用人造的绿洲征服蛮横的黄沙。如今，小树苗已经栽种下去了，但它们是否能真正发挥作用，只有等它们长大才能见分晓。

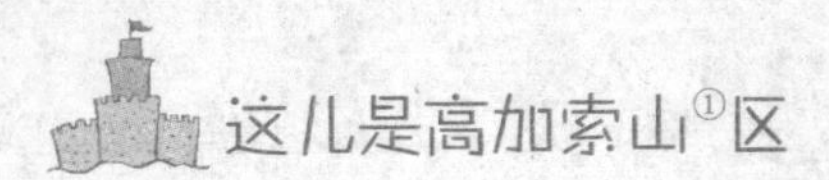

这儿是高加索山[1]区

这是一个冬夏并存的神奇地方。在极高的山脉顶峰，一年四季都覆盖着不化的冰雪，不论是和煦的春风、炙热的夏日，还是冰冷的秋雨，都不能改变山顶上四季如冬的事实。但是，在这连绵不绝的山脉中，也有百花盛开的谷地和海滨，还有如绿帐一样的高山丛林。

这里，就是美丽富饶的高加索山区。

到了冬季，海拔很高的山顶几乎不会有明显的季节变化，只不过与往日相比更沉闷了些，因为那些野羚（líng）羊、野绵羊、野山羊等动物都集体迁居到半山腰去了。之前居住山顶的鸟类，有一部分远途迁徙到温暖的南国去了，还有的只是随着野羊们一起朝海拔低的地方去了，那里虽然更靠近猎人，比山顶危险，但相对暖和，还有充足的食物。

虽然山上比较寒冷，但冷空气进不去的山谷里非常暖和，当山下飘起大雪时，那里却下着温暖的小雨。难怪

---

①高加索山：呈东西走向，在黑海与里海之间，是亚洲和欧洲的地理分界线。

连一些故乡更靠北的客人也被吸引来了，有苍头燕雀[1]、椋（liáng）鸟、百灵、野鸭，还有勾嘴鹬，它们成群结队地飞到高加索山区，在这里安营扎寨，留下过冬。

这儿是高加索山区

当祖国的另一端——北冰洋正经受着狂风暴雪的摧残，在高加索山区，还有盛开的鲜花，成熟的果实，蜜蜂、蝴蝶“嘤嘤嗡嗡”地来回舞动，到处弥漫着香甜的花香、果香，要出门的人不用把自己包裹得严严实实，只需穿一件薄外套就足够了。

这样美妙的地方，怎能不令人向往呢？

---

①苍头燕雀：中等体型而斑纹美妙的雀鸟，叫声特别，富有韵律。生活在欧洲、北非至西亚。

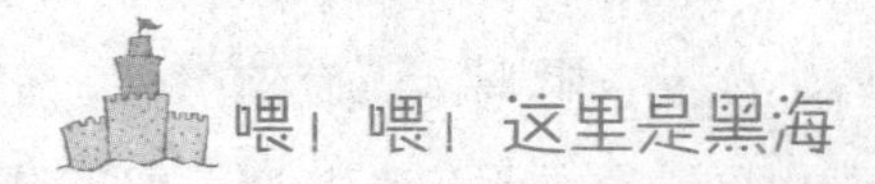

喂！喂！这里是黑海

秋天的黑海[1]像一个调皮的孩子，不时发发脾气闹闹性子，以至于海面上总是波涛汹涌、巨浪滔天。到了冬天，暴风雨很少再光临，黑海也长成了一个豆蔻年华的少女，温柔曼妙，清新可人。冬季的黑海不再大声喧哗，轻声细语地荡漾着晶莹洁白的水花，只有特别开心时才会跳起欢乐的舞蹈，浪花哗哗作响，像是银铃般的笑声。

黑海是一片没有严冬的海洋，只有靠近北海岸的海边偶尔会出现薄薄的冰层，其余地方的海水只是稍微变凉了一些。所以，当习惯在山林里生活的鸟儿飞向高加索山区时，水禽们则成群结队地来到了温暖的黑海。队伍之中有潜鸟、潜鸭、鹈鹕、野鸭、鸬鹚，它们和长期居住在黑海的海鸥一起，和睦地在海边休息，随浪花起舞。

水鸟们时而像闪电一样用翅膀掠过海浪，时而像利剑一般冲上天空，时而又一个猛子扎进了水里。它们欢唱、舞蹈，和浮出水面的海豚嬉戏，也排着队追逐过往的轮船。冬天的黑海，温馨而热闹，显得一点也不寂寞。

结束了黑海之游，让我们回到位于列宁格勒（今圣彼得堡）的《森林报》编辑部。

---

①黑海：欧亚大陆的一个内海，与地中海通过土耳其海峡相连。

这是一次神奇的声音、文字之旅。一年里，我们乘坐着动听的声音、形象的文字游遍了祖国的东南西北，领略了大好河山，感悟着四季轮回。在这个过程中，你是否曾陶醉于祖国的博大和富饶，又是否折服于自然的神奇和宽容？希望这一次旅行，能让你更加了解自然、热爱祖国，用自己的智慧和才华把它们建设得更加美好。

按照惯例，冬至日的广播将是本年度最后一次面向全国各地的无线电通报。如果你对这样的声音之旅充满兴趣，那么，我们明年春分日再见。

亲爱的听众们，再见了！

打靶场：第十次竞猜比赛

1. 按照森林历，冬季从哪一天开始？这一天有什么特征？

2. 哪一种常见的动物的脚印没有爪印？为什么？

3. 渔夫不喜欢哪几种野兽，虽然它们长着珍贵的皮毛？

4. 冬天里，树木是否还在生长？

5. 为什么猎人最重视初雪后的打猎？

6. 哪几种鸟儿钻到雪里面去过夜？

7. 冬天，猎人在田野和森林里打猎时，最适合穿什么颜色的衣服？

8. 为什么兔子跑的时候，后脚印在前，前脚印在后？

9. 冬天，候鸟飞到南方后是不是要做巢？是不是还孵小鸟？

10. 下图中，雪地上的脚印是什么动物留下的？

动物脚印

11. 森林中哪一种鸟的眼睛长得靠近后脑？为什么？

12. 哪一种小兽，狐狸不爱吃，鸡貂也不爱吃？

13. 哪一种野兽的脚印最像人的脚印？

14. 下面画的是一只鹿的脚印，它被猎人打伤了。照图来看，这只鹿受了什么样的伤？

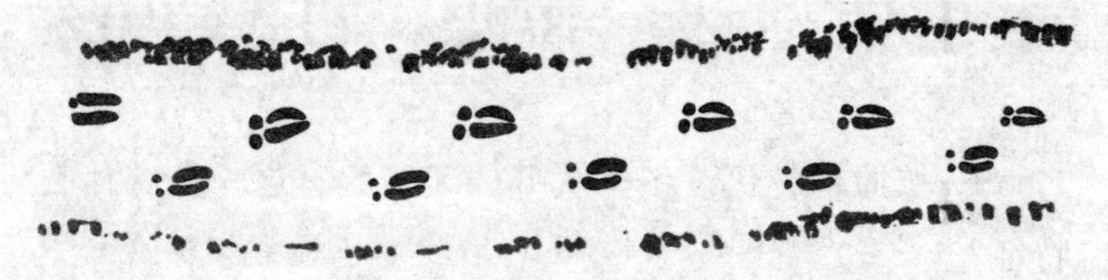

鹿的脚印

15. 一件大袍，在空中飘摇，没有襟也没有纽，谁也不要。（谜语）

16. 一群四条腿儿的动物不回家也不吃草，只在荒野里嘶叫。（谜语）

17. 在雪地里飞奔，却没留下任何痕迹。（谜语）

18. 门外有个老头，看到温暖就逃走，自己不歇歇脚，也不让人过舒服。（谜语）

19. 谁的本领真不小，想在河上造大桥，不用钉来钉，不用斧头凿，石墩也不用，木板用不着，吹了几口气，大桥就造好了。（谜语）

20. 和玻璃一样透明，但一点也不贵。从什么变的，还变回什么。（谜语）

21. 飞呀，飞呀，飞不停，转呀，转不休，从空中向世界怒吼。（谜语）

22. 种进土里是一小粒，钻出土来是个大馒头。（谜语）

23. 不用种，不用碾，泡在水里，压块石头，冬天没有菜，端上桌来一大盘。（谜语）

“火眼金睛”第九次大比拼

你只要在走路的时候，好好观察观察雪地上的这些脚印都是哪些动物留下的，你就慢慢学会读懂那本伟大的冬季雪书了。

图 1，这是什么动物的脚印呢？

图 1

图 2，这是两种兔子的脚印：雪兔和欧兔的。哪一种是雪兔的，哪一种又是欧兔的，你能分辨出来吗？

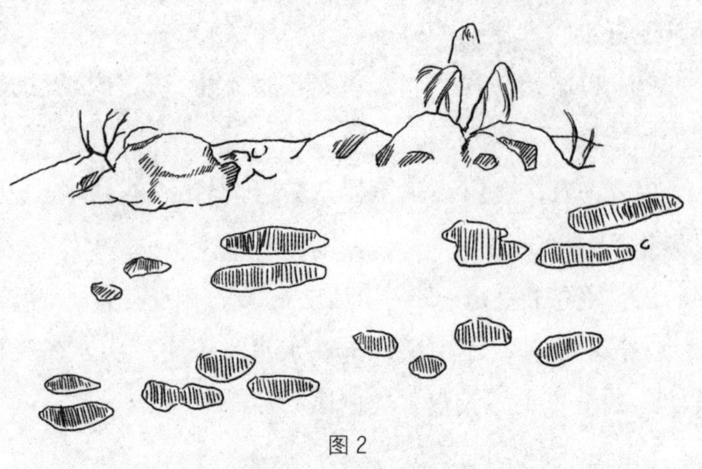

图 2

图 3，这是什么动物的脚印？

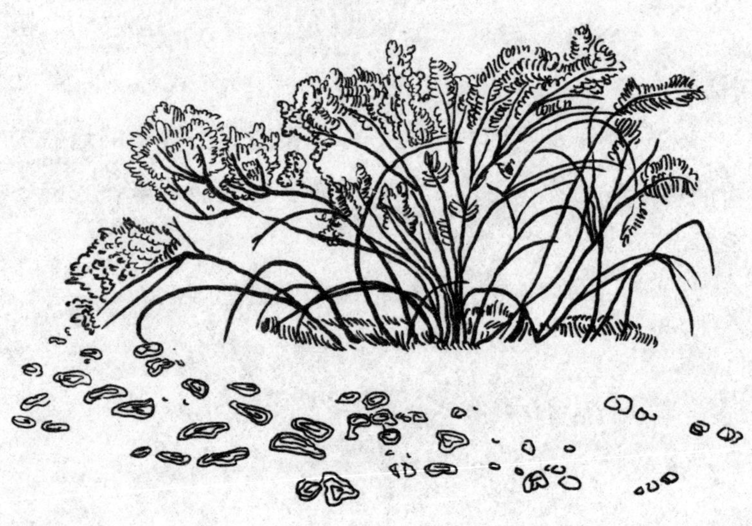

图 3

告示 1：请快来关心这些忍饥挨饿的动物们

快来！快来！请快些来关心这些忍饥挨饿的动物们！

冬天，那些鸣禽和其他鸟儿们的日子实在是太难熬了。森林里一片萧条，它们都在拼命寻找一个温暖的避风港湾，找不到的，就要被冻死了。

有爱心的你，请快来帮帮它们吧！

你可以在田里用树枝和干稻草造个小棚子给灰山鹑，在房屋旁边的树林里给其他鸟儿造过夜的树洞。

除了帮它们搭建躲避风雪的住所，你还可以为它们开设免费的食堂，让它们得以平安度过这个难熬的寒冬。

告示 2：请招待这两位贵宾

山雀和鸸鸟是两种非常活泼可爱的鸟儿，谁要是想邀请它们去家里做客以便好好地欣赏，或者想在它们饥寒交迫的时候帮帮它们，可以这样做：

拿一根棒子，在上面钻一行小洞，把一些香喷喷的熟猪油或熟牛油灌到小洞里。等油凝固后，再把小棒子挂在窗外，最好是挂在窗外的树上。

这时，十分喜欢吃油的山雀和鸸鸟就会被吸引过来了。

这些活泼可爱的小精灵得到你的招待后是不会让你失望的，等它们吃饱后，为了感谢你的款待，会在你的面前表演各种小把戏：在树枝上打转转，头往下翻跟头，左蹦蹦右跳跳……真是好玩得很啊。

第十一期　忍饥挨饿月

（冬季第二个月）

一年——分十二个月谱写的太阳诗篇

1月，大地披着白色的棉袄，花草树木都停止生长和发育，进入了甜美的梦乡。面对危险，生物们总能想到巧妙的方法去躲避。就如此刻，当严寒和饥饿接踵（zhǒng）而来，植物停止生长、发育，动物躲藏起来，不再四处乱跑。

1月，是个安静的月份。此时，森林里一片死寂，只有寒风裹（guǒ）挟着白雪，在高空中寂寞地跳着舞。人们说，1月是一年的开始，是冬季的中心。现在，在大地的白棉袄下，顽强的生命已经跃跃欲试，只等着春风一来，就努力萌芽和等待绽放。

动物们都躲到哪儿去了？原来像蛇、青蛙、鳄（è）鱼这样的冷血动物都睡着了。它们的身体被冻得十分僵硬，乍一看，你准以为它们已经被冻死了，其实它们都还活着，甚至连螟蛾（míng é）[①]这样脆弱的小家伙也没有死。而像鸟、老鼠等血液很热的动物是不用冬眠的，整个冬天，它们都没有休息，在森林里跑来跑去，忙忙碌碌。

---

①螟蛾：身体细长脆弱，小型或中等大小；幼虫一生蜕皮4～5次，分5～6龄；在茎秆内、树杈间、土壤中吐丝化蛹；成虫寿命约1周。

躲在洞里酣（hān）睡的母熊已经整整一个冬天没有吃过什么东西了，在这样饥寒交迫的时候，它居然还生下了一窝连眼睛都睁不开的小宝宝。尽管非常饥饿，熊妈妈还是会坚持给小宝宝们喂食，直到春季来临。这样看来，小宝宝的生命真是熊妈妈用母爱创造的奇迹。

进入 1 月之后，白天就像蹬（dēng）直腿纵身一跳的青蛙，一下子拉长了。冬天就要过去，春天应该也不远了。

林中大事记

森林里冰冷刺骨

寒风在森林里怒吼，鸟儿们紧密的羽毛间灌满了冷风。它们不愿意停在任何地方，无论是地面还是光秃秃的枝头，因为一旦停下来，它们的爪子就会被冻僵。

谁要是有一个温暖、舒适的窝，并且储备了足够的粮食，那它们就可以每天吃饱喝足躲在家里睡大觉了。

现在，为了保持身体的温度，鸟儿们只能不停地飞翔、跳跃，可是尽管这样，它们还是觉得浑身发冷。

1 月，森林里的日子饥寒难熬。狼和狐狸在秋天没有

好好储备食物，现在林子里天寒地冻，一片死寂，鸟兽都躲起来过冬了，它们还得整天跑来跑去。

虽然它们每天都在努力觅食，但还是经常饿肚子。因为白天在林子里活动的只有乌鸦，晚上在林子里出没的只有雕鸮（xiāo），它们也都是在到处寻找食物啊。

没有东西吃，这些动物的血液就会变得寒冷，全身都在瑟瑟发抖。皮下薄薄的一层脂肪完全起不到保暖的作用，严寒穿过毛皮和薄薄的脂肪层直抵它们的身体内部。饥寒交迫的它们恨不得大声求救："饿啊！冷啊！"

一个接着一个

森林里，天色渐渐变得昏暗，月亮悄悄爬上梢头，夜幕将要降临了。

这时，一群饥饿难耐的乌鸦正在四处觅食。它们东瞧瞧、西看看，突然，一只领头的乌鸦发现了一匹死了没多久的马，它的身上还"呼呼"地冒着热气。这让已经好几顿没吃饱的乌鸦们高兴坏了，它们"呱，呱"地叫了起来，然后一呼而上地朝着死马飞去，生怕自己落在后面。

可是，它们还没来得及美美地吃上一顿，林子里就传来了幽怨的叹气声："呜……呜，呜，呜……"

乌鸦们吓得乱作一团，匆忙飞走了。

一只雕鸮飞来，落在马尸旁。它不停地眨着眼睛，张开嘴巴撕掉了一块马肉。忽然，雪地上传来一阵"沙沙"

声，是谁？雕鸮吓得扑棱一声，飞到了附近的树枝上。

这时，一只狐狸悄悄地来到了马尸旁。它低头猛吃起来，牙齿发出“咔嚓咔嚓”的咀嚼声。还没吃几口，它就发现一只狼从远处跑来。狐狸赶忙躲到了旁边的灌木丛里。

狼尖利的牙齿就像一把小刀，它飞快地扑到马尸上，一下就剜起了一块马肉。周围一片寂静，只有它咀嚼马肉的声音和喉咙发出的呼噜声在空气中回荡。

忽然，它警觉地抬起了头，咬得牙齿咯咯直响。它好像在威胁谁：“不许靠近！”然后，又低头继续享受美食。

一个接着一个

突然，一声怪叫传来，原来是熊来了。它可是森林里的霸主，狼被吓了一大跳，夹着尾巴以最快的速度逃走了。

熊吃东西的时候没有谁敢打扰，直到它吃饱后，打着哈欠离开了，狼才从旁边的灌木丛中跑出来，飞奔到马尸旁。

狼离开后，狐狸就过来了，接着是雕鸮、乌鸦。等到乌鸦吃饱，天已经亮了。

马肉已经被这群动物吃光了，地上只剩下一堆残余的马骨。看来这具马尸给这些饥饿的动物提供了一顿免费的盛宴。

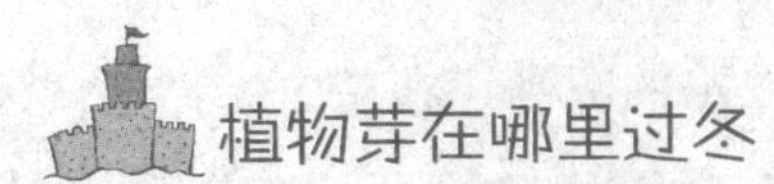

植物芽在哪里过冬

现在，林子里一片静寂，花草树木都在沉睡。别看它们不声不响，准备工作可一样也没落下。因为它们的芽已经在等待春风的到来了。

每种植物的芽都有自己独特的过冬方式。

此时，艾蒿（ài hāo）①、牵牛花、草藤（téng）②、金梅花③和立金花④已经只剩下半腐烂的茎和叶子了。可是，

---

①艾蒿：也称艾草，多年生草本植物，有浓烈香气，分布于亚洲及欧洲地区。

②草藤：多年生草本植物，高60~150厘米，生于海拔400~1800米的山谷、草坡、路旁等。它的茎、叶可做饲料，也可做绿肥。

③金梅花：又叫迎春花，落叶灌木，枝条细长，花色端庄秀丽，而且具有不畏寒威、不择风土、适应性强的特点。

④立金花：又称为“太阳的新娘”，花朵美观艳丽，具有较高的观赏价值。它喜欢温暖气候，不耐寒，生长适温15~18℃，要求排水良好的肥沃土壤。

你可别以为它们什么也没留下，仔细观察，你会在紧挨地面的地方看到鹅黄色的小芽。这些小芽现在还缩在一起，可等春风一来，它们就会伸出小手唱起歌来。

触须（chù xū）菊、卷耳[①]、石蚕（cán）草[②]等矮小的草把它们的小芽藏在了积雪下面。

秋天的时候，繁缕（fán lǚ）[③]脱去了绿色的裙子，换上了枯黄的长袍，可是如果你细心观察，就会发现在枯茎的叶脉里，藏着许多绿色的嫩芽，它们就是躲在这里过冬的。

草莓、蒲公英、苜蓿（mù xu）[④]、酸模[⑤]和蓍（shī）草[⑥]把它们的嫩芽用一丛丛绿叶包裹着藏在了雪底下。

---

①卷耳：又叫苍耳，常见的小灌木，野生于山坡、沟旁、路边、草地或灌木丛中。它的花为白色，果实呈枣核形，可做药用。

②石蚕草：多年生草本，高 13 ~ 23 厘米，春至夏季开花，花冠淡紫色，可做药用。

③繁缕：也叫鸡草，一年或二年生草本，高 10~30 厘米。它的花朵为白色，种子为黑褐色，可做药用。

④苜蓿：俗称“三叶草”，是一种多年生开花植物，花果期为 5~6 月。

⑤酸模：多年生草本植物，俗名野菠菜，嫩茎叶味酸可以生吃，常被作为料理调味用。

⑥蓍草：多年生草本，有短的根状茎，茎直立，高 35~100 厘米，生于山坡草地或灌丛中，全草具有解毒消肿、止血、止痛的功能。

而鹅掌草[①]、铃兰[②]、舞鹤草[③]、柳穿鱼[④]、狭叶柳叶菜[⑤]、款冬[⑥]等，则把它们的嫩芽附在了根状茎上。与它们类似的是野大蒜、野葱和紫堇（jǐn）[⑦]。野大蒜和野葱把嫩芽附在了鳞茎上，而紫堇的芽则躲在小块茎里面。

还有许多的草儿把芽藏在了地底，这样一来稚嫩的小芽当然就不怕外面的冰雪和严寒了。

草儿们的芽就是以这种方式过冬的，而树木的嫩芽在冬天则是高高悬挂在半空中。

相对于陆生植物来说，水生植物的芽过冬就方便多了。冬天的时候，它们一般都躲在水底的淤泥中睡大觉。

---

①鹅掌草：叶色青翠，花姿柔美，为阳性植物，适应性较强，在土壤疏松、肥沃处生长旺盛。

②铃兰：又叫山谷百合，花为小型钟状花，花朵乳白色悬垂若铃串，分布在山地阴湿地带的林下或林缘灌丛，有红色的果实。

③舞鹤草：多年生矮小草本，茎直立，高8~25厘米，不分枝，花白色，可做药用。

④柳穿鱼：多年生草本，高50~100厘米，枝叶柔细，花形与花色别致，生长在沙地、山坡草地及路边，喜光，较耐寒。

⑤狭叶柳叶菜：又叫火草，花稍白至紫红色，柳状嫩枝与叶可以食用，在新清理、烧过的地区生长旺盛。

⑥款冬：多年生草本植物，古名钻冬、虎须，别名冬花，以未开放的花序供药用。

⑦紫堇：别名断肠草，一年生草本，无毛，根细长，茎高10~30厘米，生长在路边、林下、多石处等潮湿地方。

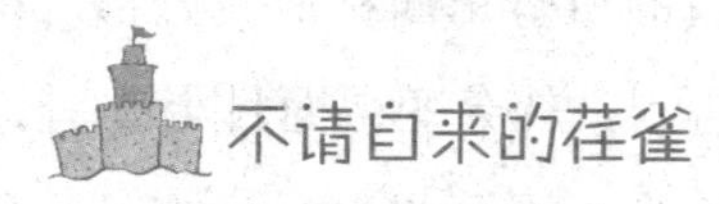

不请自来的荏雀

1月，是忍饥挨饿月。饥饿的飞禽走兽为了找到可以填饱肚子的东西，来到村民的房子周围。饥饿果真会让它们变得勇敢。现在，就连那些胆子最小的黑琴鸡和灰山鹑（chún）[①]都敢时不时地溜进打谷场和谷仓了，欧兔甚至敢跑到村外的干草垛里偷干草吃，它们丝毫也不畏惧村民的猎枪。

一天，我们《森林报》通讯员所住的小屋里来了一位不速之客。它是一只黄羽毛、白脸颊的荏（rěn）雀[②]，它的胸脯上长着美丽的黑色花纹。这位不速之客可是一点也不见外，不仅对房屋的主人毫无惧意，还敢爬上餐桌偷吃食物碎屑。

我们的通讯员关上屋门，把它留了下来。白天，它在屋里跳来跳去寻找可以吃的东西：躲在屋角的蟋蟀、藏在地板夹缝里的苍蝇、掉在地板上的食物碎屑……晚上，它就睡在大火炕背面的缝隙里。虽然没有人刻意喂它，但是一个星期之后，它居然胖了不少。

终于，小木屋里的苍蝇、蟋蟀等都被它吃光了。此时，它开始搞起了破坏。面包、书本、软木塞、小盒子……凡

---

①灰山鹑：体型较小，身体羽毛为灰褐色，以植物性食物为食，主要栖息在河边或湖边的树丛、山地田野以及农村附近。

②荏雀：体型较小，生性活泼，歌声动听，以植物的种子为食。

是能进入它视线的所有东西都成为它破坏的对象。无论什么，只要被它看到，就会变得面目全非。

小木屋的主人忍无可忍，只好打开房门把这个不守规矩的房客赶了出去。

爸爸带我去打猎

早上，天气很冷，爸爸带我到森林里去打猎。

看到雪地上的一串脚印，爸爸告诉我，这是兔子留下的，它肯定就躲在不远的地方。

经验丰富的爸爸告诉我，兔子受惊之后，由于非常慌乱，会先沿原地转一个大圈，然后再沿着之前的脚印逃跑。所以，他让我沿着脚印的方向往前走，找到兔子之后，故意发出声响。他自己则留在原地，等着兔子来自投罗网。

我沿着脚印往前走，很快就看到躲在柳树下的兔子。我过去把它撵了出来，兔子受到惊吓之后果然飞快地兜了个大圈，然后沿着之前的脚印疯跑起来。

我站在那里等着，忽然，“砰”的一声传来，我知道，爸爸已经打中了那只兔子。

果然，在离爸爸 10 米远左右的地方，躺着那只中了枪的兔子。我跑过去把它捡了起来，兴高采烈地跟爸爸回家了。

和爸爸去打猎真是一件有趣的事情。

——森林通讯员　维克多

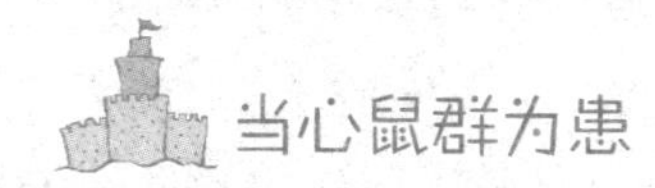

当心鼠群为患

现在，森林被皑皑的白雪覆盖着，动物们都找不到吃的了。更糟糕的是，野鼠们储存的粮食也差不多要吃完了。这时，为了躲避白鼬、伶鼬（líng yòu）、鸡貂和其他肉食动物的袭击，野鼠们不约而同地离开了自己的洞穴。

这些饥饿的野鼠真是胆大包天，它们经常光顾村民的谷仓。伶鼬倒是能消灭一部分野鼠，但是相对于庞大的野鼠群来说，这不过是杯水车薪。

所以，为了防止自己的谷仓被这些野鼠洗劫一空，村民们一定要看好自己仓库的大门了。

战胜了森林法则的小鸟

夏天，阳光明媚，食物充足，森林里的居民每天都能吃饱喝足。所以，夏天是孵雏鸟的好时节。这是森林中存在了很多年的法则。

可是，偏偏有一种鸟不愿意遵守这种法则，它就是交嘴鸟[①]。交嘴鸟之所以敢如此无视这个法则，其实是因为

---

①交嘴鸟：因上下嘴呈交叉状而得名，主要栖息于欧洲、亚洲和北美洲北部的针叶林带，以松柏的种子、野果、嫩芽、昆虫和草籽等为食。

它在冬天也能找到足够的食物。

交嘴鸟往往穿着一身颜色艳丽的衣服，雄交嘴鸟的衣服大多是深红或浅红的，而雌交嘴鸟和幼鸟则更喜欢绿色和黄色的衣服。它们的样子跟鹦鹉有点像，也像鹦鹉一样能沿着细木杆像荡秋千一样荡来荡去。正是出于这个原因，列宁格勒（今圣彼得堡）的人们又把交嘴鸟称为“鹦鹉”。

交嘴鸟常常用小爪子紧紧抓住上面的细枝，用嘴巴咬住下面的细枝，头朝下把自己挂在树上。它的嘴形状非常特殊，上下两片交错：上半片下弯，下半片上翘。没有一种动物长着跟它一样形状的嘴巴。

它的所有本领以及它所创造的一切奇迹都离不开这张形状奇怪的嘴巴。刚出生的交嘴鸟跟普通鸟儿一样，嘴巴是直的。后来，随着年龄慢慢增大，它开始学着啄食云杉和松树球果中包的种子。嘴巴也开始慢慢变成我们前面说的那个样子。它交叉的弯嘴巴对于啄食球果中的种子来说非常方便，这也是交嘴鸟的优势所在。

最近，我们的通讯员在一个积满残雪的云杉树杈上，发现一个躺着几枚蛋的鸟巢。第二天，他再去看，就发现里面已经有几只光着身子，还没有来得及睁开眼睛的小交嘴鸟了。

1月，当森林中的居民都被彻骨的寒冷折磨着，交嘴鸟却还有精力孵雏鸟，难道寒冷和饥饿都难不倒它们吗？

这其实并不是一件奇怪的事情。认真观察你会发现，一年四季，交嘴鸟都在森林里活动，它们总是兴高采烈地从一棵树飞到另一棵树，从一片树林飞到另一片树林。它们终其一生在树林的枝丫间流浪，一年到头都是居无定所。

春天，当其他鸟儿都忙着寻找配偶，筑巢定居，并准备着孵雏鸟的时候，交嘴鸟却仍在满林子乱飞。在流浪的交嘴鸟群中，总是不缺乏幼鸟的身影，人们常常困惑，交嘴鸟难道是一边飞一边生下这些小东西的？

其实，交嘴鸟总是四处飞来飞去，并不是因为它们喜欢流浪，而是因为它们需要寻找食物。交嘴鸟以球果为食，所以哪儿的球果结得又好又多，它们的身影就会出现在哪里。

无论什么季节，只要交嘴鸟找到配偶，它们就会暂时离开鸟群，找个合适的地方筑巢安家，生儿育女。

冬季，松树和云杉上都挂满球果，交嘴鸟食物充足，于是，它们开始准备孵育雏鸟了。首先要给巢里铺满绒毛、羽毛和柔软的兽毛；当巢变得暖和、舒适之后，外面的严寒和饥饿就都与它们无关，它们也就可以安心孵育幼鸟了。

雌交嘴鸟产下蛋之后就不再出门，为了使鸟蛋保持一定的温度，它需要一直蹲着孵蛋。这时候，觅食的任务就完全交给雄交嘴鸟来完成了。好在森林里一年四季都不缺球果，所以，觅食也并不是一件很困难的事情。

小雏鸟破壳而出之后，交嘴鸟妈妈会吐出保存在嗉囊（sù náng）中，已经变得很软的松子和云杉子给它们吃。当雏鸟渐渐长大之后，父母就会带着这些可爱的小家伙们重返鸟群。

交嘴鸟死后，它的尸体可以保存几十年也不会腐烂，就像埃及的木乃伊[①]一样。这是为什么呢？

原来，交嘴鸟终生都以球果为食，它们的身体已经被松子和云杉子中的松脂浸透了。以前，埃及人就是通过在尸体上涂满松脂的方法来保存尸体的，松脂可以使尸体保持很长时间不至于腐烂。

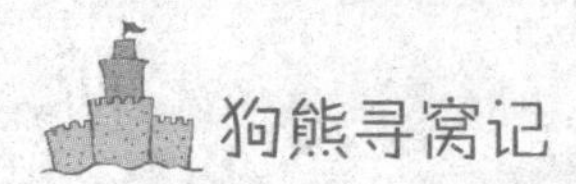

狗熊寻窝记

狗熊住在一座生长着许多小云杉的山坡上。深秋时节，为了给自己找一个冬眠的地方，它可是费了很大力气呢。

为了睡得舒服，狗熊将自己用脚掌抓回的许多长条状的云杉树皮铺到了山坡上的一个坑里，然后又在上面盖上了一层苔藓，就这样，又柔软又暖和的一张床做成了。接着，它又啃倒了坑四周的一些小云杉，并把它们盖在了坑上。

像是对自己的劳动成果非常满意，狗熊一头钻进自己搭建的小棚子里，很快进入了甜美的梦乡。

没过多久，猎狗就发现了它。它费了很大力气才从猎人的枪口下捡回一条命。本来想直接睡在雪地上，却很快又被猎人发现，费了九牛二虎之力逃跑之后，它再次侥幸逃脱。

---

①木乃伊：一种干枯不腐烂的尸体。

春天来了，它从睡梦中醒了过来，看了看四周，它才知道自己第三次找的窝真是不错。谁也想不到它会爬到高高的树上睡大觉。

原来这是一棵被大风吹折的大树。吹折之后，倒着生长的树上形成了一个坑窝。夏天的时候，大雕看中了这个地方，就在这里做了巢，它孵完宝宝之后就离开了，里面还铺着干树枝和厚厚的软草。冬天，这只狗熊误打误撞，竟然找到了这么好的一个窝。

城市新闻

皑皑的白雪给森林披上了银白色的盛装，森林里到处冰封雪积，刺骨的寒风在枝丫间怒吼，鸟儿们都找不到食物了。

为了防止这些可爱的森林居民们挨饿受冻，城里的人们开办了许多爱心食堂，欢迎这些可爱的小东西们到城里来过冬。

这些善良的人把谷粒和面包屑盛在筐子里，放在院子中央；或者把小块面包、牛油等食物用线串起来，挂在窗户上。

很多鸟儿知道这个好消息后纷纷从森林中来到了这

里。莅雀、白颊（jiá）鸟[1]、青山雀[2]等都是这儿的常客，黄雀和红雀也偶尔来这里就餐。

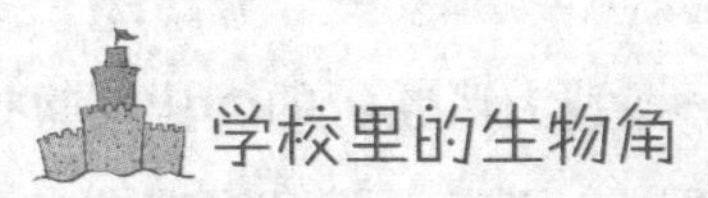

学校里的生物角

在列宁格勒（今圣彼得堡）的少年宫里，有一个少年自然科学家小组。这个小组的成员都是各个学校里最棒的少年自然科学家。

在这里，小组成员们经常一起出去郊游，不过他们出去可不是为了玩。他们是要去观察自然，考察我们伟大祖国丰富多彩的物产资源。风、雨、雷、电、露水、田野、江河、丘陵、森林、湖泊都是他们的观察对象。此外，农民伯伯们如何播种，如何丰收，也都在他们的考察范围之内。

夏天的时候，这个小组的成员们会到距离列宁格勒（今圣彼得堡）很远的一个地方去住上一个月。在那儿，昆虫学组的组员们每天忙着抓蝴蝶、甲虫、蜜蜂等昆虫，并观察它们的生活；水族学组的组员们要去河边捕鱼、捉虾，并研究其他水生动物的习性；哺乳动物学组的组员们

---

①白颊鸟：俗称“张飞鸟”，小型鸣禽，额头顶前部和脸白色，头顶后部、枕和后颈黑色，主要栖息于河流、湖泊、农田、沼泽等，主要以昆虫为食。

②青山雀：山雀的一种，羽毛颜色漂亮，观赏性强，生活于欧亚大陆及非洲北部。

的主要任务是去捉一些老鼠、鼩鼱（qú jīng）[①]、小刺猬、小兔子及其他哺乳动物。

植物学组的组员们每天四处采集植物，并把它们做成标本进行分析和研究；寻找鸟巢并观察鸟儿们是怎样生活的，是鸟类学组的组员们每天都要做的事情；青蛙、蜥蜴、蝾螈（róng yuán）[②]、蛇等爬虫则是爬虫学组的组员们的主要观察和研究对象。

在外出的1个月里，小组成员们互帮互助，用心观察自己需要观察的对象，并做出详细的记录，保质保量地完成了自己的工作。他们充满智慧又生机勃勃，是我们国家正在成长的新一代科学家、自然工作者和勘探工作者。

少年米丘林小学者们更是别出心裁。为了研究植物，他们在学校里开辟了一块实验园地，并在里面种上了果树、林木等。他们每天用日记的形式记下植物的生长状况和自己的工作情况。每到收获的季节，他们除了收获园子里的果实，还能收获到一堆内容翔实的资料。

除了这些，每所学校也都有自己的少年自然科学家小组。这些小组的成员们大都是高年级的孩子们。他们也像少年宫的小科学家们一样，对大自然的一切都非常好奇，

---

①鼩鼱：体型纤小、肢短，外形有点像家鼠，但鼻子略长些、嘴尖一点。

②蝾螈：有尾两栖动物，体形和蜥蜴相似，但体表没有鳞，也是良好的观赏动物。它由头、颈、躯干、四肢和尾5部分组成，体全长61～155毫米。

他们研究动物、植物，观察自然现象，每天忙得不亦乐乎。

年纪小的低年级孩子们也没有闲着，他们都在建立生物角。现在，几乎每个学校都有一个学生自己建的大自然生物角。生物角里摆满了孩子们夏天郊游时捉回的鸟儿、青蛙、蛇、刺猬、小兔子等形形色色的动物。

生物角简直就是一个微缩动物园，这里的房客有的长满羽毛，有的浑身光秃秃的。每次走近那里，尖利的叫嚷声、低沉的哼唧声、婉转的啼鸣声就裹挟着钻进你的耳朵，相信此时你才会真正理解嘈杂这个词的含义。

孩子们对生物角的小动物们非常关心。他们按照这些小动物的爱好和习性给它们安排了合适的住处。鸟儿、兔子住在笼子里，蜜蜂住在瓶子里，而形形色色的罐子，则是青蛙的房间。

一开始，我们以为孩子们抓回这些动物放在生物角，是为了养着玩。直到我们看到孩子们在夏天所写的日记，我们才知道他们的行为原来非常有意义。

“今天，我们贴出一则通知，号召大家把自己捉到的动物都交给值日生保管。”这是孩子们在6月7日这天写下的日记。

6月10日，大家好像已经把小动物们交给值日生了。只见值日生在日记中写道：“啄木鸟是图拉斯交上来的；蚯蚓是加甫里洛夫捉到的；米龙诺夫带来的是一只甲虫；瓢虫和那只生长在荨麻上的小甲壳虫是雅柯甫列夫带来的；包尔捉到了一只小篱（lí）雀。”

“今天，我们捉到许多青蛙、松藻（zǎo）虫[①]和水蝎（xiē）子[②]。青蛙的眼睛向外凸出，它的眼珠子乌溜溜的，耳朵很大，鼻子看上去就像两个小洞。它长着四只脚，每只脚上都有四个脚趾。青蛙喜欢吃害虫，它是农民伯伯的好朋友。”这是一个孩子在日记中对他们所捉到的动物的详细描述。

在孩子们的日记里，这样的描述并不少见。此外，他们还经常这样记录：

“6 月 25 日，我们的收获颇丰，在池塘边我们捉到许多小蜻蜓以及别的小昆虫，小蜻蜓都是刚刚出生的幼虫。除了这些可爱的小家伙，有人甚至还发现了一只蝾螈。我们的生物角可是正缺蝾螈呢！”

在自己去捉小动物的同时，孩子们还想出一个办法来增加生物角的动物种类，那就是相互交换动物。如果一所学校养了许多鲫鱼，而另一所学校有许多可爱的小兔子，那么两个学校的孩子就会考虑交换。当然，在交换之前，他们会谈好交换的方式，决定好是四条鲫鱼换一只兔子，还是三条鲫鱼换一只兔子。

除了这些方式，冬天，孩子们还会凑钱为生物角买回

---

①松藻虫：仰泳蝽的俗称，体背隆起似船底，游泳时背面向下，腹面朝上；捕食性强，常伤害鱼卵和鱼苗等，在水中植物组织内产卵。

②水蝎子：成虫体长 37~40 毫米，宽 10~11 毫米，前足发达，为捕捉足，中、后足为步行足，体型扁平，深褐至灰褐色。

一些像乌龟、金鱼、天竺（zhú）鼠[1]这些本地没有的小动物。有时候，他们甚至会买回一些穿着漂亮衣服的小鸟。

在他们的努力下，生物角里的动物种类变得越来越丰富了。

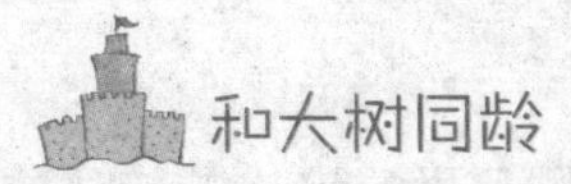

和大树同龄

在我所住的城市，街道两旁长着许多比我高一倍的槭（qì）树。

说起来你们可能很难相信，虽然这些槭树比我高大许多，可是，它们却跟我年龄相同。12 年前我出生那天，少年自然科学家们就种下了这些树。现在，它们的枝干已经非常粗壮了。

祝你一钓一个准

1 月，刺骨的寒风在空旷的天地间怒吼，小河的河面结起了厚厚的冰层。现在，居然还有人在钓鱼。只见河面上有许多直径 20 ～ 25 厘米的冰窟窿，这些都是钓鱼人用

---

①天竺鼠：又叫葵鼠、豚鼠，是珍贵的皮肉兼用的多用途草食动物。它的体型短粗而圆，头较大，眼大而明亮，四肢短，体毛有黑、白、灰、褐、花色等，也有各色斑纹的。

镶了木把的铁棍凿开的。

不要惊讶，在冬天，虽然鲫鱼、冬穴鱼、鲤鱼都在睡觉，可是厚厚的冰底下还是一派热闹的景象。不睡觉的鱼儿每天都在四处觅食，所以冰冷的河面下其实并不冷清。

此时，山鲶（nián）鱼正在忙着产卵。山鲶鱼还有一个名字叫“夜游神”，1月、2月是它们的产卵期，它们整个冬天都不睡觉。在冬天，如果想捕到山鲶鱼就要借助一种特殊的冰下捕鱼工具。这是一种跟渔网有点像的工具，制作它的步骤（zhòu）并不复杂。

首先，找一根绳子，在上面每隔差不多70厘米系一根线绳或者棕绳，系3～5根就可以了。然后，在线绳或者棕绳上绑上钓钩，并在钓钩上挂一条小鱼，或者一小块鱼肉，或者一条山鲶鱼最喜欢吃的蚯蚓作为鱼饵。挂完鱼饵之后，要在绳子尽头拴一个坠子，这个坠子最好有点重量，因为它需要把鱼钩带到水底。

工具已经做好。现在，你可以把它放入水中了。透过冰面，你可以看到挂在小钓钩上的鱼饵随着水流来回摆动，诱人极了。

这时，要在绳子上端绑上一根木棍，然后把这根木棍横着架在冰窟窿上，等它结结实实地冻在冰面上以后，你就可以离开了。

钓山鲶鱼有一个很大的好处，那就是不用长时间在河边上等待，不用挨冻受累，相比其他要轻松许多。

第二天早晨，你要做的就是到河面上来取钓到的鱼儿。

来到冰窟窿前，透过冰面，你就能看到水里那条下巴上长着胡须，身子两侧扁扁的，长着老虎一样斑纹的山鲶鱼了。抓起架在冰窟窿上的木棍，敲碎冰面后使劲一提，那条鲶鱼就被你提了出来。只见它浑身黏糊糊的，个头倒还不小。

除了山鲶鱼，鲈鱼也没有睡觉。不过，要钓鲈鱼不是一件很容易的事情，因为寻找鲈鱼聚居的地方非常困难，这需要知道鲈鱼的一些秘密。

如果河流弯弯曲曲地流向远方，那么在又高又陡的河岸下，可能会有个深坑；天气转冷的时候，为了避寒，鲈鱼一般都会成群结队地游到这种地方来。所以，在河流中央的深坑附近比较容易看到鲈鱼的身影。

此外，在湖口或者河口，途经森林的清澈溪水汇集在一起，这种地方通常也会形成一些坑；另外，在小河旁或者湖边水浅的地方通常都长着许多芦苇，在芦苇丛外围，一般都是一些自然形成的凹坑，这些凹坑也是鲈鱼们避寒的好去处。

找到了鲈鱼聚居的地方，你就可以大干一场了。

钓鲈鱼是不用鱼饵的，你只需要准备一个金属做的小鱼形钓钩，并把它绑在细线或者细筋的一头就行了。在钓鱼之前，要先测一测水的深度，这件事情非常简单，只需要把钓钩垂直放到水底，深度就能根据浸入水中的细线长度判断出来了。

测完水深之后，就可以开始钓鱼了。把钓钩放入水中，

一钓一个准

然后不断上下拉动，下放的时候要注意不要让鱼钩碰到水底。

小鱼形的钓钩在水里上下游动，像一条活鱼似的。钓钩本身的金属材质又让它一闪一闪的，非常显眼。贪心的鲈鱼从很远的地方就看到了它，为了不让嘴边的美食溜走，它扑上去一口就把这条“小鱼”连同鱼钩一起吞了下去。就这样，本来在寻找美食的鲈鱼一不小心沦为了我们餐桌上的美食。都是贪心惹的祸啊！

打猎去

冬季快结束的时候，森林里的饥荒特别严重，在一片死寂中，大部分鸟兽早已躲起来过冬了，只有狼和熊还在森林里四处游荡，这时正是捕猎它们的最好时机。每到这时，猎人们就带着猎犬和枪出发了。

狼在秋天是不准备任何过冬食物的，这时候它们已经饿极了。饥饿让它们变得无所畏惧，它们整天成群结队地在村子附近游荡，村民家中的牲畜经常不幸沦为它们饱腹的美食。

这个时候，在森林里游荡的熊并不是很多，因为大多数熊此时还在窝里睡大觉。而有些跑出来游荡的熊，大都是深秋时没有储存够食物，现在饿得受不了了，只好出来找吃的。

还有一些熊之所以四处游荡，是因为它们睡觉的时候被猎人的脚步声惊醒了。由于害怕被猎人捉到，它们不敢回到以前住的洞，可这些懒惰的家伙又不愿意重新做窝，所以只好在外面徘徊一阵，等猎人离开以后，再回去。

如果一个猎人想捕猎在森林中游荡的熊，那除了猎枪，他还一定要带着猎犬。发现目标之后，猎犬一定会穷追不舍，这时候，猎人要跟上猎犬的步伐，滑雪板也是必不可少的。有了猎犬和滑雪板，猎熊就不是那么困难的一件事了。

但捕猎像熊、狼这些凶猛的动物是一件非常危险的事情，猎人时刻都要面临被这些猛兽袭击的危险，被野兽咬伤也是很常见的事情。

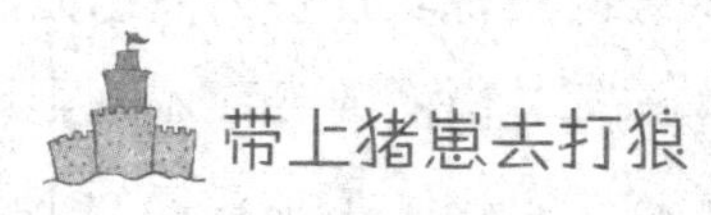

带上猪崽去打狼

这是发生在60年前的一个故事。

冬天，狼经常在村子周围出没。它们经常闯进村民的牲畜棚，拖走牲畜。饥饿让它们变得胆大包天。村民们觉得不能再继续让它们为所欲为了，于是他们找来了猎人，请他帮忙打狼。

那天晚上，月朗星稀，猎人赶着马拉雪橇出发了。他的雪橇上放着一个装着一只小猪的大麻袋，小猪身体躺在麻袋里，只有脑袋伸在外面。因为猎人用绳子捆住了它的四只脚，所以它几乎动弹不得。

它在这次打狼的过程中可是起着非常重要的作用。小猪的耳朵非常娇嫩，猎人准备过一会儿轻轻扯住它的耳朵，让它不停撒欢似的叫唤。小猪的叫唤声很容易就能把狼引过来。

在雪橇后面，还拖着一只大麻袋，这只大麻袋里塞满了小猪的粪便和干草，它的作用主要是迷惑狼，让狼觉得小猪就被藏在里面。

深更半夜，独自一人到森林里去是一件很危险的事情，可是，勇敢的猎人似乎并不惧怕这种危险。他手握缰绳，赶着马拉雪橇飞速前进，很快就偏离了大路。他沿着森林的边缘一直向着荒地的方向前行，时不时用空着的手扯一下小猪的耳朵，小猪果真发出了尖利的叫声。

忽然，树干之间出现了许多闪着绿光的小灯泡，这些小灯泡随着猎人前行方向的改变而不规则地移动，不过始终没有离猎人太远。它们可不是普通的小灯泡，这是狼的眼睛。

不出猎人所料，狼果真被小猪的叫声吸引来了。小猪的叫声对于饿极了的狼来说无异于一首美妙的乐曲，这乐曲让狼忘记了猎人手中的枪，只想到美味的盛宴。

拉雪橇的马发现了这些躲在树枝后的恶狼，它惊恐地嘶叫了一声，然后开始向前狂奔，猎人一边使劲拉住缰绳，一边继续扯着小猪的耳朵。

此时，狼已经彻底忘记了危险。它们的眼里只有雪橇后用长绳子拴着的麻袋。它们确信这麻袋里装着一只小猪，因为它们已经听到了小猪的尖叫声，闻到了猪粪的味道。为了不让已经到嘴边的美食溜走，它们从树丛里蹿了出来，扑向了雪橇后的麻袋。

空旷的田野里，猎人借着月光看到8只壮实的大狼。它们的毛油光锃亮，眼睛泛着绿光，朝着雪橇快速奔跑过来。跑在最前面的那只狼已经碰到装着干草的麻袋了。

猎人放开小猪的耳朵，拿起猎枪，瞄准跑在最前面的那只狼的肩胛骨，扣动了扳机。一声枪响后，只见它在地上翻滚了一圈，就不再动了。猎人又赶紧用另一支枪筒朝着第二只狼开了一枪。可惜由于马猛地向前一冲，这一枪打空了。

猎人试图开枪再打死几只狼，可是它们已经四散逃走

带上猪崽去打狼

了。只剩下之前打中的那只狼躺在雪地上，用后脚胡乱刨着地上的雪。猎人抓紧缰绳，勒住了马，他放下猎枪，准备把那只狼拖到雪橇上去。

猎人把狼扛到了肩上，朝着雪橇走去。可还没等走上雪橇，马就突然以最快的速度向前疯跑，原来它闻到狼血的味道，受了惊吓。就这样，没有带枪，身上甚至连一把刀也没有的猎人被留在了旷野中。

那天夜里，村子里的人发现猎人的马自己跑了回来，立马就感觉事情不妙。第二天，他们到森林里去寻找，却发现雪地上只有一堆白骨。这里面既有狼的骨头，又有人的骨头。据此，村民们推断，那群恶狼应该是把猎人连同死掉的同伴一起分食了。

勇敢的猎人就这样丧生在一群饿狼的袭击之下。平时，狼很怕人，如果当时狼不是那么饥饿和狂乱，猎人根本不可能是这样悲惨的结局。

熊洞里的危险经历

一次，森林守卫员在雪堆下发现一个熊洞，于是他从城里请了一位猎人来打熊，结果却发生了一件非常不幸的事情。

那天，守卫员带着猎人来到了熊安睡的雪堆前，经验丰富的猎人知道，熊总是把洞口留在东边，而当它从雪底下跳出来的时候，却总会往南边一闪。观察了附近的地形之后，猎人选了一个位置，站在这个位置上，举起枪刚好可以打中熊的心脏部位。

猎人来的时候还带了两只猎犬，此时它们正被森林守卫员牵着。森林守卫员在雪堆后藏好之后，这两只猎犬便被放开了。

它们似乎早就察觉到了熊的存在，一被放开，就朝着雪堆猛扑了过去，在雪堆旁大声吠叫，样子变得十分凶猛。可是，它们叫了很久，雪堆里却一点动静也没有。难道这只熊这么贪睡，这么大的声音都没把它吵醒？

猎犬和猎人都开始变得有些不耐烦了。忽然，一只长着长指甲的大黑脚掌从雪堆下伸了出来，它差点抓住一只猎犬。猎犬们好像被吓了一跳，眼睛里流露出惊恐的神色，大叫一声，往旁边闪了闪。

小山似的黑熊从雪堆里猛地蹿了出来，低着头直接朝着猎人扑了过去。这种情形完全出乎了猎人的意料。

惊慌失措的猎人朝着黑熊开了一枪，子弹穿过黑熊的脑门，飞了出去。黑熊被这一枪激怒了，只见它冲过去抓着猎人的衣服，一把将他掀翻在地，然后把自己重重的身体压在了猎人身上。

森林守卫员被眼前的情景吓坏了，他不知道应该如何帮助猎人摆脱困境，只能一边挥舞着手里的猎枪，一边本能地发出撕心裂肺的呼救声。他的声音在森林里寂寞地回荡，附近根本没有其他人。

忽然，他想到了自己手中的猎枪，可是，现在猎人和熊撕扯在一起，万一失手，子弹可能会直接打在猎人身上。那样的话，情况就更糟糕了。

两只猎犬仿佛知道主人已经命悬一线，在熊身后拼命地撕扯着。可是熊好像根本感觉不到，连头都没有回一下。它一心一意地对付着面前的猎人，只见它伸出大脚掌轻轻一抓，猎人的帽子、头发、头皮就一起被扯了下来。

旁边的森林守卫员看得惊呆了。忽然，熊离开了猎人的身体，往旁边一倒，在雪地上疯狂地打起滚来。

原来，身处险境的猎人并没有完全被吓倒，在经历了短时间的慌乱之后，他很快想起了身上的佩刀。他用最快的速度拔出它，刺进了熊的身体。雪地很快就被黑熊的血染成了红色。

猎人总算保住了一条命，不过从那以后，无论冬夏，他的头上总是包着一条头巾，而他的床头也多了一张熊皮。

发现熊洞

塞索伊奇在列宁格勒（今圣彼得堡）有一位非常擅长猎熊的医生朋友。1 月 27 日，他到附近的农场给这位朋友发了一封电报，告诉他自己在森林里发现了熊洞，并邀请朋友赶紧过来。第二天，塞索伊奇就收到了朋友的回电：“三人，2 月 1 日到。”

在等待朋友到来的几天里，塞索伊奇每天都会去熊洞周围看看，他发现熊还没有醒过来。因为洞口处的灌木丛上总是有许多由呼吸产生的热气凝结而成的霜花。

1 月 30 日，塞索伊奇再次到熊洞附近看了看。回家的路上，他遇到了正要去森林里猎灰鼠的安德烈和谢尔盖。这两个小伙子的好奇心都很强，做事也容易冲动。塞索伊奇本想告诉他们熊洞的事，但是又怕他们知道以后惊扰了沉睡中的黑熊。最终，他决定对这两个小伙子保密。

第二天，他像往常一样又来到了熊洞旁，眼前的情景却让他着实吃了一惊。只见在距离熊洞不到 50 步的地方，倒着一棵松树。熊洞已经变得面目全非，熊也不见了踪迹。准是安德烈和谢尔盖惊扰了黑熊。

在附近看了看，他发现谢尔盖和安德烈留在雪地上的滑雪板痕迹朝着松树倒下的方向，而熊留下的脚印朝着与之相反的方向。这证明两个年轻人并没有看到黑熊，而黑熊也没有来攻击他们。

他推测，应该是谢尔盖和安德烈打死的灰鼠被松树的枝条挂住了，掉不下来，他们俩为了拿到灰鼠，就砍倒了松树，而巨大的砍树声又惊醒了沉睡中的黑熊。黑熊醒来之后，以为附近有危险，就迅速逃跑了。

塞索伊奇一会儿也没有耽搁，立刻沿着熊逃跑时留下的脚印追去，他不想让等了这么久的猎物就这样轻易地逃走。

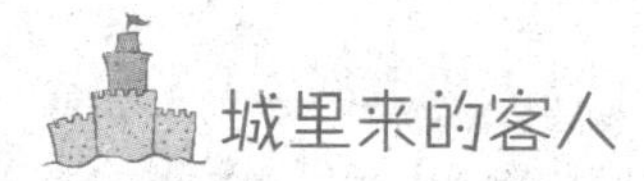

城里来的客人

2月1日晚上，塞索伊奇的医生朋友果真带着两个人来了。其中一个塞索伊奇也认识，是个上校，而另一个塞索伊奇之前从来没见过。

塞索伊奇不喜欢这个从来没见过面的年轻人，他虽然看上去身材壮实、成熟稳重，但总让人觉得不大舒服，尤其是他嘴唇上那两撇小胡子和他那修剪得很整齐的鬓（bìn）角。在塞索伊奇看来，他虽然年轻帅气，可是毕竟没有一点猎熊的经验，却还表现得非常趾高气扬，实在令人讨厌。

塞索伊奇不愿意让这个傲气的城里人知道，他们已经错过了猎熊的最佳时机，而且这个后果还是他造成的，他觉得那样太丢脸了。所以，他告诉这些远道而来的客人们，虽然熊还在那片树林里，但是，它现在已经有所防备。他建议用围猎的方式去捉这只熊。

那个傲慢的年轻人听了之后没说什么，只是轻蔑地皱了皱眉，然后问了一句：“那只熊大不大？”

“脚印很大，”塞索伊奇说，“根据我的判断，至少有 200 千克！”

年轻人听了之后，连看都没看塞索伊奇一眼，只是不屑地耸了耸笔直的肩膀，质问道：“你之前不是说发现的是熊洞吗？为什么现在又改成了去树林里猎熊？”他的质问令塞索伊奇很不高兴。

这个傲慢的年轻人还跟塞索伊奇说，他觉得赶围人根本不能把熊赶到猎人的枪口前。塞索伊奇听后，默不作声，他强忍着内心的不悦，闷闷地想：“怀疑别人不会赶围，还不如担心担心自己呢，别看到熊就腿软了才好呢！”

后来，大家开始讨论围猎的具体计划，塞索伊奇提出给每个猎手配一个射击手，因为这只熊实在有点大。但是这个提议很快就被那个傲慢的年轻人否定了，他说：“给猎人配备射击手也太可笑了吧。如果谁对自己的枪法没信心，干脆别去猎熊了，况且有保镖的猎人也不能算是真正的猎人吧？”塞索伊奇虽然内心不悦，但也惊奇了一下：这人胆子倒还不小！

虽然年轻人否定了塞索伊奇的提议，但上校和医生觉得这个提议不错，大家都觉得猎熊是件危险的事，还是小心点好。那个骄傲自大的年轻人也就没有再坚持反对，只是轻蔑地嘲笑他们三个胆子真小。

精心布置

第二天，天还没亮，塞索伊奇就叫醒了医生、上校和那个傲慢的年轻人，接着他又出去召集了一群赶围人。

当他布置好一切回到自己的小木屋时，看到那个骄傲自大的年轻人拿出了一个和装小提琴的匣子差不多大的手提箱。只见他打开手提箱，从里面拿出了两杆猎枪，收拾好枪后，他接着又拿出一个亮晶晶的弹筒，弹筒里装满了子弹，既有尖头的又有钝头的。

年轻人一边做着这些事情，一边向医生和上校炫耀自己的枪有多棒，子弹有多厉害，甚至还向他们讲起了他以前的光荣事迹，他曾经到高加索猎过野猪，到远东打过老虎。

塞索伊奇对他的傲慢不以为意，但是他的猎枪使这个矮个子猎人眼前一亮。之前，他从来没有见过这么精致的猎枪，这两杆猎枪让塞索伊奇瞬间觉得有点自卑。虽然非常想仔细看看它们，但是他实在不愿意放下面子去请求这个骄傲自大的年轻人。最终，他什么也没说。

天空刚开始泛白，塞索伊奇就带领一群人乘坐雪橇朝着树林的方向前进了。瞧，坐在最前面雪橇上的那个矮个子就是他。他身后跟着的是召集来的 40 个赶围人。医生、上校和那个傲慢的年轻人跟在队伍的最后面。

忽然，队伍停了下来，原来前面 1 公里左右的地方就是熊躲藏的小树林了。塞索伊奇走下雪橇，将猎人们安排在路边的一间小土坯房里，并给他们生了火。

别的猎人都停下休息了，可是塞索伊奇还有事情要忙活。他先赶着雪橇到前面看了看，发现熊还在那个树林里，并没有离开过的痕迹。之后，他就开始布置围猎的人。

经验丰富的塞索伊奇知道，围猎熊远远要比围猎兔子复杂。围猎熊的时候需要很多喊口号的人，他让这些负责喊口号的人围成半圆形站在树林的一边，不叫喊的人就站在半圆形的两侧。这么排列主要是害怕熊被口号声引出来之后，并不沿相反的方向逃跑，而是折向一旁。遇到这种情况，两侧不喊口号的人只需要使劲挥舞手中的帽子，就能把熊赶回到正面狙击线那里。

狙击线是一条100来步宽的通道，在通道的中间，有一串熊进入树林时留下的脚印。据塞索伊奇推测，当熊听到口号声之后，多半会沿着自己进树林时所走的路线逃走。所以，塞索伊奇布置好赶围的人之后，就去叫出了三个猎人。他给三个猎人安排好了各自占据的位置：那个傲慢的年轻人守在中间，医生和上校分别守在两侧。

由于安德烈本身比较沉稳，而且在打猎方面比谢尔盖更有经验，因此，塞索伊奇安排他做了年轻猎人的后备猎手。虽然后备猎手只有在野兽突破狙击线，或者自己前面的猎人陷入极度危险的境地时才能开枪，但安德烈还是非常高兴。

最后，塞索伊奇又嘱咐这群穿着灰色衣服的射手们：

不准抽烟，不准说话；赶围的人喊口号的时候，尽量不要发出任何声响；为了一击毙命，要尽可能等熊走近了再开枪。

然后，他就离开狙击线，到赶围人那里去了。

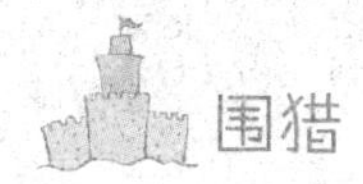

围猎

忽然，树林对面传来两声拖长的低沉号角。这声音迅速传遍了整个树林，之后，仿佛被冻结在了冰冷的空气里，久久不曾散去。等了半个多钟头的猎人们听到这两声号角，仿佛猛然惊醒，打起了精神，一个个变得一脸专注。

号角声传来之后，又过了大约 1 分钟，负责喊口号的人们开始呐喊起来。他们尽自己最大的力量使劲叫嚷。这些有趣的人甚至还故意发出了一些奇怪的声音，汪汪的狗叫声，喵喵的猫叫声，呜呜的汽笛声……

号角是塞索伊奇吹响的，吹完之后，他又担负起了另外一项任务——撵（niǎn）熊。撵熊就是把熊从它躲藏的地方撵向狙击线。和塞索伊奇一起承担这项任务的是谢尔盖，只见他俩踏着滑雪板飞速地滑进了树林。

虽然塞索伊奇早就从脚印判断出这是一只大个的熊，可是当他真的看到这只他追踪了很久的黑熊时，还是有些震惊。仅仅是从云杉丛中露出的硕大脊背，就让这个小个子猎人猛地一惊。有些惊慌失措的他甚至还朝天空开了一枪。“来啦！来啦！”回过神之后，他和谢尔盖一起大

围猎熊

声叫嚷着。

听到他们的叫喊声，猎人们站在狙击点上一动也不敢动。此时，1分钟对于他们来说就像是1个小时那样难熬。其实，围猎熊的时候，准备工作需要很长时间，打猎却只要一会儿。在等待熊出现的时候，猎人们每一刻都能嗅到危险的气息，谁都知道危险正在靠近，可是谁也不知道它会在哪一秒忽然降临。

塞索伊奇拼尽力气跟在熊的身后，这对他来说实在是很困难的一件事。人在树林的雪地上根本滑不快，而熊却能凭着巨大的脚掌在雪地上飞速前行。它身后扬起的雪尘就像两团飘荡的白雾，许多灌木和小树被它撞得东倒西歪。

很快，熊就成功甩掉了塞索伊奇。正当塞索伊奇不知道下一步该怎么办时，“砰”一声枪响传来。熊难道就这么轻易地被打死了吗？塞索伊奇抓住身边的一棵树，停了下来。

接着，“砰”又一声枪响伴着一阵充满痛苦和恐惧的号叫声传来。塞索伊奇知道，围猎已经结束了。

他赶紧踏上滑雪板，朝着狙击线的方向滑去。到达狙击线的时候，他没有看到猎人们欢呼雀跃的情景，却发现脸色苍白的医生、上校和安德烈正抓着熊皮，把熊从那个傲慢的年轻人身上抬起来。

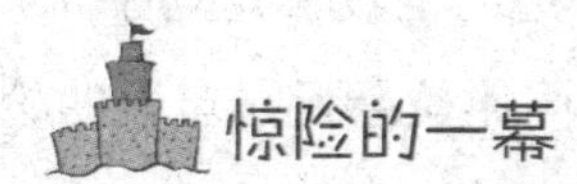

惊险的一幕

时间静悄悄地流逝了。距离那次围猎过去了一段时间，塞索伊奇才从其他人口中知道了当天的惊魂一幕。

那天，正如他们所预料的那样，熊沿着自己进树林时的脚印直接奔向了年轻人所在的狙击点。塞索伊奇之前已经告诉他们，别看熊看起来笨拙，但它跑起来之后，速度非常吓人，所以一定要尽可能等熊走近了（离狙击点差10～15步远的时候）再开枪，这样才能很容易打中它的头部或者心脏。可是，年轻人没沉住气，当熊离他还有大约60步的时候，他就扣动了扳机。

年轻人打出的子弹没有击中熊的头部或者心脏，却击穿了它的左后腿。挨了这一枪之后，熊暴怒起来，一下就

冲到了朝它开枪的年轻人面前，向他扑了上去。

年轻人一下子惊慌失措，不知如何应对。其实，这时他如果开一枪，一定能打中熊的心脏或者头颅。只是他已经忘记了自己的枪膛里还有一颗子弹，也完全忘记了身后安德烈的存在。他扔掉手中的猎枪，企图转身逃跑。

暴怒的熊抓住他的后背轻轻一掀，就把他掀倒在了雪地上。在这样危急的情况下，安德烈并没有慌神。只见他把自己手中的双筒枪塞进黑熊张着的嘴巴里，然后扣动了扳机。出乎所有人意料的是，双筒枪只是“咔嚓”地响了一下，之后就没了动静。

这时，站在一边的上校决定动手了。他知道此时开枪非常危险，弄不好同伴就会死在自己的枪口下。可是此时，年轻人已经命悬一线了，上校没有再犹豫，他单腿跪地，瞄准熊的头部扣动了扳机。

子弹正好打在熊的太阳穴上。只见它突然挺直了身子，一会儿之后，像座崩塌的小山似的倒在了年轻人的身上，死了。

医生吓得脸色苍白，赶紧和安德烈还有上校一起上前用力拖着被打死的熊，试图救出被压在它身子底下的年轻人。此刻，还不知道他是死是活呢！

塞索伊奇赶到后，迅速跑过去帮忙。大家终于把熊尸挪开之后，才发现年轻人并没有受伤，熊还没有来得及撕扯他的身体。他只是被吓坏了，脸色苍白得像周围的雪一样。大家把他扶了起来，这时，他眼中已经完全没有了之前的那种傲慢和不屑。

大家把他扶上雪橇，送回了农场。他只是稍稍定了定神，就非要离开。医生劝他在这儿住一晚上，好好休息一下，明天再回城里去，大家也都劝他先休息一下。可是他根本听不进去，只是把熊皮据为己有后就要去车站。后来，大家也就没有再强留他。

塞索伊奇讲完这个故事后，大家才反应过来，其实当时真不应该让他带走熊皮。他是那么喜欢炫耀的一个人，现在肯定又在四处炫耀他自己如何英勇，如何在我们这儿猎到一只近 300 千克的大熊……我们大家真是被他算计了。

——来自我们的专业记者

打靶场：第十一次竞猜比赛

1. 大野兽和小野兽相比，谁更怕冷呢？

2. 通常躺在洞里冬眠的，是瘦熊还是胖熊呢？

3. 俗话说“狼靠四条腿活命”，这句话是什么意思呢？

4. 为什么冬天砍的木柴比夏天砍的更值钱？

5. 为什么有的人一看树桩，就知道这棵树的年龄？

6. 为什么所有的猫科动物，比如家猫、野猫，都比犬科动物——像狼和狐狸，爱干净？

7. 为什么一到冬天，飞禽走兽就成群结队离开树林，向人们居住的地方挤？

8. 冬天，是不是所有的白嘴鸦都飞到别的地方去过冬？

9. 癞蛤蟆冬天吃什么？

10. 为什么有的熊，被人们叫作“游荡熊”呢？

11. 蝙蝠冬天飞到哪里过冬？

12. 冬天，是不是所有的兔子都是白色的？

13. 哪些鸟，雌鸟比雄鸟身体强壮？

14. 交嘴鸟的尸体，即使在夏天也不会腐烂，是为什么呢？

15. 一个矮个子，头上戴帽子，帽子白又白，不是毛毡做的，不用针线缝，更不是在市场上买的。（谜语）

16. 别看我和沙粒一样小，我却能把大地全遮盖。（谜语）

17. 圆圆的东西在桌子下面滚呀滚，但用手却抓不着。（谜语）

18. 夏天东游西荡，冬天却睡得正香。（谜语）

19. 猪大嫂，手很巧，抽根麻绳把活找，穿过牛大哥的皮板，缠住羊小弟的绒袄，做成两样东西，给人穿上，能在雪上走道。（谜语）

20. 一个大汉，带着汪汪叫的，去找呜呜咬的，要不是汪汪叫的，大汉就会被呜呜咬的咬了。（谜语）

21. 一个美丽的姑娘，红脸红衣裳，被关在地牢里，绿色的辫子，在风中直飘荡。（谜语）

22. 一个老太太浑身脏兮兮，全身衣服补满补丁。（谜语）

23. 不用剪来不用裁，身上的褶边自带来。几十件斗篷裹得严实，不用扣来不用系带。（谜语）

24. 圆圆的，不是月亮；长着绿叶，但不是大树；有尾巴，也不是老鼠。（谜语）

“火眼金睛”第十次大比拼

如下图，你试着读读这本“雪书”，然后说一说这里都发生过什么事情？

雪书

告示：别忘了那些无依无靠、忍饥挨饿的鸟儿

在这个饥饿难耐、风雪肆虐的月份里，请你别忘了那些无依无靠、忍饥挨饿的鸟儿们。

你可以给鸟儿们布置几间小房子：椋鸟房、山雀巢、树洞式的巢等，然后再给灰山鹑搭建几间小棚子吧！

你还可以召集你的同学们来加入这个活动，每人拿出一些谷物、牛油、浆果、面包屑等送到鸟儿的免费食堂，给鸟儿们填饱肚子。

只要你愿意伸出援手，就能帮助好多鸟儿度过这个饥饿难耐、风雪肆虐的寒冬，这是一件多么有意义的事情呀！

第十二期　残冬盼春月

（冬季第三个月）

一年——分十二个月谱写的太阳诗篇

2月，依然天寒地冻。此时，狂风怒吼，雪花纷飞，森林里一片死寂。这是最可怕、最难熬的月份。森林里的居民都变得十分消瘦，因为它们的仓库里早已空空如也。

毛皮下薄薄的脂肪层已经抵挡不了寒风的侵袭，动物们又冷又饿。厚厚的积雪本来是御寒保暖的朋友，但现在却成了来催命的恶魔。

饥饿让动物们变得胆大包天，它们经常偷袭村子里的牲畜，村庄里的猪啊，狗啊，羊啊，都遭殃（yāng）了。一到夜里，恶狼就要光顾羊圈，没有抵抗力的小羊经常被叼走。为了共同抵抗寒冷，许多公狼和母狼在这个月里还结成了夫妻。

狂风暴雪在天地间肆虐，它们无休止地摧残着森林里的居民。走雪橇的大道被掩埋起来了，厚厚的积雪甚至把树枝都压断了。

白天，天气晴朗时，冰雪会稍稍融化。而一到夜晚，寒气袭来，雪地上又会结起一层冰。如果动物不幸被冻在冰层下面，那它就算撞得头破血流也别想钻出来了。遇到这种情况，小动物们只有在寒冷中等待冰壳融化，此外别无选择。

现在，唯一好过的就是鹌鹑（ān chún）[1]、榛鸡、琴鸡等野生的鸡类了，它们喜欢这皑皑的白雪，每天晚上睡觉时还会盖上深雪做的棉被。

只是，这漫长的冬天不知道什么时候才能过去，春天什么时候才会光临？

难熬的残冬

2 月，是残冬盼春月。所有森林中的居民在秋季准备的过冬食物都已经吃光了，长时间的饥饿使它们变得十分消瘦。冬季的最后一个月真是难熬啊！

此刻，森林里依然冰封雪积，狂风在枝丫间怒吼着，鸟兽们皮下薄薄的脂肪层早已不能抵御任何寒冷，长时间的饥饿又让它们没有足够的体力去捕食。冬之巫婆似乎知道她能逗留的时间不多了，在留在人间的最后一个月里，她肆意地折磨着森林中的居民们。

在森林里走了一圈之后，我们的通讯员很为这些鸟兽们担心，他们觉得很多可爱的小家伙有可能熬不过这个冬天了。

狂风暴雪依旧无休止地摧残着大地，大雪把走雪橇的

---

①鹌鹑：体型较小，野生鹌鹑尾巴短，翅膀长而尖。它在平原、沼泽、湖泊、溪流的草丛中生活，主要以植物种子、幼芽、嫩枝等为食。

大道都掩埋起来了。饥饿与寒冷把鸟兽们折磨得不成样子，现在唯一支撑它们忍耐下去的就是不远处的春姑娘。

春姑娘已经在路上了，她一个月后就会赶到森林里来解救这些可怜的动物们。只是，不知道它们是不是都能熬得过这饥寒交迫的一个月。最近，森林里已经发生了许多悲剧，饥饿和寒冷已经夺去了许多小动物的生命。

希望还活着的动物们都能安然度过这难熬的残冬。

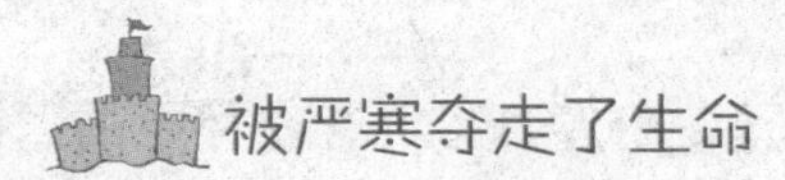

被严寒夺走了生命

此刻，天寒地冻，狂风肆虐。森林里一片萧条，只有寒风裹挟着白雪在空旷的田野间怒吼。这样的天气对于森林里的小动物们来说，无异于一场灾难。

暴风雪过后，雪地上被冻死的动物随处可见。鸟儿在飞行中如果遇到暴风雪，往往会丧命。就连抵抗能力超强的乌鸦，碰上长时间的暴风雪天气，也难逃一死。

许多甲虫、蜘蛛、蚯蚓以及小野兽都躲在树干下的残雪中过冬。这些积雪对于它们来说就是御寒的棉被。但当暴风雪来临时，狂风怒吼着卷起树桩和树干上的白雪，小动物们身上的棉被被掀去了，弱小的身体暴露在刺骨的寒风中。用不了多久，严寒就能夺去这些小动物的生命。

暴风雪过后，林中的清洁工——猛禽和猛兽们，立刻出动，到处搜寻。它们会用最快的速度把这些冻死的动物尸体清理得干干净净。

滑溜溜的冰层

2月，天气虽然还是非常寒冷，但在有些阳光明媚、天气晴朗的日子里，森林里的冰雪已经开始稍稍融化了。

这时，森林里经常会发生这样的事情：有一天，冰雪初融，地面上又湿润又柔软。傍晚时分，一群鹌鹑在雪地上刨了几个坑，然后就在里面美美地睡下了。到了半夜的时候，气温骤降，融化的雪水在雪地上凝成了厚厚的一层冰壳。熟睡的鹌鹑只觉得周围非常温暖，压根没有意识到危险正在悄悄靠近。

第二天早上，当它们从美梦中醒来，才发觉喘气有些困难。它们试图飞出去呼吸一下新鲜空气，并顺便找点吃的。但是，原本安乐的小窝此时却变成了无法逃脱的牢笼。它们拼尽全身的力气去撞击头顶上坚硬的冰层，可是，那透明的屏障几乎纹丝不动。最终，这些可怜的小家伙们一个个撞得头破血流，却依然被困在里面。

冰层下既没有食物，也没有空气，很多鹌鹑就这样死在了里面。能够冲出这个牢笼，对于它们来说真是一件非常幸运的事了。

这时候，地面上的动物也面临着困境。它们不缺新鲜空气，却很难找到食物。动物们柔软的爪子很难刨开冷硬的冰层。而对鸟儿们来说，除非有尖锐得足以啄破冰层的嘴巴，否则，冰层下细嫩的草根和谷粒，它们也是吃不到的。

鹿的蹄子倒是能踏破滑溜溜的冰层，让它能够吃到藏在冰层下的食物。这对它来说也并不是一件十足的好事，因为鹿蹄缝隙处的毛皮和肉总是被刀子似的冰碴割破。毫不夸张地说，鹿用来果腹的食物是用血肉换来的啊！

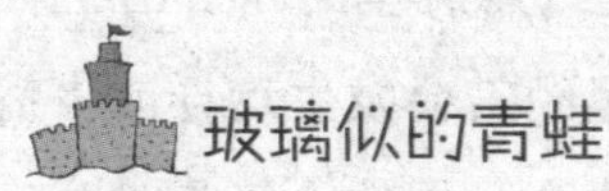

玻璃似的青蛙

最近，我们的森林通讯员在水池底下的淤泥中找到了许多正在冬眠的青蛙。

刚把这些熟睡的小家伙们从淤泥中拿出来的时候，它们的身体就已经被冻成了冰块。这时候的它们，身体看上去就像玻璃一样，轻轻碰一下，小腿就断掉了。

森林通讯员们把这些冻僵的小家伙们带回了家。在温暖的房间里，它们的身体慢慢变得暖和起来。没过多久，它们就结束了美梦，醒了过来。之后，仿佛重生一般，这些青蛙在地板上不停地跳来跳去。

由此可以想象，当春天来临，暖融融的阳光洒满大地，水池里的冰雪渐渐融化了。青蛙就会从睡梦中慢慢苏醒，重新热火朝天地开始新的生活。

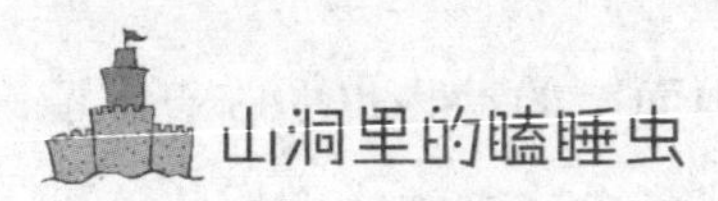

山洞里的瞌睡虫

最近，我们的森林通讯员找到了一个废弃的大岩洞。在那儿，他们发现了许多蝙蝠——兔蝠和山蝠。

通讯员进入这个岩洞的时候，蝙蝠们正倒挂在洞顶上睡大觉。只见它们头朝下，脚朝上，用身体紧紧吸附着粗糙不平的洞顶。它们已经这样睡了 5 个多月了。兔蝠还用翅膀把自己的大耳朵和整个身体都包了起来，就像给自己盖上了一床温暖的棉被。

为了确保这些小家伙都还健康地活着，我们的森林通讯员当场给它们测了脉搏和体温。

熟睡中的小家伙们，体温只有不到 6℃，这和它们盛夏时的体温相差很多。盛夏时，它们的体温跟人一样，也是 37℃左右。

现在，它们的脉搏是每分钟 50 次，只有盛夏时的 1/4。

不过，不要担心，这些小瞌睡虫们是非常健康的。它们可能还需要再睡一段时间，等天气变得暖和之后，它们自然就苏醒过来了。那时，它们就又开始高高兴兴地忙碌起来了。

穿着薄薄衣裳的款冬

今天，我在一个偏僻的角落里看到一棵正在盛放的款冬。你准要怀疑，天气这么冷，穿着大衣还觉得冻得慌，怎么会有款冬盛开？

不要怀疑我的说法，我真的看到了。那是在一座大厦南边的墙角下，一棵款冬正在神情自若地盛开着。它细细的茎上长满了毛鳞片的叶子，叶子上的绒毛看上去非常柔软，它还是夏天时的那套装扮。

看到它开得这么欢快，你是不是也情不自禁地想为它顽强的生命力鼓掌了呢？

其实，这棵款冬之所以能够如此若无其事地盛开，丝毫不把冰雪放在眼里，是因为在它身边有一根暖气管子。这根暖气管子让它生活的角落变得像春天一样温暖。在这么适宜的条件下，它当然可以神情自若地绽放了。

——尼·巴甫洛娃

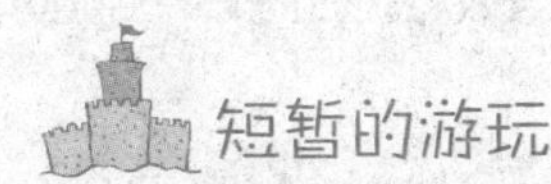

短暂的游玩

天晴的时候，森林里的积雪会稍稍融化。这时候，蚯蚓、海蛆（qū）[1]、蜘蛛、瓢（piáo）虫，还有叶蜂[2]的幼虫等在角落里躲了一冬的虫子就按捺不住兴奋的心情了。

只见它们从败叶、枯草、苔藓底下慢慢地爬了出来。枯木枝干上的积雪被风吹落，露出一块块干枯的树皮。这些小虫子为了伸展一下早已麻木的身体，就爬到这些干枯的树枝上来了。

没长翅膀的小蚊子为了活动筋骨，一会儿跳到这儿，一会儿跳到那儿。比它们年纪稍长、已经长了翅膀的长脚

①海蛆：生活在浅海烂泥中的一种软体小生物，学名叫“海沙蚕”，是钓鱼的良好诱饵。

②叶蜂：身体粗短，成虫体长约6毫米，身体土黄色，有黑色斑纹，翅膀多为黑色。

蚊子好像故意在向大家展示它们飞翔的本领，不停地挥舞着翅膀在空气中盘旋。蜘蛛四处爬来爬去，不知道是在散步还是在觅食。

这些可爱的小动物们在明媚的阳光下，仿佛已经忘记了之前所经历的寒冷和饥饿。它们高兴地想：春天可能就要来了吧。

可是，忽然寒风和白雪又一起光顾了森林，使得原本玩得正高兴的小动物们立刻停止了短暂的游玩，迅速回到了各自藏身的地方。

冰窟窿里冒出来的头

一天，一个渔人正在涅瓦河口芬兰湾的冰面上行走，忽然看到从冰窟窿里探出一个光溜溜的脑袋。渔人本能地认为这是一个溺水的人的脑袋，正想过去看一看，这个脑袋忽然转向了他。渔人吓了一跳，之后才看清，原来是一个野兽的脑袋。

只见它脸上纤细的短毛在阳光的照耀下一闪一闪的，它的脸皮紧绷，头顶稀稀拉拉地长着几根硬胡子。

原来是一只海豹。它直勾勾地盯着渔人看了一会儿，然后“哗啦”一声钻入水中，瞬间便失去了踪迹。

冬天，海豹在冰下捉鱼时，常常会把脑袋从冰窟窿里伸出来，到外面喘口气。

这样的场景在芬兰湾很是常见。有时，很多海豹为了

冰窟窿里冒出来的头

追捕鱼儿，会一直追到涅瓦河，很多渔人经常可以在这些地方捕到海豹。

另外，拉多加湖也是海豹的聚集地，那儿简直可以说是海豹捕猎者的天堂。

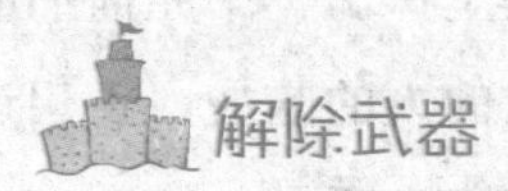

解除武器

最近，森林里发生了一场恶战。

事情的起因是这样的：公麋鹿和小个子公鹿这两个林中大汉，最近几天总在林中的树干上蹭自己头上的犄角。它们好像铁了心要抛弃头顶上这个沉重的家伙，不停地在树干上蹭呀蹭。很快，它们的犄角就脱落了。

有两只狼听说了这个消息，觉得这两个林中大汉没了武器，现在正是对付它们的最好时机，所以便主动发起了进攻。出乎意料的是，虽然没了武器，麋鹿和小个子公鹿也没让这两只狼占到一丁点便宜。

只见麋鹿抬起结实的前蹄对着狼的头部就是一脚。这只狼头一歪，便倒在了地上。接着，它又转过身对着另一只狼猛踢一脚，这一脚踢得真不轻，那只狼明显受了很重的伤，走路都开始东倒西歪。这时，它知道再不逃走小命就会没了。只见它拖着受伤的身体，一瘸一拐地从麋鹿身边溜走了。

麋鹿

过了几天，公麋鹿和小个子公鹿头顶都已经长出了新的犄角。这还是没有长硬的肉瘤，表皮有一层细细的绒毛，看上去还比较柔软。

喜欢冬泳的小鸟

一天早晨，我们的森林通讯员走在波罗的海铁路加特契纳站附近一条小河的冰面上。

天气晴朗，太阳公公懒懒地挂在天上，虽然有阳光，但是气温照样低得惊人。通讯员的鼻子早就被冻得失去了知觉。他不得不时时停下来，捧起雪，摩擦一下鼻子。

忽然，他看到一只黑色肚皮的小鸟在冰冷的河面上动情高歌。他感到非常惊讶，慌忙走上前去，试图看它一眼。但这只小鸟却纵身一跃，一头扎进了旁边的冰窟窿里。

森林通讯员急忙跑到冰窟窿旁，试图救出那只发了疯的鸟儿。他觉得这只鸟准是冻傻了，才会钻进冰冷的河水里。

没想到，透明的冰面下，那只小鸟正欢快地用翅膀划水。在阳光的照耀下，鸟儿黑色的脊背闪耀着银色的光芒，远看就像一条奋力前行的小银鱼。

忽然，鸟儿一个猛子扎进了河底。它好像要追什么东西，在河底一路狂奔。狂奔了一会儿之后，它停了下来。只见它用嘴巴熟练地翻开河底的一粒小石子，一只乌黑的水甲虫露了出来，它冲上去，一口捉住了这只水甲虫。

又过了大约 1 分钟，它从另一个冰窟窿中钻了出来。只见它灵巧地跃到河面上，抖一抖身上的水珠，又开始唱起歌儿来。

我们的森林通讯员把手伸进水里，心想：这难道是一处温泉，河水是热乎乎的？可是，他立刻把手抽了出来，水温冰冷刺骨。此时，他觉得非常困惑，这个小家伙难道一点都不怕冷？

后来，他才猛然明白，这只黑色肚皮的鸟儿是河乌①。

河乌是一种水雀，它跟交嘴鸟一样，都是不肯服从自然法则的异类。它之所以不怕冰冷的河水，是因为它的翅膀与其他鸟儿很不相同。它的翅膀表面有一层薄薄的脂肪，

---

①河乌：身长 17~20 厘米，羽色黑褐或咖啡褐色，身体羽毛较短而稠密，主要在水中取食，以水生昆虫及其他水生小形无脊椎动物为食。

当它进入水中时，它的羽毛上会出现一层闪闪发亮的小水泡。这些小水泡就像穿在鸟儿身上的一件空气做的衣服，让它在冰冷的河水中也不会觉得太冷。

河乌可是我们列宁格勒州的稀客，它们只在冬天的时候才会偶尔来拜访我们。

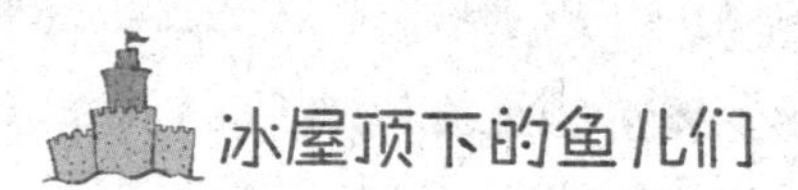

冰屋顶下的鱼儿们

2月，大地冰封雪积，一片萧索，河面上依然结着厚厚的冰。在池塘和林中的湖泊、沼泽里沉睡的鱼儿有点儿喘不过气了。整个冬天它们都躲在河底睡大觉，头顶结实的冰屋顶让水中的氧气变得非常稀薄。它们心神不宁地游到冰层下面，张开嘴努力捕捉着冰上的小气泡。

如果没有充足的空气，这些可爱的小家伙们真的可能会全部窒息而死。所以，为了让鱼儿能呼吸到新鲜空气，请不要忘了在池塘和湖面上多凿几个冰窟窿。只要这些冰窟窿不被冻上，鱼儿就能在水中安然沉睡。

当春风吹暖大地，鱼儿头顶的冰屋顶消失了。这个时候，你要是带上钓竿去钓鱼，准能钓到许多大鱼。

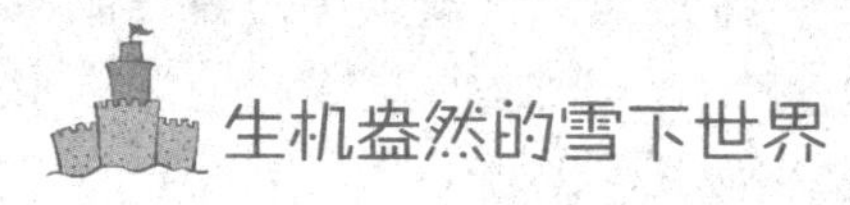

生机盎然的雪下世界

整个冬天，大地都盖着厚厚的白色棉被。森林里一片静寂，只有风裹挟着白雪在空旷的田野间狂野地舞动。林

中的居民都躲到哪儿去了？

为了看看大地把它一直珍视的孩子们藏在了什么地方，我们的森林通讯员决定去森林里和田野间挖一些大深坑，掀开大地的棉被，找一找林中这些可爱的家伙的藏身之所。

通讯员们挖了许多雪坑，在这些雪坑的底下和四壁上，他们发现了许多林中居民的踪迹。

在雪坑的四壁上，有许多圆形小窟窿，这是小野兽们在雪下活动时留下的。这些可爱而能干的家伙总能在任何地方为自己找到食物。

在冰雪做成的白色棉被下，田鼠和老鼠每天以植物的细根为食，这种食物真是既营养又美味。而像鼩鼱、伶鼬、白鼬这些食肉动物，则把捕食的目标放在了啮齿类动物和在雪地上歇脚的飞禽身上。

在挖雪坑时，我们的通讯员有时会不小心伤害到正在雪下休息的小野兽。现在，在雪坑的四壁上，我们仍能看到许多它们的残尸。

除了小动物，植物也躲在冰雪做的棉被之下。在看似死寂的白色海洋里，草莓、蒲公英、荷兰翘摇[1]、狗牙根[2]、酸模等都是一片绿意盎然。白雪覆盖着许多嫩绿的小叶簇。

---

①荷兰翘摇：又叫白三叶，多年生草本，有白色的花朵，喜欢温暖湿润的气候，适应性广，耐酸性强。

②狗牙根：又叫爬地草，多年生草本植物，具有发达的根状茎和细长的匍匐茎，繁殖迅速，蔓延快。

这些小嫩芽刚刚长出来，现在它们正努力从枯草根下伸出绿色的手掌，好像想摸一摸头顶雪白的屋顶。

小草们被沉重的积雪压弯了腰，可是它们都还活着，这真是令人震惊。在繁缕（fán lǚ）嫩绿的枝头，甚至还长出了许多幼小的花蕾。看来，它们真是已经做好了迎接春天的准备。

熊宝宝可真是有福气的孩子。它们虽然在冬天出生，却丝毫不用畏惧寒冷的天气。这是因为它们从娘胎里带来了一件厚厚的皮衣。熊宝宝刚出生的时候非常小，就像一只个头比较大的老鼠，很难想象这些看上去弱小、可爱的宝贝，日后会成为森林里人见人怕的霸主。

除了熊宝宝，鼠宝宝也是在冬天出生的。它们刚出生的时候只有一丁点大，而且浑身光秃秃的。可是，它们也不畏惧外面的严寒。这倒不是因为它们天生不怕冷，而是因为它们的窝里非常温暖。

冬天的时候，田鼠和老鼠从夏天所住的地下洞穴里搬了出来，迁进了位于雪下的灌木根部的枝丫上。这儿真是个不错的住处，暖和极了，没穿衣服的鼠宝宝在这儿生活也一点儿不觉得冷。

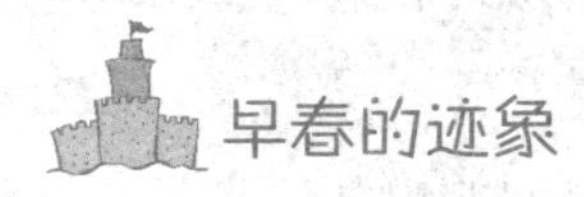

早春的迹象

2月，太阳逗留在大地上的时间越来越长，洒下的阳光也越来越温暖。天空已经脱下了之前一直穿的灰蓝色棉衣。现在，它每天换一件外套，而且外套的蓝色一天比一天鲜艳。天上那种灰蒙蒙的冬季云彩已经不见了，当我们抬起头，经常能看到一朵朵厚厚的积云从空中飘过。

现在，尽管天气依然不暖和，可是已经没有之前那么逼人的寒气了。大地上厚厚的积雪失去了光泽，不再是之前那种明亮、耀眼的白色。它的颜色开始变得灰暗，表面也开始出现许多像蜂窝一样的小洞。

白天，阳光明媚时，屋顶的冰雪会稍稍融化。雪水顺着挂在屋檐上的小冰柱滑落下来，在地面上欢快地跳动着，滴滴答答。在阳光的照耀下，山雀在窗外唱着欢快的歌儿："脱掉皮袄！脱掉皮袄！"到了夜里，猫咪们又开始不安分起来，它们在屋顶开音乐会、嬉戏打闹。

最近，在云杉和松树下的雪地上，出现了许多神秘的符号和图案。刚看到它们的时候，猎人觉得非常紧张和不安，他不知道这些符号和图案是谁留下的。后来，他慢慢明白过来，肯定是松鸡。这些淘气的家伙用它们翅膀上的硬羽毛在坚硬的冰面上随意画着。看来，它们交配的季节就快来了。也许过不了多久，森林里就会传来小松鸡叽叽喳喳的吵闹声。

不知道什么时候才能再听到啄木鸟欢快的敲鼓声。它真是个才华横溢的乐手，只用嘴巴敲打树干就能发出这样有板有眼、节奏分明的悦耳声音。

城市新闻

春天的脚步近了，动物们交配的季节就要来了。最近，在城里的大街上，经常能看到这些为爱而战的小动物们。

公猫每天晚上都在屋顶上打架。它们经常打得不可开交，丝毫不顾及对方的生死。有一次，我们的森林通讯员看到两只公猫在大楼顶上打架，其中一只被打得一个跟头摔了下去，还好它腿脚利索，跌下去时刚好四脚着地，所以没有被摔死。不过，以后的几天，它恐怕要一瘸（qué）一拐地走路了。

大街上的麻雀用嘴巴互相啄着对方的羽毛，空气中常常可以看到它们的羽毛四散飞舞。可是它们好像根本不在意行人投来的好奇目光。

它们这是为雌麻雀而战的。但雌麻雀从来不参与它们的争斗，只是在旁边静静地看着这群公麻雀斗得急红了眼。

最近，鸟儿们都在忙着收拾房子，建筑材料的需求量增加了不少。不过，还好它们所用的建筑材料只是粗粗细细的树枝、鸟儿的羽毛、绒毛，马鬃及田里的稻草，这些

东西随处可见。

大家都开始忙忙碌碌，老乌鸦、老寒鸦、老麻雀、老鸽子忙着修补旧巢，而那些今年夏天才刚刚开始干活的年轻鸟儿们都在忙着给自己搭建新窝。

它们干起活来可真卖力。

轻松动手，鸟儿无忧

我家附近有许多树，很多山雀和啄木鸟都住在这里。冬天的时候，它们常常在枝丫间飞来飞去，寻找食物。可是，冬天的大地一片死寂，觅食是一件非常困难的事。所以，饿肚子对于鸟儿们来说是常有的事。

我和我的同学舒拉都很喜欢小鸟，我们非常同情这些找不到食物的小家伙。为了使它们不再忍饥挨饿，我们自

轻松动手，鸟儿无忧

己动手给它们做了一些食槽。

这些食槽都是用三合板做成的。我们把它们挂在了树上。然后，每天清晨往里面撒一些鸟儿们爱吃的谷物。

现在，鸟儿们已经不再怕我们了，它们每天都会到食槽里来吃东西。看到它们趴在食槽上啄食谷物的身影，我们觉得非常开心。

这是一件对鸟儿很有益的事，我们呼吁所有的孩子都行动起来，让我们的鸟儿不再为食物而发愁。

——森林通讯员　瓦西里·亚历山大

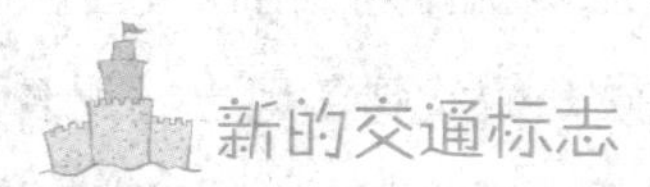

新的交通标志

在莫斯科的大街上，竖着许多这样的牌子：一个圆圈，圆圈中间画着一个黑色的三角形，三角形里是两只雪白的鸽子。竖这种牌子的目的是为了提醒大家：小心鸽子！

这是给司机看的标志牌，最初是女学生托尼亚·哥尔基娜要求挂出这种牌子的。当司机看到这种牌子以后，就知道前面有鸽子群了。为了避免惊扰这些象征和平的可爱小鸟们，司机往往会小心翼翼地绕过它们。

在这条街的拐角处的一栋房子上，就有一个“小心鸽子”的牌子。当司机把车开到拐角处，准备转弯时，会变得非常小心。因为，此时正有许多大人和孩子站在人行道上，拿着米粒和面包屑喂鸽子。只见那群青灰色、白色、黑色、咖啡色的鸽子正在那儿叽叽喳喳地抢食吃呢。

现在，“小心鸽子”的牌子在列宁格勒（今圣彼得堡）和其他繁华的大城市随处可见。爱护鸟类是件非常光荣的事，市民们经常在牌子附近喂鸽子。

踏上回家的路

最近，我们《森林报》编辑部收到了许多从埃及、地中海沿岸、伊朗、印度、法国和德国等地寄来的信。信中说：我们的候鸟已经打点完行装，开始动身返乡了。

这些鸟儿们很早就计划好了，它们每年都会在我们这儿冰雪初融的时候开始从越冬地出发返乡。

想到不久之后，森林里就会充满它们叽叽喳喳的吵闹声，我们都兴奋不已。现在，它们应该不慌不忙地往家乡的方向赶。返乡之路充满危机，也充满艰辛，只是故乡的感召让鸟儿们暂时忘记了旅途的危险和辛苦。等到春风吹来，大地苏醒，森林就又被这些可爱的鸟儿们占领了。

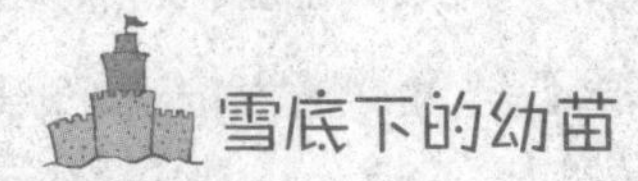

雪底下的幼苗

繁缕长着淡绿色的小叶子，纤细的茎交错缠绕在一起，茎叶间点缀着一些小小的花朵。紧贴地面生长的它，生命力可是十分顽强。要是它跑进了菜园，你稍不注意，它就能迅速占领整片菜地。

今年秋天，我为了喂鸟而特意在小菜园子里种了一些繁缕。繁缕的叶子鲜嫩多汁，是金丝雀的最爱。由于种子撒得有点晚，嫩芽刚从种子里探出头，北风就带着冬雪赶来了，只伸出两条细嫩手臂的幼苗被压在了厚厚的积雪下。

今天，天气晴朗，头顶的太阳照得地面暖融融的，地上的积雪也稍稍融化了一点。我准备去外面挖一点儿栽花的泥土，顺便去菜园子里看看繁缕是不是已经被冻死了。

我走进菜园，却惊奇地发现，它们稚嫩的双臂居然没有被厚厚的积雪压断，这些小小的植物竟然安全地度过了寒冷的冬天。现在，它们已经不再是当初纤细的幼苗了。它们的茎上长满了嫩绿的叶子，有几株上面甚至还零星地点缀着一些小小的花蕾。这真是一个奇迹：在寒冷的冬季，被困在雪下的它们居然从一个嫩芽长成了一株小小的植物。

繁缕顽强的生命力着实令人佩服。

——尼·巴甫洛娃

初升的新月

今天，我有一件特别值得兴奋的事想要分享：早上我起得很早，在日出时起来的，我居然看到了挂在天边的那轮初升的新月。

我们很少在早晨看到新月和太阳一起挂在天边，因为新月大多是在太阳落山之后才出现的。可是今天，太阳才刚刚起床，它竟然就已经悄悄爬上了树梢。

初升的新月看上去就像一把挂在金黄色朝霞上的细镰

(lián)刀，泛着珍珠色的光芒。它悄悄向大地投射着光线，在它的照耀下，一切都是那么和谐，那么安详。我非常兴奋，因为月亮如此柔美的一面，我还是第一次看到。

——摘自少年自然科学家的日记

会变魔术的小白桦

昨天夜里，天空忽然下起小雪，风托着雪花柔软的腰肢在空气中四处游荡。园中阶前，我心爱的一棵白桦树上落满了雪花，好像穿上了一件白色的外衣。凌晨，气温骤降，这株淘气的白桦树居然开始变起了魔术。

早上，我跑去看它，只见它从头到脚闪着银色的光芒，它身上的白色外衣不知何时已经换成了一件半透明的白色衣服。在阳光的照耀下，整株白桦树就像一株玻璃树，非常迷人。它直直地挺立在那里，像一个优雅的贵妇，掩不住周身夺目的光彩。

不一会儿，几只长尾山雀飞来，落到了白桦树的枝头。它们一大早跑来是要找点东西做早点，可是刚停下来，就险些从枝头上跌下去。白桦的枝干实在太光滑了，这些小家伙的爪子根本就抓不牢。只见它们颤颤巍巍地站在那里，用小嘴啄着树干，发出细细的叮当声。除了一点冰碴，它们什么也没吃到。

湿雪冻成的薄冰就像一层白釉，覆盖在白桦树的枝干上。山雀们虽满腹怨言，却也没有办法，最后，它们只好拍拍翅膀离开了。

太阳越升越高，冰壳渐渐开始融化。冰水从小白桦的枝头不停地滴落，水珠在阳光的照耀下反射出五颜六色的光线，一闪一闪的。顺着枝干流下的冰水就像一条条抓着枝干的细银蛇。

山雀好像知道冰壳融化了，它们又陆陆续续飞回了白桦树的枝头上。这回，它们站得稳稳的，因为枝干已经没有之前那么滑了。它们在枝头上兴奋地大叫着，仿佛在庆祝终于找到了一个吃早餐的地方。

——森林通讯员　维利卡

早春的第一首歌

天气晴朗的一天，太阳公公在枝头微笑地看着大地。虽然此时天气仍然不够暖和，可城市的花园里，金色胸脯的荏（rěn）雀已经按捺不住内心的喜悦，唱起了歌。这是春天最早的歌声。

早春的第一首歌

荏雀的歌喉跟其他鸟儿一样动听，只见它站在枝头大声唱着：

“晴——儿——回儿！晴——儿——回儿！”

它好像在提醒大家：“春天来了！换上花衣！换上花衣！”

这支曲子虽然非常简单，但听到的人们还是觉得非常高兴。对啊，春天就要到来了！

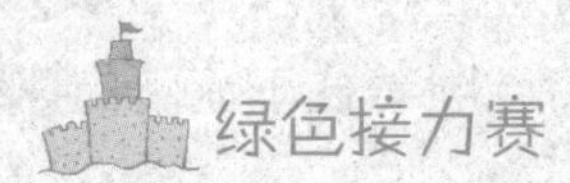

绿色接力赛

每年举办一次的全苏联优秀少年园艺家选拔赛是从1947年开始的。这场比赛其实是一场绿色接力赛。

1947年，少先队员们从春姑娘手中接过绿色接力棒出发了。他们的任务是把它交到1948年的春姑娘手里。这项任务可不是那么容易就能完成的。从1947年春天到1948年春天，这群少年园艺家除了要尽力保护前人栽种的植物，还要细心地培育每一株植物。

每一场绿色接力赛都是这样进行的。每次比赛结束之后，都会召开少年园艺家大会。

去年，参加绿色接力赛的是好几百万名少先队员和小学生。他们出色地完成了接力任务，为国家栽种了许多果树和浆果灌木，增添了一共几百公顷的森林、公园和林荫路。绿色接力赛越办越好，估计今年参加的人会更多。

今年的竞赛条件与去年相比，并没有什么变化，可要做的事情却比去年多得多。为了给明年建果木园打好基础，今年，每所学校都要开辟一个果木苗圃。

此外，今年，我们还要给公路两旁栽满树木，把每一条公路都变成林荫道。另外，为了保全田地，我们还要在峡谷中种植一些乔木和灌木。

这是一项非常艰巨的任务，为了成功地完成它，遇到问题，我们一定要虚心地向有经验的老前辈们请教。

打猎去

对于猎人来说，用猎枪捕猎远远不如用各种各样巧妙的圈套捕猎方便，而且用圈套捕到的野兽也比用枪打到的多。只是利用圈套捕猎对猎人的经验有着更为严苛的要求。

经验丰富的猎人总是更了解野兽的脾气秉性，也更知道怎样布置陷阱和捕兽器，所以他们总是能捉到更多的野兽。而对于没有经验又不擅长观察的新手来说，尽管他们费力气设置了许多陷阱，安排了很多捕兽器，但还是很难捉到一头野兽。

设置圈套捕猎到底有什么诀窍呢？其实这并不是一件非常困难的事。只要你按照我们下面说的方法，认真观察周围的环境，随机应变，就一定能成功。

首先，我们要学会如何安置捕兽器。钢质的捕兽器一般都是买来的。虽然不用自己亲手设计制作，但光是安置它就非常困难。

捕兽器一定要摆放在兽洞附近、野兽的脚印聚合交叉的地方等等。如果你发现野兽经常在一条小路上出没，那就不用犹豫了，赶紧在那儿放上捕兽器吧。

知道捕兽器应该放在什么地方之后，我们还要了解怎样来准备和安置它。例如，要捕捉那些高大威猛的野兽，我们就得事先把捕兽器固定在大树的树墩上，否则捕兽器肯定会被这些野兽拖得老远。

如果要捕捉像黑貂、猞猁（shē lì）这样机警的野兽就更要小心了。它们的鼻子非常灵敏，即使隔着厚厚一层雪也能嗅出人和钢铁的气味。所以捕捉它们时，我们必须事先把捕兽器在松柏叶的汁液中煮一下，而且在安放捕兽器的同时，必须戴上手套，以防在捕兽器上留下人的气味。

为了把野兽引诱到捕兽器上，我们还需要一些东西作为诱饵。在放置诱饵的时候，必须充分考虑野兽们的喜好，因为只有投其所好，这些机敏的野兽才有可能自投罗网。我们一定不能在捕猎一种喜欢吃肉的野兽时，放置一些鱼干作为诱饵，否则捕兽器安置得再好，也捕不到任何野兽。

活捉小野兽的方法

聪明的猎人们想办法制作了许多进得去却出不来的捕兽笼来捕捉白鼬、伶鼬、鸡貂、水貂[①]等小野兽。

这些捕兽笼看似神奇，其实做起来一点也不复杂，有些甚至不需要花钱，例如乌拉尔的猎人们做的捕捉白鼬的冰陷阱。

①水貂：小型珍贵皮毛动物，体毛黄褐色，颌部有白斑，头小，眼圆，耳朵呈半圆形。它的听觉、嗅觉灵敏，活动敏捷，善于游泳和潜水，常在夜间以偷袭的方式猎取食物。

冰陷阱做起来非常简单。冬季，进入冰封期之后，你可以在屋子外面放一大桶水。等表面的冰冻得有两指厚的时候，在冰面上凿开一个白鼬刚好钻得进去的洞。由于桶表面、四壁和底部的水总是比桶中央的水更快结冰，因此当你把桶倒过来的时候，桶中间没有冻住的水就会流出来。

然后，你可以把桶搬到屋子里去。由于屋子里温度较高，桶四壁和底部的冰很快就会开始融化。这时，你就可以从铁桶中得到一个只有底部有一个小洞的圆柱形空心冰柱了，这个冰柱就是我们所说的冰陷阱。

如果想要捉到白鼬，只需要把一些干草、麦秸和一只活老鼠一起放进冰陷阱中，然后把冰陷阱埋在白鼬经常出没的地方。在这里，需要注意一点的是，那就是冰陷阱顶部要跟周围的积雪一样高，否则，白鼬根本爬不进去。

做好这一切之后，就只等着白鼬的到来了。不要担心，它们一定会来的，因为老鼠的气味对于它们而言是致命的诱惑，而且这个陷阱看上去实在不像什么陷阱。

当白鼬为了美味的食物而钻进冰窟窿以后，就休想再逃出来了。冰陷阱内壁光溜溜的，根本没有可供攀爬的地方，而凭借它们的力量，要想啃透或者撞碎冰陷阱也基本不可能实现。所以，只要落入陷阱，它们就只能束手就擒了。

冰陷阱只用水就能做成，根本不用花钱，所以为了取出野兽，我们可以直接把它打碎。以后需要冰陷阱的时候，再重新做一个就好了。

除了用冰做成的捕兽笼，用木头做的捕兽笼也很常见，这种陷阱很多，做起来也非常简单。

活捉小野兽

如果你想亲手做一个，那就先去找一个不大不小的长木箱或者木桶，然后在木箱或木桶的一头开一个入口，用粗金属丝做一个比入口稍长的小门。捕捉小野兽的时候，你只需要在捕兽笼的底部放上诱饵，然后把小门向捕兽笼内部倾斜，立在入口处就可以了。

当小野兽透过小门看到诱饵或者远远地闻到诱饵的味道，就会用头顶开小门，爬进捕兽笼。一旦它进入捕兽笼，小门立刻就自动关上了。小野兽顶不开小门，又找不到其他逃生的出口，就只能等着猎人活捉它了。

如果你觉得做金属小门太麻烦了，也可以在木箱的一面装一块活落板，在活落板的中心位置安装一个转轴，并在木箱的入口处安装一个活闩。

当你用这个捕兽器捕捉小野兽时，只需要在木箱封死的那头放上诱饵就可以了。动物们总是对美食的诱惑毫无抵抗力，它们很快就会从活落板爬到箱子里去。当它们经过板的中心位置时，板底下的转轴转动，它们身体下面这一半板下落，靠近入口的那一半板向上翘起。这时，板上边的部分刚好滑过活闩，捕兽器的入口被堵上了，小野兽就只能坐以待毙了。

还有一种捕兽器做起来更简单。你只需要去找一只大一点的琵琶桶，在琵琶桶的中间位置钻两个可以穿一根长铁轴的小洞。在穿长铁轴的时候要注意，铁轴的两端必须要露在桶外，因为铁轴需要架在两根立在地上的小柱子上。将琵琶桶固定在小柱子上以前，我们要先将桶顶打开，并在小柱子中间挖一个深度和桶高一样的坑。

将铁轴两端固定在柱子上之后，调整琵琶桶的平衡，使它的前半截放在坑沿上，有桶底的后半截悬空吊在坑上。

捕捉小野兽时，把诱饵放在桶底，这样小野兽为了吃到食物，就会爬进四壁光滑的陷阱里去。当它爬过桶的中间位置时，桶由于食物平衡会忽然翻过去，这样小野兽一下就掉到了桶底。这下，它就别想再爬出来了。

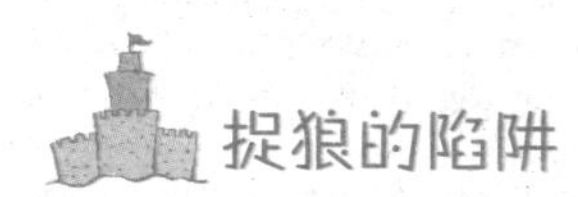

捉狼的陷阱

猎人们经常设下陷阱来捉狼。

捉狼的陷阱做起来很简单。如果我们发现狼经常在某条小路上出现，我们就可以在这条小路上挖一个容得下一头成年狼的椭圆形深坑。这个坑的坑壁一定要非常陡峭，这样才可以防止狼从里面爬出来。同时在大小方面也要注意，不能让狼跑几步就能跳出来。

挖好坑之后，为了使陷阱从表面上看和普通地面没什么不一样，我们还需要在坑上铺一些细细的树枝，并在树枝上撒一些更细的枝条、苔藓、稻草等。最后，还要再铺上一层雪。这样，从表面观察，狼就一点也看不出陷阱的痕迹了。

夜里，当狼群狂奔着从小路上经过，领头狼跑着跑着就会突然跌进陷阱里去。它自己爬不出来，同伴们也救不了它。最终，这只狼只有等着猎人来活捉它了。

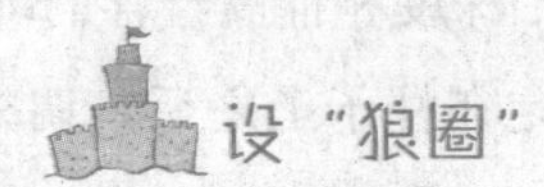

设“狼圈”

猎人还想到了一种方法可以活捉到狼，那就是设“狼圈”。这种方法很有意思，运气好的时候可以一次捉到很多只狼。

跟所有陷阱一样，这个陷阱也需要一些动物充当诱饵。这次我们所用的诱饵是一只小猪和一只山羊。它们被放在由木桩围成的一个圈内，这个圈没有门，在圈外面，是一条窄窄的夹道。夹道的另一侧又是一个由木桩围成的圈。两个圈之间的夹道宽度不多不少，刚好能让一只狼通过。

外圈跟里圈不同的是，外圈上安着一扇朝着里圈的单向门。

诱捕开始了。一群狼从附近经过，当它们闻到里圈内猪和羊的气味时，自然而然地就从外圈上的门走近了夹道。当走在最前面的狼绕着夹道走了一圈之后，它又回到了进来时经过的那扇门旁边。

门板挡住了它的去路，它转过身，发现身后是一群同伴。无路可走的它只好用头拼命地顶着门。就这样，它们逃生的门被这头狼自己关上了。夹道已经没了出口，它们只能围着猪和山羊没完没了地转圈。

就这样，直到猎人来捉住它们，这些狼连猪和羊的毛都没碰到，倒把自己的命搭上了。

地面上的陷阱

冬天的时候，在地面上挖坑是一件很困难的事情，因为这时地面被冻得像坚硬的磐石一样。所以，冬天猎人们一般不用挖坑的方法捉狼，他们还有更好的方法，例如，在地面上设机关。

地面上设机关的做法其实并不复杂。首先，选一块地，并在四角上分别立一根柱子。然后，用木桩做成的栅栏把这块地围起来，再在围起的空地中间立一根比栅栏稍高的柱子，紧接着把一块肉系在柱子上，作为诱饵。

然后，在栅栏上倾斜地放置一块长木板，让木板的一头着地，另一头悬在空中。需要注意的是，木板悬空的高

地面上的陷阱

度要跟诱饵的高度差不多。

狼总是无法抗拒肉的诱惑，当它闻到肉的味道之后，就会尽自己最大的努力往木板上爬。狼的身子那么笨重，它爬过木板中心以后，当然会把木板悬空的一头压落。当木板倒下时，它们站不住脚，自然一个倒栽葱就跌进圈里了。之后，它们就只能乖乖地束手就擒，等着成为猎人的俘虏了。

发现了熊

2月底，沼泽地的上面，丛林依然穿着白雪做成的厚棉衣。一天，穿着滑雪板的塞索伊奇带着一支很好用的五响来复枪，在沼泽地上飞快地前行。沼泽地上长满了苔藓，苔藓又被从高处吹下来的积雪所覆盖。

小个子猎人的北极犬名叫小霞，是一只可爱的猎犬。刚才，它一溜烟儿跑进了旁边的一片丛林。忽然，远处传来它凶狠、暴躁的叫声。塞索伊奇知道，小霞肯定是发现了熊的踪迹。他心里很高兴，因为之前没想到今天竟然有机会猎熊。他以最快的速度朝小霞叫的方向赶了过去。

看到小霞时，它正对着一大堆盖满积雪的倒塌枯木咆哮，塞索伊奇知道，熊就藏在这堆枯木下面。他找了个合适的地方，脱下滑雪板，踩实了脚下的积雪。之后，他神情自若地拿出了枪。

果然不出他所料，不一会儿，就有一个毛茸茸的巨大黑脑袋从雪底下探了出来。只见它两眼闪着绿光，好像在跟猎人打招呼。

塞索伊奇是个经验丰富的猎人，他知道熊探出头来看敌人一眼之后，就会立刻躲回洞里。如果不趁它第一次伸出头的时候把它打死，等它整个身体缩进洞里以后，再次跳出来就会直接扑向敌人，丝毫不会给你任何还手的机会。

在熊把头缩回洞里之前，塞索伊奇对着它的头部开了一枪。可是由于匆忙中没有瞄准，那一枪只擦破了熊脸上的一点毛皮。

可就是这点小伤激怒了熊，它跳出来向塞索伊奇扑了上去，塞索伊奇对着它又是一枪。还好这一枪击中了熊的要害，它直接倒在了地上，小霞赶紧扑上去开始啃咬它的尸体。

意外连连

无论多勇敢的人，在经历了危险之后都会觉得后怕。此时，塞索伊奇全身发软，眼冒金星，耳朵也嗡嗡直叫。刚才那一幕的凶险和恐怖，他简直不敢回想。刚才，第二枪要是稍微打偏一点点，他肯定就命丧黄泉了。他深深地倒吸了一口凉气，原本晕乎乎的脑袋开始渐渐清醒。

突然，小霞从熊的尸体旁边跳开，又“汪汪”大叫起来。它一边叫，一边从另一个方向扑向了刚才那堆枯木。塞索伊奇向它扑的方向看了一眼，之后，一颗心又提到了嗓子眼。只见，那堆枯木底下又伸出了一个熊脑袋。

紧张的猎人强迫自己迅速冷静下来，他又举起手中的猎枪，瞄准了熊的头部。还好这一枪打得很准，熊马上就倒在了枯木堆旁边。

猎人长长地舒了一口气。可下一刻，他就看见了从熊洞里伸出的第三个、第四个熊脑袋。一瞬间，塞索伊奇的脑子里一片空白。他惊慌失措，觉得这堆枯木下面可能藏着这片林子里全部的熊。

胆战心惊的他举起手中的猎枪，顾不上瞄准，就连放了两枪。放完之后，他把空枪扔到了一旁。忽然，他发现，第二枪竟然打到了小霞身上。此时，小霞也倒在地上，已经死了。

塞索伊奇觉得非常无助，他不知该如何是好。双腿发软的他刚向前迈了三四步，就被第一只熊的尸体绊倒了。摔倒之后，他陷入昏迷，失去了知觉。

相互依靠

不知道在地上躺了多久之后，塞索伊奇被从鼻子上传来的痛感弄醒了。他抬手想摸一摸鼻子，却碰到一个毛茸茸的东西。塞索伊奇猛然睁开了眼，眼前的情况却使他陷入了更深的恐惧之中。只见一对暗绿色的眼睛，就在离他咫尺的地方紧盯着他。

塞索伊奇失声大叫，他拼命挣扎着，终于挣脱了野兽的嘴巴。慌乱中，他跳起身来准备逃跑，可还没走几步，就陷进了淹没到他腰部的深雪里。这时，他才看清，刚才衔着他鼻子的是一只小熊。

虽然这只小熊的个头看上去像一个 12 岁的孩子一样大，但它其实只有 1 岁。猎人晕倒在地的时候，饥饿的熊宝宝从洞中爬出来找妈妈。它慢慢爬到妈妈的身边，把头伸向死去的熊妈妈怀里。它本来是想吃奶，可没想到却碰到了塞索伊奇的鼻子。熊宝宝把塞索伊奇不大的鼻子当作了妈妈的奶头，它衔着一直咂了很久。猎人就是这样被它弄得痛醒的。

这只熊宝宝是整个熊家庭中唯一的一个幸存者。塞索伊奇第一次打死的是它的妈妈，第二次打死的是它的哥哥。

那堆被刮倒的枯树下有两个熊洞，熊宝宝和它的妈妈住在一起，它的哥哥单独住在另一个洞里。

塞索伊奇把小霞埋在了那片树林里，并把那只熊宝宝带回了家。

小霞去世之后，这个小个子猎人时常感到非常孤单。还好这只熊宝宝既活泼又可爱，它刚好在小霞离开之后填补了猎人生活中的空白。他们就这样相互依靠在一起，共同生活得非常愉快。

——来自我们的专业记者

打靶场：第十二次竞猜比赛

1. 哪一种小野兽倒挂着睡一冬呢？

2. 刺猬怎么过冬？

3. 灰鼠冬天不吃什么？

4. 哪一种鸟儿一年四季都可以孵小鸟，甚至在冰天雪地里也不例外？

5. 冬天，当所有的昆虫都冬眠的时候，山雀对人来说是有害的，还是有益的？

6. 冬天，獾对人有益，还是有害？

7. 哪一种鸣禽钻到冰底下去觅食？

8. 做鸟巢的时候，为什么要在巢入口底下钉个小小的三角架子？

9. 哪种生物的骨骼露在外面？

10. 雏鸡在蛋壳里会呼吸吗？

11. 如果把青蛙从雪底下挖出来，拿到火堆旁烤一烤，暖一暖，它会怎样？

12. 麻雀的体温什么时候比较低，是冬天还是夏天？

13. 海豹钻到冰底下后，是靠什么呼吸的？

14. 不是在屋子里，也不是在户外，但却能听到夜莺的歌声。（谜语）

15. 哪个地方的雪最先开始融化，是森林里的，还是城市里的？为什么？

16. 哪一种鸟儿飞来的时候，我们就认为标志着春天开始了？

17. 新砌的一堵墙，上面有个窗，白天玻璃被打碎，晚上就能装上。（谜语）

18. 冬天饿得心慌慌，夏天吃得圆溜溜。（谜语）

19. 一件东西真奇怪，在屋外不结冰，在屋里却能被冻死。（谜语）

20. 一匹白布，亮光闪闪，要多长有多长。经过窗子，铺在地上。（谜语）

21. 什么比森林还高，比光线还亮。（谜语）

22. 没有头脑，但比野兽智慧高。（谜语）

23. 身穿一件白皮袄，森林里面到处跑。（谜语）

24. 春天让人愉快，夏天让人凉快，秋天让人痛快，冬天让人暖过来。（谜语）

打靶场比赛的答案

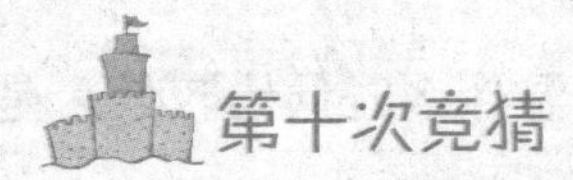

第十次竞猜

1. 12月22日，这是一年中白昼最短的一天。

2. 猫的脚印没有爪尖留下的印迹，因为猫在走路的时候，会把爪尖缩进脚掌里。

3. 水獭和水貂。因为这两种野兽以猎捕鱼类为生。

4. 不生长，假死。

5. 因为初雪过后，雪地上的脚印都是新的，随便你沿哪一行脚印追踪，都可以找到野兽。

6. 黑琴鸡、山鹑和榛鸡。

7. 在田野里穿上白色外套，这样在白雪的映衬下不容易被发现；在森林里穿灰衣裳，因为无论穿其他哪种颜色，在冬天没有长着绿叶的森林背景下，都比灰颜色更显眼。

8. 因为兔子跑的时候，会把两条长长的后腿向前伸出。

9. 不做巢，不孵小鸟。

10. 黑琴鸡留下的脚印。

11. 勾嘴鹬。因为它可以把嘴插到深深的泥土里去找食吃。

12. 鼩鼱。因为它散发出浓烈的麝香气味，猛兽们的嗅觉通常都很灵敏，受不了这种刺鼻的气味。

13. 熊的脚印。

14. 枪弹穿透了它的身体，因此脚印的两旁留下两行血迹。

15. 大风雪。

16. 狼。

17. 风。

18. 严寒。

19. 严寒。

20. 冰。

21. 风雪。

22. 黑麦、燕麦、小麦。

23. 腌蘑菇。

第十一次竞猜

1. 小野兽更怕冷。因为体积越大，身体里储存的热量也就越多。

2. 脂肪厚的。冬眠的熊就靠厚厚的脂肪层来提供营养和保温。

3. 狼不像猫科动物那样，靠埋伏守候来伺机猎取食物，狼是靠双腿来追捕自己要猎取的东西的。

4. 冬天，树木假死，不再吸取水分，所以冬天伐的木柴比较干燥。

5. 根据年轮就可以判断出树木的年龄。

6. 因为猫科动物总是先埋伏在一旁，然后突然间跳出来捉住自己的猎物。它们都非常热爱清洁，因为它们不能让自己身上散发出气味。否则，它们所要猎取的动物隔得老远就能闻到它们身上的味道，就不敢走近它们设下埋伏的地方了。

7. 因为冬天在人居住的地方，它们比较容易找到食物。

8. 并非都是这样。一部分白嘴鸦会留在当地过冬。在冬天的污水坑旁、垃圾堆附近、丛林里或是乌鸦栖息的地方，偶尔就能看到一只或几只白嘴鸦，夹在乌鸦群里生活。

9. 什么也不吃，它冬天睡觉。

10. 那些从洞里被赶出来的不能继续冬眠的熊。

11. 冬天，蝙蝠睡在树洞里、岩洞里、楼顶或者房檐下面。

12. 只有雪兔冬天会变白，欧兔冬天还是灰色的。

13. 猛禽。

14. 交嘴鸟一生都以吃各种针叶树的种子为生，所以它们全身都被松脂浸透，松脂可以防止肉体腐烂。

15. 盖着雪“帽子”的树墩儿。

16. 雪花。

17. 冬天，门一开，冷气从门外冲到屋里。

18. 熊和獾还有其他一些野兽，冬天里都要冬眠。

19. 缝毡靴：用猪鬃穿上麻线，穿过用牛皮做的靴底，再缝上羊毛毡做的靴帮。

20. 猎人带着猎狗去捕熊。要是没有猎狗，猎人就会被熊给咬死。

21. 胡萝卜。

22. 白菜。

23. 洋白菜。

24. 大圆萝卜。

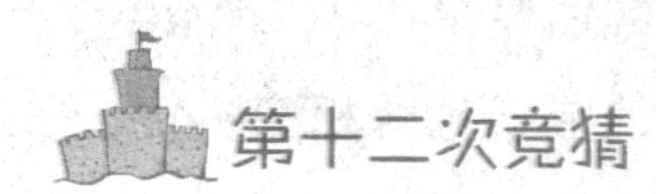

第十二次竞猜

1. 蝙蝠。

2. 睡觉，秋天就钻进用枯叶和草做的巢里去。

3. 肉。

4. 交嘴鸟。因为交嘴鸟用松树和云杉的种子来喂养雏鸟。

5. 有益的。冬天里，山雀靠寻找那些躲在树皮缝隙和小蛀洞里的昆虫和它们的卵、蛹来充饥。

6. 无益也无害，因为獾是要冬眠的。

7. 河乌。

8. 为了不让猫把爪子伸到巢里去。

9. 有许多昆虫、虾蟹和其他一些节肢动物，它们外面的骨骼是一种质地很硬的东西，被称为“甲壳质”。

10. 它通过蛋壳上的气孔来呼吸，如果在蛋壳上涂上一层油漆，或者一层厚厚的胶水，那么空气透不进去，雏鸡也就被憋死了。

11. 温度骤变会导致青蛙死亡。

12. 冬天和夏天一样。

13. 海豹在水里不呼吸。它们会在冰面上凿几个窟窿用来透气。

14. 对着大街的房门，一开一关，就发出咿呀的响声，像鸟叫似的。

15. 城里的雪化得早，因为城里的积雪脏一些，所以颜色更深，吸收的热量也就相应更多。

16. 白嘴鸦飞来的时候。

17. 冰窟窿夜里又被冻上了。

18. 狼。

19. 窗户只有里面一层结了冰。

20. 太阳光透过窗口射进来。

21. 太阳。

22. 捕兽器。

23. 兔子。

24. 森林。

“火眼金睛”大比拼的答案及解释

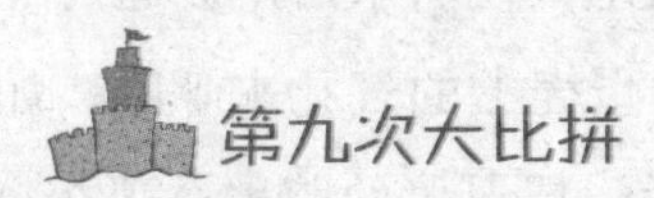

图 1，是喜鹊留在雪地上的脚印。它先是在雪地上蹦蹦跳跳玩了一会儿，留下了一串脚趾印，后来翅膀往地上一扑，尾巴在雪地上一拍，就飞走了。

图 2，雪兔的脚印是圆的，而欧兔的脚印则是窄而狭长的。

图 3，雪兔在这里吃过东西。它差不多把一丛小柳树啃得光秃秃的，周围雪地上也都留下了它“榛子”形状的脚印。

第十次大比拼

从这页“雪书”里，我们可以读到很多事情。

在一个寒冷的冬夜里，一只雪兔跳到一个干草垛旁，偷吃干草。它在这里逗留了很长的时间，你看看地上，它留下了多少脚印和粪便啊！

现在，你接着瞧，一只狐狸从右边偷偷地向它靠过来了。狐狸慢慢地向它靠近。狐狸的脚印很像狗的，只是窄一点，而且是平平整整的，直溜溜的一行。

可是，警惕性很高的雪兔还没有等狐狸走到它的跟前，就及时觉察到了，它跳起来就逃。雪地上的脚印表明，它是跳着、蹦着向左侧的森林跑去了。

狐狸也蹿过去了，想截住兔子，不让它逃进森林。

可不知为什么，它又猛地向右转了个弯，向那边的丛林跑去了。

而这时候，兔子的脚印到了灌木丛附近就突然消失了：脚印找不到了，哪儿也看不到了，就好像突然钻到地底下去了似的。

可是不对呀，如果真的是钻到地下的话，雪地上至少应该有个窟窿啊！但是，在它的脚印消失的地方，雪地上只有一个小洼，小洼里有几撮兔毛，还有一摊血迹。小洼的旁边，有两个圆翅膀留下的印子，看得出来是某种猛禽用翅膀使劲在雪地上扑腾而留下的。

不难猜出，这应该是那些个头很大的猫头鹰或雕等猛禽留下的痕迹。

事情肯定是这样的：一只猛禽用爪子狠狠地抓住了兔子，用它那可怕的钩形嘴照着兔子猛啄过去，用尖利的爪子抓住兔子后腾空而起，飞到森林里去了。

现在我们可以明白，为什么狐狸会突然拐弯了，因为它亲眼看见就要到手的猎物被猛禽抢走了，稍不留神，自己可能会丧命于此。

我们的读者如果有谁单凭这些脚印，就能推测出这里面隐含的故事，我们就赠给你一个荣誉称号：“火眼金睛”。

森林里的最后一封急电

最近，白嘴鸦的身影出现在了城市的上空。作为候鸟先锋队的它们已经率先从越冬地返回了。漫长的冬季终于过去，春姑娘的声音仿佛已经传来。

森林里又要开始忙碌起来，新的一年就要开始了，让我们把《森林报》翻到第一页，重新开始阅读吧！